Jedes Experiment ist mit einem grauen Grund unterlegt:

Die Luftzirkulation im Experiment

Material: *2 Kerzen, Streichhölzer*

Durchführung: *Geht zu zweit an die geschlossene Klassenraumtür und entzündet dort die Kerzen. Öffnet die Tür. Haltet je eine an den oberen und unteren Rand der Tür. Beobachtet die Flammen.*

Hinweis: *Haltet die Klassenraumtür vorher einige Minuten geschlossen, damit ein ausreichend hoher Temperaturunterschied zwischen beiden Räumen besteht.*

→ Dieser Pfeil ist der Hinweis auf andere Seiten, wo du weitere wichtige Informationen zum Thema findest.

Neu im Medienverbund:
„TERRA Arbeitsheft"

Was diese Piktogramme bedeuten:

Leseseite

Hier kannst du interessante Texte lesen, die dir neben Inhalten auch Zusatzinformationen über ein Thema vermitteln.

Teste dich selbst

Dieses Piktogramm findest du auf den Trainingsseiten. Lösungen zu den hier genannten Aufgaben stehen im Anhang.

Kaum zu glauben

Hier stehen außergewöhnliche Angaben zum jeweiligen Thema.

Mehr rund um TERRA im Internet un
www.klett.de/extra

Und nun viel Spaß und guten Erfolg bei der Arbeit mit diesem Buch!

→ Impressum

Geographie 7/8

Herausgegeben und bearbeitet von
Dr. Helmut Willert, Lübeck

Autoren
Michele Barricelli, Berlin
Mandy Bendel, Oederan
Dr. Egbert Brodengeier, Lichtenberg
Kathrin Eger, Liberec
Delia Dombrowski, Dresden
Dr. Frieder Glanz, Dresden
Michael Gutberlet, Rudolstadt
Maik Jährig, Oderwitz
Jens Joachim, Leipzig
Thomas Kastner, Düsseldorf
Bodo Lehnig, Großdubrau
Herbert Paul, Asperg
Christian Pfefferer, Hagen
Hans-Joachim Salmen, Bochum
Dr. Simone Volkmann, Großröhrsdorf

1. Auflage
1 5 4 3 2 1 | 2011 2010 2009 2008 2007

Alle Drucke dieser Auflage können im Unterricht nebeneinander benutzt werden, sie sind untereinander unverändert. Die letzte Zahl bezeichnet das Jahr dieses Druckes.

Das Werk und seine Teile sind urheberrechtlich geschützt. Jede Nutzung in anderen als den gesetzlich zugelassenen Fällen bedarf der vorherigen schriftlichen Einwilligung des Verlages. Hinweis zu § 52 a UrhG: Weder das Werk noch seine Teile dürfen ohne eine solche Einwilligung eingescannt und in ein Netzwerk eingestellt werden. Dies gilt auch für Intranets von Schulen und sonstigen Bildungseinrichtungen.
Fotomechanische oder andere Wiedergabeverfahren nur mit Genehmigung des Verlages.
© Ernst Klett Verlag GmbH, Stuttgart 2007.
Alle Rechte vorbehalten

www.klett.de
Printed in Germany
ISBN 978-3-623-28240-4

Redaktion und Produktion
Jana Freund, Birgit Jäkel,
Christiane Berndt
Einband-Design und Layoutkonzept
pandesign, Büro für visuelle Kommunikation,
Karlsruhe
Karten
Klett-Perthes Verlag GmbH, Gotha
Dr. Henry Waldenburger
Zeichnungen
Steffen Butz, Karlsruhe
Ulf S. Graupner, Berlin
Rudolf Hungreder, Leinfelden-Echterdingen
Diana Jäckel, Erfurt
Wolfgang Schaar, Stuttgart
Ursula Wedde, Göppingen
Satz und Reproduktion
dmz, Gotha
Druck
Stürtz GmbH, Würzburg

Geographie 7/8

Mecklenburg-Vorpommern

TERRA

Ernst Klett Verlag
Stuttgart · Leipzig

Inhalt

Geographie 7/8

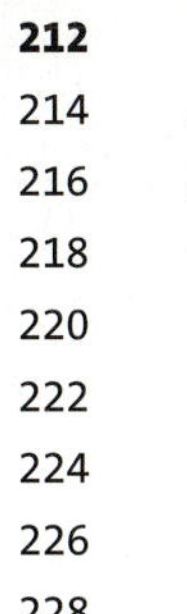

Mehr rund um TERRA im Internet unter:
www.klett.de/extra

Inhalt

Orientierung auf d

Hoch über der Erde kreisen viele Satelliten. Sie dienen der Erforschung der Erdoberfläche, zur Wettervorhersage und Fernsehübertragung oder zur Orientierung auf der Erde.
Aber wie sieht es im Inneren der Erde aus? Erdbeben und Vulkanausbrüche verursachen große Zerstörungen und fordern oft auch Menschenleben.
Wie durch die Bewegung der Erde im Weltall Jahreszeiten entstehen, wie Vorgänge im Erdinneren Erdbeben und Vulkane verursachen und wie du dich auf der Erde orientieren kannst lernst du auf den folgenden Seiten.

er Erde

❶ ***Erdkarte nach Ptolemäus um etwa 150***

❷ ***Das Astrolabium** war das erste Gerät, mit dem der Winkel zwischen dem Horizont und einem Stern gemessen wurde. Auf den schwankenden Segelschiffen konnte man die Werte aber nicht genau ablesen.*

Das Gradnetz der Erde

Unermesslich war der Schaden für die Schifffahrt, solange man auf hoher See nicht die exakte Lage bestimmen konnte. Nach einem schweren Sturm wussten Kapitäne oft nicht, wo sie sich eigentlich befanden. Schiffe liefen auf Riffe und sanken.

Es dauerte sehr lange, bis es gelang, ein Hilfsmittel zu schaffen, mit dem man auf dem offenen Meer seine genaue Lage bestimmen konnte. Besondere Schwierigkeiten bereitete die Orientierung und die Bestimmung der Entfernung in West-Ost-Richtung.

Mit dem **Gradnetz** ist es möglich, die Lage eines jeden Punktes auf der Erde zu bestimmen. Das gedachte Netz aus Linien wird aber auch benötigt, um die Erdoberfläche in einer zweidimensionalen Karte abzubilden.

❸ **Aus der Geschichte des Gradnetzes**

Die älteste griechische Erdkarte stammt aus dem Jahr 550 v. Chr. Hipparchos von Nikaia (190–125 v. Chr.) führte erstmals geographische Koordinaten ein. Er teilte die Erde vom Äquator bis zum Pol in 90° ein und entwarf ein Netz aus Linien, die sich rechtwinklig schnitten. Das Koordinatennetz bestand damals aus 8 waagerechten und 9 bis 15 senkrechten Linien. Eratosthenes (276–195 v. Chr.) berechnete schon ziemlich genau den Erdumfang und teilte die Erdkugel in 360 Teile ein.

Von Ptolemäus (83–161) stammt eine Erdkarte mit einem Gradnetz, bei dem der Nullmeridian durch die Kanarischen Inseln verläuft. Er gab bereits die genaue Lage von etwa 8 000 Orten an. Es dauerte bis zum Jahr 1911, als sich alle Länder auf den Meridian von Greenwich als Nullmeridian einigten.

Geographische Breite

Der Äquator (lat.: „Gleichmacher") teilt die Erde in eine Nordhalbkugel und eine Südhalbkugel. Parallel zum Äquator verlaufen auf beiden Halbkugeln je 90 **Breitenkreise**. Ihr Umfang wird zu den Polen hin immer kleiner. Zwischen der Äquatorebene und den Breitenkreisen werden die Abstände als Winkel im Erdmittelpunkt gemessen und als geographische Breite angegeben. Vom Äquator aus zählt man 90 Breitenkreise nach Norden (d.h. nördliche Breite, abgekürzt n.Br. oder N) und 90 Breitenkreise nach Süden (d.h. südliche Breite abgekürzt s.Br. oder S).

Der Abstand zwischen zwei Breitenkreisen beträgt 111 km. Befindet sich ein Schiff zwischen zwei Breitenkreisen in Not, reichen die Breitenkreise für eine genaue Lagebestimmung nicht mehr aus. Deshalb unterteilt man diesen Abstand zwischen zwei Breitenkreisen in 60 Minuten. Eine Breitenminute hat dann eine Ausdehnung von 1852 km. Diese Längeneinheit entspricht einer Seemeile.

Geographische Länge

Die Linien, welche vom Nordpol zum Südpol verlaufen, sind die **Längenhalbkreise** oder **Meridiane**. Sie verlaufen rechtwinklig zu den Breitenkreisen. Vom Nullmeridian zählt man 180 Längengrade nach Osten (d.h. östliche Länge, abgekürzt ö.L. oder O) und 180 Längengrade nach Westen (d.h. westliche Länge, abgekürzt w.L. oder W). Alle Meridiane sind rund 20 000 km lang. Der Name bedeutet „Mittagslinie", weil alle Orte, die auf demselben Meridian liegen, zur gleichen Zeit Mittag haben. Der Nullmeridian und der 180. Meridian teilen die Erde in eine Westhalbkugel und in eine Osthalbkugel. Die geographische Länge ist der in Grad gemessene Abstand vom Nullmeridian.

Auch der Abstand zwischen zwei Längenkreisen wird in 60 Minuten unterteilt. Allerdings wird bei ihnen der Abstand zu den Polen hin immer geringer. Für eine noch exaktere Lagebestimmung wird jede Minute nochmals in 60 Sekunden eingeteilt.

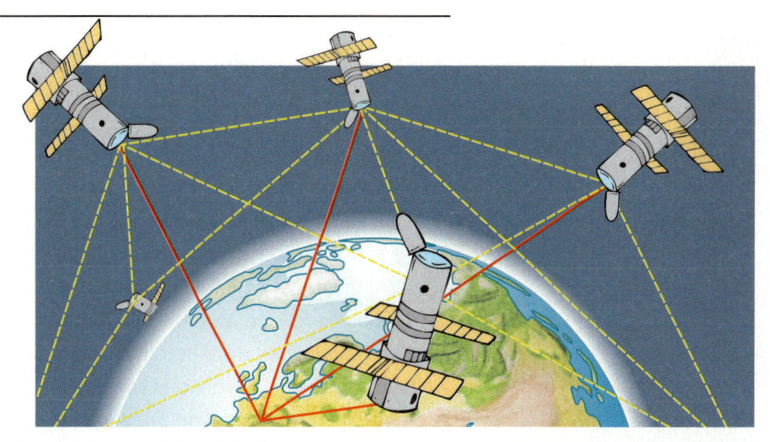

4 *Orientieren mit dem GPS*

Orientieren mit dem GPS

Auf Wunsch zielgerichtet die Route von Haustür zu Haustür finden – das ist für Autos mit dem Navigationssystem GPS (Global Positioning System) kein Problem. Wie funktioniert das?

Für jeden Ort lässt sich die genaue Position bestimmen, wenn sein Abstand zu vier weiteren Orten mit bekannter Lage ermittelt werden kann. Das Geheimnis von GPS ist, dass man diese vier Orte in das Weltall verlegt hat – zu den insgesamt 24 GPS-Satelliten, die in einer Höhe von 20 200 km die Erde umkreisen. Sie senden ständig Radiosignale mit ihrer genauen Position. Zur Bestimmung der Position auf der Erde muss ein GPS-Empfänger die Entfernung zu vier dieser Satelliten ermitteln. Das wird möglich, weil Satellit und Empfänger zur selben Zeit ein gleiches Signal erzeugen. Dazu besitzen alle Satelliten eine Atomuhr, nach der die Uhr im Empfänger eingestellt wird. Jetzt müssen die empfangenen Signale nur noch mit der vorher eingespeisten digitalen Karte verglichen werden, um den günstigsten Weg zum Ziel zu finden. Grundlage für diese Orientierung ist das WGS84-Koordinatensystem (World Geodetic System), welches vom allgemeinen Gradnetz abweicht. Die erforderlichen Umrechnungen erfolgen durch das jeweilige GPS-Gerät.

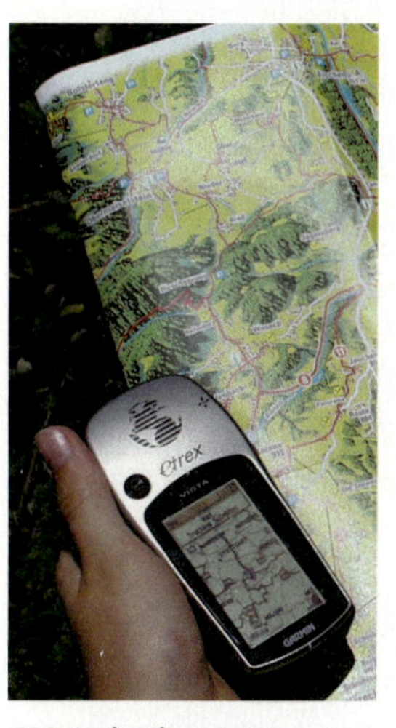

5 *GPS-Navigationssystem*

1 *Beschreibe den Aufbau des Gradnetzes.*
2 *Erkläre die Begriffe geographische Breite und geographische Länge.*

Mit dem Gradnetz die Lage bestimmen

Mit dem Gradnetz ist es möglich, die genaue Lage eines Ortes oder eine Position auf der Erde anzugeben.
Wer den Aufbau des Gradnetzes verstanden hat, kann ohne Schwierigkeiten die Lage geographischer Objekte, wie Städte oder Berge, bestimmen oder diese mithilfe von Gradnetzangaben im Atlas finden. Sogar eine Entfernungsbestimmung ist mithilfe des Gradnetzes möglich.

Nullmeridian und Äquator bilden zusammen ein rechtwinkliges Koordinatensystem. Zur genauen Angabe der Lage eines Ortes müssen die geographischen Koordinaten (Breite und Länge) angegeben werden. Auf dem Globus oder den Atlaskarten lässt sich die Lage meist nur annähernd ermitteln, weil dort nicht alle Breiten- und Längenkreise eingetragen sind. Mit dem Lineal müssen dann die jeweiligen Abstände, z.B. zwischen 20° N und 30° N in gleiche Abstände eingeteilt werden.

Bei der Angabe der Lage eines Ortes nennt man zuerst die Breite und dann die Länge. Eine Positionsangabe für Berlin könnte also lauten: 52° N (nördliche Breite) und 13° O, (östliche Länge).

Nun liegt Berlin aber genau zwischen zwei Breitenkreisen und Meridianen. Für die exaktere Angabe müssen zusätzlich die Minuten angegeben werden: z.B. 52° 23'N; 13° 31'O gesprochen 52 Grad 23 Minuten Nord und 13 Grad 31 Minuten Ost für den Flughafen Berlin-Schönefeld.

Nord-Süd-Entfernungen berechnen

1. Schritt: Geographische Breite ermitteln

Bestimme die geographische Breite für die gesuchten Orte.

2. Schritt: Differenz der Breitenkreise ermitteln und Entfernung berechnen

Berechne die Differenz in Breitengraden. Beachte: Bei Abständen zwischen Nord- und Südhalbkugel müssen die Breitengrade addiert werden. Multipliziere die Anzahl der ermittelten Breitengrade mit 111 km.

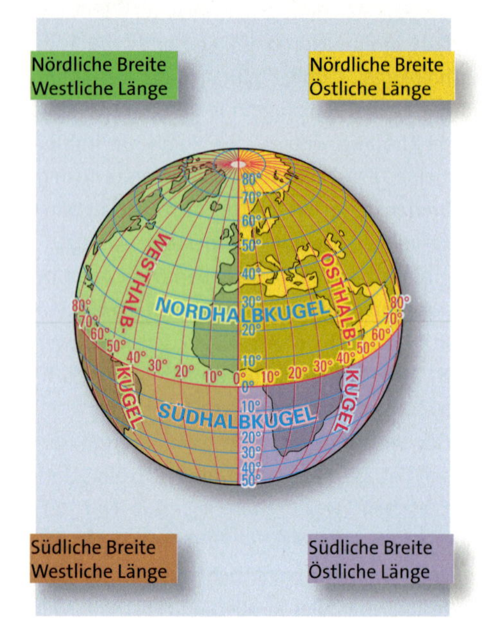

1 ***Ortsbestimmung mit Breitengrad und Längengrad***

Vom Ort zu den Koordinaten ...

1. Schritt: Ort auf einer Atlaskarte aufsuchen

Suche mithilfe des Namensverzeichnisses den Ort auf einer geeigneten, möglichst großmaßstäblichen Atlaskarte.

2. Schritt: Einordnen des Kartenausschnittes

Überlege, sofern es sich nicht um eine Weltkarte handelt, zu welcher Halbkugel die Karte bzw. der Kartenausschnitt gehört.

3. Schritt: Koordinaten ermitteln

Suche am Kartenrand die Angaben zu den nächstliegenden Breiten- und Längenkreisen. Achte jeweils auf die Abstände und bestimme die ungefähren Angaben zur geographischen Breite und Länge.

4. Schritt: Positionsangabe formulieren

Formuliere die Gradnetzangaben für den gesuchten Ort. Beachte, dass die geographische Breite zuerst angegeben wird, z.B. Sydney 34° S und 151° O.

② **Nullmeridian von Greenwich**

③ **Atlaskarte Europa**

... von den Koordinaten zum Ort

1. Schritt: Angaben zum Ort den Halbkugeln der Erde zuordnen

Ermittle mit den gegebenen Koordinaten und einer Weltkarte die Region, in der sich der gesuchte Ort befindet.

2. Schritt: Atlaskarte suchen

Suche eine geeignete Atlaskarte für die betreffende Region. Beachte den Maßstab!

3. Schritt: Position in der Karte bestimmen

Suche am Kartenrand die Breitenkreise und Längenhalbkreise, die den Angaben am nächsten kommen und suche den Schnittpunkt beider Linien in der Karte. Lies den Namen des gesuchten Ortes ab.

1 a) Bestimme mithilfe von Karte 3 die Lage von St. Petersburg und Kairo.

b) Berechne die Entfernung zwischen diesen Städten.

2 Gib für zwei Orte in Karte 4 deren Lage in Grad und Minuten an.

3 Suche die Namen folgender Städte: 23° S; 44° W und 35° N; 140° O.

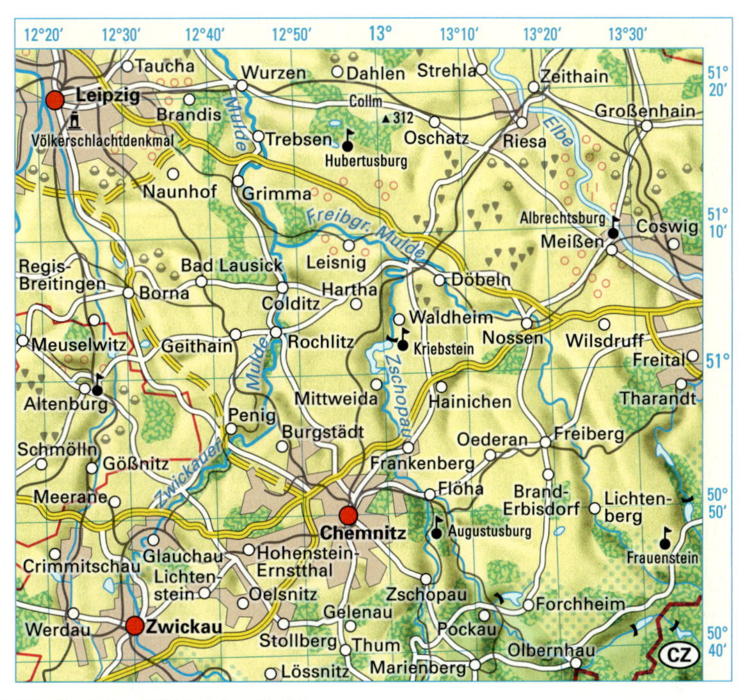

④ **Atlaskarte Deutschland, Ausschnitt**

THE FIJI TIMES

Since 1869

Parties hail Election Special

Fiji guards are heroes: US

The Fiji Times Election Special On sale now for $2.50

INSIDE 3-PAGE TIMES PROPERTY GUIDE

IN SPORTS SWIM CHAMPS READY

LOG ON TO A REAL NEWS WEBSITE: WWW.FIJITIMES.COM.FJ

The Fiji Times, the first newspaper in the world

Zeitzonen der Erde – alle Zeitangaben sind auf Westeuropäische Zeit (Greenwich – Normalzeit 12.00 Uhr) bezogen

Eine Welt – verschiedene Zeiten

Susanne ist aufgeregt. Ihr Bruder verbringt als Austauschschüler ein Jahr in der kalifornischen Hauptstadt Sacramento. Er müsste dort schon angekommen sein, hat sich aber noch nicht gemeldet. Also probiert sie es, denn schließlich hat ihre Familie ja seine neue Telefonnummer. Sie hört das Läuten des anderen Telefons. Es dauert lange, bis jemand den Hörer aufnimmt. Die Stimme am anderen Ende klingt verschlafen. Susanne fragt nach ihrem Bruder. Die Antwort: „He's sleeping. It's four o'clock in the morning!" Da fällt es Susanne wieder ein: Es gibt ja unterschiedliche Zeitzonen auf der Erde! Ihr Bruder hatte doch mal Spiele einer Fußballweltmeisterschaft im Fernsehen gesehen, die am Abend stattfanden, doch war es Mittag, als sie in Deutschland live gesendet wurden. Wie ist das zu erklären?

Früher, zur Zeit der Postkutschen, hat man die Uhr nach dem Stand der Sonne gestellt. Wenn die Sonne am höchsten stand, war es 12.00 Uhr mittags. Die Kirchturmuhr zeigte die jeweilig gültige **Ortszeit** an. Weil die Sonne über München ihren Höchststand aufgrund der **Erdrotation** (Drehung der Erde um ihre eigene Achse) früher als über Köln erreichte, unterschied sich die Ortszeit zwischen diesen Städten um 20 Minuten. Dass das ein Problem war, verspürte man, als ein Eisenbahnfahrplan für Deutschland und seine Nachbarstaaten erstellt werden sollte.

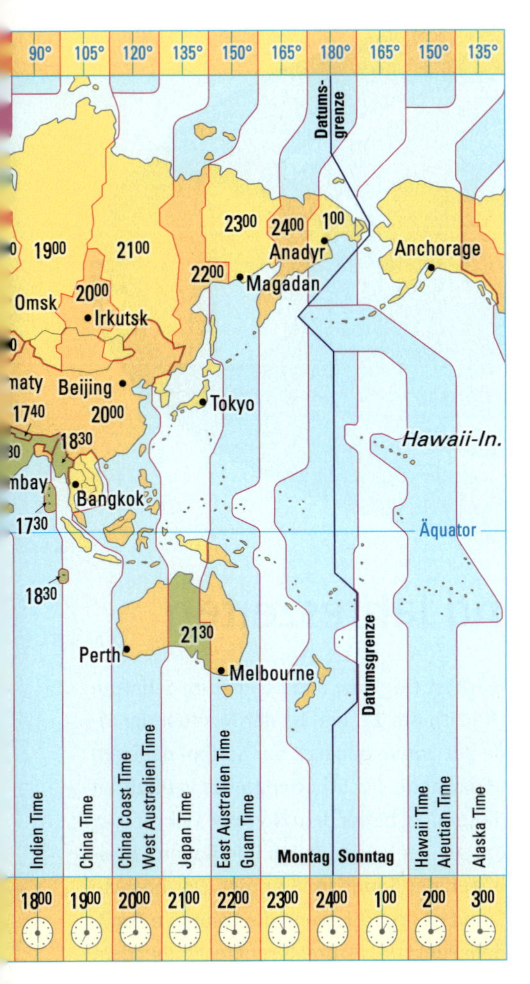

Eine internationale Konferenz kam zusammen. 1883 einigte man sich auf festgelegte **Zeitzonen**, die sich nach den Meridianen richten sollten. 24 noch heute gültige Zeitzonen wurden festgelegt. Die Uhrzeit ist von einer zur nächsten um eine Stunde verschieden. Innerhalb einer 15° breiten Zeitzone gilt überall dieselbe Zonenzeit. Weil aber einige Länder zerschnitten worden wären, wich man in einigen Fällen von dieser Zuordnung ab. Verschiedene Zeitzonen weisen nur flächenmäßig große Staaten auf. Für den weltweiten Flugverkehr sowie den Nachrichtenaustausch ist eine weltweit gültige Zeit notwendig. Hierzu dient die international gültige Weltzeit (UTC).

1. *Um wie viel Uhr hat Susanne versucht, ihren Bruder anzurufen?*
2. *Susanne kommt um 14 Uhr aus der Schule. Was können zur gleichen Zeit Jugendliche in Kairo, Kalkutta, Moskau, Rio de Janeiro und Sydney unternehmen?*
3. *Wo könnte ein Fußballweltmeisterschaftsspiel stattgefunden haben, das 12 Uhr mittags in Deutschland zu sehen war, obwohl das Spiel abends ausgetragen wurde?*
4. *Der Flug Moskau–Berlin dauert zwei Stunden. Beim Start ist es 14.00 Uhr, ebenso bei der Landung. Ist die Uhr stehen geblieben?*
5. *Die Theater-AG des Gymnasiums am Ostring in Bochum hat in der finnischen Partnerschule gastiert. Man startete in Düsseldorf beim Hinflug um 9.50 Uhr und landete in Helsinki um 13.15 Uhr. Der Rückflug begann in Helsinki um 17.05 Uhr, die Landung in Düsseldorf erfolgte um 18.30 Uhr. Die Flugzeiten waren gleich. Wie lange dauerte der Flug?*
6. *Julian in Tokyo verschickt einen Brief per Luftpost nach Anchorage. Dieser trägt das Datum des 4. August. 24 Stunden später, es ist der 4. August, kommt der Brief in Anchorage an. Wie ist das möglich? Nutze dazu den Begriff Datumsgrenze.*
7. *Nenne drei Länder mit unterschiedlichen Zeitzonen.*
8. *Vergleiche die Anzahl von Zeitzonen in Europa und Russland.*
9. *Begründe die Notwendigkeit der Gliederung in Zeitzonen.*
10. *Um wie viel Grad dreht sich die Erde je Stunde?*

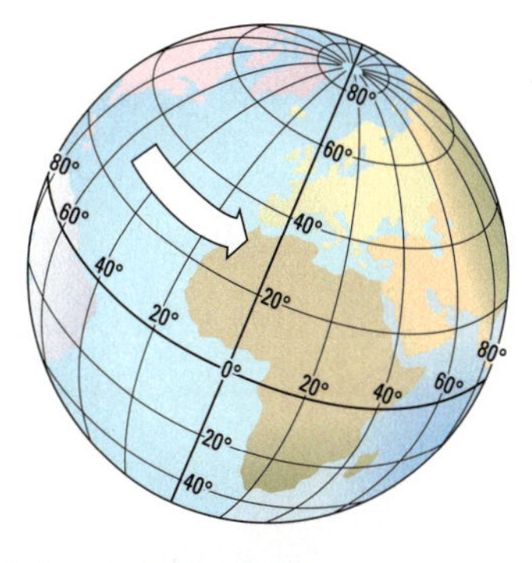

3 Das Gradnetz der Erde

Datumsgrenze:
Eine gedachte Grenze, die in etwa dem 180. Meridian entspricht. Überschreitet man sie von West nach Ost, wird ein Tag zweimal gezählt. Umgekehrt entfällt ein Tag ganz.

Surftipp
www.Weltzeituhr.com

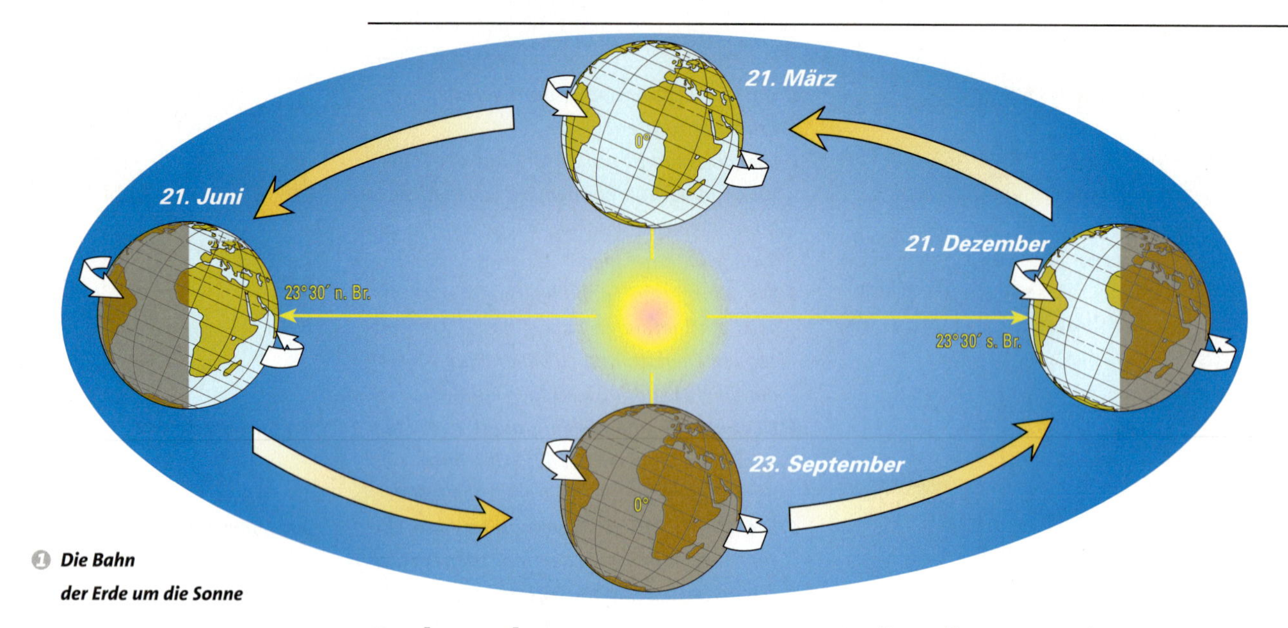

Die Bahn der Erde um die Sonne

Beleuchtungszonen und Jahreszeiten

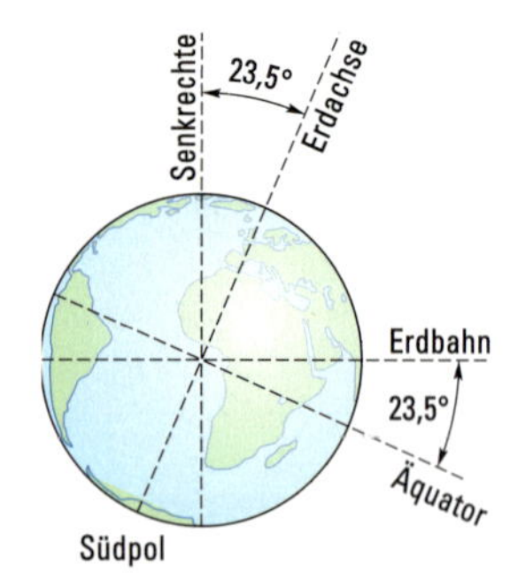

Die Neigung der Erdachse

*Als **Erdrevolution** bezeichnet man den jährlichen Umlauf der Erde um die Sonne.*

Warum sind die Tage und Nächte bei uns unterschiedlich lang? Im Laufe eines Jahres, genau in 365 Tagen und 6 Stunden, bewegt sich die Erde einmal um die Sonne (Erdrevolution). Die Erdachse, um die sich unsere Erde alle 24 Stunden einmal dreht, ist bei diesem Umlauf um die Sonne in einem Winkel von 23,5 Grad zur Senkrechten auf der Erdbahnebene geneigt. Diese Schrägstellung der Erdachse bewirkt verschiedene Beleuchtungsverhältnisse. Zunächst wird immer nur die der Sonne zugewandte Hälfte der Erde beleuchtet (Tag), die andere liegt im Schatten (Nacht). Am 21. Juni ist der Nordpol der Erde zur Sonne geneigt, der Südpol dagegen abgewandt. Die Schattengrenze verläuft an diesem Tag hinter dem Nordpol. Wir merken das an den langen Tagen und hohen Tagesbögen der Sonne im Sommer. Der höchste Stand ist erreicht, wenn die Sonne im **Zenit**, dem Punkt des Himmels senkrecht über dem Beobachter (von arabisch = Scheitelpunkt), steht. Diese Erscheinung können wir bei uns jedoch nicht beobachten.

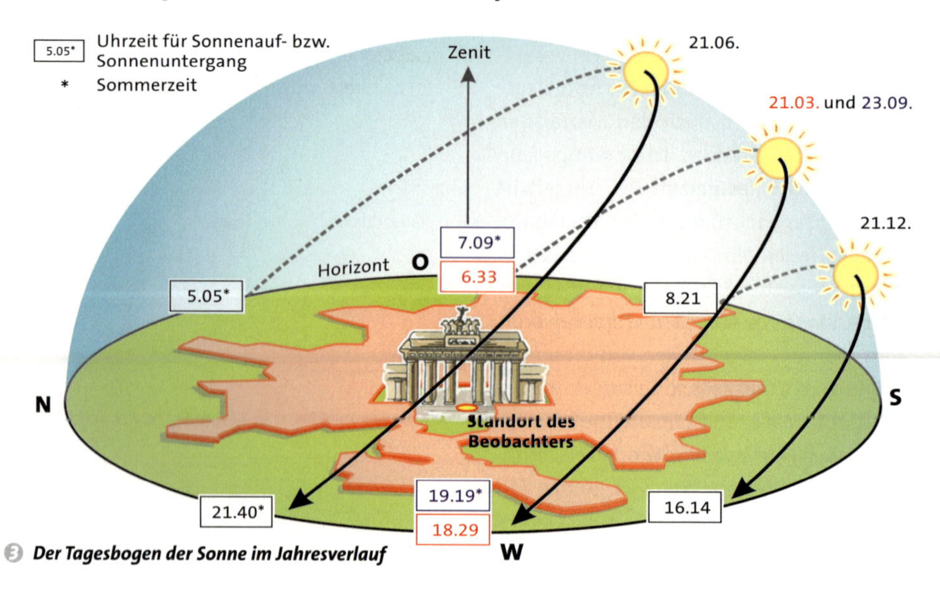

Der Tagesbogen der Sonne im Jahresverlauf

Beleuchtungszonen und Tageslängen

Während der Drehung der Erde um die Sonne bleibt die Erdachse geneigt. So lassen sich drei mathematische **Beleuchtungszonen** ableiten.

Die Polarzonen zwischen den Polen und Polarkreisen sind Bereiche der Erde, in denen Polartag und Polarnacht auftreten. An den Polarkreisen dauert der Polartag 24 Stunden, an den Polen ein halbes Jahr. Der Sonnenstand ist niedrig und lässt sich nur im Sommer der jeweiligen Halbkugel beobachten.

In den Gemäßigten Zonen, zwischen den Polarkreisen und den Wendekreisen, wechseln im Verlauf eines Jahres die Sonnenstände. Dadurch entstehen Jahreszeiten mit unterschiedlich langen Tagen und Nächten. Je weiter ein Ort von den Wendekreisen entfernt ist, desto größer werden die Unterschiede der Tageslängen zwischen Sommer und Winter.

Die Tropen liegen zwischen den Wendekreisen. Über diesen steht die Sonne im Jahr jeweils einmal im Zenit. Weil der Sonnenstand in dieser Zone ganzjährig hoch ist, gibt es keine temperaturbedingten Jahreszeiten wie bei uns. Die Tage und Nächte sind dort das ganze Jahr fast gleich lang. Nur wenn bei uns Frühling und Herbst beginnen, am 21. März und 23. September, sind überall auf der Erde zwölf Stunden Tag und zwölf Stunden Nacht. Diese Erscheinung bezeichnet man als Tagundnachtgleiche.

1 Beschreibe die unterschiedliche Beleuchtung der Erde im Jahresverlauf (Zeichnung 1).

2 Beschreibe die Tagesbogen der Sonne in der Zeichnung 3. Stelle Gemeinsamkeiten und Unterschiede fest.

3 Beschreibe die Beleuchtungsverhältnisse und Sonnenstände am 21. 6. für alle drei Beleuchtungszonen der Erde.

4 Erkläre die scheinbare Verlagerung der Zenitstände im Jahresverlauf (Zeichnung 6).

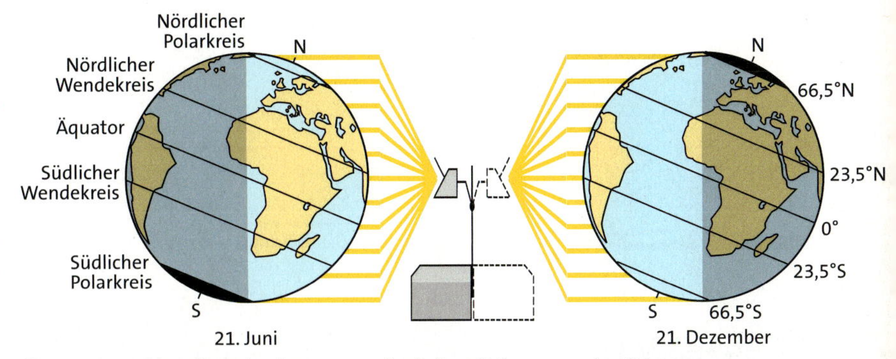

4 Die „Entstehung der Beleuchtungszonen" mit dem Globus veranschaulichen

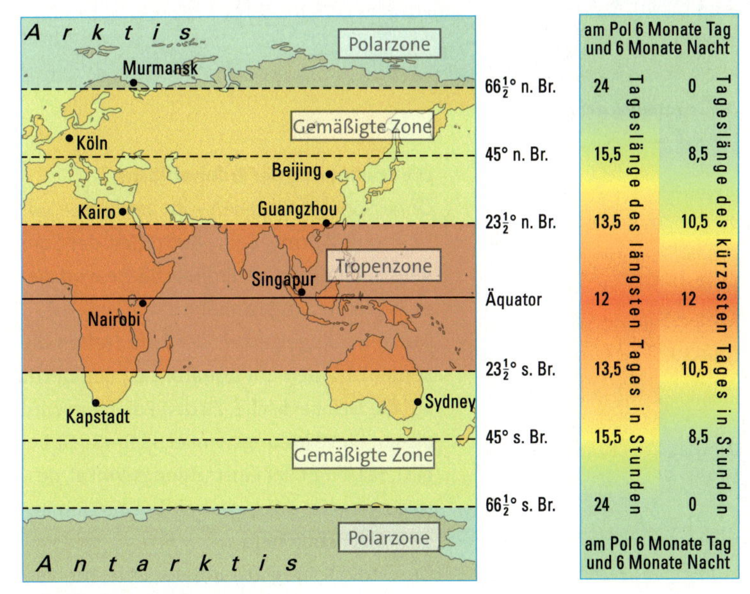

5 Die Beleuchtungszonen der Erde

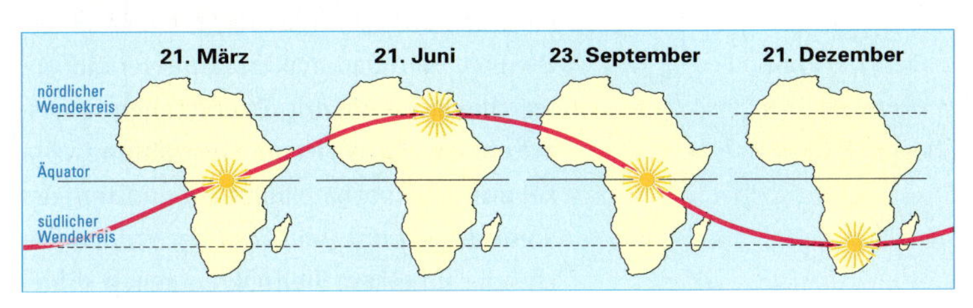

6 Zenitstände der Sonne im Jahresverlauf

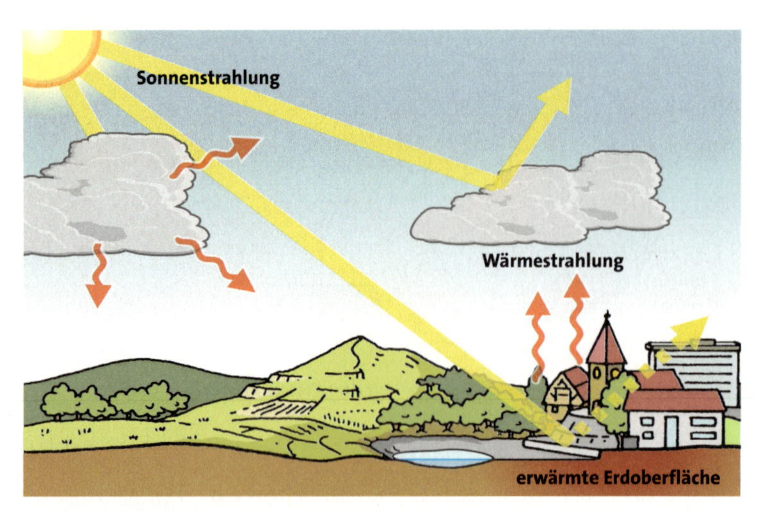

⑦ *Die Erwärmung der Erdoberfläche*

⑧ *Versuch zu der Einstrahlung der Sonne am Globus*

Die Erwärmung der Erdoberfläche

Ohne Sonne kein Leben – ihr verdanken wir Licht und Wärme. Beim Auftreffen der Sonnenstrahlung auf die Erdoberfläche wird diese in Wärme umgewandelt.

Durch die Kugelgestalt der Erde treffen die Sonnenstrahlen am Äquator fast senkrecht auf die Erdoberfläche. Zu den Polen hin wird dieser Einstrahlungswinkel kleiner. Dabei gilt: Je kleiner der Einstrahlungswinkel, desto geringer ist die zugestrahlte Energiemenge je Flächeneinheit.

Durch die Schrägstellung der Erdachse verändern sich während des Umlaufs um die Sonne die Einfallswinkel der Sonnenstrahlen. Die Erde wird dadurch im Jahresverlauf unterschiedlich erwärmt. Es entstehen Jahreszeiten. Am 21. Juni ist der Einstrahlungswinkel auf der Nordhalbkugel am größten, der Sommer beginnt. Alle Orte der Erdoberfläche, die auf einem Breitenkreis liegen, erhalten so die gleiche „Menge" an Sonnenstrahlung, werden aber trotzdem unterschiedlich erwärmt. Ein Blick auf den Globus zeigt, wie sich die Oberflächengestalt entlang eines Breitenkreises verändert. Meeresflächen, Kontinente, Gebirge und Tiefländer wechseln einander ab. Diese Unterschiede wirken sich auch auf die Temperaturen und Niederschläge aus. So entstehen unterschiedlich erwärmte Luftmassen, die durch Winde verlagert werden.

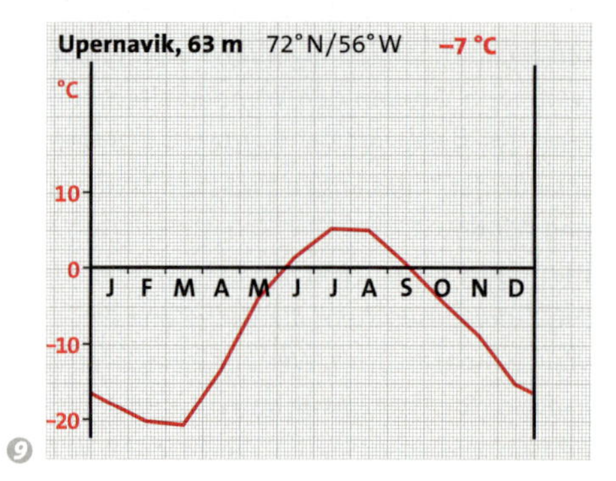

⑨

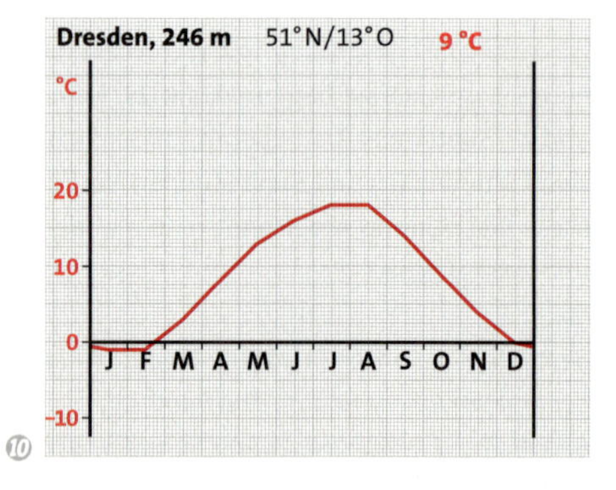

⑩

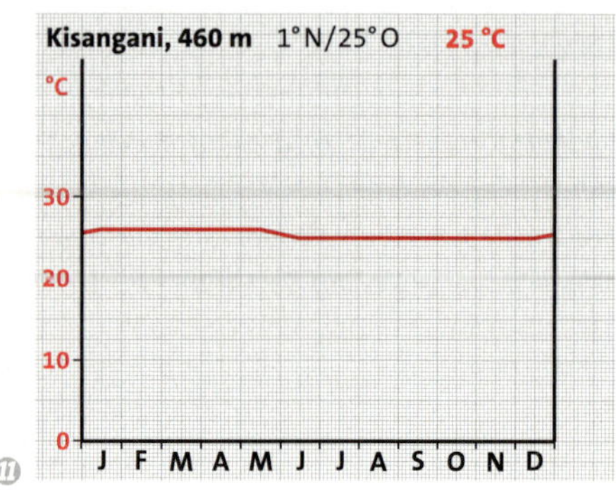

⑪

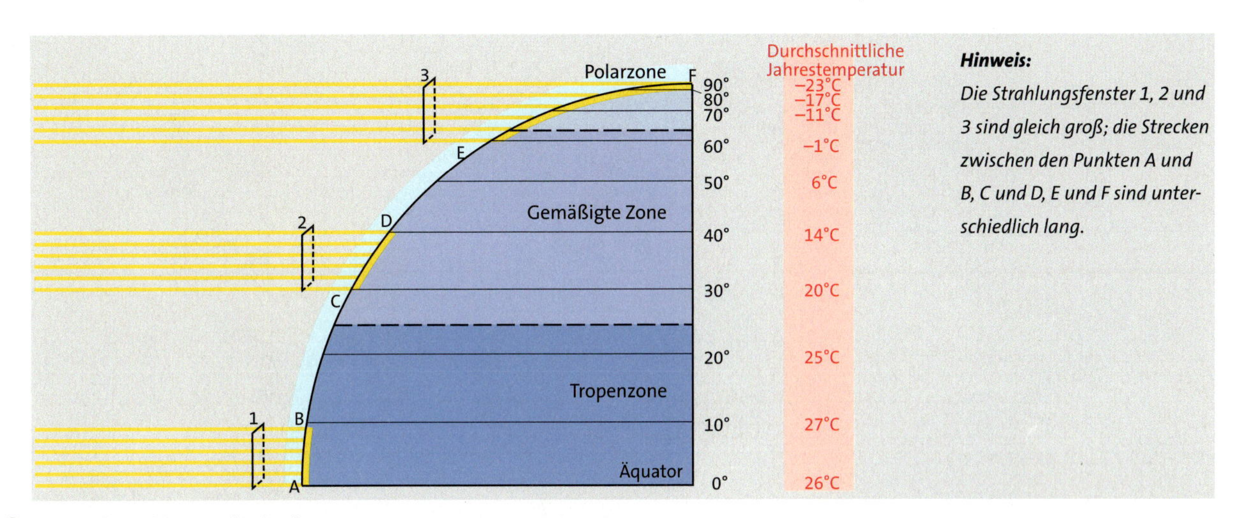

Hinweis:

Die Strahlungsfenster 1, 2 und 3 sind gleich groß; die Strecken zwischen den Punkten A und B, C und D, E und F sind unterschiedlich lang.

⑫ ***Sonneneinstrahlung und Beleuchtungszonen***

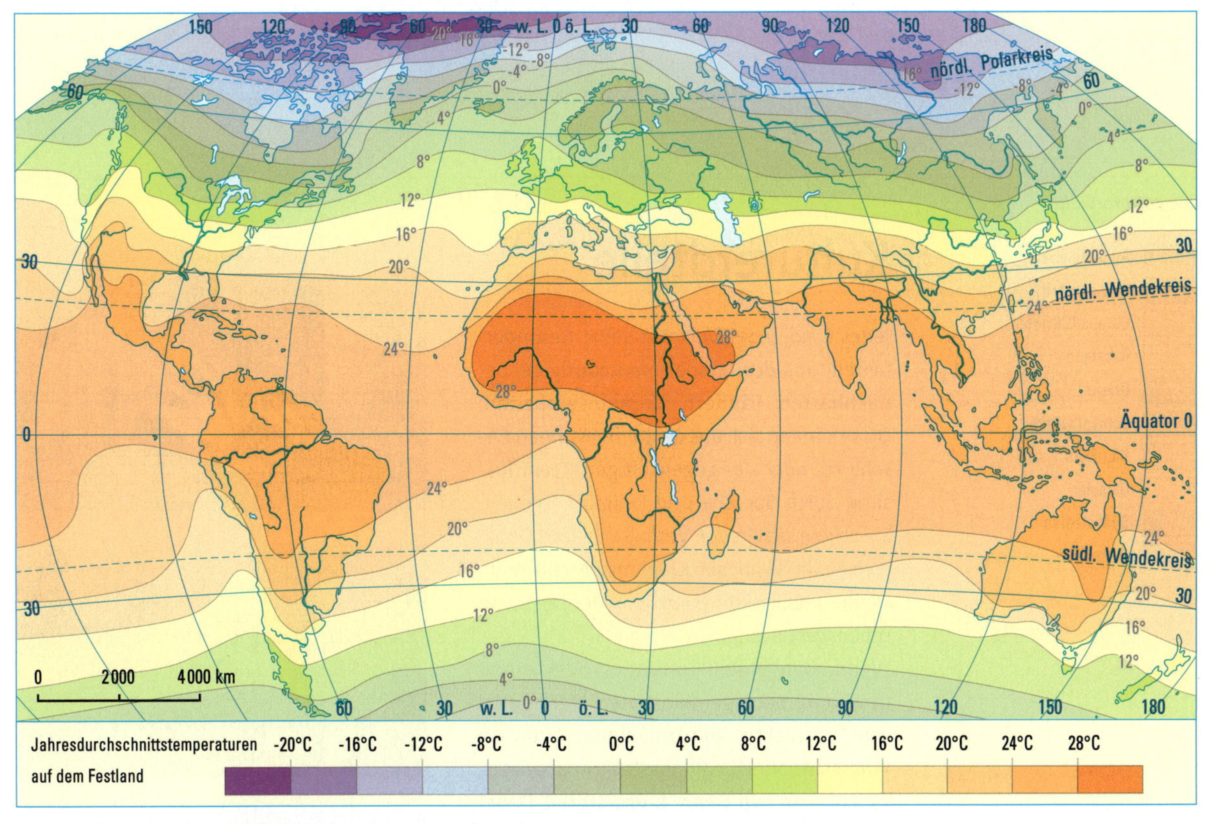

⑬ ***Die Verteilung der Jahresdurchschnittstemperaturen auf der Erde***

5 Erkläre die Entstehung der Jahreszeiten für die Nord- und Südhalbkugel der Erde.

6 Erläutere, was die Schüler in Foto 8 darstellen.

7 Beschreibe mithilfe der Grafik 12 und der Karte 13 Zusammenhänge zwischen Einstrahlungswinkel und Temperaturen in den einzelnen Beleuchtungszonen.

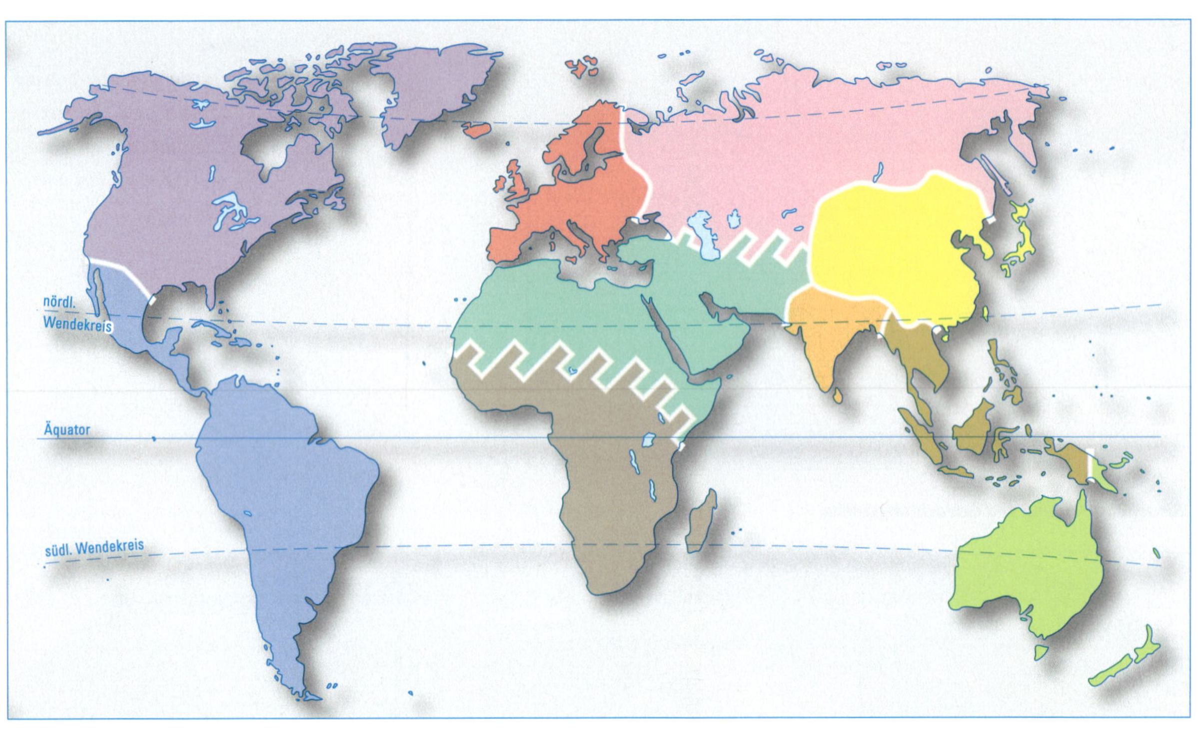

1 ***Die Kulturerdteile***

Kulturerdteile

Jedes Land, jedes Volk hat seine Besonderheiten. Und doch findet man häufig bei benachbarten Ländern Gemeinsamkeiten. Diese können sich aus der gemeinsamen Geschichte oder der gegenseitigen Beeinflussung durch Sprache und Religion ergeben. Sie zeigen sich in den Verhaltens- und Denkweisen, in ähnlicher Kleidung, Architektur, Wohn- und Esskultur sowie in der täglichen Lebensgestaltung.

Wenn man einen Kontinent oder einen Großraum nach gemeinsamen Merkmalen von Geschichte, Kultur, Religion, Umwelt, Wirtschaft oder Siedlungsstruktur abgrenzt, spricht man von einem **Kulturerdteil**. Dabei ist es schwierig, eine exakte Grenzziehung vorzunehmen.

2

3

4

Schwarzafrika

Zu diesem ethnisch und sprachlich überaus vielfältigen Kulturerdteil zählen die Länder südlich der Sahara. Heute leben in Schwarzafrika zahlreiche Völker, die zwei Hauptgruppen, den Sudanvölkern und den Bantuvölkern, zugeordnet werden können. Daneben gibt es einige Volksgruppen wie die Pygmäen oder die Buschmänner, die sich mit ihrer der Natur angepassten Lebensweise in abgelegenen Gebieten behaupten konnten. In manchen Staaten leben auch Weiße und Inder als einflussreiche Minderheiten. Schwarzafrika ist in seiner Sprachenvielfalt einmalig. Allein die Sudansprache hat wieder unzählige regionale Sprachunterschiede und Dialekte.

Orient

Nordafrika bildet mit Südwestasien den Kulturerdteil Orient. Der Raum ist heute vor allem vom Islam geprägt. In den Städten sind die Minarette, die Türme, von denen laut zum Gebet gerufen wird, weithin sichtbar. Die Araber bilden hier die Mehrheit der Bevölkerung. Daneben gibt es in den Staaten Marokko, Algerien, Libyen und Tunesien sowie Mauretanien fast acht Millionen Berber. Nordafrika hat seit dem Altertum immer wieder die abendländische Kultur beeinflusst. In der heutigen Zeit werden die Länder in ihren modernen Lebens- und Wirtschaftsformen vor allem von den ehemaligen Kolonialmächten Frankreich und Italien geprägt.

1 *Du kennst bisher die Gliederung der Erde in Kontinente und Ozeane. Nenne Beispiele, in denen sich die Karte 1 zur bisherigen Einteilung unterscheidet.*

2 *a) Erläutere den Begriff „Kulturerdteil".*

b) Ordne die Bilder den Kulturerdteilen in der Karte 1 zu. Welches ist das gemeinsame Merkmal der Bilder?

3 *Stelle die Kulturerdteile Schwarzafrika und Orient gegenüber. Betrachte dabei vor allem die Lage, Sprachen, Religionen und Volksgruppen.*

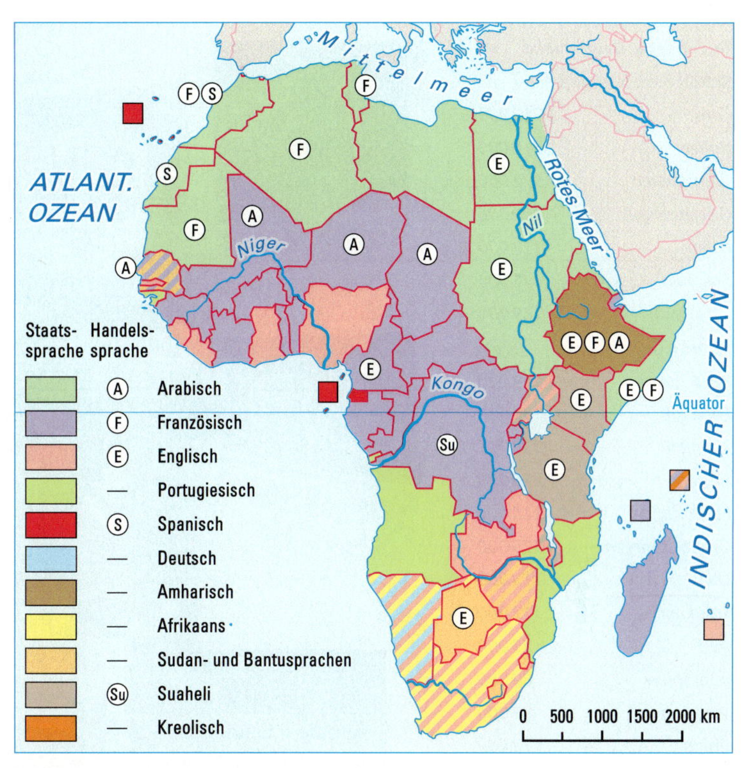

⑤ ***Vielfalt der Sprachen***

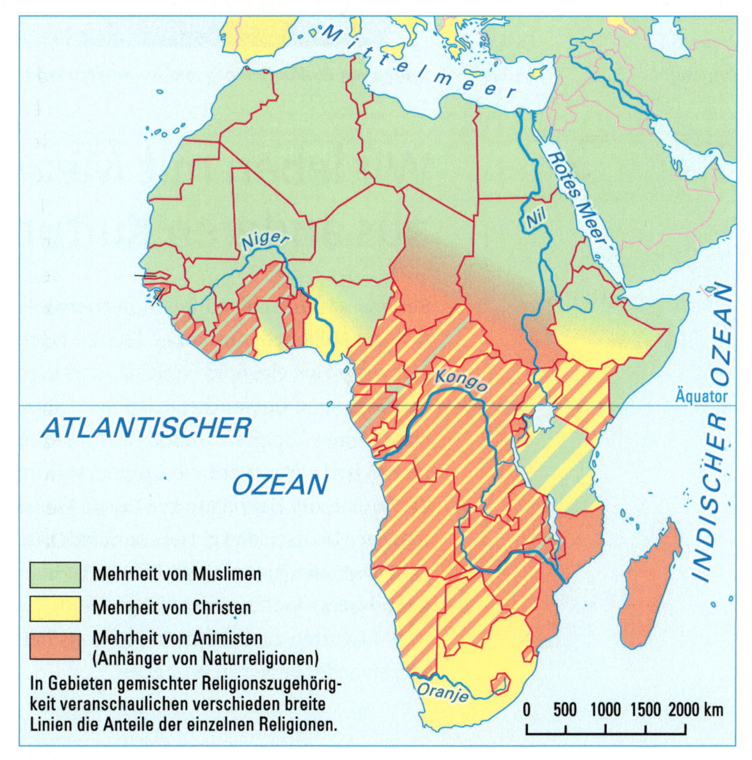

⑥ ***Vielfalt der Religionen***

1 Ausländer in Deutschland (2002) nach Herkunftsland

Türkei	1 912 000
Italien	610 000
Jugoslawien	592 000
Griechenland	359 000
Polen	318 000
Kroatien	231 000
Österreich	189 000
Bosnien-Herzegowina	164 000
Portugal	131 000
Spanien	128 000
Ukraine	116 000
Niederlande	115 000
Großbritannien	115 000
USA	113 000
Frankreich	112 000
Iran	89 000
Rumänien	89 000
Vietnam	87 000
China	72 000
Afghanistan	69 000
Mazedonien	58 000
Ungarn	56 000
insgesamt	7 348 000

2 Spuren von Ausländerinnen und Ausländern in einer deutschen Stadt

Wir leben mit Menschen aus anderen Kulturen zusammen

Bei uns in Deutschland leben mittlerweile fast 7,4 Millionen Ausländer (2002). Doch was wissen wir eigentlich voneinander? Welche Sitten und Gebräuche, Religionen, Sprachen, Spiele, Speisen und Gewohnheiten gibt es dort? Wer kennt die Gründe, warum die Familien ihr Heimatland verlassen haben und nach Deutschland gekommen sind? War es schwer, sich hier einzugewöhnen? Sicher habt ihr noch weitaus mehr Fragen.
Die Antworten zu erfahren könnte uns helfen, einander besser zu verstehen.

Was ist Kultur?
Der Mensch erfährt seine Prägung durch die Landschaft und Gesellschaft, in der er lebt. Dabei eignet er sich viele Dinge unbewusst an, zum Beispiel die Muttersprache, die Religionsausübung und die Sitten und Gebräuche. Er übernimmt aber auch Verhaltensregeln und Normen, wie zum Beispiel das Verhalten gegenüber Tieren. Die Kultur eines Volkes oder einer Volksgruppe vermittelt den Zugehörigen einen Orientierungsrahmen für ihre Lebensgestaltung.

❸ Ich heiße Nik, eigentlich Nikolaos. Meine Eltern kommen aus Thessaloniki in Griechenland, ich bin in Deutschland geboren. Neben Deutsch musste ich auch Griechisch lernen. Nachmittags besuche ich die griechische Schule. Meinen Eltern ist Bildung sehr wichtig.

Schrift: griechisches Alphabet, kyrillische Schriftzeichen
Religion: griechisch-orthodoxe Kirche
Gesellschaft: Die Griechen sind ein stolzes Volk, stolz auf die Inselwelt, das Meer, die Sonne und die Archäologie.
Essen: Grundnahrungsmittel Kartoffeln, wir essen viel Gemüse und Fleisch
Kultur: antike Gebäude wie Tempel, Amphitheater, zahlreiche Klöster und Kirchen. Griechenland ist die Wiege Europas und der Demokratie.

❹ **Drei Aktionen zum Nachmachen:**

A. Wir essen gemeinsam:
Erkundigt euch bei euren Mitschülern und Mitschülerinnen nach landestypischen Gerichten oder Mahlzeiten. Bildet Gruppen und besorgt euch ein Rezept und alle Zutaten. Sicher könnt ihr mit Zustimmung eurer Eltern die Küche benutzen und gemeinsam kochen.

B. Sprachlos in der Stadt:
Um zu erfahren, wie wichtig die Kenntnis der Landessprache ist, erledigt einmal an einem Tag alle wichtigen Besorgungen, ohne dabei ein Wort zu sprechen.

C. Interviewrunde:
Sammelt eure Fragen an Mitschüler und Mitschülerinnen, deren Eltern aus anderen Ländern stammen. Erstellt dazu einen Fragebogen.
Ladet ausländische Mitbürger aus eurem Heimatraum zu einer Interviewrunde in euren Unterricht ein. Befragt sie mithilfe des Fragebogens, um sie besser kennen zu lernen.

Was ist Toleranz?

Auf Reisen oder bei Festen üben fremde Kulturen auf uns häufig einen Reiz aus und wecken nicht selten Interesse für die Sitten und Bräuche einer Kulturgemeinschaft. Wenn Menschen anderer Kulturzugehörigkeit bei uns leben, sind die Reaktionen oft unterschiedlich. Während sich viele gern „multikulturell ernähren", stoßen andere fremde Merkmale teilweise auf Widerstand. Es fällt dann schwer, die Andersartigkeit zu akzeptirene. Menschen, denen das leichtfällt, verfügen über Toleranz. Toleranz heißt, den anderen in seiner Andersartigkeit zu dulden.

1 *Betrachtet die Collage 2: Findet ihr ähnliche Spuren in eurem Heimatraum? Listet sie auf.*

2 *Lest den Steckbrief.*
a) Fertigt einen ähnlichen Steckbrief eurer Kulturzugehörigkeit an.
b) Vergleicht die Steckbriefe. Entdeckt ihr Gemeinsamkeiten? Tauscht euch dazu in der Klasse aus.

3 *Verwirklicht eine der Anregungen aus den „Aktionen zum Nachmachen" (4). Diskutiert über eure gewonnnenen Eindrücke und Erfahrungen!*

4 *Beobachte dich selbst, wie du im Alltag auf Fremdes reagierst. Diskutiere darüber.*

❺ ***Schülerarbeiten zum Thema „Wir leben auf EINER Erde"***

Die Strafe des Katzenfischs Namazu

①

② *Die durch das Erdbeben vom 17. Januar 1995 zerstörte Hanshin-Autobahn in Kobe*

③ NISHIZAWA Akiko liegt am frühen Morgen des 17. Januar 1995 mit Fieber im Bett. Sie kann nicht schlafen, wälzt sich von einer Seite ihres Futons zur anderen und ärgert sich, dass sie Fieber hat – gerade jetzt, wo sie doch am darauffolgenden Tag ihren 20. Geburtstag feiern wollte. Doch alles kommt anders als geplant: Um 5:46 Uhr und 52 Sekunden beginnt die Erde in einer Stärke von 7,2 auf der Richterskala zu beben – volle 20 Sekunden lang. Akiko rollt sich instinktiv eine Ecke ihres Futons über den Kopf und überlegt einen Moment, unter einen Tisch zu kriechen – so wie sie es in einer der zahlreichen Erdbeben-Übungen in der Schule gelernt hatte. Doch sie verharrt und so plötzlich, wie das Beben begonnen hat, ist es auch schon wieder verschwunden.

Akiko hört Lärm auf der Straße und schaut sich in ihrem Zimmer um: Alles liegt auf dem Boden und ihr schweres Metallbücherregal ist halb auf ihr Bett gestürzt. Sie zieht sich etwas über und geht auf die Straße. Dort sieht sie viele Häuser ihrer Nachbarn eingestürzt, ihr eigenes Wohnhaus lehnt schräg gegen das Nachbarhaus.

Akiko lebt in Nada, einem Stadtteil von Kobe und hatte soeben das offiziell als „Süd-Hyôgo", allgemein aber als das „Große Hanshin" bezeichnete Erdbeben erlebt – neben dem 1923er-Beben in Tokyo das folgenschwerste japanische Erdbeben. Japan zählt zu den am meisten gefährdeten Regionen der Welt. Dem japanischen Volksglauben nach bestraft der riesenhafte Katzenfisch Namazu, der tief in der Erde lebt, die Menschen für ihr lasterhaftes Leben, indem er durch seine Bewegungen die Erde erschüttern lässt.

Das Beben in Kobe hinterließ 5 243 Todesopfer, 26 804 Verletzte, 106 763 zerstörte Gebäude und mehr als 300 000 Menschen, die ihr Zuhause verloren hatten. Mehr als 350 Feuer, die meist durch austretendes Gas entstanden waren, brannten mehr als 100 Hektar Wohnfläche nieder. Brücken und U-Bahn-Tunnel stürzten ein, Schienentrassen und Straßen erlitten schwere Beschädigungen. Die Sachschäden werden insgesamt auf 95 bis 140 Milliarden US-Dollar geschätzt. So die offiziellen Statistiken, die nur annähernd das Leid beschreiben, welches das Beben für die Bewohner Kobes und der umgebenden Ortschaften gebracht hat. Laut Untersuchungen der Universität Kyoto lag das Epizentrum des Bebens etwa 10 km von Kobe entfernt nahe der Küste in etwa 20 Metern Tiefe.

Erdbeben sind in Japan keine Seltenheit. In aktiven Zeiten kann man sogar mehrere kleine Erdbeben erleben, die von den Zeitungen – wenn überhaupt – mit einer kleinen Notiz kommentiert werden. Die Japaner haben sich an ein Leben mit den Erdbeben gewöhnt und investieren viel Geld in erdbebensichere Gebäudekonstruktionen und Methoden zur Vorhersage von Erdbeben. Doch Kobe hatte Ernüchterung gebracht: Der Stadt-Highway, der als absolut standfest galt, war eingestürzt und die Frühwarnsysteme hatten keine alarmierenden Daten ausgespuckt.

In Schulen und Arbeitsstätten werden mehrmals jährlich Notfall- und Evakuierungsübungen abgehalten und den Familien wird empfohlen, eine Notfallreserve an Trinkwasser und getrockneten Lebensmitteln sowie ein Radio mit Batterien und eine funktionstüchtige Taschenlampe in den Haushalten aufzubewahren. Das Beispiel Kobe, bei dem die Bewohner trotz der Notsituation Ruhe bewahrten und Panik und Plünderungen weitestgehend entgegengewirkten, hat gezeigt, dass solche Übungen und Vorkehrungsmaßnahmen tatsächlich Sinn machen.

(Andreas Fels)

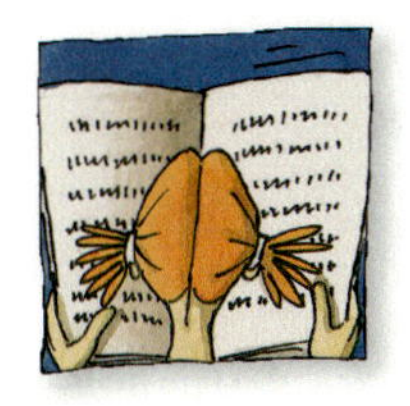

Surftipp

www.japanlink.de/ll/ll_land_erdbeben.shtml

④ ***Kinder bei einer Erdbebenschutzübung***

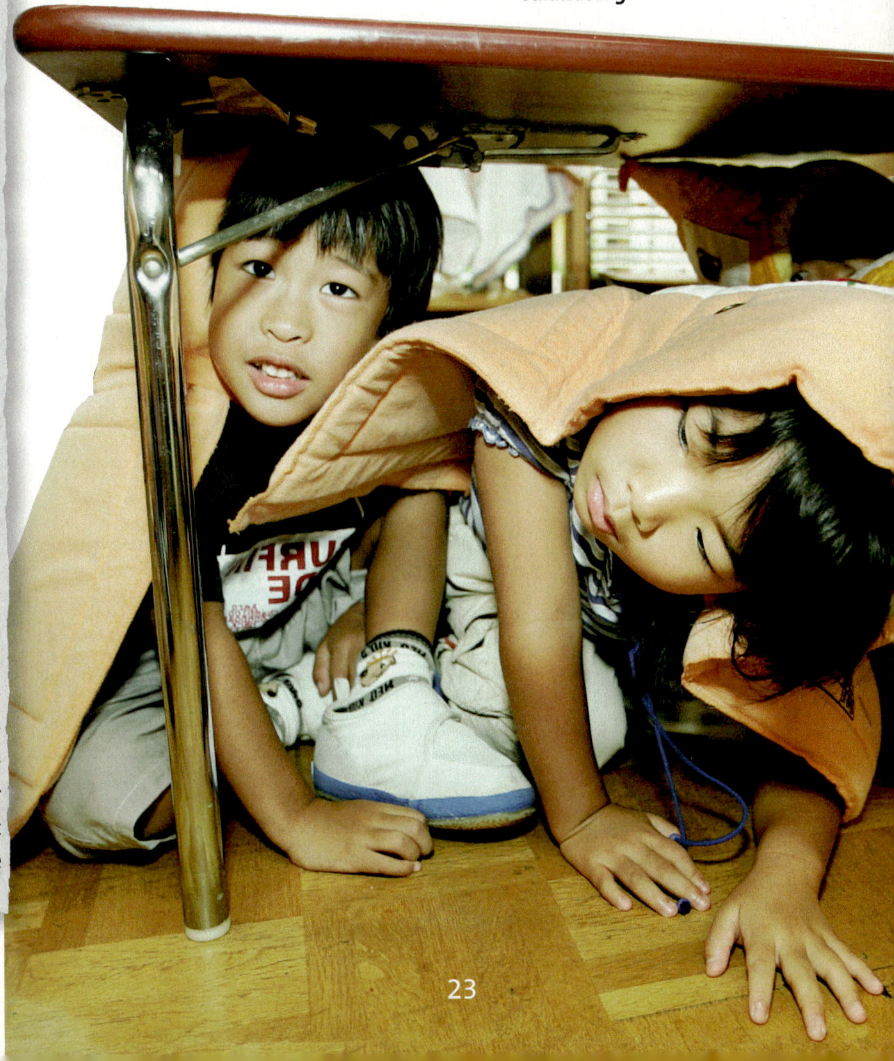

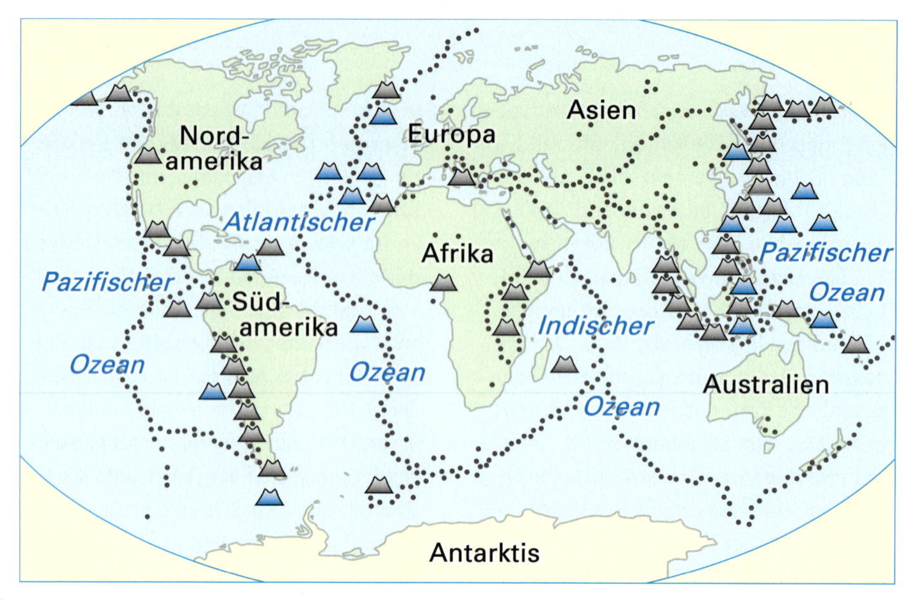

2 Hauptverbreitungsgebiete von Erdbeben und Vulkanen auf der Erde

Aufbau der Erde

Hypozentrum *= Erdbebenherd im Erdinneren*
Epizentrum *= das senkrecht über dem Erdbebenherd liegende Gebiet.*

Erdbeben gehören zu den gefürchtetsten Naturereignissen. Sie treten meist überraschend und ohne warnende Vorzeichen auf, dauern meist nur zwischen 10 Sekunden und 4 Minuten, haben aber eine große Zerstörungskraft.

Nur für die Wissenschaftler, die das Innere der Erde erforschen, sind **Erdbeben** von Nutzen. Die tiefsten Bohrungen dringen bisher nur 12 km in die Erde ein. Die seismischen Wellen (griech. Seismos = Erschütterung) geben Auskunft über den Aufbau der Erde.

Schalenbau der Erde

Die äußere dünne, aus festem Gestein bestehende „Haut der Erde“ wird als **Erdkruste** bezeichnet. Sie wird unterteilt in kontinentale und ozeanische Kruste.

Die **ozeanische Kruste** ist mit 200 Millionen Jahren noch relativ jung. Die **kontinentale Kruste** weist die mit 4 Milliarden Jahren ältesten Gesteine auf, die bislang gefunden wurden. Unter der Erdkruste schließt sich der **Erdmantel** an. Seine oberste Schicht besteht auch aus festem Gestein und bildet zusammen mit der Erdkruste die **Lithosphäre** (Gesteinshülle) der Erde.

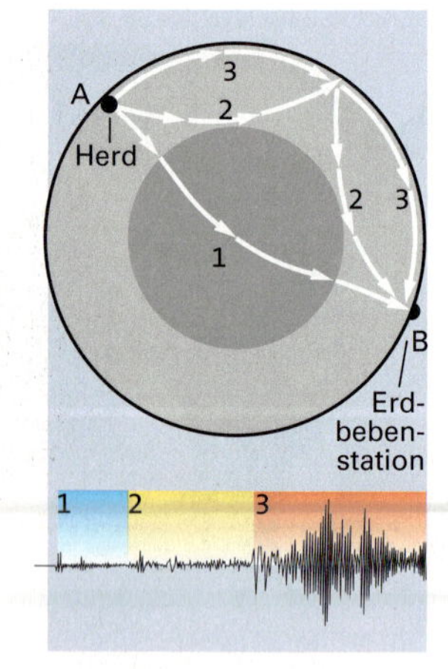

1 Ausbreitung der Erdbebenwellen

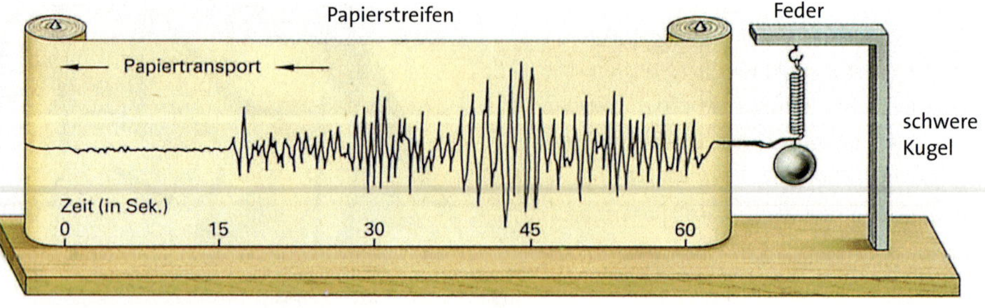

3 So funktioniert ein einfacher Seismograf (Messgerät, das Erdbeben aufzeichnet):
Wenn der Boden schwankt, bewegt sich die schwere Kugel kaum, da sie federnd aufgehängt ist. Auf dem Papierstreifen werden die Schwankungen aufgezeichnet, da sich das übrige Gerät mit dem Boden bewegt.

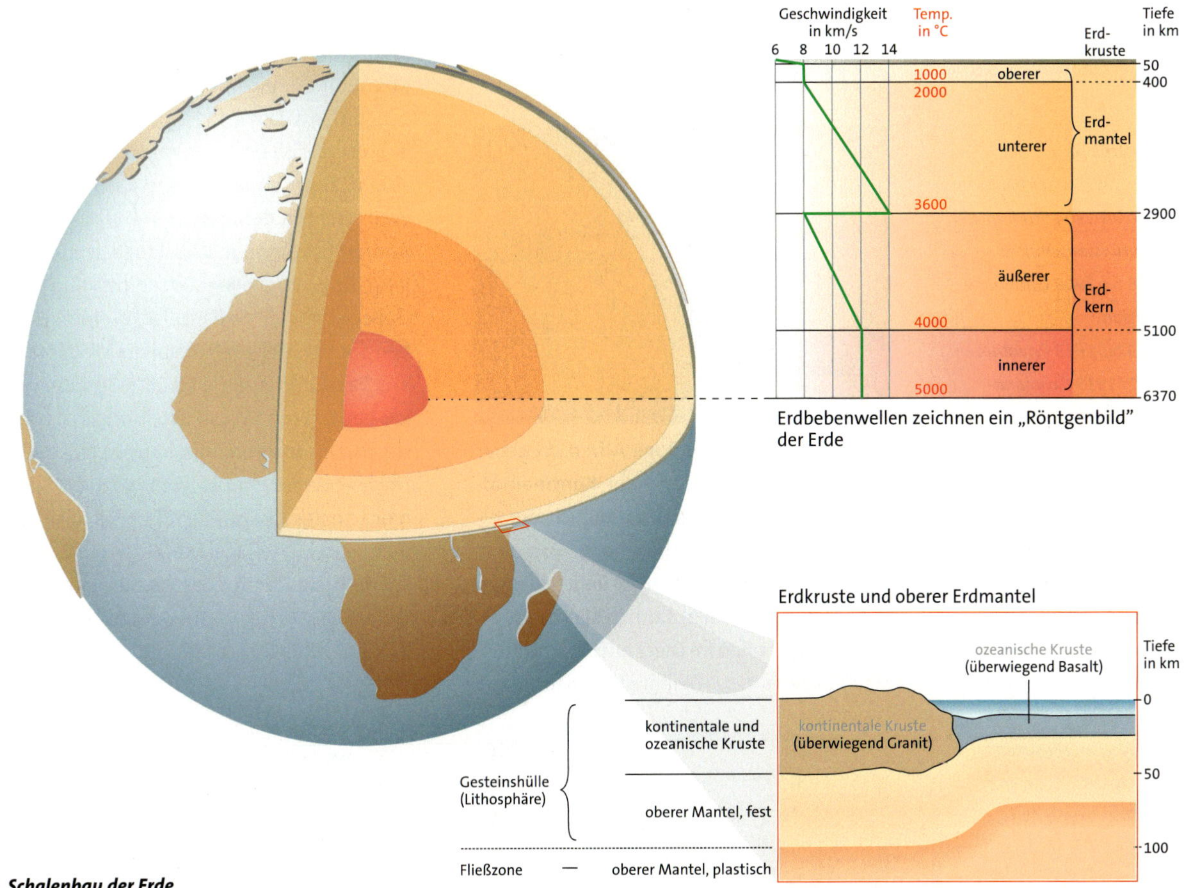

4 ***Schalenbau der Erde***

In der darunter liegenden Schicht herrschen bereits Temperaturen von etwa 1000 °C, sodass die Gesteine zu schmelzen beginnen. Diese Schicht heißt **Fließzone** (Asthenosphäre). Sie ist nur wenige 100 Kilometer dick, aber hier liegt der Schlüssel für den Vulkanismus und die Erdbeben. Unter der Fließzone ist der Erdmantel wieder fest. Über den **Erdkern** selbst weiß man kaum etwas. Vermutlich ist sein äußerer Teil flüssig, sein Inneres dagegen fester.

Vieles über den Aufbau der Erde ist noch nicht vollständig erforscht, aber der Antwort auf die Frage nach der Ursache für Vulkanausbrüche und Erdbeben sind wir schon näher gekommen.

1 *Erläutere, warum Erdbeben zu den gefürchtetsten Naturereignissen gehören.*

2 *Beschreibe mithilfe der Karte 2 die Verbreitung von Erdbeben und Vulkanen auf der Erde.*

3 *Erkläre mit den Grafiken 1 und 3, wie Erdbeben zur Erforschung des Erdinneren beitragen.*

4 *a) Welche Teile des Erdkörpers bilden die Gesteinshülle (Lithosphäre)?*

b) Bis in welche Tiefe reicht die Lithosphäre?

c) Vergleiche den Aufbau der Lithosphäre im Bereich der Kontinente und Ozeane.

Die Erde – ein Riesenpuzzle

Alfred Wegener

- *1.11.1880 in Berlin geboren*
- *1900 bis 1904 Studium der Naturwissenschaften*
- *1906 bis 1908 Grönlandexpedition*
- *1909 bis 1919 Privatdozent*
- *1912/1913 Grönlandexpedition*
- *1919 bis 1924 Professor in Hamburg*
- *1924 bis 1930 Professor für Geophysik in Graz*
- *1929/1930 Grönlandexpeditionen*
- *November 1930 Tod auf dem Inlandeis in Grönland*

Alfred-Wegener-Institut: www.awi-bremerhaven.de

1

Der deutsche Meteorologe Alfred Wegener schrieb in seiner Theorie der **Kontinentalverschiebung,** dass es ursprünglich nur einen Urkontinent gegeben habe: Pangaea. Der Urkontinent zerbrach vor Jahrmillionen zunächst in zwei Teile, dann in kleinere Teile, die wie Eisschollen im Meer auf dem zähflüssigen Gestein des Erdinneren „schwimmen".

3 **Eine geniale Idee**

Erste Gedanken über Verschiebungen von Kontinenten haben Wegener schon Ende 1910 erfasst. Denn im Januar 1911 schrieb er an Else Köppen, seine spätere Frau: „Mein Zimmernachbar Dr. Take hat zu Weihnachten den großen Handatlas von Andree bekommen. Wir haben stundenlang die prachtvollen Karten bewundert. Dabei ist mir ein Gedanke gekommen. Sehen Sie sich doch bitte mal die Weltkarte an: Passt nicht die Ostküste Südamerikas genau an die Westküste Afrikas, als ob sie früher zusammengehangen hätten? Noch besser stimmt es, wenn man die Tiefenkarte des Atlantischen Ozeans ansieht und nicht die jetzigen Kontinentalränder, sondern die Ränder des Absturzes in die Tiefen vergleicht. Dem Gedanken muss ich nachgehen."

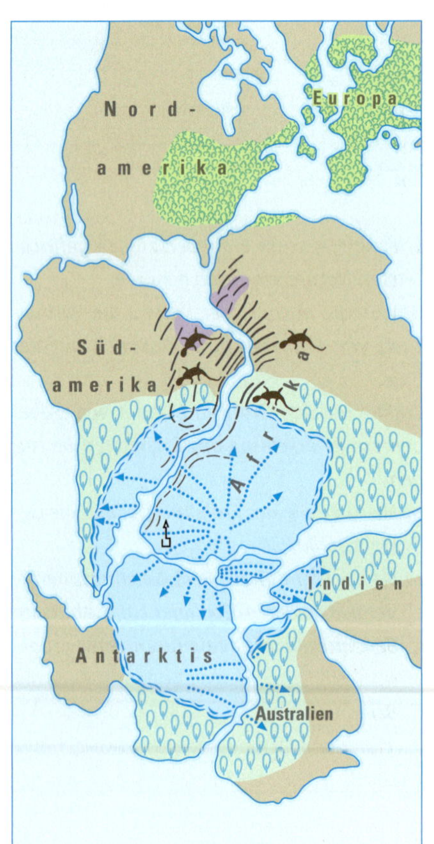

2 ***Wegeners Untersuchungsergebnisse***

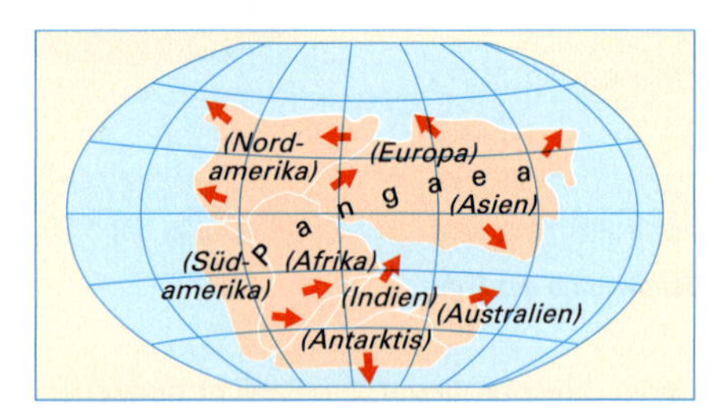

4 ***Die Erde vor 220 Millionen Jahren***

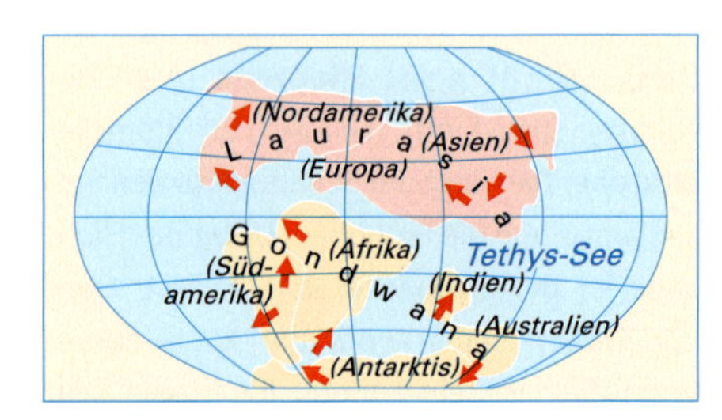

5 ***Die Erde vor 140 Millionen Jahren***

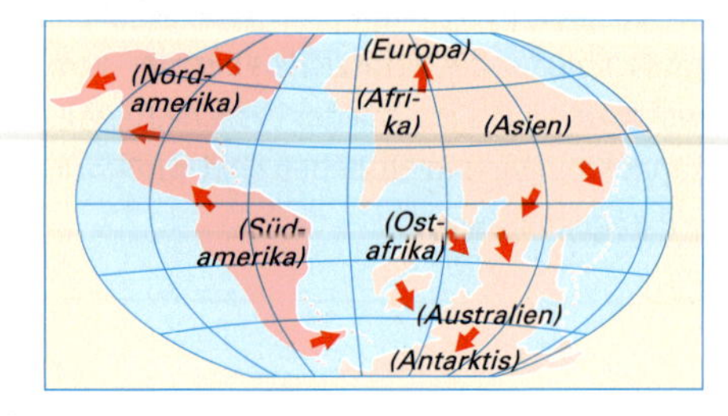

6 ***Die Erde in 100 Millionen Jahren***

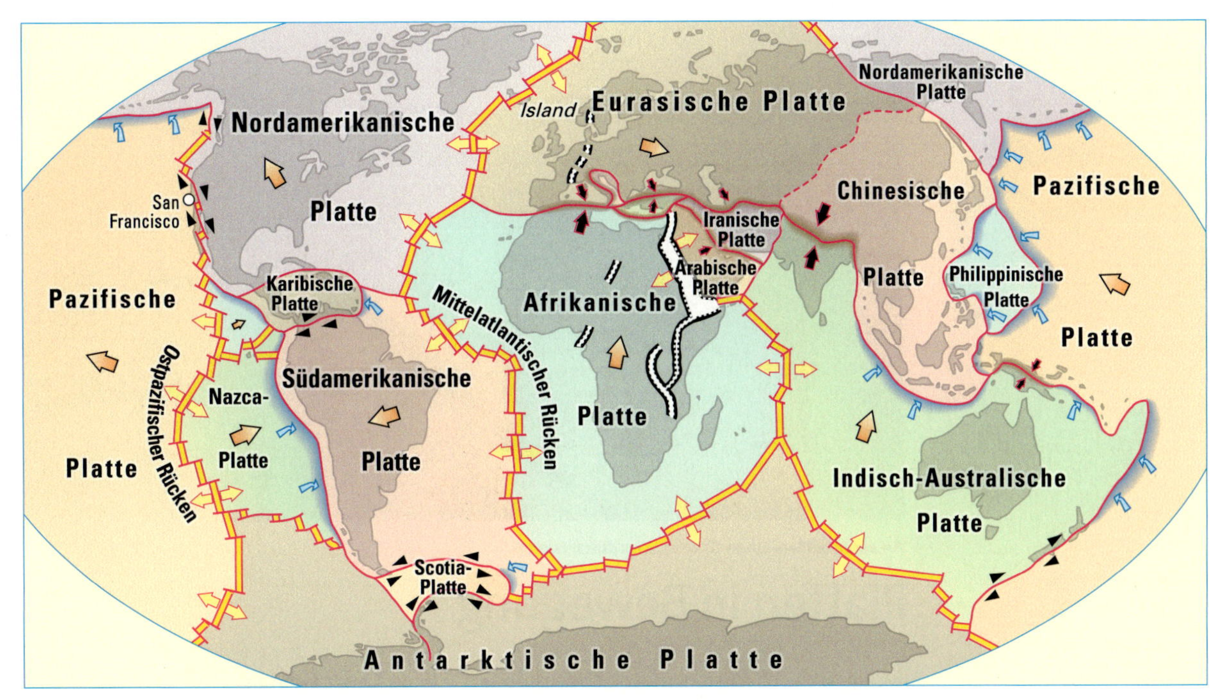

Die Gliederung der Erdkruste

Plattentektonik

Allerdings konnte Wegener die von ihm festgestellten Bewegungen der Kontinente nicht erklären. Seine Theorie wurde angefeindet und geriet zunächst in Vergessenheit.

Ende der 1960er-Jahre entwickelte der kanadische Forscher John T. Wilson die Theorie der **Plattentektonik.** Sie besagt, dass die Lithosphäre (Gesteinshülle) aus 7 großen und 18 kleineren Teilstücken, den Platten, wie ein Riesenpuzzle zusammengesetzt ist. Sie treiben mit unterschiedlicher Geschwindigkeit auf der Asthenosphäre oder Fließzone, der heißen, zähflüssigen Schicht des oberen Erdmantels. Die **Platten** tragen sowohl die Meeresböden wie auch die Landmassen der Kontinente. Messungen haben gezeigt, dass sich Platten wie die Afrikanische oder die Eurasische Platte 2–3 cm pro Jahr bewegen. Platten, die nur Meeresböden tragen wie die Pazifische Platte, können dagegen Geschwindigkeiten bis zu 10 cm im Jahr erreichen.

Anders als Wegeners Theorie der Kontinentalverschiebung besagt die Theorie der Plattentektonik, dass sich nicht die Kontinente bewegen, sondern die Platten, auf denen die Kontinente liegen.

1 *a) Erläutere Wegeners Theorie der Kontinentalverschiebung.*
b) Was an seiner Theorie muss für die anderen Forscher unglaubwürdig gewesen sein?

2 *Karte 5: Stelle fest, welche heutigen Kontinente zu Gondwana und welche zu Laurasia gehört haben.*

3 *a) Nenne die sieben großen Platten der Erdkruste in Karte 7.*
b) Welche der Platten besteht nur aus ozeanischer Kruste?
c) Benenne die drei möglichen Bewegungsrichtungen der Platten und gib jeweils ein Beispiel an.

4 *Beschreibe mithilfe der Karte 6, wie die Erde in 100 Millionen Jahren aussehen könnte.*

1

2 *An einer tektonischen Grenze: Riss durch Island*

Platten in Bewegung

Bei der Erforschung des Meeresbodens und durch neue Vermessungsmethoden mit Satelliten machten die Wissenschaftler sensationelle Entdeckungen: Am Meeresboden der großen Ozeane erstrecken sich gewaltige Gebirge, 3000 bis 4000 m hoch und fast 2000 km breit. Der größte Teil liegt durchschnittlich 2000 bis 3000 m unter Wasser. Nur an wenigen Stellen ragen diese **Mittelozeanischen Rücken** über die Wasseroberfläche hinaus, wie z.B. Island oder die Azoren im Bereich des Mittelatlantischen Rückens. Tiefseeforscher entdeckten, dass in der Mitte der Rücken ständig Magma nach oben steigt und unter Wasser ständig Vulkane ausbrechen. Messungen ergaben, dass sich der Atlantische Ozean im Jahr um etwa 2–6 cm ausdehnt.

Wie sind solche gewaltigen Gebirge am Meeresboden entstanden? Und warum vergrößert sich der Atlantische Ozean?

Neue Kruste entsteht

Die Mittelozeanischen Rücken markieren die Grenze zwischen verschiedenen Platten. Hier bricht die Erdkruste auf und zwei Platten bewegen sich voneinander weg. In Spalten steigt Magma nach oben, das beim Austritt und Kontakt mit dem Wasser sofort erstarrt. Dadurch entsteht neue ozeanische Kruste. Da ständig neues Magma aufsteigt, reißt die neue Kruste wieder auf und erkaltet gleich wieder. Dieser Vorgang wiederholt sich ständig. Er wird als Sea-Floor-Spreading (Meeresbodenausbreitung) bezeichnet. In der Mitte der Rücken, der eigentlichen Plattengrenze, bildet sich ein Grabenbruch (Rift).

Island ist ein kleiner Teil des Mittelatlantischen Rückens, der aus dem Ozean herausragt. Mitten durch die 500 km breite Insel verläuft die Grenze, an der sich die Nordamerikanische und die Eurasische Platte auseinander bewegen. Island wächst dadurch pro Jahr um etwa zwei Zentimeter.

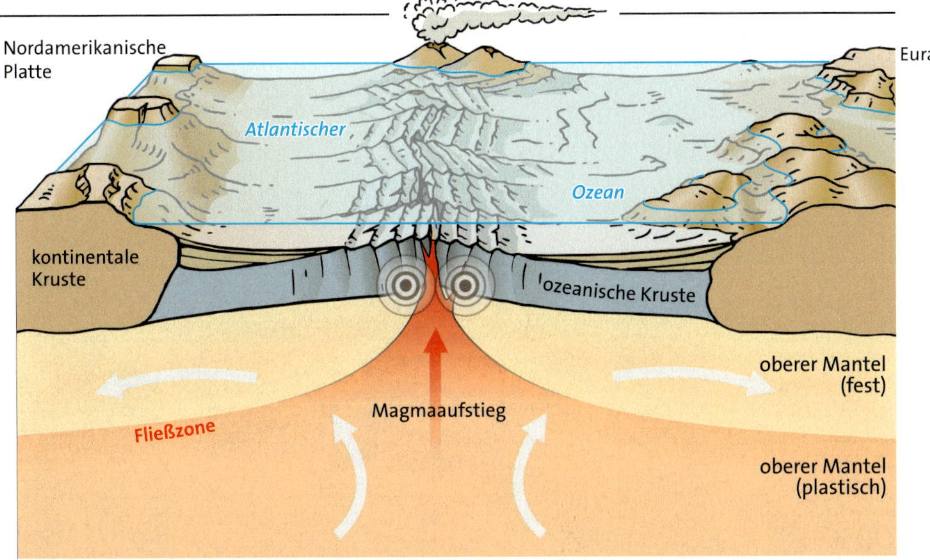

③ *Vorgänge am Mittelatlantischen Rücken*

④ *Mittelatlantischer Rücken*

Motor der Plattenbewegung

Die Ursache für die Bewegung der Platten sind Vorgänge im oberen Erdmantel. Es wird angenommen, dass der Erdmantel bestrebt ist, die Temperaturunterschiede zwischen Erdkern und Erdoberfläche durch den Aufstieg von Magma auszugleichen.

Ein Teil dieses zähflüssigen Mantelgesteins steigt im Bereich der Mittelozeanische Rücken direkt nach oben. Der Rest fließt in der Fließzone seitlich ab, wird dabei kühler und sinkt wieder in tiefere Bereiche ab. Dadurch werden die über der Fließzone „schwimmenden“ Platten mitgeschleppt.

1 *a) Beschreibe mithilfe einer Atlaskarte den Verlauf und Gliederung des Mittelatlantischen Rückens.*

b) Benenne weitere mittelozeanische Rücken.

c) Ermittle die Ausdehnung des Mittelatlantischen und Ostpazifischen Rückens.

2 *Erkläre mithilfe der Grafik 3 die Vorgänge an einem Mittelozeanischen Rücken.*

3 *Erkläre den Begriff Sea-Floor-Spreading.*

5

6 ***Kagoshima mit Vulkan Ontake***

Seebeben in Asien

Am Morgen des 26. Dezember 2004 verursachte ein Seebeben der Stärke 9,0 vor der Küste Sumatras gewaltige Tsunamis. Die Platten verschoben sich ruckartig um bis zu 30 Meter.
Über 200 000 Menschen wurden durch die verheerenden Flutwellen getötet. Unter den Opfern waren auch Touristen aus Deutschland. Millionen Menschen wurden obdachlos.

*Als **endogene Kräfte** werden alle Kräfte bezeichnet, die aus dem Erdinneren wirken, wie z. B. Plattentektonik, Vulkanismus und Erdbeben.*

Kruste verschwindet

Wenn in den Mittelozeanischen Rücken ständig neue Kruste entsteht, müsste sich die Erdoberfläche eigentlich vergrößern. Doch während Platten auseinanderdriften, treffen sie an anderer Stelle aufeinander. Dabei schiebt sich die schwerere ozeanische Kruste unter die leichtere kontinentale Kruste. Diese Bereiche nennt man **Subduktionszonen.** Durch das Abtauchen der ozeanischen Kruste entsteht ein **Tiefseegraben**. Gelangt die ozeanische Kruste in die Fließzone, so wird sie aufgeschmolzen. Das dabei entstehende Magma übt einen großen Druck auf die darüberliegenden Gesteinsschichten aus.
Es entstehen Bruchzonen, an denen das Magma an die Erdoberfläche gelangt. Ragen die Vulkane über die Wasseroberfläche hinaus, entstehen neue Inseln.

Durch die hohen Druck- und Zugkräfte beim Abtauchen verklemmen und verhaken sich die Platten und es entstehen Erdbeben. Liegt der Erdbebenherd unter dem Meeresboden, spricht man von Seebeben. Diese können große Flutwellen (Tsunamis) auslösen, welche Geschwindigkeiten von über 1 000 km/h und Höhen bis zu 35 m erreichen und deshalb große Zerstörungen verursachen.
Heute wissen wir, dass die japanischen Inseln durch Plattenbewegungen an einer Subduktionszone entstanden sind. Zahlreiche Vulkankegel zeugen vom Aufstieg des Magmas. Sie sind im Laufe der Zeit zu Vulkangebirgen zusammengewachsen. Japans gewaltigster Vulkan ist der Fuji-san. Er hatte 1707 seinen letzten Ausbruch.

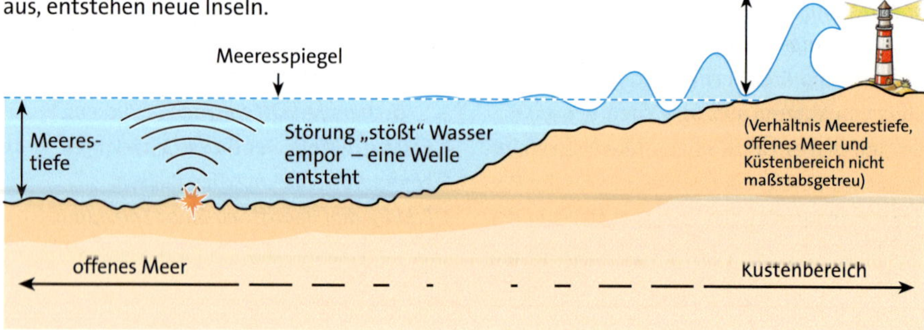

7 ***Entstehung von Tsunamis durch Erdbeben***

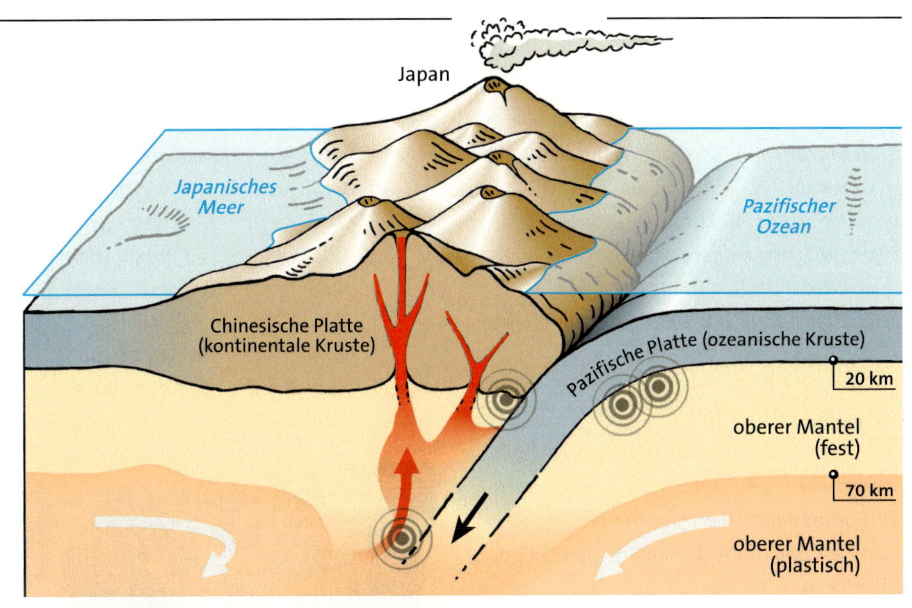

8 ***Schnitt durch die Erdkruste und oberen Erdmantel bei Japan***

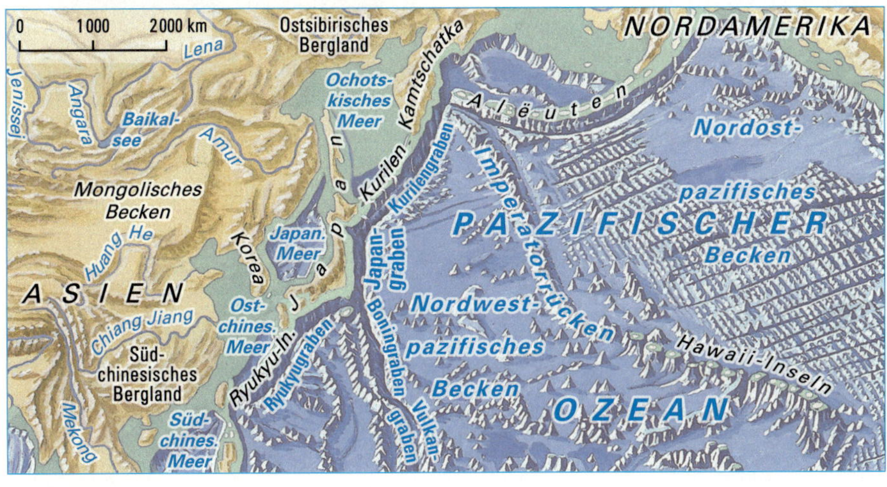

9 ***Japangraben***

Verheerender Vulkanausbruch

Am 26./27. August 1883 explodierte der Vulkan Krakatau in der Sundastraße. Die Aschewolke erreichte eine Höhe von über 50 km. Durch die Explosion bildete sich unter dem Meeresspiegel ein großer Hohlraum, der kurz darauf einstürzte. Dadurch entstand eine 37 m hohe Flutwelle, die vor allem die Küsten von Java und Sumatra überflutete und insgesamt 36 000 Tote forderte. Der Vulkan ist immer noch aktiv.

An anderen Stellen der Erde gibt es 80 aktive Vulkane. Alle Vorgänge und Erscheinungen, die mit dem Aufstieg von Magma verbunden sind, werden mit dem Begriff **Vulkanismus** zusammengefasst.

Wissenschaftler vermuten heute, dass das Abtauchen der ozeanischen Kruste die Ursache dafür ist, das an anderen Stellen des Planeten die Erdkruste gezerrt und gedehnt wird. Sie wird dort dünner, bricht auf und Magma kann an die Erdoberfläche strömen. Dann entstehen Mittelozeanische Rücken.

4 *a) Erkläre die Vorgänge an einer Subduktionszone (Grafik 8).*
b) Suche weitere Beispiele im Atlas.

5 *Vergleiche die Ursachen der Erdbeben in Italien, Japan und Kalifornien.*

6 *Erläutere Zusammenhänge zwischen Vulkanismus, Erdbeben und Plattentektonik.*

Wichtige Begriffe
Beleuchtungszonen
Breitenkreise
Datumsgrenze
endogene Kräfte
Erdbeben
Erdkern
Erdkruste
Erdmantel
Erdrevolution
Erdrotation
Fließzone
Gradnetz
kontinentale Kruste
Kontinentalverschiebung
Kulturerdteil
Längenhalbkreise
Lithosphäre
Meridian
Mittelozeanischer Rücken
Ortszeit
ozeanische Kruste
Platten
Plattentektonik
Subduktionszone
Tiefseegraben
Vulkanismus
Zeitzonen
Zenit

1 Begriffe gesucht

a) So heißt die Gesteinsschmelze, die sich in unterirdischen Kammern eines Vulkans sammelt.
b) So heißt der Punkt an der Erdoberfläche, der über den Erdbebenherd liegt.
c) Gebirge mitten in Ozeanen heißen?
d) So nennt man das Gerät, das die Wellen von Erdbeben aufzeichnet.

2 Schalenbau

Die Grafik 1 zeigt einen vereinfachten Querschnitt der Erde. Einige Stellen sind vergrößert dargestellt. Übertrage die Zeichnung in dein Heft und ordne den Ziffern die richtigen Begriffe zu.

3 Kulturerdteil-Experte gesucht!

Ordne das Bild 2 einem Kulturerdteil zu. Begründe.

4 Lösungswort gesucht

Die Anfangsbuchstaben der gesuchten Orte ergeben einen Begriff aus dem Gradnetz:

a) 40° nördl. Breite – 4° westl. Länge
b) 55° nördl. Breite – 114° westl. Länge
c) 23° südl. Breite – 43° westl. Länge
d) 52° nördl. Breite – 105° östl. Länge
e) 7° südl. Breite – 39° östl. Länge
f) 39° nördl. Breite – 86° westl. Länge
g) 31° nördl. Breite – 30° östl. Länge
h) 41° nördl. Breite – 73° westl. Länge

2

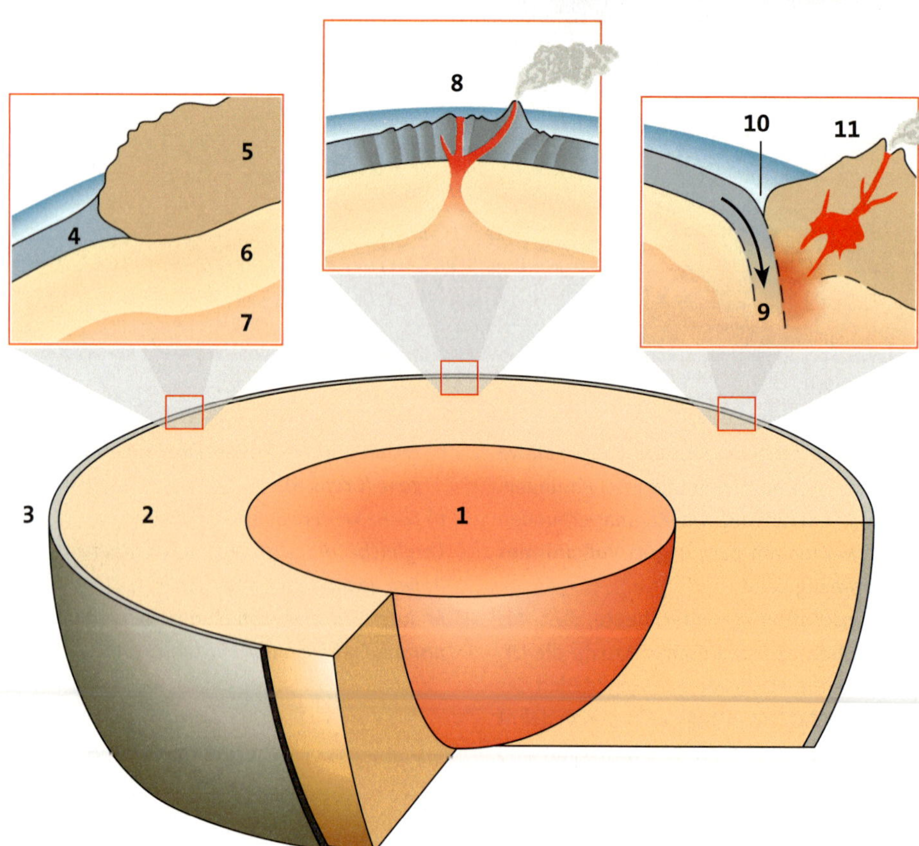

1 Querschnitt durch die Erde

③ **Experiment: Kontinente wandern**

Material:

Ein möglichst großes Glasgefäß (Aquarium), feine Sägespäne, dünne Styroporplatte, Bleistift, Messer, Wasser, rote Tinte, Brausetablette

Durchführung:

Fülle ein Aquarium mit Wasser und gib die Sägespäne sowie etwas rote Tinte dazu. Male auf die Styroporplatte die Umrisse der Kontinente Afrika und Südamerika und schneide diese aus. Wähle die Größe der „Kontinente" so, dass noch ausreichend Platz im Behälter ist. Lege sie nun eng beieinander auf die Mitte der Wasseroberfläche und platziere die Brausetablette vorsichtig unterhalb der „Kontinente".

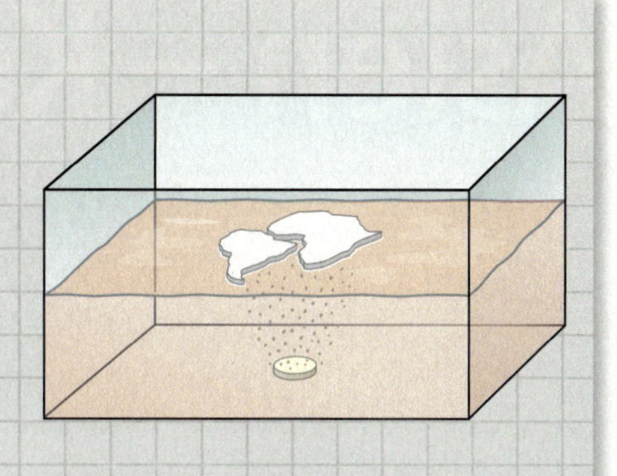

Auswertung:

Beobachte das Verhalten der „Kontinente" und zeichne dieses auf. Erläutere mithilfe des Experiments die Plattentektonik.

Teste dich selbst

mit den Aufgaben 1, 4 und 6a.

Surftipp

Möchtet ihr weitere Experimente zum Thema „Unruhige Erde" durchführen?

Unter www.klett.de/extra findet ihr Anregungen.

5 Experimentieren

Führe das Experiment 3 durch.

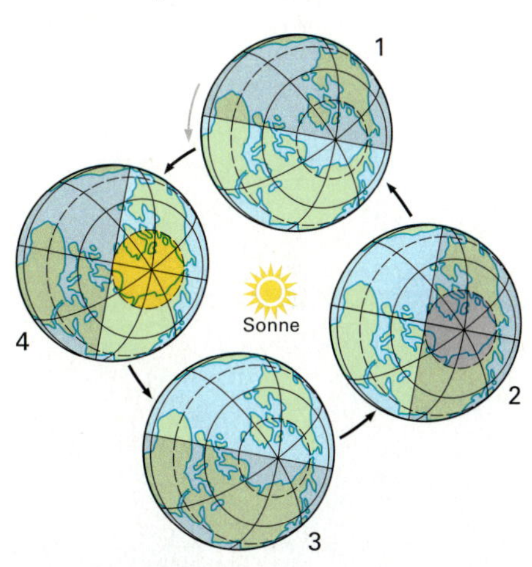

④ **Beleuchtung der Erde** (Ansicht von senkrecht oben)

6 Beleuchtungsverhältnisse

Die Zeichnung 4 stellt vier Positionen dar, welche die Erde beim Umlauf um die Sonne in einem Jahr einnimmt. Die Sonne ist in der Zeichnung viel zu klein dargestellt.

a) Ordne den Positionen 1 und 3 ein Datum und eine Bezeichnung zu.

b) Welches Datum gilt für die Position 2?

c) Beschreibe jeweils einen Tag am nördlichen Polarkreis in den Positionen 1 bis 4.

⑤ **Nonstop-Flüge von Frankfurt**

nach	Abflug um	Ankunft um	Flugzeit Std./Min.
1. Berlin	13.10	14.15	01.05
2. London	13.30	14.10	01.40
3. Moskau	13.05	18.05	03.00
4. Istanbul	13.20	17.10	?
5. New York	11.30	?	8.35
6. Tokyo	?	07.45	10.00

7 Zeitunterschiede ermitteln

Arbeite mit der Tabelle 5 und mit der Karte zu den Zeitzonen auf Seite 12.

a) Überprüfe die Zeitangabe bei den Flügen 1–3 und erkläre die Angaben.

b) Ersetze jeweils die Fragezeichen bei den Flügen 4–6.

c) Vergleiche und erkläre die unterschiedlichen Ankunftszeiten der Nonstop-Flüge:
Abflug in Frankfurt um 12.05 Uhr,
Ankunft in San Francisco 15.20 Uhr,
Flugstrecke: ca. 9 000 km,
Abflug in Frankfurt um 14.50 Uhr,
Ankunft in Bangkok 6.50 Uhr,
Flugstrecke 9 000 km.

d) Bei Fernflügen muss die Uhr meist umgestellt werden. Welche Faustregel gilt für Reisen nach Osten, welche für Reisen nach Westen?

Training

Asien – Kontinent d

„Sonnenaufgang", „Morgenland", „glänzend" oder „Osten" – so vielfältig die Bedeutungen für das Wort Asien sind, so vielgestaltig ist auch der Kontinent. Manche Wissenschaftler sprechen von dem Kontinent der Gegensätze, andere vom Kontinent der Rekorde.
Am Ende des Kapitels wirst du selbst Beispiele nennen können, die Asien zu diesem vielfältigen Kontinent machen.

er Rekorde

Nördlicher Nadelwald in Sibirien

Baikalsee

Nomaden in der Wüste Gobi

Bergriesen im Himalaya

2

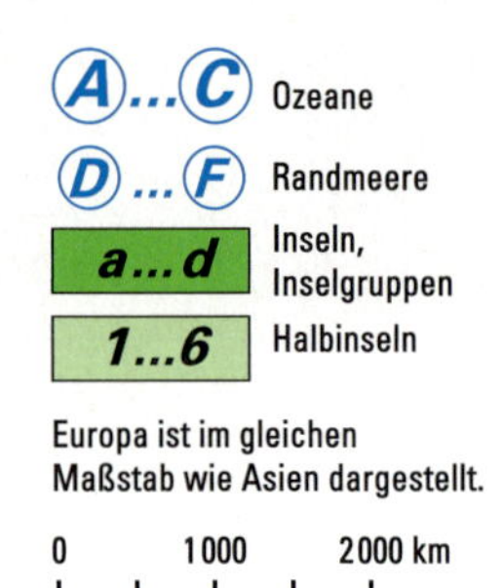

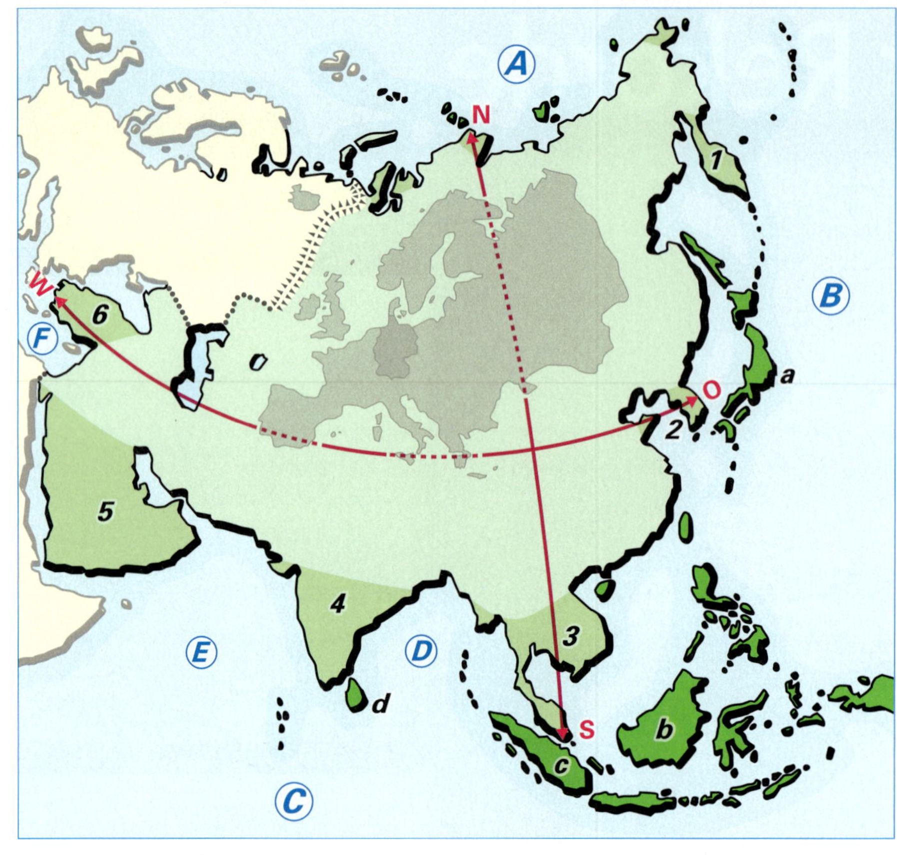

1 *Inseln und Halbinseln Asiens*

Asien – größter Kontinent der Erde

Asien ist der Kontinent mit der größten Landmasse und riesigen Entfernungen. Die vielen Rand- und Binnenmeere, die Asien umgeben, gliedern den Küstenverlauf sehr stark. Es gibt viele Inseln und Halbinseln, die oft um ein Vielfaches größer sind als Deutschland. Selbst Europa kann man als eine Halbinsel Asiens betrachten. Deshalb spricht man auch von **Eurasien**.

2

Kontinent	Fläche	Bevölkerung
Asien	44 Mio. km²	3 930 Mio.
Afrika	30 Mio. km²	971 Mio.
Südamerika	24 Mio. km²	369 Mio.
Nordamerika	18 Mio. km²	481 Mio.
Antarktis	14 Mio. km²	0 Mio.
Europa	10 Mio. km²	721 Mio.
Australien	8 Mio. km²	32 Mio.

Willst du dich auf so einem großen Kontinent orientieren, ist eine sinnvolle Gliederung wichtig. Am einfachsten ist es, sich an den Himmelsrichtungen oder nach dem Verlauf der großen Gebirge zu orientieren.

Die Hochgebirge im Inneren Asiens gliedern den Kontinent in einen nördlichen und einen südlichen Teil. Sie bilden für die Flüsse eine natürliche Grenze und bestimmen so deren Fließrichtung.

Die Gebirgszüge von Südwestasien über das Himalayagebirge bis nach Südostasien werden für die Untergliederung des südlichen Teiles verwendet.

Ob ein Staat wie zum Beispiel Afghanistan aber nun zu Südasien oder zu Südwestasien zugeordnet werden sollte, ist nicht immer eindeutig.

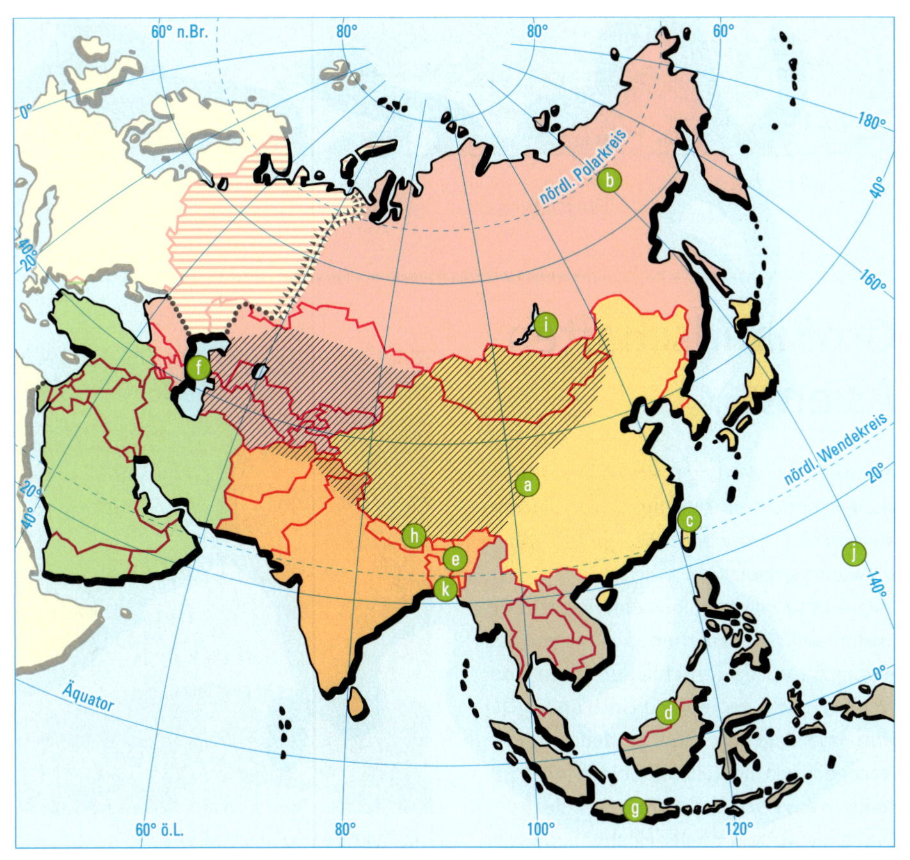

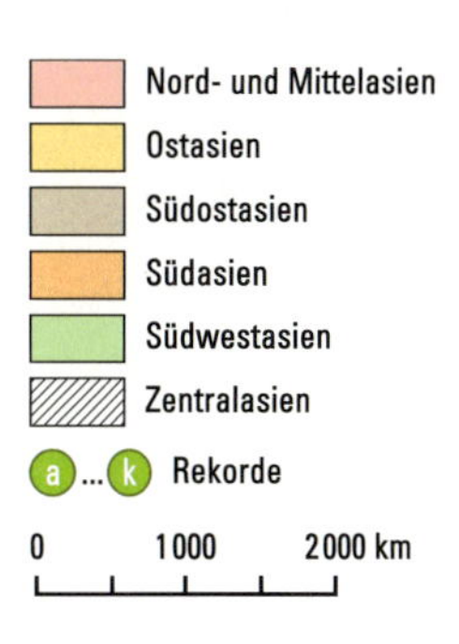

3 Gliederung Asiens

4 Geographische Rekorde

- Das Kaspische Meer ist der größte See der Erde. Es ist fast so groß wie die Ostsee.
- Die Sarawakkammer auf der Insel Borneo (Kalimantan) ist die größte Felshöhle der Erde. In ihr hätte der Kölner Dom bequem Platz.
- Das Finanzzentrum „Taipeh 101" ist mit 508 m das höchste Gebäude der Erde.
- China ist mit 1 306 Millionen Menschen das bevölkerungsreichste Land der Erde.
- Auf keiner Insel der Erde leben mehr Einwohner als auf Java.
- Mit −78 °C hält Oimjakon den Kälterekord der bewohnten Kontinente.
- 10 777 mm Jahresniederschlag fallen in Cherrapunji (Indien).

1 *Orientiere dich.*

a) Beschreibe die Lage Asiens im Gradnetz der Erde.

→ Mit dem Gradnetz die Lage bestimmen, siehe Seiten 10/11

b) Bestimme die Ausdehnungen. Überprüfe die Nord-Süd-Ausdehnung rechnerisch mithilfe der Breitenkreise.

c) Benenne die Ozeane A–C, die angrenzenden Meere D–F, die Halbinseln 1–6, die Inselgruppen a, b und die Inseln c, d.

2 *Welche Gliederung ermöglicht der Verlauf des Himalaya?*

3 *a) Ordne die Rekorde Asiens (4) den Punkten in der Karte 3 zu.*

b) Mit den Buchstaben (h) bis (k) sind weitere Rekorde angegeben. Um welche handelt es sich dabei?

4 *Stelle die Angaben zur Fläche und zur Bevölkerung der Kontinente (2) in einem Streifendiagramm dar.*

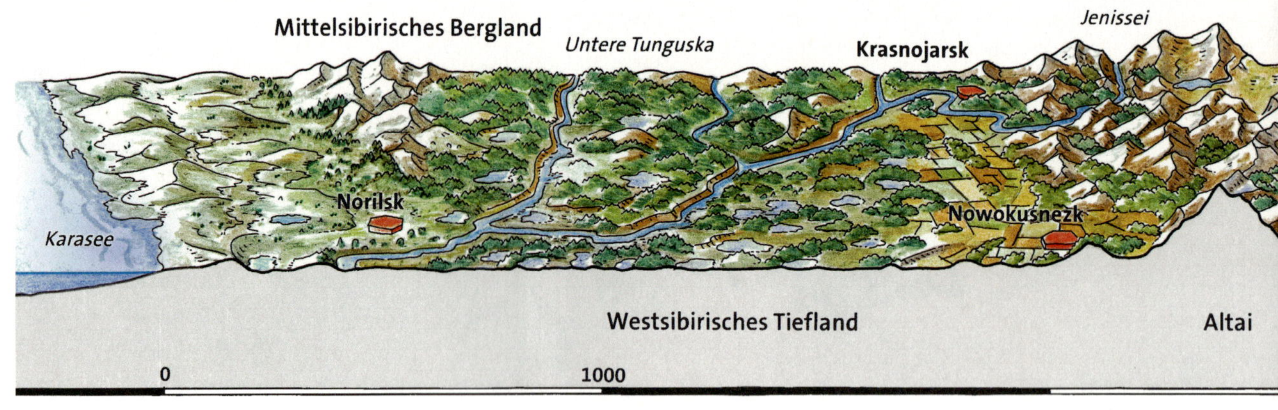

1 N-S-Profil durch Asien

Großlandschaften Asiens

Asien ist ein unruhiger Kontinent. Immer wieder berichten Zeitungen von Vulkanausbrüchen, Erdbeben oder großen Überschwemmungen.
Asiens Landschaften sind sehr vielgestaltig. Im Inneren Asiens befinden sich sehr alte Hochgebirge. Sie umschließen mehr oder weniger große Becken und Hochländer. Der Himalaya dagegen zählt zu den jüngeren Hochgebirgen und ist mit seinen Achttausendern das höchste Gebirge der Erde.
Durch die Abtragung der Hochgebirge werden an den Rändern große Ebenen aufgeschüttet. Diese Aufschüttungsebenen werden von großen Strömen durchzogen.
Küstentiefländer und großflächige Mittelgebirge, wie das Südchinesische Bergland, sind weitere Landschaften Asiens.

1 Beschreibe die Oberflächengestalt der Großlandschaften Asiens. Nutze dazu das Profil und die Fotos.
2 Vergleiche die Großlandschaften Asiens mit denen von Europa.
3 Stelle in einer Übersicht die flächengrößten Großlandschaften zusammen und gib dabei jeweils ein Lagemerkmal an.

2 **Im Westsibirischen Tiefland**
Zwischen dem Uralgebirge im Westen und dem Mittelsibirischen Bergland im Osten liegt das Westsibirische Tiefland. Mit einer Fläche von rund 2,5 Mio km² ist es etwa sieben mal größer als Deutschland. Im Süden wird das sumpfige, von unzähligen Flüssen durchzogene Landschaftsbild des Westsibirischen Tieflandes durch die ausgedehnten **nördlichen Nadelwälder** bestimmt. Im Norden gehen diese in die Waldtundra und **Tundra** über. In diesen Regionen können sich wegen des Permafrostes und eines geringen Wassergehaltes im Boden keine hohen Pflanzen, z. B. Bäume, entwickeln. Hier herrschen vor allem Flechten, Moose, Sträucher und Farne vor. Taut im Frühjahr die oberste Bodenschicht auf, kommt es zu Überschwemmungen. Riesige Mückenschwärme plagen die Arbeiter bei der Förderung von Erdöl und Erdgas, den wichtigsten Bodenschätzen des Tieflandes.

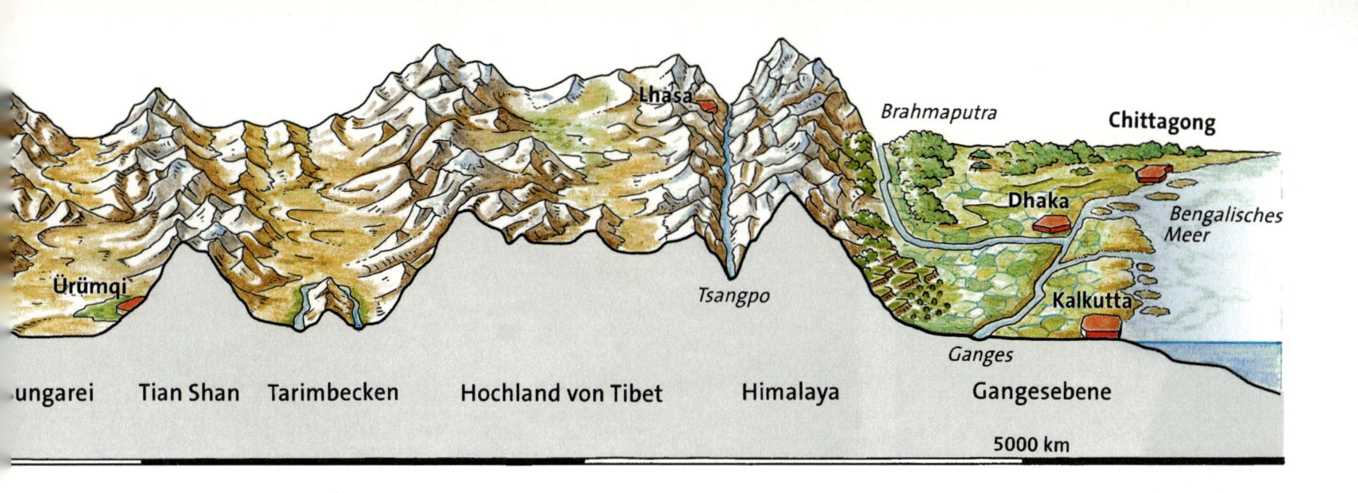

③ **Im Hochland von Tibet**

Im zentralen Teil Asiens befindet sich das Hochland von Tibet. Es reicht bis in Höhen von 7 000 m und wird von gewaltigen Gebirgszügen begrenzt. Besonders markant ist die Südgrenze mit dem Himalaya. Im Inneren wird das Hochland von einzelnen Gebirgen durchzogen. Mit einer durchschnittlichen Höhe von etwa 4 900 Metern ist Tibet die höchstgelegene Region der Erde und wird deshalb auch als das „Dach der Welt" bezeichnet. Der spärliche Pflanzenbewuchs besteht vorwiegend aus Gräsern und meist niedrig wachsenden Sträuchern. Nur in den Talregionen gibt es vereinzelt Bäume. Das Hochland ist reich an Bodenschätzen wie Gold, Eisenerz oder Kohle, welche aber kaum abgebaut werden. Das Leben der Menschen in dieser Region ist schwer. Die Atemluft ist sehr trocken und es fehlt Brennholz gegen die Kälte. Haupterwerbsquelle ist die Haltung von Ziegen, Schafen und Yaks.

④ **Im Südchinesischen Bergland**

Eine märchenhafte Kalksteinwelt erstreckt sich im Süden Chinas rund um die Stadt Guilin. Von dichter Vegetation bedeckt, reihen sich hier scharenweise steile Felsen aneinander. Manche sind bis zu 200 Meter hoch und durch sternförmige Trichter voneinander getrennt. Der so genannte Kegel- oder Turmkarst und die dazwischenliegenden Senken können sich nur dort entwickeln, wo ganzjährig hohe Temperaturen herrschen und viel Niederschlag fällt. Die große Hitze und hohe Luftfeuchtigkeit sorgen für eine rasch fortschreitende Verwitterung des Kalksteins. Mehrere kristallklare Flüsse schlängeln sich durch die Ebene. Sie ist von einem ganzen Gürtel von Bergen mit bizarren Felsformationen und hunderten Grotten umgeben. Dieses einzigartige Naturparadies lockt jährlich unzählige Touristen an. Zwischen den Karstkegeln wird intensiv Reisanbau betrieben.

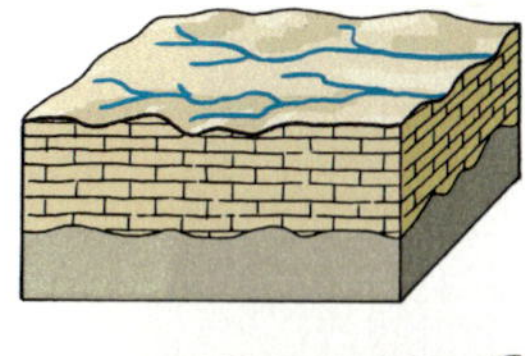
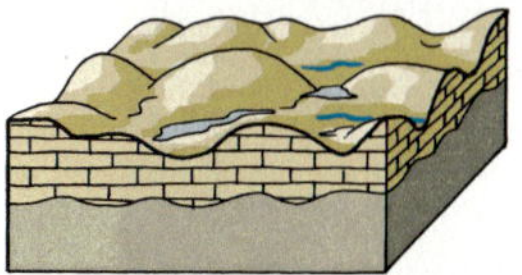

⑤ ***Bildung von Kegelkarst***

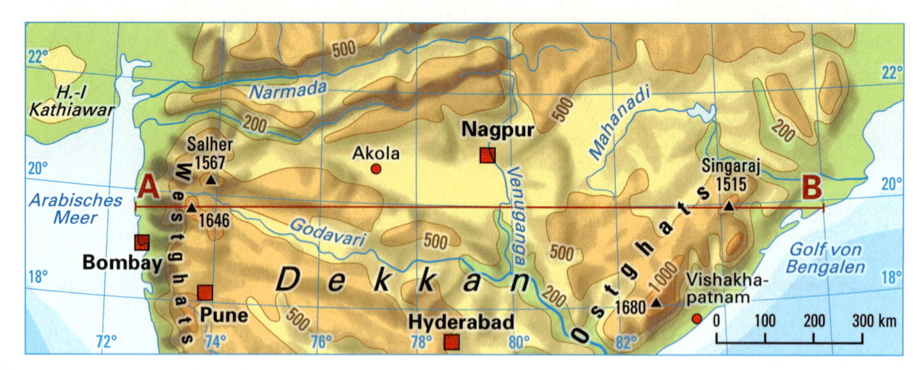

1 **Höhenschichtenkarte Indien (Ausschnitt)**

Ein Profil zeichnen

Profile lesen kannst du schon. Es ist aber auch gar nicht so schwer ein Profil oder eine Profilskizze zu zeichnen.

Um die Oberflächenformen einer Landschaft besser beschreiben zu können, ist es oft zweckmäßig einen Querschnitt, auch Profil genannt, von dieser anzufertigen. Das Höhenprofil ist die häufigste Form eines Profils. In diesem wird in vereinfachter Weise das Relief wiedergegeben. Dabei werden durch Überhöhungen die typischen Merkmale der Oberfläche betont.

1. Schritt: Profilverlauf festlegen

Wähle zuerst eine geeignete Höhenschichtenkarte aus und lege dein Geo-Dreieck, ein Blatt Papier und einen gut gespitzten Bleistift bereit. Achte bei der Auswahl der Karte auf einen geeigneten Längenmaßstab und auf gut sichtbare Höhenlinien. Verbinde mit einem dünnen Bleistiftstrich den Anfangs- und Endpunkt deines Profils.

2 Für unser Beispiel wählen wir eine Höhenschichtenkarte Indiens mit einem Maßstab von 1:15 000 000. Das W-O-Profil soll vom Arabischen Meer zum Golf von Bengalen entlang des 20. Breitenkreises Nord verlaufen. Die Punkte A und B geben die Endpunkte deines Profils an.

2. Schritt: Längen- und Höhenmaßstab festlegen

Zeichne auf ein Blatt ein Koordinatensystem. Die Länge der x-Achse gibt deinen Längenmaßstab wieder und bildet die Grundlinie von A nach B. Trage auf der y-Achse den Höhenmaßstab an. Damit die Höhen auch sichtbar werden, muss ein größerer Maßstab gewählt werden. Orientiere dich dabei an dem höchsten Punkt in deinem Profil.

3 Der Längenmaßstab beträgt 1:15 000 000. Das bedeutet, dass 1 cm 150 km entspricht. Teile die x-Achse entsprechend ein. Als Höhenmaßstab eignet sich das Verhältnis 1:100 000. Das bedeutet, 1 cm entspricht 1 000 m. Dadurch ergibt sich eine 150fache Überhöhung. $\left(\frac{15\,000\,000\,\text{cm}}{100\,000\,\text{cm}} = 150 \right)$

3. Schritt: Profillinie zeichnen

Falte nun dein Papier so, dass die Grundlinie (x-Achse) deiner Faltkante entspricht: Lege diese an die Linie in der Karte und markiere die Endpunkte A und B. Kennzeichne die Schnittpunkte der einzelnen Höhenlinien mit deiner Faltkante auf der Grundlinie (Bild 7). Falte dein Papier auf. Um die Höhen einzutragen, benötigst du den Höhenmaßstab auf der y-Achse. Markiere mithilfe deines Geo-Dreiecks für jeden Punkt auf der Grundlinie den entsprechenden Höhenpunkt. Verbinde diese zu einer Profillinie.

Du kannst auch ohne dein Papier zu falten die Höhenpunkte übertragen, indem du die Abstände zwischen den Höhenlinien misst, auf der Grundlinie markierst und die entsprechenden Höhenpunkte abträgst.

4 Das Bild 8 zeigt, wie für jeden Punkt auf der Grundlinie der entsprechende Höhenpunkt senkrecht darüber angetragen wird. Beim Verbinden der Punkte zu einer Profillinie (Bild 9) beachtet man die sich verändern den Höhen in der Karte.

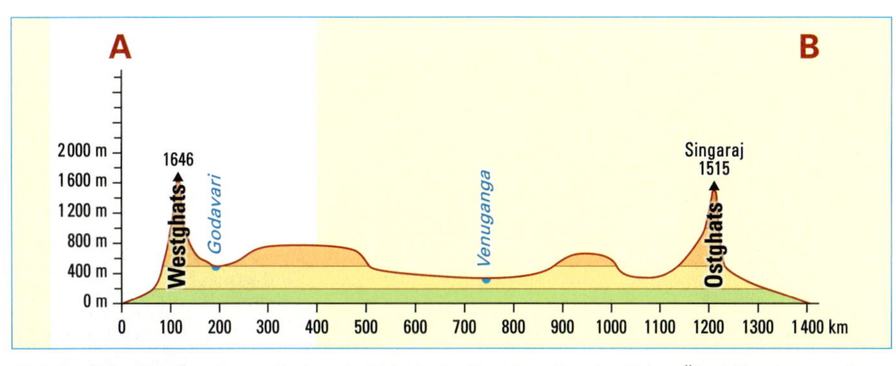

5 **W-O-Profil durch Indien.** *Der weiße Ausschnitt ist in Grafik 10 in unterschiedlichen Überhöhungen zu sehen.*

Eine ***Überhöhung*** *ist das Verhältnis von Längen- zu Höhenmaßstab. Nur eine geeignete Wahl der Überhöhung ermöglicht es, sich eine Vorstellung von den Oberflächenformen zu verschaffen.*

4. Schritt: Profil beschriften

Für die Gestaltung des Profils benötigst du häufig Farbstifte. Beschrifte zuerst die wichtigsten Oberflächenformen mithilfe der Atlaskarte. Dafür eignet sich der Bereich unterhalb der Profillinie besonders gut. Mit Symbolen können oberhalb der Profillinie Städte oder typische Nutzungen der Landschaft eingezeichnet werden. Eine Legende für diese Eintragungen vervollständigt dein Profil.

6 Die durch das Profil geschnittenen Oberflächenformen sind von West nach Ost: die Westghats, das Hochland von Dekkan und die Ostghats. Entlang des Profils wechseln sich die Nutzung ab: Nassreisanbau an den Küsten, Regenwald, vor allem in den Westghats und der Anbau von Hirse beziehungsweise Erdnüssen und Kokospalmen im Hochland.

7 ***Markieren der Schnittpunkte der einzelnen Höhenschichten***

8 ***Markieren der Höhenpunkte***

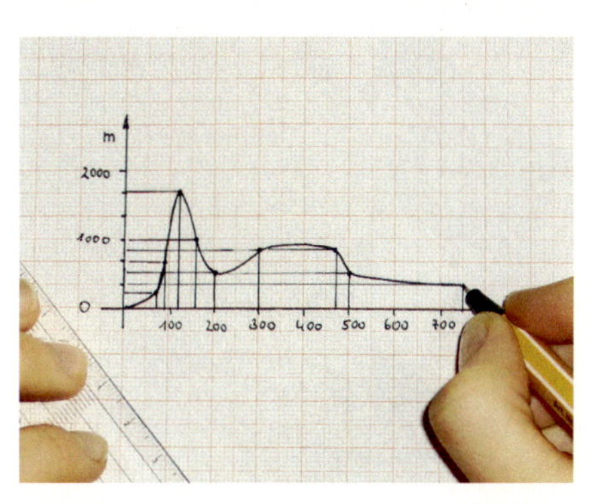

9 ***Verbinden der Höhenpunkte zu einer Profillinie***

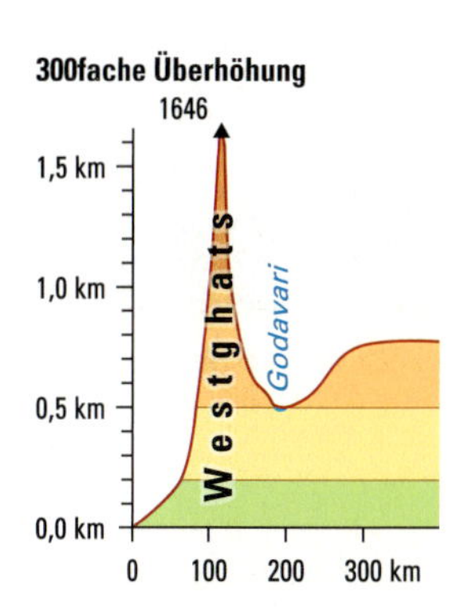

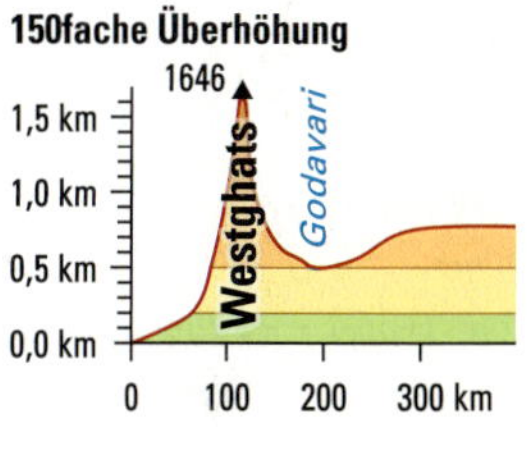

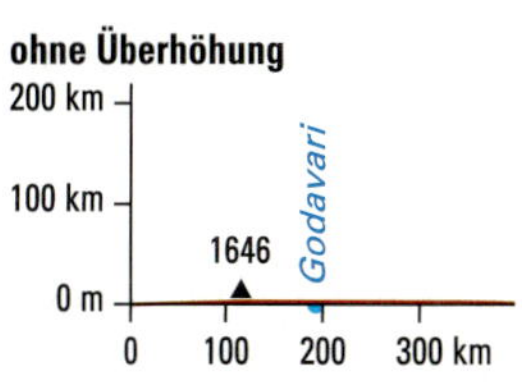

10 ***Überhöhungen eines Ausschnitts aus dem Profil durch Indien***

1 *Zeichne ein West-Ost-Profil entlang des nördlichen Polarkreises vom Uralgebirge zum Tscherskigebirge. Nutze dazu die Höhenschichtenkarte in deinem Atlas.*
   a) Gib eine geeignete Überhöhung an.
   b) Zeichne das Profil.
   c) Beschrifte das Profil.

2 *Formuliere deine größten Schwierigkeiten beim Zeichnen des Profils.*

3 *Gib Beispiele an, bei denen du schon einmal auf ein Höhenprofil gestoßen bist.*

4 *Wie verändern die unterschiedlichen Überhöhungen die Aussagen zur Oberflächenform (Grafik 10)?*

Der Mekong bei Ho Chi Minh (Saigon)

Gewässernetz Asiens

Wasserreichste Flüsse der Erde

(Abfluss in m³/s)

Amazonas	*180 000*
Kongo	*42 000*
Chang Jiang	*32 500*
Niger	*30 000*
Zum Vergleich die Elbe	*870*

Von den 15 längsten Flüssen der Welt fließen allein sieben durch Asien. Auf dem Kontinent befindet sich mit dem Kaspischen Meer der größte und dem Baikalsee der tiefste See der Erde.

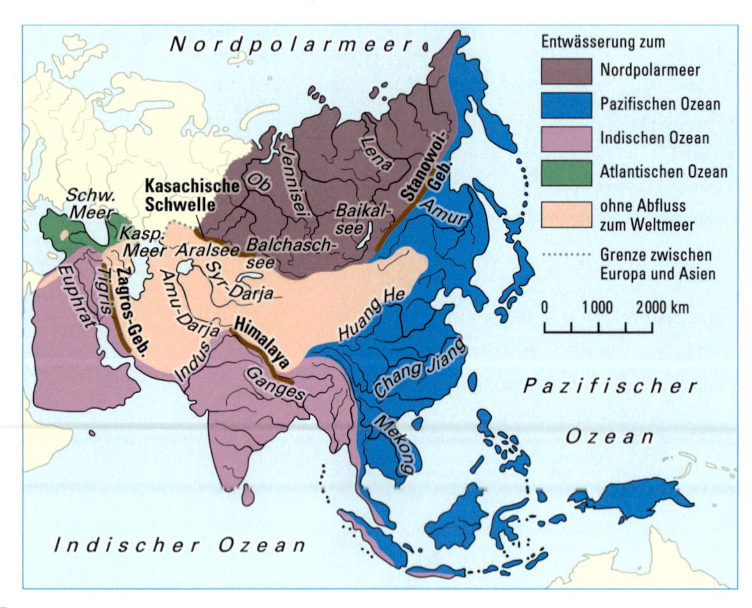

Gewässernetz Asiens

Flüsse prägen Landschaften

Fast alle großen Flüsse Asiens haben ihre Quellen in den Gebirgen im Inneren des Kontinentes. Von dort transportieren sie Gesteinsschutt über tausende Kilometer in Richtung der Ozeane. Auf den ersten Kilometern graben sich die Flüsse durch ihre hohe Fließgeschwindigkeit tief in die Gebirge ein und bilden so tiefe Schluchten. Auf ihrem Weg zu den Meeren lässt die Fließgeschwindigkeit und damit auch die Transportkraft des Wassers immer mehr nach. Große Mengen des mitgeführten Materials lagern sich am Grund der Flüsse oder an deren Mündungen als Sedimente ab. Über tausende von Jahren sind so die riesigen **Aufschüttungsebenen**, wie das Westsibirische Tiefland, die Gangesebene oder die Große Ebene entstanden.

Der Huang He (der gelbe Fluss) ist der zweitgrößte Fluss Chinas. Weil der Fluss pro Jahr an seinem Grund 10 cm mächtige Sedimentschichten ablagert, „wächst" er über die Große Ebene hinaus. Inzwischen liegt das Flussbett drei bis vier Meter über ihr. Im Verlauf der Zeit hat der Fluss immer wieder sein Flussbett um hunderte von Kilometern verlagert. Ganze einst blühende Landstriche begannen zu vertrocknen, während in anderen großflächige Überschwemmungen herrschten.

Blick auf den Baikalsee

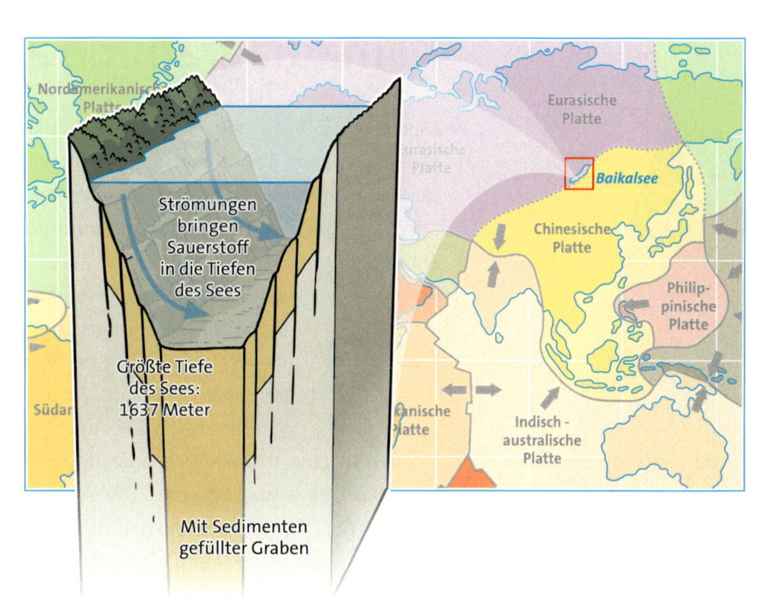

Profil durch den Baikalsee und Bewegungsrichtung der Plattengrenzen

Der Baikalsee

Der Baikalsee ist einer der größten Naturschätze Russlands und heißt übersetzt „reicher See". Er liegt inmitten der riesigen, dünn besiedelten Gebiete Zentralasiens. Mit 25 Millionen Jahren ist es einer der ältesten und mit 1637 m der tiefste See der Erde.

Der Baikalsee verdankt seine Existenz der Plattentektonik. Er ist Teil eines Grabenbruchs, der sich ständig erweitert und vertieft. Weil hier die eurasische und die chinesische Platte auseinanderdriften, entstehen Risse in der Erdkruste. Diese Bewegung wird durch die indische Platte verstärkt, die wie ein Keil die Platten auseinanderdrückt. Der Graben, in dem der See liegt, ist etwa 1600 km lang, fast 6 km tief und mit Sedimenten aufgefüllt.

Der Baikalsee ist mit einem Fünftel allen Süßwassers der Erde deren größter Süßwasserspeicher. Maximal passen 23 000 km³ Wasser in den See, das ist mehr als die Ostsee enthält und entspricht dem 460-fachen Wasserinhalt des Bodensees. Das Einzugsgebiet des Sees umfasst mit seinen Zuflüssen 1487 480 km²; dies entspricht knapp dem 4,2-fachen der Fläche Deutschlands.

Die Natur in und um den Baikalsees weist eine einzigartige Flora und Fauna auf. Etwa zwei Drittel der insgesamt 2500 Tier- und Pflanzenarten kommen ausschließlich hier vor. Im See leben die Nerpa, die einzigen Süßwasser-Robben der Welt, der Omul, eine Lachsart, oder der Golomjanka, ein fast durchsichtig erscheinender Fettfisch. Er ist der am tiefsten lebende Süßwasserfisch der Erde. Möglich wird diese Vielfalt an Leben unter anderem auch durch die niedrige Wassertemperatur des Sees, die an der Oberfläche im Jahresmittel nur etwa 7 °C beträgt.

Aufgrund der Einzigartigkeit des Baikalsees wurde er im Jahre 1996 zum Weltnaturerbe erklärt. Seit 2003 wird in einem Projekt ein 1800 km langer Wanderweg um den See angelegt.

1 *Stelle Zusammenhänge zwischen dem Gewässernetz und dem Relief Asiens dar.*
2 *Erkläre, warum der Baikalsee in die Liste des Weltnaturerbes aufgenommen wurde.*

Nerpa

Die UNESCO-Liste des ***Welterbes*** *besteht aus dem* ***Weltkulturerbe*** *und dem* ***Weltnaturerbe****.*
Zur Zeit gibt es 160 Naturdenkmale. In Deutschland zählt nur die Bergbaugrube Messel (Hessen) mit ihren Fossilienabdrücken dazu.

Klimadiagramme auswerten

Du kannst bereits Klimadiagramme zeichnen und ablesen. Jetzt erfährst du, wie du mithilfe von Klimadiagrammen die klimatischen Verhältnisse eines Ortes genauer beschreiben und begründen kannst. Du lernst, wie man Trockenzeit und Regenzeit abliest und den Ort in die Klimazonen der Erde einordnet.

Den durchschnittlichen Wetterablauf über einen längeren Zeitraum bezeichnen wir als Klima. Um das Klima eines Ortes zu veranschaulichen, wurden Klimadiagramme entwickelt.

Auf dieser Seite lernst du ein Klimadiagramm kennen. Die Skala wurde so gewählt, dass Temperatur und Niederschlag im Verhältnis 1:2 stehen, also 10 °C sind 20 mm Niederschlag zugeordnet. Diese Einteilung ermöglicht eine schnellere Abgrenzung der **humiden** und **ariden** Monate. Die Wachstumszeit der Pflanzen wird durch die thermischen (Sommer, Winter) und hygrischen Jahreszeiten (Regenzeit, Trockenzeit) bestimmt. Die thermischen Jahreszeiten untergliedern sich nach der Temperatur in Frühling, Sommer, Herbst und Winter. Neben der Feuchtigkeit benötigen Pflanzen eine mittlere Tagestemperatur von über 5 °C, um wachsen zu können. Diese Zeit bezeichnet man als Vegetationszeit. Wird diese Temperatur nicht erreicht, stellt die Pflanze ihr Wachstum ein.

1 **Frühling in Westsibirien**

Auswerten von Klimadiagrammen

1. Schritt: Orientieren

Orientiere dich mithilfe deines Atlas über die Lage der Station.

2. Schritt: Ablesen und Ermitteln

Lies die mittlere Jahrestemperatur ab, ermittle dann den kältesten und den wärmsten Monat und berechne die Jahresschwankung der Temperatur. Beachte: Die Differenz zwischen dem wärmsten und dem kältesten Monat gibt man in Kelvin (K) an. Lies den Jahresniederschlag ab und ermittle die Monate mit dem höchsten und dem niedrigsten Niederschlag.

3. Schritt: Beschreiben

Beschreibe den Jahresgang von Temperatur und Niederschlag sowie den Wasserhaushalt.

Beachte:

- Verläuft die Temperaturkurve gleichmäßig über das Jahr, spricht man von einer einfachen Jahreswelle der Temperatur, gibt es zwei Maxima, von einer Doppelwelle.
- Ragen die Niederschlagssäulen über der Temperaturkurve hinaus, fällt mehr Niederschlag als verdunsten kann. Es ist Regenzeit. Der Wasserhaushalt des Klimas wird als humid bezeichnet. Liegen die Niederschlagssäulen unter der Temperaturkurve, herrscht Trockenzeit, der Wasserhaushalt wird als arid bezeichnet.

4. Schritt: Begründen und Einordnen

Gib Gründe für die beschriebenen klimatischen Verhältnisse an und ordne die Station in die Klimazonen der Erde ein. Nutze dazu den Atlas.

1 *a) Zeichne ein Klimadiagramm von Shanghai. Nutze dazu die Seite 249 im Anhang.*
b) Werte das Klimadiagramm aus.
c) Warum sind die durchschnittlichen Niederschläge höher als in Ürümqi?

2 *Die Karikatur 1 heißt „Frühling in Westsibirien". Begründe.*

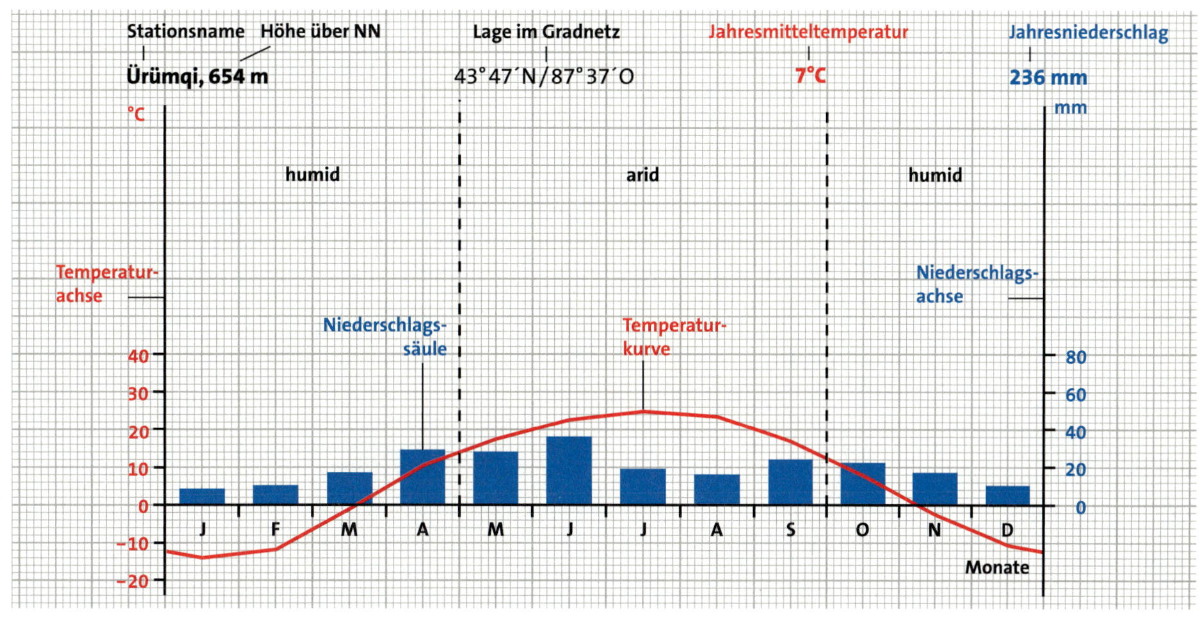

② *Klimadiagramm von Ürümqi*

1. Orientieren:

Name und Höhe der Station: Ürümqi, 654 m über NN **Lage im Gradnetz:** 43°47‘ N/ 87°37‘ O

Lagebeschreibung: Hauptstadt der Uigurischen Autonomen Region Xinjiang in Nordwestchina

2. Ablesen und Ermitteln:

Jahresmitteltemperatur: 7 °C

Wärmster Monat: Juli: 25 °C **Kältester Monat:** Januar: –14 °C

Jahresschwankung: 39 K

Jahresniederschlag: 236 mm

Niederschlagsmaximum: Juni 36 mm **Niederschlagsminimum:** Januar 8 mm

3. Beschreiben:

Die Temperaturen schwanken innerhalb eines Jahres außerordentlich stark. Die Jahresschwankung ist mit 39 K sehr hoch. Es gibt ein deutliches Winterminimum (Dezember, Januar) und ein deutliches Sommermaximum (Juni bis August). Von September bis Dezember fällt die Temperaturkurve sehr steil ab und von Februar bis Mai erwärmt sich die Luft sehr schnell.

Anders als die Temperaturen schwanken die Niederschlagshöhen nur leicht. Es gibt ein Maximum in den Monaten April bis Juni und ein schwächeres Maximum im September und Oktober. Die jährlichen und monatlichen Niederschlagsmengen sind sehr gering. Die Monate Oktober bis April sind trotz geringer Niederschläge humid, da die niedrigen Temperaturen die Verdunstung gering halten. Für das Pflanzenwachstums sind diese Monate fast ausnahmslos zu kalt. In den fünf ariden Sommermonaten (Mai bis September) bleiben die niedrigen Niederschlagssäulen unter der Temperaturkurve.

4. Begründen und Einordnen

Das Klima ist durch die küstenferne Lage im Inneren des Kontinents Asien und die Lage in einem von hohen Gebirgen im Süden (Tien Shan), Norden und Nordosten (Altai, mongolischer Altai) sowie Westen (Tarbagatai, Ala-Tau) abgeriegelten und hoch gelegenen Becken geprägt. Die starke sommerliche Erwärmung und winterliche Abkühlung der Landmasse Asiens sorgt für die Entstehung thermischer Jahreszeiten. Die Gebirgsumrahmung des Beckens, an der sich feuchte Winde abregnen, ist für den Niederschlags- und Wassermangel verantwortlich. Die klimatischen Bedingungen sind daher für die Vegetation und damit für die Landwirtschaft sehr schlecht. Ürümqui besitzt ein Wüstenklima, landwirtschaftlicher Anbau ist nur im Sommer bei künstlicher Bewässerung möglich.

③ *Auswertung des Klimadiagramms von Ürümqi*

Vegetationszonen

- 1 Eiswüste
- 2 Tundra
- 3 nördlicher Nadelwald (Taiga)
- 4 sommergrüner Laubwald
- 5 Steppe
- 6 Wüste
- 7 Hartlaubwald
- 8 immergrüner Laubwald
- 9 Steppe
- 10 Wüste
- 11 tropische Wüste (0 – 2 Monate humid)
- 12 Dornsavanne (2 – 4½ Monate humid)
- 13 Trockensavanne (4½ – 7 Monate humid)
- 14 Feuchtsavanne (7 – 9½ Monate humid)
- 15 tropischer Regenwald (9½ – 12 Monate humid)
- Kulturland
- Südgrenze des Permafrostes

0 1000 2000 km

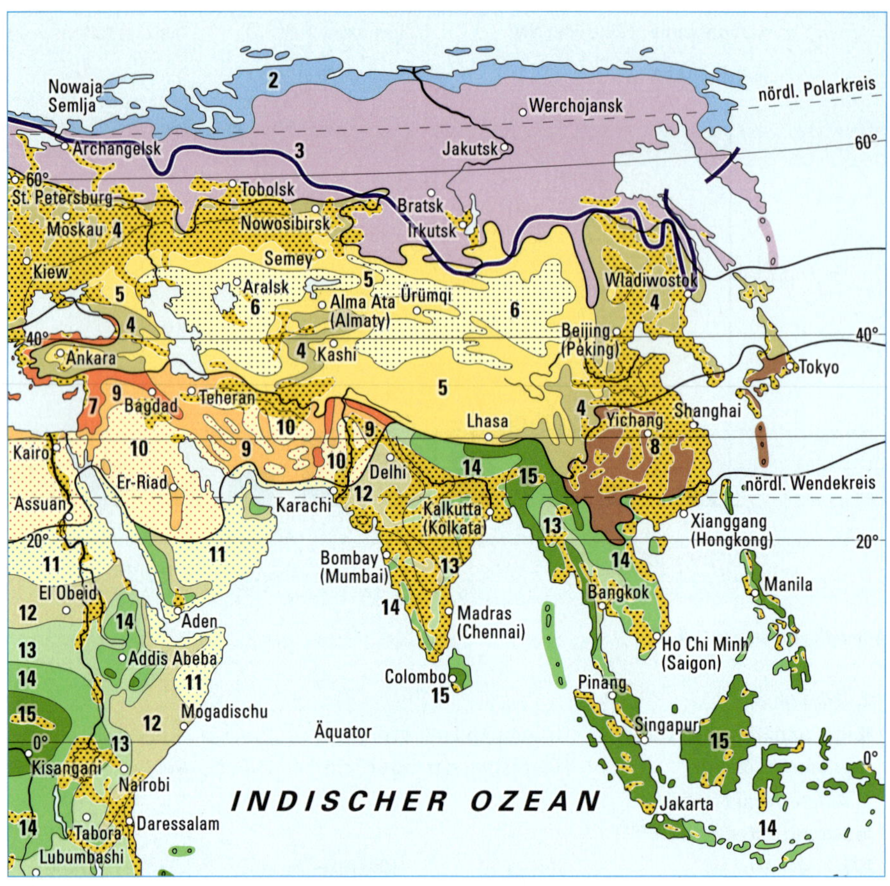

1 *Heutige Vegetation Asiens*

Klima und Vegetation Asiens

Die riesige Landmasse Asiens bedingt in weiten Teilen ein ausgeprägtes Kontinentalklima mit starken Temperaturgegensätzen im Jahresverlauf. Heiße Sommer und kalte Winter werden häufig nur von kurzen Übergangsjahreszeiten getrennt. Durch die Meeresferne und die Lage im Regenschatten der Gebirge fällt in diesen Regionen nur wenig Niederschlag.

Anders als in Afrika gibt es neben ständig heißen auch **winterkalte Wüsten**. Dazu gehören Gobi und Taklimakan. Wegen ihrer Lage im Inneren des Kontinents werden sie auch als **Binnenwüsten** bezeichnet.

In den küstennahen Gebieten im Osten Asiens regnet es allerdings das ganze Jahr. Im Unterschied zu dem Winterregenklima der Westseiten in der subtropischen Klimazone Europas herrscht hier das immerfeuchte **subtropische Klima der Ostseiten** vor. Es entwickelten sich artenreiche immergrüne **subtropische Feuchtwälder**, die mit zunehmender Entfernung von der Küste in Lorbeer- und Trockenwälder übergehen. Auch in der gemäßigten Klimazone gibt es in Asien ein Ostseitenklima.

1 *Benenne mithilfe der Karte 1 und des Atlas für die Vegetationszonen Asiens die dazugehörenden Klimazonen.*

2 *a) Werte die Klimadiagramme 2 – 5 aus.*
b) Ordne den Klimastationen die Fotos und Anpassungsmerkmale der Vegetation zu. Stelle dabei Zusammenhänge her.

3 *Begründe die Verteilung des Kulturlandes in Asien.*

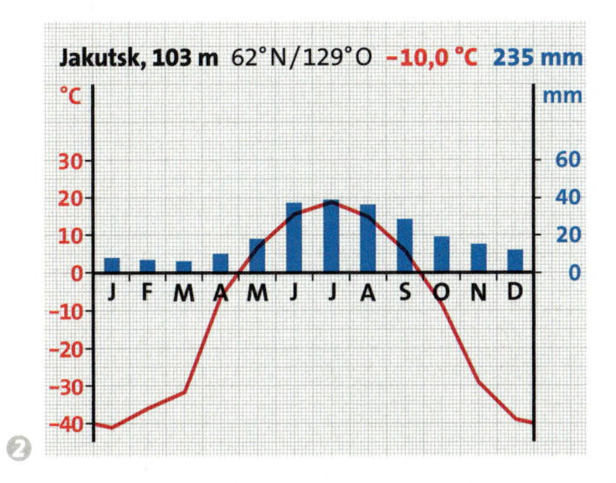

2

6 Immergrüner subtropischer Feuchtwald, China

Anpassung:
vegetationsarm bis vegetationslos, Pflanzen mit kleinen Blättern und wachsartiger Schutzschicht oder Dornen, tiefreichende Wurzeln, z. B. Akazien, Feigenkakteen

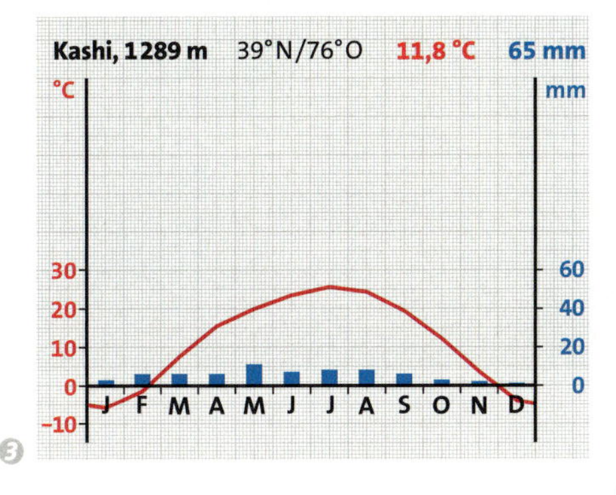

3

7 Nördlicher Nadelwald, Sibirien

Anpassung:
ganzjährig, artenreicher immergrüner Stockwerkwald, Pflanzen mit flachem, dichtem Wurzelgeflecht oder Brettwurzeln, z. B. Bromelien, Lianen und Palmen

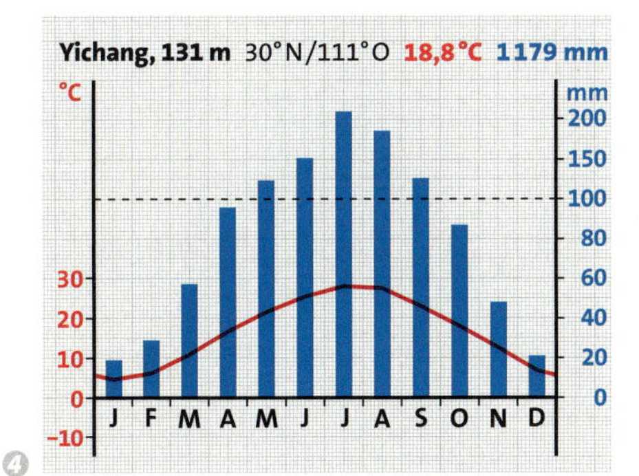

4

8 Tropischer Regenwald, Malaysia

Anpassung:
in Küstennähe artenreicher, immergrüner subtropischer Feuchtwald, mit zunehmender Entfernung von der Küste Übergang zum Lorbeerwald mit Baum- und Strauchschicht: z. B. Lorbeerbaum, Teestrauch, Bambus

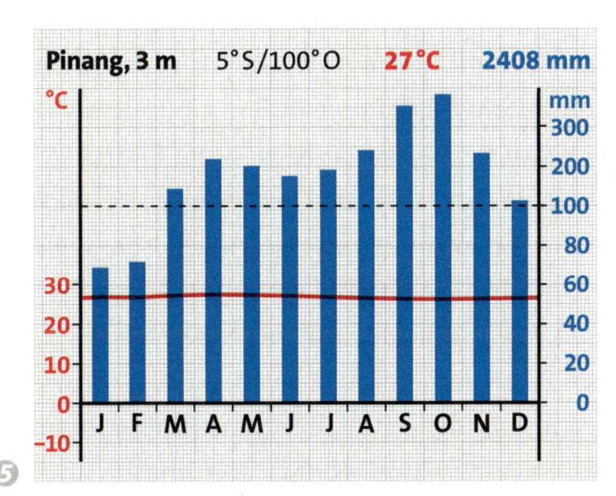

5

9 Wüste (Taklimakan), Tarimbecken

Anpassung:
artenarmer, einschichtiger, immergrüner Nadelwald, Moore, z. B. immergrüne Fichten, Kiefern und Tannen, Lärchen mit flachen Wurzeln, Torfmoos, Moosbeeren

1 **Moorsee in der Taiga**

2

In Sibirien

Hinter uns liegen die Höhen des Uralgebirges, vor uns erstreckt sich ein unendliches Meer aus Grün, das Westsibirische Tiefland. Kaum ein Hügel erhebt sich. Wer jedoch glaubt, Sibirien bestünde nur aus Tiefland, der irrt. In Mittelsibirien geht das Relief allmählich in Mittelgebirgshöhen über, in Ostsibirien schließt sich das Ostsibirische Gebirgsland mit Höhen bis über 3000 m an. Gewaltige Ströme durchschneiden in ganz Sibirien immer wieder die Landschaft. Doch das prägende Element der Region sind neben den Moorlandschaften die unendlichen Wälder der Taiga.

Grün, soweit das Auge reicht

Große Teile Sibiriens werden vom nördlichen Nadelwald, in Russland Taiga genannt, bedeckt. Die Taiga ist artenarm, sie besteht vorwiegend aus frostwiderständigen Fichten, Kiefern und Lärchen. Ihre Blätter sind zu kleinen, harten Nadeln entwickelt, mit denen kalte und trockene Zeiten überstanden

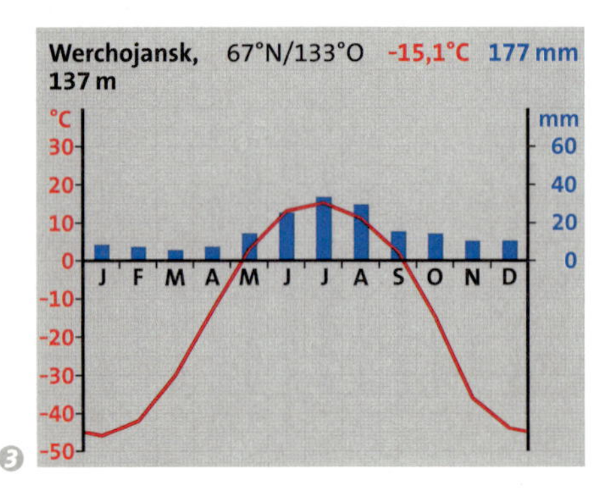

3

werden können. Lediglich die anspruchsarmen Espen und Birken sind als Laubbäume in diesen Wäldern vertreten. Sie müssen zu Beginn der kalten Jahreszeit ihre Blätter abwerfen, um zu überleben. Weiter nördlich wird die Sommerwärme geringer – der Wald damit lichter. Jenseits der Baumgrenze liegt die Tundra, in der nur noch zwergwüchsige Bäume, niedrige Sträucher, Gräser sowie Moose und Flechten existieren. Diese Pflanzen werden nur wenige Zentimeter hoch und bleiben nah am erwärmten Boden.

Kaum zu glauben

Fast 10 Millionen km² Fläche, mehr als 100 Völker, aber nur 25 Millionen Einwohner, und Rohstoffvorkommen, die zu den umfangreichsten der Welt gehören – das ist Sibirien.

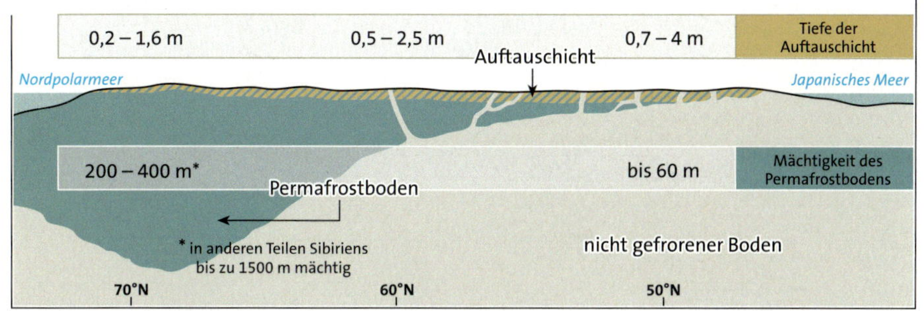

4 **Profil durch den Permafrost**

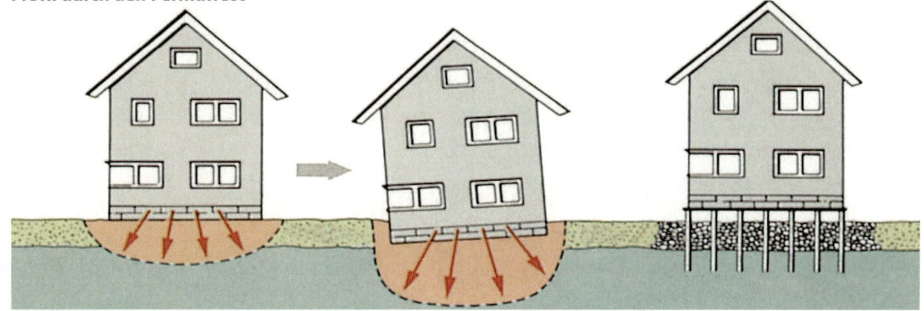

5 ***Pfahlbauten von Wohnhäusern***

6 ***Frostmusterboden***

Permafrost

Die meiste Zeit ist es in Sibirien so kalt, dass die Böden tief gefroren sind – man spricht von **Permafrostböden (Dauerfrostböden)**. Nur in der warmen Jahreszeit tauen die Boden- und Gesteinsschichten bis zu maximal vier Meter Tiefe auf. Der Untergrund aber bleibt ständig gefroren. Niederschläge und Schmelzwasser können nicht versickern und stauen sich. Es kommt zur Ausbildung von Moorlandschaften. Bei der oberen Auftauschicht kann es im Sommer je nach Neigung des Reliefs zu Fließ- oder Rutschbewegungen kommen.

Weit verbreitet sind in Permafrostgebieten Frostmusterböden. Dabei werden größere Steine durch Frosthub an die Oberfläche transportiert. Diese können dann beim Wiederauftauen des Bodens nicht so leicht in die entstehenden Hohlräume sinken. Dagegen setzt sich feineres Material unter die Steine, wodurch größere Steine kontinuierlich an die Oberfläche verlagert werden. Im Laufe vieler Frostwechsel sortieren sich diese Steine ringförmig an der Oberfläche. Es entstehen Steinnetze.

Leben auf gefrorenem Boden

Das Auftauen der Böden bereitet besonders große Probleme für den Bau von Gebäuden. Werden sie im Winter auf den gefrorenen Böden gebaut, kann es passieren, dass Häuser durch das Auftauen wieder einstürzen. Deshalb wird oft auf Pfählen gebaut, die bis in den ständig gefrorenen Untergrund reichen.

1 *Ordne Sibirien die entsprechenden Klima- und Vegetationszonen zu (Seite 46, Karte 1).*

2 *Werte das Klimadiagramm 3 aus.*
 a) Welche Auswirkungen hat die kurze Vegetationsperiode auf die Pflanzen?
 b) Wie sind die Pflanzen an die Klimabedingungen angepasst?

→ *Ein Klimadiagramm auswerten, siehe Seite 44/45*

3 *Welche Auswirkungen hat das Klima auf die Bodenschichten?*

4 *Erläutere die Mächtigkeit des Permafrostbodens am Beispiel Ostsibiriens (4).*

5 *Benenne Probleme, die bei Baumaßnahmen in Permafrostgebieten auftreten, und stelle einen Lösungsansatz dar (Grafiken 5).*

Asien – Kontinent der Rekorde

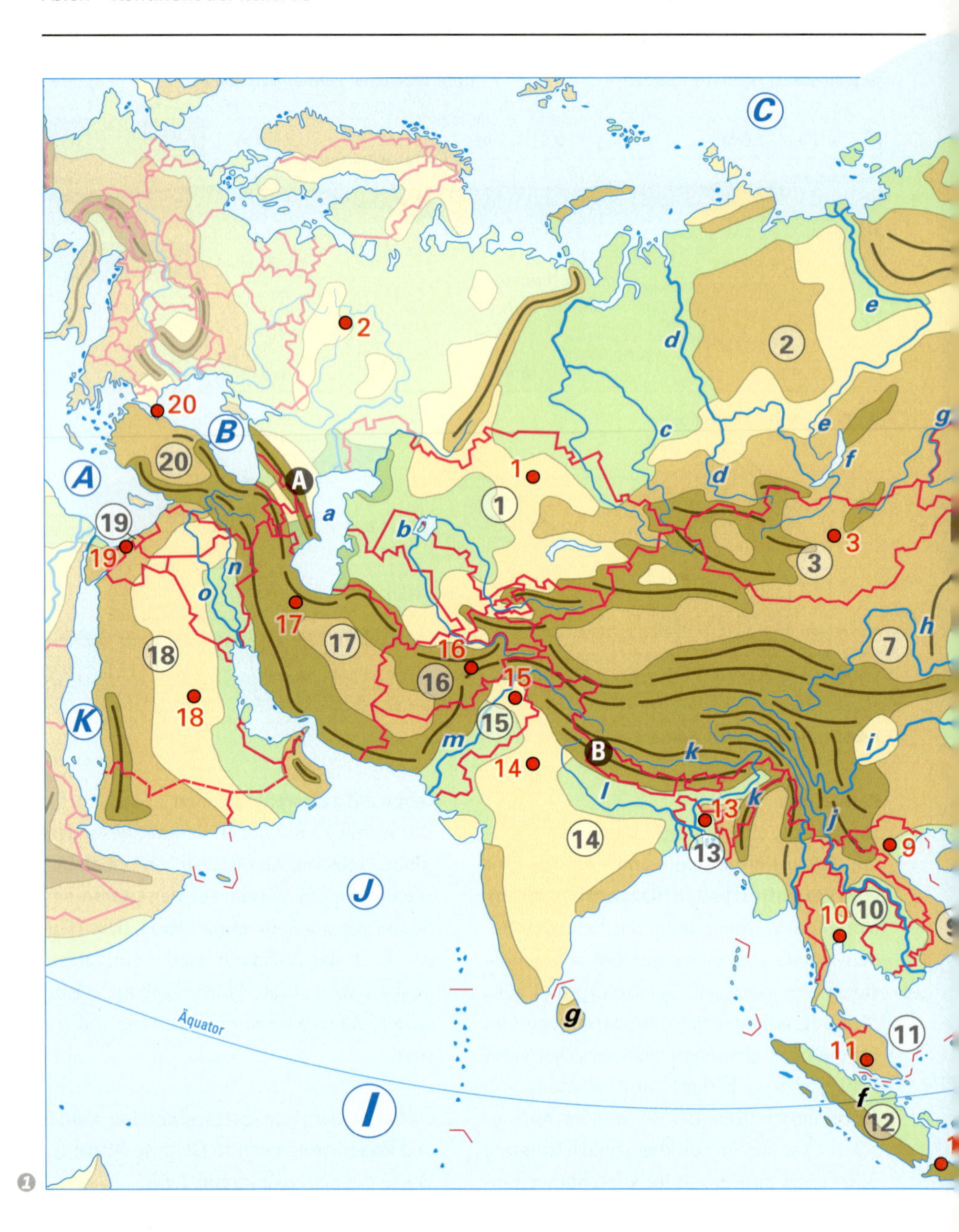

1

Wichtige Begriffe

arid
Aufschüttungsebene
Binnenwüste
Eurasien
humid
nördlicher Nadelwald
Permafrost
subtropische Feuchtwälder
subtropisches Klima der Ostseiten
Tundra
winterkalte Wüsten

1 Kennst du dich in Asien aus?

Arbeite mit der Karte 1. Ordne den Zahlen und Buchstaben geographische Objekte zu.

2 Auf Bergtour

Ein großes Ziel für jeden Bergsteiger sind die „Seven Summits", die höchsten Gipfel jedes Kontinents. Ordne den Bergen die jeweiligen Kontinente und Länder zu. Gib die Höhe an: Aconcagua, Mount Everest, Mount Wilhelm, Montblanc, Kilimandscharo, Vinsonmassiv, Mount McKinley.

3 Richtig oder falsch?

Verbessere die falschen Aussagen und schreibe sie richtig auf.

- *Eurasien ist die Bezeichnung für die Kontinente Europa und Asien.*
- *Binnenwüsten liegen nah am Meer.*
- *Regionen mit Permafrost befinden sich in der gemäßigten Zone.*
- *Tundra ist die russische Bezeichnung für den borealen Nadelwald.*
- *Der Baikalsee ist Teil eines Grabenbruchs.*

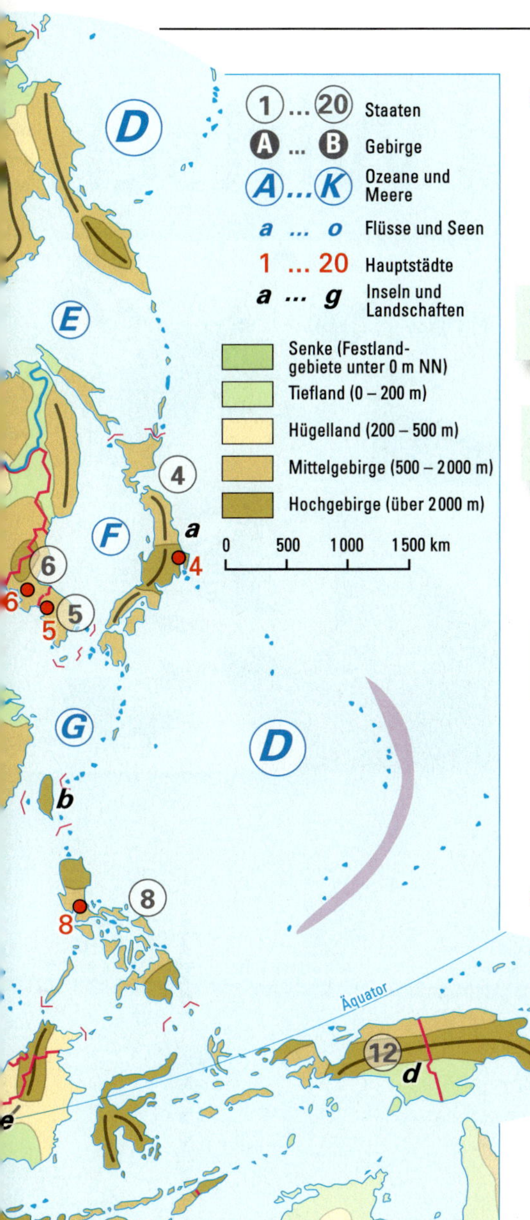

4 Findest du die Begriffe?

- *Ein Gebiet, welches vor allem durch die von Flüssen abgelagerten Materialien entstanden ist.*
- *Bezeichnung für einen dauerhaft gefrorenen Boden, der nur in den kurzen Sommermonaten oberflächlich auftaut.*
- *Klima, bei dem die Verdunstung größer ist als der gefallene Niederschlag.*

5 Was gehört hier eigentlich zusammen?

Begründe deine Entscheidung und beschreibe die jeweilige Verteilung der Vegetation in Asien.

A sehr warme und feuchte Sommer, milde bis kühle und niederschlagsarme Winter

C kalte Winter, heiße Sommer; Niederschläge unter 250 mm

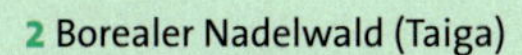

2 Borealer Nadelwald (Taiga)

E kurze, kühle Sommer, sehr kalte trockene Winter

5 Grasländer mit Sträuchern bzw. laubabwerfende Wälder

B ganzjährig sehr warm bis heiß; Regen- und Trockenzeit

3 Moose, Flechten und Zwergsträucher

1 Dornsträucher und Büsche

D sehr kalte Winter, warme Sommer, mäßige Niederschläge vor allem im Sommer

4 artenreicher Feuchtwald aus immer- und sommergrünen Gehölzen

6 Finde die Klimastationen!

Aus welchen Regionen Asiens stammen die Klimadiagramme 2 und 3? Begründe deine Entscheidung.

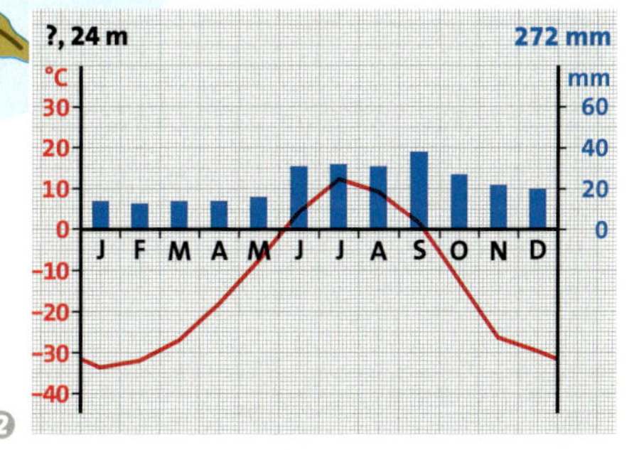

2

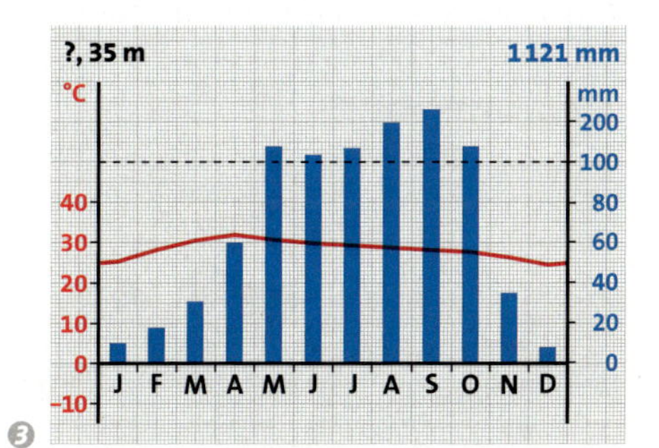

3

Teste dich selbst

mit den Aufgaben 2, 3 und 4.

Training

Leben und Wirtscha

So vielseitig wie die natürlichen Bedingungen Asiens als Grundlage für das Leben und Arbeiten der Menschen sind, so vielfältig ist die Raumnutzung des Kontinents durch den Menschen selbst.
In vielen ländlichen Gebieten überwiegt traditionell der Reisanbau. Die großen Metropolen wie Shanghai, Beijing, Kuala Lumpur u. a. entwickeln sich seit einigen Jahren in einem rasanten Tempo und sind Ausdruck für die Dynamik in der wirtschaftlichen Entwicklung.

ften in Asien

❶ *Einwohnerzahlen von China*

1680	*100 000 000*
1760	*200 000 000*
1810	*354 000 000*
1850	*400 000 000*
1900	*425 000 000*
1950	*540 000 000*
1960	*651 000 000*
1970	*820 000 000*
1980	*982 000 000*
1990	*1 134 000 000*
2000	*1 265 000 000*
2004	*1 300 000 000*

❷ *Plakat in Peking*

Eine Familie – ein Kind

„Für China ist es eine gute Sache, eine große Bevölkerung zu haben. Von allen wertvollen Dingen der Welt sind die Menschen das Wertvollste." Das sagte Mao Zedong, Chinas Staatsoberhaupt 1955.

China hatte damals schon eine große Bevölkerung. In der Vergangenheit war sie aber nur langsam gewachsen. Immer wieder gab es Hungersnöte mit vielen hunderttausend Toten. Auch in Kriegen und bei Naturkatastrophen wie Überschwemmungen starben viele Menschen.

Nach der Gründung der Volksrepublik China 1949 wurde eine raschere Zunahme der Bevölkerung von der Staatsführung dringend gewünscht. Die Menschen wurden für den Aufbau des neuen Staates gebraucht: um die Produktion in der Landwirtschaft und in der Industrie zu erhöhen, für den Ausbau von Straßen und Eisenbahnen. Da sich mit der wirtschaftlichen Entwicklung auch die medizinische Versorgung verbesserte, wuchs die Bevölkerung schneller als zuvor.

Doch dann erkannte die Staatsführung, dass das starke **Bevölkerungswachstum** zu Problemen führte. Immer mehr Schulen und Arbeitsplätze wurden benötigt, der Wohnraum reichte nicht aus und auch die Versorgung mit Nahrungsmitteln wurde schwierig. Deshalb beschloss die Staatsführung 1980 ein neues Ehegesetz mit Maßnahmen zur **Familienplanung**: die Ein-Kind-Familie.

In der ganzen Welt wurde die chinesische Bevölkerungspolitik aufmerksam verfolgt. Die Fachleute wussten, dass auch das weltweite Bevölkerungswachstum zu einem Problem werden würde. Tatsächlich verlangsamte sich das Wachstum der chinesischen Bevölkerung. Aber es ist immer noch hoch, weil es viele junge Menschen gibt, die ins Heiratsalter kommen.

Widerspruch und Lockerungen

Das harte Ehegesetz führte bei den Menschen in China zu Widerspruch und Versuchen, es zu umgehen. Gerade bei Bauernfamilien wurde häufig die Geburt des ersten Kindes verschwiegen, wenn es ein Mädchen war. Beim zweiten Kind hofften die Eltern dann auf einen Sohn. Die Zahl der Ab-

3 Maßnahmen der Ein-Kind-Politik 1980 und der Bevölkerungsplanung 2002

- Eheleute werden verpflichtet, nur ein Kind zu bekommen.
- Ehepaare, die sich an diese Vorgaben halten, erhalten Vergünstigungen, z. B. höheren Lohn (bis zu 10 % mehr), bevorzugte Wohnungsvermittlung, kostenlose medizinische Betreuung, bevorzugte Aufnahme der Kinder in Kindergärten und Schulen.
- Bei der Geburtenplanung steht die Schwangerschaftsverhütung an erster Stelle.
- Es ist verboten, Frauen, die Mädchen gebären oder unfruchtbar sind, zu diskriminieren oder zu misshandeln.
- Ehepaare, die freiwillig nur ein Kind bekommen, erhalten eine „Ehrenurkunde für Eltern mit einem Kind".
- Spät geschlossene Ehen werden gefördert (Heiratsalter bei Männern 25, bei Frauen 23 Jahre).
- Späte Geburten werden gefördert (nach Vollendung des 24. Lebensjahres).
- Ehepaare, die ohne Erlaubnis ein zweites Kind bekommen, werden bestraft, z. B. durch Lohnabzug in Höhe von 20 % für beide Partner auf die Dauer von sieben Jahren; durch Nachteile bei der Zuteilung von Wohnraum oder Bauland.
- Wird nach Inanspruchnahme der Vergünstigungen ein zweites Kind geboren, so werden alle ausgezahlten Beträge wieder eingezogen.

treibungen wuchs, besonders nachdem das Geschlecht des zu erwartenden Babys früh vor der Geburt erkannt werden konnte. Inzwischen sind viele Ausnahmen von der Ein-Kind-Regel erlaubt, besonders in entlegenen, ländlichen Gebieten. In den Städten allerdings halten sich fast alle an die Ein-Kind-Regel. Das liegt auch daran, dass hier die Fürsorge für alte Menschen, z. B. durch Altersheime, inzwischen wesentlich verbessert wurde.

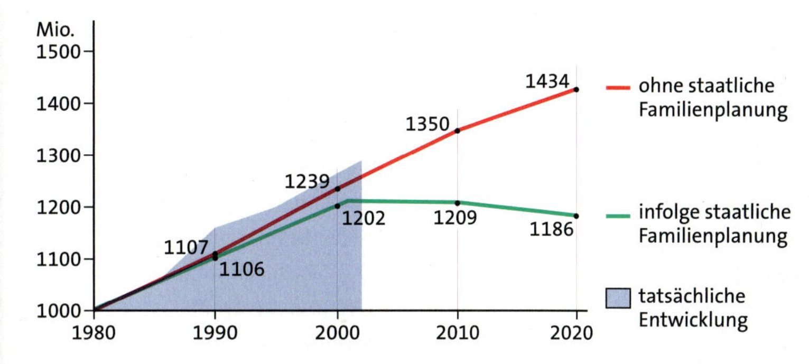

4 Bevölkerungsentwicklung in China laut Prognose 1980

5 „Der kleine Kaiser"

1 Erkläre das starke Bevölkerungswachstum nach 1949.

2 Werte Diagramm 4 und Text 3 aus:
a) Beschreibe die tatsächliche und die angenommene Bevölkerungsentwicklung in China.
b) Hat die Bevölkerungspolitik in China Erfolg?
c) Wie stehst du zur Familienplanung in China?

3 Was soll mit der Karikatur 5 ausgedrückt werden?

Eine Bevölkerungspyramide auswerten

In einer Bevölkerungspyramide ist die Zusammensetzung einer Bevölkerung nach Alter und Geschlecht dargestellt. Wenn du gelernt hast sie zu lesen, kannst du Tendenzen der vergangenen und der weiteren Entwicklung erklären und begründen.

Die Gesamtzusammensetzung einer Bevölkerung nach Merkmalen wie Altersaufbau, sozialer Zugehörigkeit, Einkommensgruppen u.a. bezeichnet man als **Bevölkerungsstruktur**. Bei der Bevölkerungspyramide werden Alter und Geschlecht betrachtet.

Eine Bevölkerungspyramide ist ein Häufigkeitsdiagramm. Auf der waagerechten x-Achse werden die geschlechtlichen Anteile der Bevölkerung dargestellt. Die Streifen auf der linken Seite zeigen die Anteile der Altersgruppen der männlichen Bevölkerung, die rechte Seite die Anteile der Altersgruppen der weiblichen Bevölkerung, oft nach Altersgruppen zusammengefasst. Dazu wird die senkrechte y-Achse meist in Fünfjahresschritte eingeteilt.

Auswerten von Bevölkerungspyramiden

1. Schritt: Orientieren

Stelle fest, für welches Land und für welches Jahr die Angaben gemacht werden. Überprüfe, ob die Einteilung der Achsen in Prozent oder in absoluten Zahlen (x-Achse) und in Fünferschritten (y-Achse) gemacht wurden.

① **Beispiel Indien 2004**
- Einteilung der x-Achse in Zehn-Millionen-Schritten links und rechts bis 60 Millionen.
- Einteilung der y-Achse in Fünferschritten bis 80 Jahre und mehr
- Gesamtbevölkerung: 1,1 Mrd.

2. Schritt: Ablesen und Berechnen

Lies die geschlechtsspezifischen Anteile in den einzelnen Altersgruppen ab.
Addiere beide Geschlechtsgruppen und ermittle so den Anteil an der Gesamtbevölkerung.
Berechne die entsprechenden Gesamtanteile für folgende Bevölkerungsgruppen:
- *Kinder und Jugendliche (0–14 Jahre)*
- *Erwerbsfähige Personen (15–64 Jahre)*
- *Nicht mehr erwerbstätige Personen (> 64 Jahre)*

② **Beispiel Indien 2004**

Altersgruppe	m	w	gesamt
0–4	59 Mio.	56 Mio.	115 Mio.
5–9	58 Mio.	55 Mio.	113 Mio.
10–14	57 Mio.	54 Mio.	111 Mio.
...			
35–39	37 Mio.	38 Mio.	75 Mio.
...			
70–74	9 Mio.	9 Mio.	18 Mio.
...			

Gesamtanteile der Altersgruppen

Kinder und Jugendliche	339 Mio. = 31,8 %
Erwerbsfähige Bevölkerung	675 Mio. = 63,4 %
Nicht mehr erwerbstätig	51 Mio. = 4,8 %

3. Schritt: Beschreiben

Beschreibe die altersmäßige Gliederung der Bevölkerung. Erfasse dabei auch Besonderheiten und größere Abweichungen einzelner Alters- oder Geschlechtsgruppen.

③ **Beispiel Indien 2004**

In Indien sind 2004 $^2/_3$ der Bevölkerung im erwerbsfähigen Alter, nur $^1/_{20}$ sind nicht mehr erwerbstätig, fast ein Drittel sind Kinder. Bei Kindern zeigt sich ein deutlicher Jungenüberschuss.

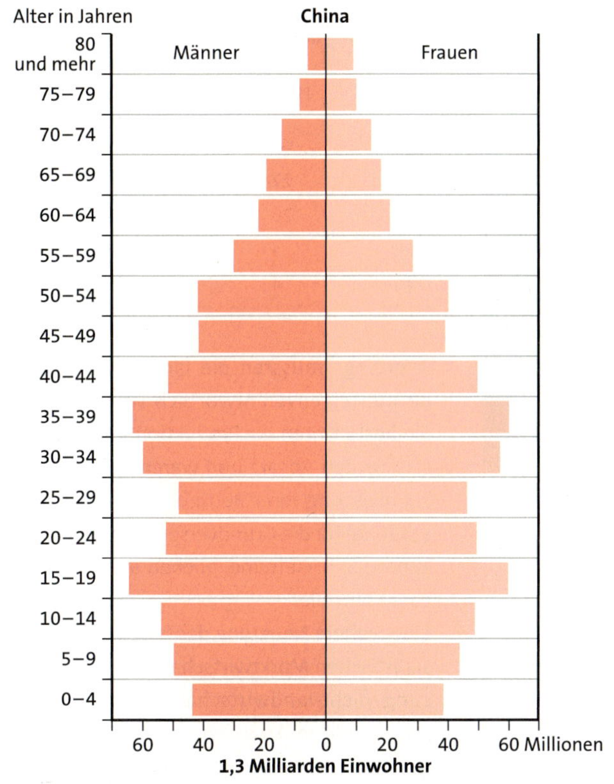

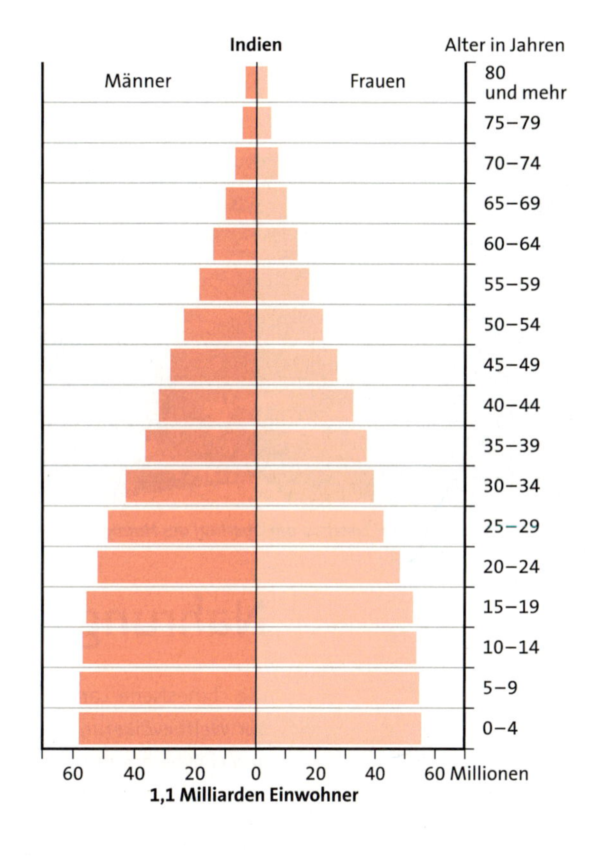

4 ***Bevölkerungspyramiden China 2004 und Indien 2004***

4. Schritt: Schlussfolgern

Leite ab, wie sich die Bevölkerung des Landes oder Gebietes gegenwärtig und zukünftig entwickelt. Dazu eignet sich der Vergleich zwischen den Anteilen der Kinder und der nicht mehr Erwerbstätigen an der Gesamtbevölkerung. Formuliere dann Aussagen zu Auswirkungen der Alterstruktur auf die Gesellschaft.

Du kannst deine Ergebnisse auch mit anderen Ländern oder Gebieten vergleichen.

5 **Beispiel Indien 2004**

Die hohe Geburtenrate und der hohe Anteil der Kinder lassen auf ein weiteres Wachstum der ohnehin hohen Gesamtbevölkerung schließen. Dafür spricht auch der geringe Anteil älterer Menschen, die Lebenserwartung ist nicht sehr hoch. Der Anteil der Jungengeburten liegt deutlich über 50 %. Das hat wahrscheinlich gesellschaftliche Ursachen. Ein so starkes Wachstum der Bevölkerung in Indien könnte zu sozialen Problemen wie mangelnde Ernährung, Wohnungsnot und unzureichende medizinische Betreuung führen. Es bedeutet auch erhöhte Aufwendungen für Bildung und einen hohen Anteil junger Menschen auf dem Arbeitsmarkt.

Es sind Maßnahmen zur Eindämmung der hohen Geburtenrate notwendig.

1 *a) Werte in gleicher Weise die Bevölkerungspyramide von China aus.*

b) Vergleiche die Bevölkerungspyramiden von China und Indien. Begründe die Unterschiede.

Geburtenrate: *Anzahl der lebend Geborenen pro 100 Einwohner eines Landes oder eines Gebietes innerhalb eines Jahres*

Sterberate: *Anzahl der Sterbefälle pro 100 Einwohner eines Landes oder eines Gebietes innerhalb eines Jahres*

→ *Einen Vergleich durchführen, siehe Seite 116/117*

Surftipp

Die Bevölkerungspyramiden aller Länder
www.census.gov/ipc/www/idbpyr.html

① *Trockenfeldterrassen bei Lanzhou am Oberlauf des Huang He*

Nahrung für alle?

Die chinesische Landwirtschaft muss 22 % der Weltbevölkerung auf nur 7 % der Weltackerfläche ernähren – eine gewaltige Aufgabe. Mehr als 790 Millionen Einwohner leben heute noch auf dem Land. Für die Mehrheit der Chinesen ist die Landwirtschaft die wichtigste Erwerbsquelle. Die Entwicklung der Landwirtschaft ist somit nicht nur für die Ernährungssicherung, sondern auch für die Armutsbekämpfung sehr wichtig. Es ist das Ziel der chinesischen Politik, die eigene Bevölkerung grundsätzlich selbst mit Nahrungsmitteln zu versorgen.

Veränderungen auf dem Land

1978 kam es zu weitreichenden Veränderungen: Bauernfamilien konnten wieder Privatland erwerben, traditionelle Märkte, vor allem in den Städten, wurden wieder zugelassen. Die Bauern konnten jetzt für viele Produkte die Preise selbst bestimmen.

② **Entwicklung der Ernteerträge in Mio. t**

	1960	1980	1990	2000
Reis	69	140	189	190
Weizen	22	55	98	100
Mais	20	62	96	106
Obst	4	7	19	65
Ölfrüchte	4	8	16	15

Allerdings mussten die ländlichen Betriebe nun eigenverantwortlich wirtschaften: Sie bestimmten die Produktion selbst, sorgten für den Absatz und waren auch für die Finanzierung ihrer Betriebe zuständig. Nur Produkte für die Grundversorgung der Bevölkerung, z. B. Getreide, blieben unter staatlicher Kontrolle.

Eine weitere Neuerung der sogenannten Sozialistischen Marktwirtschaft war die Zulassung nicht-landwirtschaftlicher Betriebe. Damit sollten Arbeitsplätze für diejenigen geschaffen werden, die in der Landwirtschaft nicht mehr benötigt wurden. Man wollte verhindern, dass immer mehr Bauern als Wanderarbeiter in die Städte ziehen. Über 90 Millionen Arbeitskräfte konnten die neu gegründeten Industrie- und Dienstleistungsbetriebe auf dem Land bis Ende der 1990er-Jahre aufnehmen. Zwar konnte der Lebensstandard auf dem Land so verbessert werden, doch die Abwanderung in die Städte wurde damit nicht verhindert.

Es bleiben Probleme

Die Entwicklung der ländlichen Betriebe und die Ausdehnung der Städte lassen die Ackerfläche weiter schrumpfen. Auch gehen jedes Jahr durch Bodenerosion wertvolle Ackerflächen verloren. Zum Schutz vor der Abtragung werden Teile des Ackerlandes aufgeforstet. Diese Maßnahmen sollen verhindern, dass die pro Kopf zur Verfügung stehende Ackerfläche zu sehr sinkt. Denn die Bevölkerung wächst weiter – und muss ernährt werden.

3 Entwicklung der Ackerfläche

Jahr	Ackerfläche (Mio. ha)	Ackerfläche pro Kopf (ha)*	Getreidefläche (Mio. ha)
1970	100,0	0,126	93,71
1980	96,9	0,098	95,05
1990	93,4	0,081	83,55
2000	93,8	0,074	85,05

*Zum Vergleich: USA 0,79 ha; Indien 0,21 ha (Zahlen für 2000)

4 Neuer Wohlstand

Zou Xiangrong aus der Gemeinde Tangxing bei Shanghai bearbeitet schon seit längerem sein Feld von 0,4 Hektar. Er baut dort Getreide, Baumwolle, Raps und Knoblauch an. Zudem züchtet er Kaninchen, denn mit dem neuen Wohlstand änderten sich auch die Ernährungsgewohnheiten. Viele essen jetzt drei- oder viermal Fleisch in der Woche – das gab es früher nie.

Früher bekamen Herr Zou und seine Frau im ganzen Jahr 800 Yuan für die Landarbeit. Jetzt verdienen sie allein durch ihr Nebengewerbe, die Kaninchenzucht, 5 000 Yuan im Jahr. Die Familie hat sich davon einen Fernseher, eine Nähmaschine und zwei Fahrräder kaufen können.

5 Bevölkerungsverteilung

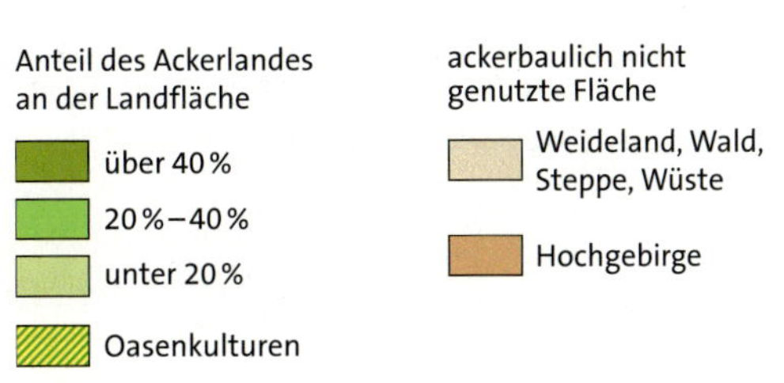

6 Schwerpunkte des Ackerbaus

1 *Arbeite mit den Karten:*
a) Beschreibe die Verteilung der Bevölkerung.
b) Beschreibe, wie die Schwerpunkte des Ackerbaus auf China verteilt sind.
c) Welchen Zusammenhang zwischen der Bevölkerungsverteilung und den Schwerpunkten des Ackerbaus kannst du erkennen?
d) Welches Problem ergibt sich daraus?

2 *Erläutere die Auswirkungen der Veränderungen ab 1978 für das Leben auf dem Land und die landwirtschaftliche Produktion. Arbeite mit dem Text, Tabelle 2 und Material 4.*

3 *Beschreibe die Entwicklung der Acker- und Getreidefläche in China (Tabelle 3). Welches Problem wird dabei deutlich?*

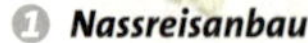
1 **Nassreisanbau**

3 ***Kulturpflanze Reis***

Kulturpflanze Reis

Nassreisanbau
Auf 80 % der Reisflächen wird Nassreis angebaut. Das Wasser wird auf die Felder der wasserreichen Schwemmländer oder auf die terrassierten Berghänge geleitet, damit die Reispflanze optimal gedeihen kann und sich keine Unkräuter und Schädlinge ausbreiten. Dabei sind Wassermengen von 3 000 bis 5 000 Liter notwendig.

In China wünscht man sich zu Silvester nicht „Frohes neues Jahr“, sondern „Möge dein Reis nie anbrennen!“. In Bangladesch, Thailand und China fragt man zur Begrüßung „Hast du heute schon deinen Reis gegessen?“. In der alten hinduistischen Sprache Sanskrit bedeutet Reis „Ernährer der Menschheit“. Und für mehr als drei Milliarden Menschen ist es auch das „Korn des Lebens“. Alte chinesische Schriften belegen, dass Reis bereits 2800 v. Chr. zusammen mit Hirse, Weizen, Gerste und Sojabohne zu den fünf heiligen Erntegewächsen gehörte, die der chinesische Kaiser zum Frühlingsfest selbst pflanzte, um damit seinem Volk die Wichtigkeit dieser Pflanzen deutlich zu machen. In allen Anbauregionen finden sich Mythen und Legenden, denn Reis ist für die Menschen mehr als Grundnahrungsmittel, er ist ein göttliches Geschenk und Alltagskultur.

4 Als **Kulturpflanze** bezeichnet man eine ursprünglich von Wildpflanzen abstammende, dann aber vom Menschen systematisch angebaute und weiterentwickelte Pflanze. Spezielle Züchtungen führen zum Riesenwuchs einzelner Pflanzenteile (Wurzeln, Sprossen oder Früchte), so dass höhere und schnellere Erträge möglich werden und die Pflanzen leichter auch großflächig angebaut werden können.
Entscheidend für den Anbau sind die Temperaturen (Jahresdurchschnitt, Jahresgang) und die Niederschläge (Niederschlagssumme, jahreszeitliche Verteilung).

5 **Kennziffern der Landwirtschaft in China**

Jahr	Bevölkerungszahl (Mio.)	Anbaufläche Reis (Mio ha)	Reisertrag (Mio. t)
1960	682	36,7	69
2003	1291	26,5	161

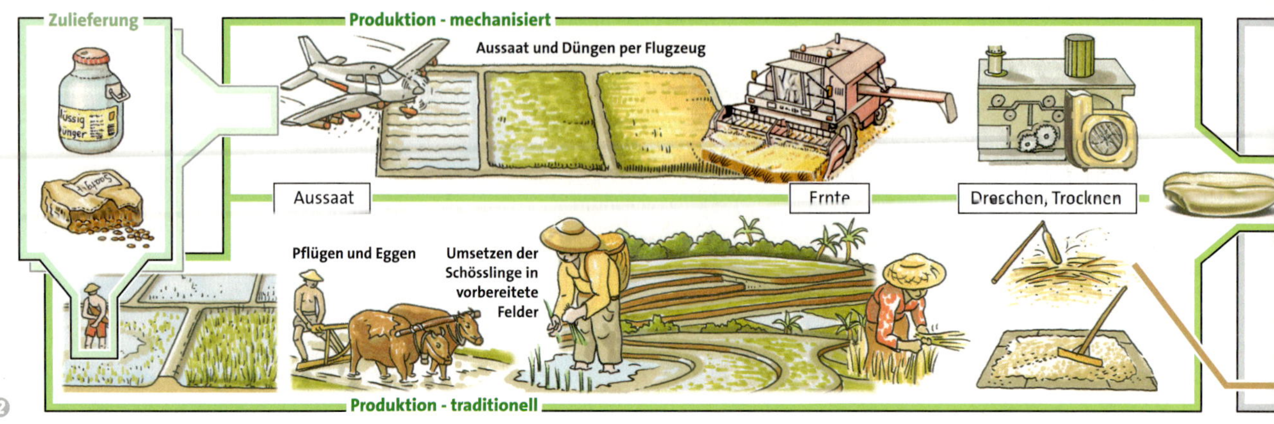

2

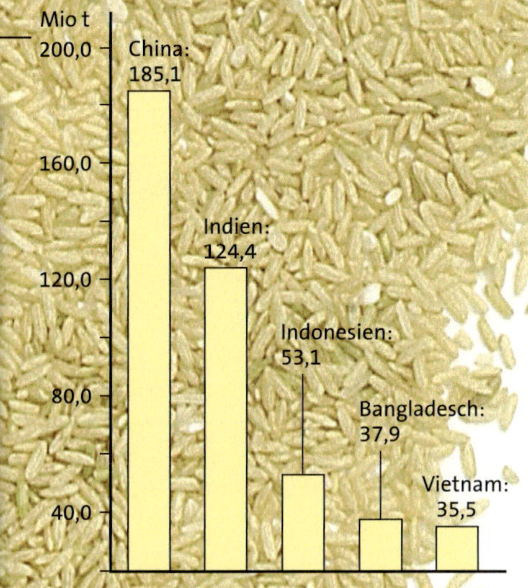

7 ***Die größten Reisproduzenten (2005)***

6 **Steckbrief der Reispflanze:**
Abteilung: Bedecktsamer
Familie: Süßgräser
Durchschnittstemperaturen: 20–30 °C
Niederschlag: mind. 1000 l/m² im Jahr
Wachstumszeit: 3 bis 7 Monate
Größe: 1,00 m bis 1,80 m
Anbau: Nassreis- oder Trockenreisanbau
Sorten: aus der Wildform Oryza sativa wurden die verschiedensten Kulturarten gezüchtet, die den jeweiligen Anbaubedingungen angepasst sind.

Terrassen, Büffel, nasse Füße

Die zum Teil 2000 Jahre alten Reisterrassen in den traditionellen Reisanbaugebieten Süd-, Südost- und Ostasiens sind oft ein Meisterwerk menschlicher Baukunst. Selbst an steilen Hängen finden sich die schmalen Felder, durchzogen von geschickt angelegten Bewässerungsgräben und Wasserleitungssystemen. Der größte Teil der Arbeiten wird von den Kleinbauern immer noch in mühsamer Handarbeit verrichtet, oft stehen sie stundenlang gebückt und bis zu den Knien im Wasser. Zum Pflügen wird der einheimische Wasserbüffel als Zugtier genutzt.

Technik, Dünger, wenig Arbeit

In Japan, in einigen Ländern Asiens, Südeuropas und in Amerika gibt es häufig kaum noch Reisbauern im traditionellen Sinne. Sie betreiben den Reisanbau neben dem Anbau anderer Kulturen, häufig verdienen sie ihr Geld mit ganz anderen Berufen. Möglich ist das durch den Einsatz von Technik. Mit Hilfe spezieller Setzmaschinen und Mähdreschern wird der Arbeitseinsatz deutlich weniger. Zum Einsatz kommen fast ausschließlich Reissorten, die viel Dünger und Pflanzenschutzmittel brauchen, die aber hohe Erträge in kürzeren Wachstums- und Reifezeiten ermöglichen.

1 *„Reis ist mehr als eine Nahrungspflanze.“ Erkläre und begründe diese Aussage.*
2 *Arbeite mit dem Produktionsschema. Beschreibe den Weg vom Reissamen bis zur Reisseife! Unterscheide dabei die traditionelle von der mechanisierten Produktion.*
3 *Werte die Tabelle 5 zur Landwirtschaft Chinas aus. Erkläre die Entwicklungstendenzen.*
4 *Informiere dich im Atlas, wo sich die großen Reisanbaugebiete in Asien befinden. Begründe ihre Lage.*

Trockenreisanbau
In Gebieten, wo nicht genügend Wasser zur Verfügung steht, aber trotzdem noch ausreichend hohe Niederschläge und hohe Luftfeuchtigkeit herrschen, wird der qualitativ hochwertigere, aber weniger ertragreiche Trockenreis angebaut.

Terrassierung:
Umgestaltung des Reliefs zu hangparallelen, oft sehr kleinen Terrassen, die bewässert werden können. Damit wird der Reisanbau am Hang möglich und Bodenerosion vermindert.

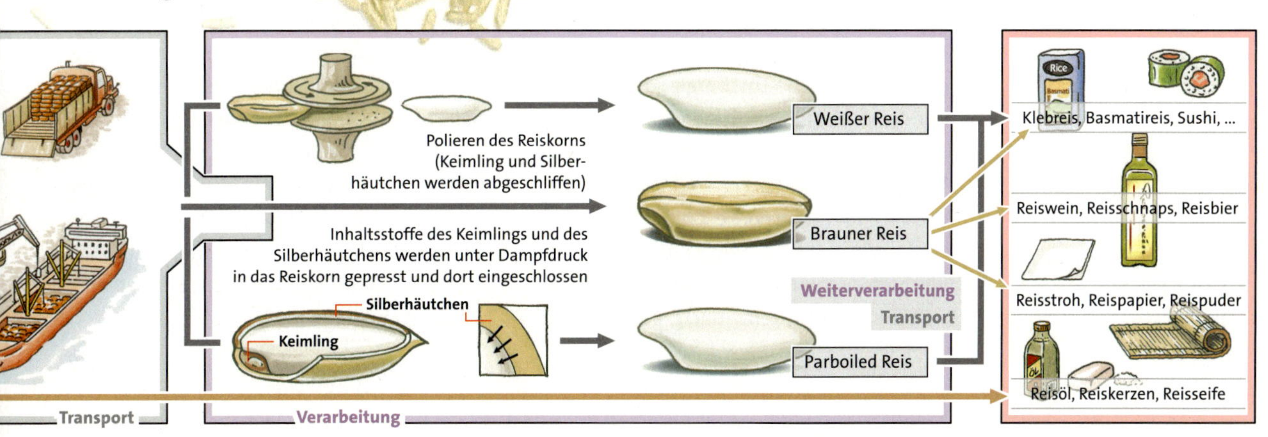

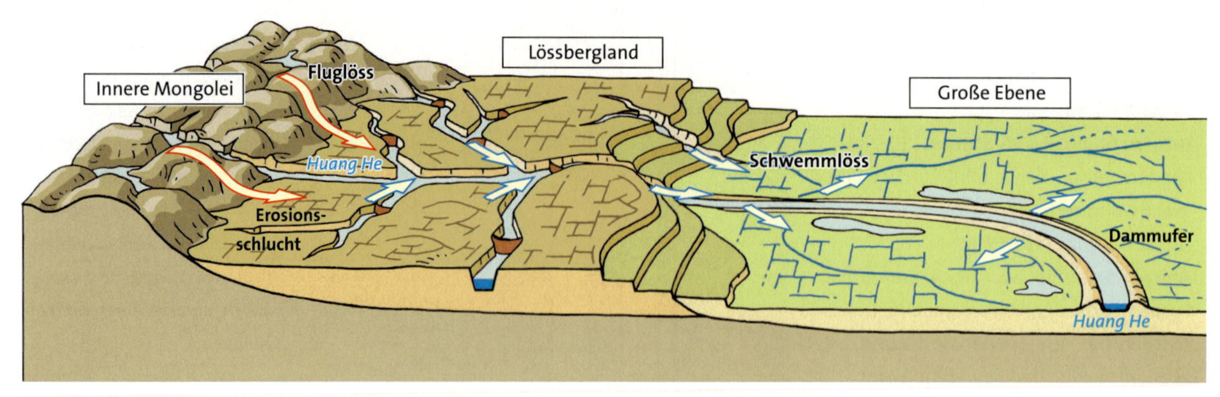

① *Verlauf des Huang He*

② *Blick über das chinesische Lössbergland*

③ *Flussbett des Huang He bei Kaifeng*

Als der Gelbe Fluss sein Bett verließ

Löss
Gelbliches, feinkörniges und kalkhaltiges Ablagerungsgestein

Der Huang He (der Gelbe Fluss) ist nach dem Chang Jiang der zweitgrößte Fluss Chinas. Er entspringt im Kunlun Shan-Gebirge und mündet nach über 5000 km in den Bohai-Golf. Auf seinem Weg dahin durchquert er das chinesische Lössbergland mit seinen hunderte Meter mächtigen Ablagerungen aus Fluglöss. Durch seine starke abtragende Tätigkeit nimmt der Fluss feinste Lösskörnchen auf und transportiert diese bis ins Tiefland, wo sie als Schwemmlöss wieder abgelagert werden. Weil der Fluss pro Jahr an seinem Grund 10 cm mächtige Löss- und Sandschichten ablagert, „wächst" er über die Ebene hinaus. Inzwischen liegt das Flussbett drei bis vier Meter über ihr.

Im Uferbereich, wo die Fließgeschwindigkeit am geringsten ist, entstehen natürliche Dämme. Man bezeichnet den Huang He deshalb auch als **Dammuferfluss**. Im Laufe tausender Jahre hat er 26 mal sein Flussbett verlegt. Und das nicht um wenige Meter, sondern um hunderte von Kilometern. Ganze Regionen begannen zu vertrocknen, während in anderen großflächige Überschwemmungen herrschten.

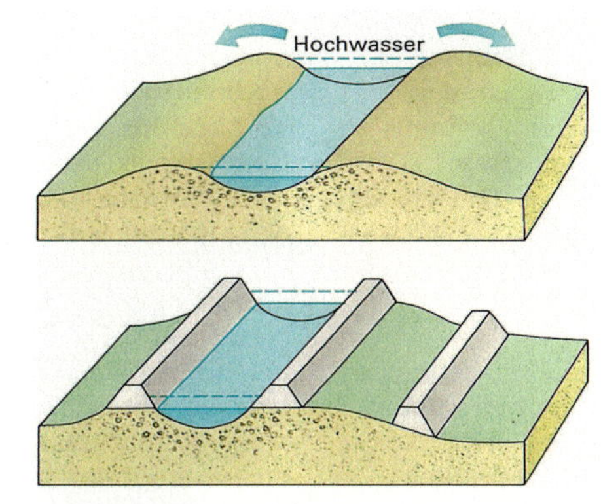

④ ***Dammuferfluss mit natürlichen Dämmen und nach der Eindeichung***

Huabei Pingyuan

Hinter diesen geheimnisvollen Wörtern versteckt sich die Huabei-Ebene, auch die Große Ebene genannt. Es ist die Tiefebene nördlich des Chang Jiang in Nordchina (Huabei zu deutsch: Nordchina). Die Höhe dieser Ebene liegt meist 50 m über dem Meeresspiegel. Sie hat eine Fläche von 300 000 km² und umfasst somit etwa 5 % der Fläche Chinas mit äußerst fruchtbaren Böden. Diese Aufschüttungsebene ist aus den ungeheuren Mengen Lössschlamm des Huang He, einem der schlammreichsten Flüsse der Erde, entstanden. Im Jahr transportiert er etwa 400 Millionen Tonnen Löss, was zu einer Sedimentfracht von 37,5 kg/m³ führt.

Die starke Sedimentation hat im Mündungsgebiet des Huang He zu einer ständigen Landerweiterung in das Meer geführt. Das **Delta** hat sich dadurch pro Jahr rund 100 m weiter in den Golf von Bohai hinausgeschoben.

Allerdings erreichen heute nur noch knapp 30 % der Wassermassen des Flusses auch tatsächlich die Deltamündung. Die immer höher werdende Entnahme von Wasser für die Trinkwasserversorgung von mehr als 100 Millionen Menschen und für die Bewässerung sowie für Brauchwasser der Industrie haben dazu geführt, dass in der Gegenwart der Unterlauf und das Mündungsgebiet für ungefähr ein halbes Jahr trocken fallen. In der Folge sinkt der Grundwasserspiegel.

⑤ ***Laufverlegung des Huang He seit 602 v. Chr.***

Kampf gegen die Überschwemmungen

China hat wiederholt versucht, den Lauf des Flusses besser zu regulieren, doch bisher sind alle Maßnahmen nur bedingt erfolgreich: Staubecken und ausgebaggerte Fahrrinnen füllen sich immer wieder mit Schlamm und starke Überschwemmungen sind nach wie vor häufig.

1 *Erläutere den Ausspruch: „Der Huang He ist der Schöpfer und Mehrer der Ebene, aber auch der Kummer Chinas".*

2 *Warum können sich bei Dammuferflüssen verheerende Überschwemmungskatastrophen ereignen?*

3 *a) Erkläre mithilfe des Profils (1) und den Fotos den Unterschied zwischen Schwemm- und Fluglöss und deren Einfluss auf die Oberflächengestalt.*

b) Stelle die Begriffe Löss, Fluglöss und Schwemmlöss sowie deren Entstehung in einem Schema dar.

1 Anteile Chinas an der Weltproduktion (2003)

Schuhe	*50 %*
DVD-Spieler	*80 %*
Spielwaren	*70 %*
Fahrräder	*60 %*

2 Anteile Chinas am Rohstoffverbrauch (2003)

Kohle	*31,3 %*
Stahl	*26,9 %*
Erdöl	*8,0 %*
Erdgas	*1,4 %*

3 Kleider für Baby Born aus China

Wachstum ohne Ende?

Erfolgsmeldungen der Wirtschaft und Wissenschaft Chinas – daran hat man sich mittlerweile gewöhnt. Dies war aber nicht immer so. Über viele Jahrhunderte stagnierte die Wirtschaft im einst hochentwickeltsten Land der Erde. Die großen Fortschritte, die mit der industriellen Revolution beginnend in Europa erzielt wurden, gingen weitestgehend an China vorbei. Noch Mitte des 20. Jahrhunderts war Chinas Wirtschaft geprägt von technologischer Rückständigkeit. Große Armut herrschte im Volk.

Heute zählt China zu den wirtschaftlich am schnellsten wachsenden Staaten der Erde. In der Herstellung von Massenwaren wie Textilien, Spielwaren oder Schuhen erzielt China zunehmend höhere Anteile am Weltmarkt. „Made in China“ steht mittlerweile auch auf hochentwickelten technischen Erzeugnissen, wie Autos und Computern. Es ist nur noch eine Frage der Zeit, wann China zu den führenden Industriestaaten der Erde gehören wird. Ein eigenes Weltraumprogramm sowie Spitzenleistungen in der Biotechnologie zeigen die Leistungskraft der chinesischen Wissenschaft. Ohne Frage – China ist wieder an der Weltspitze angekommen.

Liberalisierung
(lat.: libertas = Freiheit bzw. liberalis = frei, freigebig) bedeutet den Abbau staatlicher oder gesellschaftlicher Eingriffe und Vorschriften.

Der chinesische Weg

Wie konnte dieser Aufschwung bewerkstelligt werden?

März 1978: Ministerpräsident Deng Xiaoping fordert in einer Rede, Landwirtschaft, Industrie, nationale Verteidigung, Wissenschaft und Technologie zu modernisieren. Die Erfolgsgeschichte begann dank einer wirtschaftlichen Liberalisierung. Politisch blieb jedoch die uneingeschränkte Macht der Kommunistischen Partei erhalten.

Zuerst sollte sich der Küstenraum entwickeln, um danach das Wachstum im ganzen Land voranzutreiben. 1980 wurden dazu vier **Sonderwirtschaftszonen** geschaffen, die für ausländische Unternehmen, hauptsächlich aus Taiwan und Xianggang, sehr gute Bedingungen boten. Dazu gehörten niedrige Löhne und Steuern, preiswerte Grundstücke und freie Exportmöglichkeiten. Die geographische Nähe zu den asiatischen Wachstumsmärkten wie Japan, Südkorea und Xianggang waren weitere günstige Standortbedingungen. Nach und nach öffnete die Regierung alle Küstenprovinzen für ausländische Konzerne, die mithilfe von **Joint Ventures** Zugang zum chinesischen Markt erhielten. Mit diesen Gemeinschaftsunternehmen zwischen einheimischen und ausländischen Firmen kam viel Know-How ins Land. Trotz der Tatsache, dass die Chinesen nur ausländische Anteile bis 50 Prozent

④ **Leipzig 2005: Zhonghua – „Made in China"**

⑤ **Privatautos verdrängen zunehmend die „alten" Taxis**

zuließen, nutzten alle größeren Konzerne der Welt diese Möglichkeit.

Neben den großen Konzernen haben sich viele hochqualifizierte Chinesen selbständig gemacht und tragen mit ihren Unternehmen in hohem Maße zum Fortschritt des Landes bei. Dieser beispiellose Aufschwung zeigt Wirkungen:

- Der Lebensstandard hat sich für die Menschen in den Städten deutlich verbessert.
- Es werden Arbeitsplätze geschaffen, die für die wachsende Bevölkerung dringend gebraucht werden.
- Ausländisches „Know-How" kann in eigenen Entwicklungen umgesetzt werden.
- Für die entstehende, zahlungskräftige Mittelschicht werden hochwertige Konsumgüter bereitgestellt.

Wachstum mit Folgen

Der rasante Aufstieg in den letzten 20 Jahren hat auch negative Auswirkungen. Viele Flüsse und Seen sind von Abwässern vergiftet. Ungefilterte Abgase belasten die Luft in den Städten. Die Weltmarktpreise für Rohstoffe steigen aufgrund des riesigen Bedarfs der chinesischen Industrie an. Schon heute herrscht auf dem Stahl- und Ölmarkt eine große Nachfrage. Immer mehr ausländische Unternehmen nutzen die großen Lohnunterschiede und verlagern ihre ganze Produktion nach China. Der Verlust vieler Arbeitsplätze in den Herkunftsländern ist die Folge. Und noch ist kein Ende abzusehen!

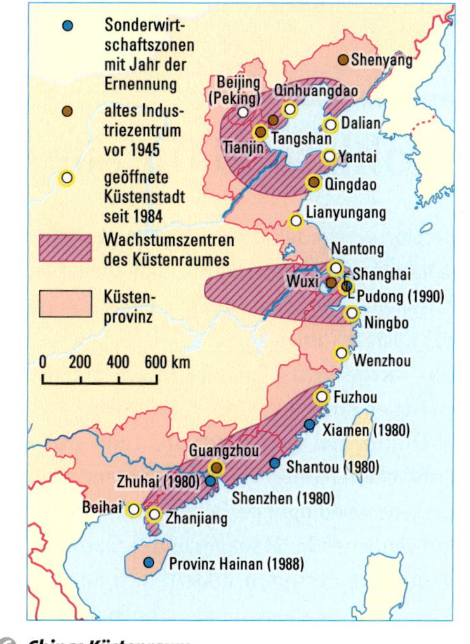

⑥ **Chinas Küstenraum**

⑦ ***Anteil der Bevölkerung in China, dem weniger als 1$ am Tag zur Verfügung steht***

1990	*33,0 %*
1996	*17,3 %*
2001	*16,6 %*

Bruttoinlandsprodukt (BIP): *Gesamtwert aller wirtschaftlichen Leistungen (produzierte Güter und Dienstleistungen), die innerhalb eines Jahres in einem Land von in- und ausländischen Firmen erbracht wurden.*

1 *a) Berechne das prozentuale Wachstum des BIP pro EW. in China. Nutze die Tabelle 8.*

1980–1985	1985–1990	1990–1995	1995–2000	2000–2003

b) Was stellst du fest?

2 *a) Erläutere Maßnahmen der Regierung, die den Aufschwung einleiteten.*

b) Begründe, warum gerade an den Küsten die Entwicklung vorangetrieben wurde.

3 *Beschreibe die Folgen des wirtschaftlichen Aufschwungs in China.*

⑧ ***Entwicklung des BIP pro Einwohner in China (in Euro)***

1980	*44*
1985	*81*
1990	*154*
1995	*458*
2000	*669*
2003	*857*

1 **Bruttonationaleinkommen in China 2003 nach Regionen**

3 **Familie Wu**

2 ***Pro-Kopf-Einkommen der ländlichen und städtischen Haushalte 1978–2003 in Yuan***

Wohlstand für alle?

Bereits wenige Jahre nach Beginn des Wirtschaftsprogramms zeigten sich negative Auswirkungen der einseitigen Bevorzugung des Küstenraumes.

Das rasche Wirtschaftswachstum brachte zwischen Küstenprovinzen und Hinterland, aber auch zwischen Stadt und Land große Entwicklungsunterschiede. Während sich die Lebensbedingungen einer kleinen Menge gut verdienender Manager und Facharbeiter deutlich verbesserten, änderte sich für viele Menschen vor allem auf dem Lande nur wenig. Anders als in den Küstenprovinzen gab es hier kaum ausländische Investitionen, die für neue Arbeitsplätze und Fortschritt sorgten. So lebt heute immer noch die Hälfte der Bevölkerung von einer Landwirtschaft, die gerade zum Lebensunterhalt reicht. Steigende Bevölkerungszahlen in Verbindung mit der Schließung veralteter Betriebe führten zu einer hohe Arbeitslosigkeit. Vielen Menschen wurde so die Existenzgrundlage genommen. Sozialversicherungssysteme, die in solchen Notlagen helfen könnten, fehlen. Viele versuchen als Wanderarbeiter auf den Baustellen oder in den Industriebetrieben des Ostens eine neue Chance zum Über-

4 **Familie Wu hat es „geschafft"**

Früher lebte Familie Wu in einem Dorf der Provinz Jiangsu vom Fischfang. Mit den wirtschaftlichen Reformen konnten sie einen Kredit aufnehmen, mit dessen Hilfe sie und weitere Familien des Dorfes anfingen, Boote zu bauen und damit Transporte durchzuführen. Durch die sich entwickelnde Wirtschaft war der Bedarf riesig. Immer größer wurden die Schiffe, die auf den neuen Werften entstanden. Heute ist Herr Wu 50 Jahre alt und schätzt sein monatliches Einkommen auf umgerechnet mehrere tausend Euro. Seine Frau und seine 20-jährige Tochter arbeiten nur ab und zu in der Firma mit. Schon lange leben sie nicht mehr in ihrem alten Fischerdorf, sondern sind mit vielen Familien aus ihrer alten Heimat in eine neu gebaute Siedlung nahe Nanjings umgezogen. Ihr neues Haus mit ungefähr 200 m² Wohnfläche haben sie westlich eingerichtet. Das Wohnzimmer ist mit hochwertiger Elektronik, wie LCD-Fernseher und Heimkinoanlage, ausgestattet. Eine Hausklimaanlage gehört genauso zur Ausstattung, wie Garage und großzügiger Hausgarten. Befragt nach den nächsten Zielen, sagte Herr Wu: „Ozeantaugliche Schiffe bauen und Überseehandel führen".

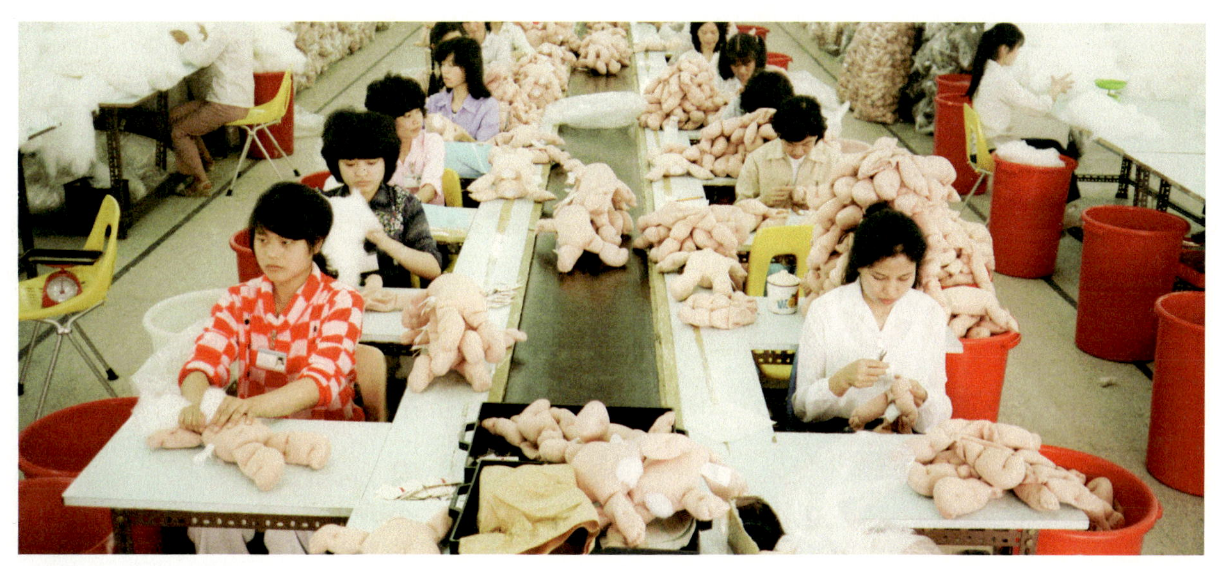

5 *Plüschtiere „made in China"*

6 **„Arbeiten bis zum Umfallen"**

In der Nacht, als sie starb, war Li Chunmei sehr erschöpft von ihrer Arbeit in einer Spielzeugfabrik. Kolleginnen berichteten, sie sei 16 Stunden auf den Beinen gewesen. Es war Hochsaison vor Weihnachten. Mindestens zwei Monate lang hatten Li Chunmei und die anderen Arbeiterinnen keinen freien Tag. Sie arbeitete in einer Montagelinie, in der Stofftiere manchmal bis 3 Uhr nachts zusammengenäht werden. Sie war eine Läuferin und musste die einzelnen Stofftiere von einer Arbeitsstelle zur nächsten bringen. Pro Stunde erhielt sie etwa 10 Cent. Li Chunmei stammte aus einer Bauernfamilie der Provinz Sichuan. In der dritten Klasse verließ sie die Schule und half auf dem veralteten Hof der Eltern. Maschinen gab es nicht. Später arbeitete sie auf den Feldern, um so das Überleben der Familie zu sichern. Mit 15 hörte sie von der Möglichkeit, im weit entfernten Shenzen als Wanderarbeiterin in der Spielzeugindustrie zu arbeiten.

„Dies ist ein armes Dorf. Nichts hat sich in den letzten Jahren geändert. Alle Eltern wollen, dass ihre Kinder bald in die Stadt gehen", sagt ihr Vater. „Irgendwann wird es hier keine Kinder mehr geben und das Dorf verlassen sein."

leben zu finden. Man schätzt heute, dass 200 Millionen, das ist ein Drittel aller Beschäftigten Chinas, der Gruppe der Wanderarbeiter angehören. Ausgenutzt arbeiten sie als billige Arbeitskräfte, ohne jemals ausgebildet zu werden.

Die großen Entwicklungsunterschiede führen auch zunehmend zu politischen Problemen. Viele Menschen können und wollen so nicht mehr weiterleben. Immer öfter verschaffen sich die Menschen bei den Provinzregierungen durch Protestaktionen Gehör. Noch konnte die Regierung große Konflikte durch massive Unterdrückung vermeiden. Sie hat aber die Notwendigkeit erkannt, dass die Entwicklung des peripheren Raumes und der westlichen Provinzen eine der dringendsten Aufgaben Chinas für das 21. Jahrhundert ist.

1 *a) Beschreibe und begründe die Wanderung der Arbeitskräfte.*

b) Erläutere, warum die chinesische Regierung die Entwicklung des Westens als dringliche Aufgabe ansieht.

2 *Vergleiche die Lebensverhältnisse der Familien Wu und Li.*

Bruttonationaleinkommen (BNE)*: Gesamtwert aller in einem Jahr von einem Land produzierten Güter und Dienstleistungen, unabhängig davon, ob die Produktion der Unternehmen dieses Landes im Inland oder Ausland erfolgte.*

① **Schüler beim Arbeiten mit WebGIS**

③
- Gesamtansicht der Karte zeigen
- Vergrößern der Karte. Du kannst auch mit der Maus einen rechteckigen Kartenausschnitt aufziehen.
- Verkleinern der Karte
- Karte verschieben
- Auf aktive Layer zoomen
- Karte aktualisieren
- Info-Werkzeug
- Suche
- Entfernungen messen
- Flächen messen
- Letzten Ausschnitt anzeigen
- Karte drucken
- Karte schließen

Informationsquelle GIS

*Die Abkürzung **GIS** steht für **Geographisches Informationssystem**. Damit können Daten von geographischen Objekten gespeichert, verwaltet, analysiert und in Karten dargestellt werden. So lassen sich Zusammenhänge oft besser erkennen als mit anderen Mitteln.*

Surftipp
*weitere Hilfen und Beispiele zur Bedienung des Geographischen Informationssystems unter **www.klett-gis.de***

Hinweis
Das WebGIS wird wie auch andere Software ständig weiterentwickelt. Daher wird sich im Laufe der Zeit auch das Aussehen der Seiten im Internet verändern.

② **Die wichtigsten Funktionen eines WebGIS**
- Thematische Karten sichtbar machen
- Informationen von geographischen Objekten abfragen (Info-Werkzeug)
- Informationen nach bestimmten Bedingungen abfragen (Suche)

Wie wirken sich die Unterschiede im Bruttonationaleinkommen pro Kopf auf das Leben der Chinesen aus? Welche Daten sind geeignet, Aussagen über den Lebensstandard zu formulieren? Gibt es Zusammenhänge zwischen Wirtschaftsleistung und Lebensverhältnissen? Bestehen Entwicklungsunterschiede nur zwischen Ost- und Westchina? Solche und weitere Fragen lassen sich mit dem WebGIS zu China unter www.klett-gis.de sehr schnell und ohne zeitaufwändige Suche nach Daten beantworten. Außerdem kann das GIS auch für die Darstellung der Ergebnisse eine Alternative zu bisherigen Möglichkeiten bieten. Zur Messung von Lebensverhältnissen wird oft der Besitz bestimmter, meist hochwertiger Konsumgüter, wie Motorräder, Computer oder Handys, untersucht. Angaben dazu werden in China auf der Ebene der Provinzen statistisch erfasst.

Thematische Karten sichtbar machen
In einem GIS werden thematische Karten auch als Layer bezeichnet. Um diese anzuzeigen, muss im Ordner „Thematische Karten" ein Häkchen vor dem Kartenthema, beispielsweise zum Besitz von Computern je 100 Haushalte, gesetzt werden. Durch Klicken des Aktualisierungsbuttons wird die Karte und die dazugehörende Legende nach kurzer Zeit angezeigt. Weitere Karten können mit der gleichen Schrittfolge sichtbar gemacht werden.

Informationen von geographischen Objekten abfragen (Info-Werkzeug)
Die gespeicherten Informationen zu den Provinzen lassen sich mit dem Info-Werkzeug aufrufen.
Um zum Beispiel alle gespeicherten Informationen der Provinz Jiangsu zu zeigen, wird in der Legendenspalte ein Häkchen in das Feld Provinzen gesetzt. Anschließend wird das Info-Werkzeug durch Anklicken aktiviert. Nun muss nur noch mit der Maus die Provinz Jiangsu gesucht und in der Karte angeklickt werden. Es erscheint eine Tabelle mit allen Informationen.

Informationen nach bestimmten Bedingungen abfragen (Suche)
Einfache Suche:
Das umfangreichste Analysewerkzeug ist die Suche. Mit ihr können Daten nach selbst gewählten Bedingungen untersucht und verglichen werden.
Im „Fahrradland" China stellt der Besitz von Motorrädern einen erhöhten Lebensstandard dar. Um die Provinzen zu ermitteln, in denen der Besitz überdurchschnittlich ist, muss nach folgenden Schrittfolge vorgegangen werden:

1. Suche durch anklicken aktivieren
2. Layer: Provinzen
3. Bedingung eingeben
   - Merkmal: Motorräder pro 100 Haushalte
   - Operator: >=
   - Wert: 24 (Durchschnittswert, siehe Tabelle 5)
4. „Suche starten"

Es werden in einer Tabelle einige Provinzen angezeigt, welche der geforderten Bedingung entsprechen. Mit einem Klick lassen sich diese auch in einer Karte anzeigen (Karte 4).

Kombinierte Suche mit UND:
Durch die Kombination von Daten aus verschiedenen Themenbereichen entstehen oft neue Informationen und Einsichten.
Zur Beantwortung der Ausgangsfragen zum Lebensstandard lassen sich durch Verknüpfung mehrerer Merkmale die Aussagen verbessern. Dies erreicht man zum Beispiel mit der Kombination des Besitzes von Motorrädern mit dem Besitz von Computern.
Dazu muss in der Suche die Eingabe einer weiteren Bedingung aktiviert und eingegeben werden (Computer pro 100 Haushalte >= 27,8). Durch die Verbindung mit UND werden nur die Provinzen angezeigt, in denen beide Bedingungen zutreffen.
Nach dem Anklicken von „Suche starten" werden weniger Provinzen ausgewiesen, als nach der Eingabe von nur einer Bedingung.

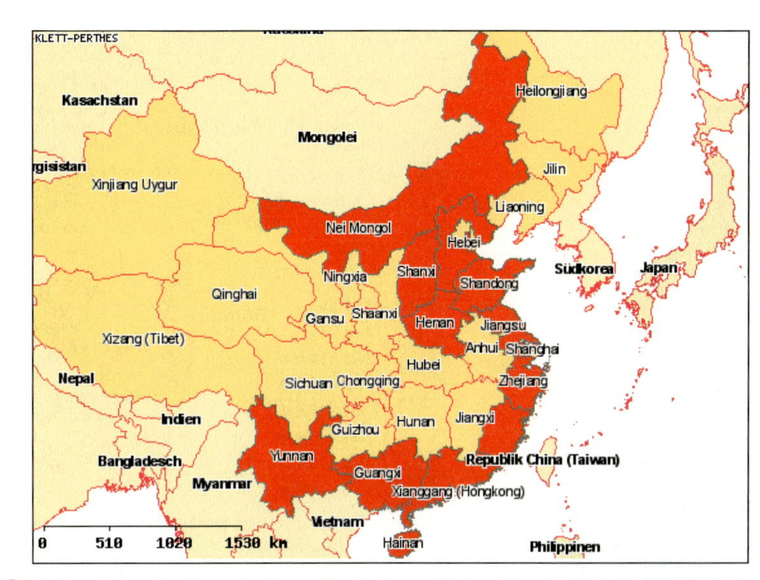

4 ***Karte mit den Provinzen, in denen der Besitz von Motorrädern überdurchschnittlich ist (www.klett-gis.de)***

Kombinierte Suche mit ODER:
Möchte man zum Beispiel die Provinzen Jiangsu und Sichuan vergleichen, muss zwischen den Bedingungen:
„Name = Jiangsu" / „Name = Sichuan" das Wörtchen ODER gewählt werden. Im Ergebnis erscheinen in der Tabelle die für die beiden Provinzen gespeicherten Daten.

1 *a) Ermittle mit thematischen Karten zu selbst gewählten Merkmalen regionale Unterschiede.*
b) Erkläre, warum mit Daten der Provinzen die Realität nur sehr grob abgebildet werden kann.

2 *a) Untersuche mithilfe des WebGIS Zusammenhänge zwischen Wirtschaftsleistung und Lebensverhältnissen.*
b) Fasse deine Ergebnisse stichwortartig zusammen.

3 *a) Vergleiche die Provinzen der Familien Wu und Li (Seite 66/67) nach der wirtschaftlichen Situation und den Lebensverhältnissen.*
b) Begründe die ermittelten Unterschiede.

5 ***Ausgewählte Daten zu den Lebensverhältnissen in China***
Im Durchschnitt haben 100 Familien
- *24,0 Motorräder*
- *143,6 Fahrräder*
- *1,4 PKWs*
- *130,5 TV-Geräte*
- *26,9 Musikanlagen*
- *27,8 PCs*
- *61,8 Klimaanlagen*
- *66,6 Duschen*
- *95,4 Telefonanschlüsse*
- *90,1 Handys*

6 *In Deutschland haben im Durchschnitt 100 Familien*
- *100 PKWs*
- *114, 2 Handys*
- *84,9 PCs*

Aus der Mengenlehre
Menge A = {2, 3}
Menge B = {3, 4}

Durchschnittsmenge
A UND B → $A \cap B = \{3\}$
Vereinigungsmenge
A ODER B → $A \cup B = \{2, 3, 4\}$

1 **Südasien**

Die geographische Lage von Orten, Regionen, Gebirgen oder anderen Objekten wird oft in einer vereinfachten Zeichnung – einer kartographischen Skizze – dargestellt. Mit dieser ist es dann möglich, Lagemerkmale geographischer Objekte zu beschreiben, Lagebeziehungen herzustellen sowie Abgrenzungen zu verdeutlichen.

Eine kartographische Skizze zeichnen

In welchem Teil Indiens liegt eigentlich das Gangestiefland? Von welchen Landschaften wird dieses Tiefland begrenzt? Gibt es dort überhaupt Städte? Wo liegen die größten Städte Indiens, eher an der Küste oder im Binnenland?

Um solche Fragen anschaulich beantworten zu können, sind kartographische Skizzen sinnvoll, denn sie stellen geographische Inhalte in ihrer räumlichen Anordnung dar. Dazu gehören einfache Lageskizzen oder vereinfachte, auf wenige Inhalte begrenzte thematische Karten. Beim Zeichnen kommt es nicht darauf an, die Umrisse möglichst exakt nachzuzeichnen. Viel wichtiger ist es, die Objekte wie Flüsse, Städte oder Gebirge im richtigen Verhältnis zueinander darzustellen.

Eine kartographische Skizze zeichnen

1. Schritt: Objekte auswählen

Suche als Erstes eine geeignete Karte, in der die Inhalte deiner zu zeichnenden Skizze dargestellt sind. Wähle jetzt nur die Objekte aus, die notwendig sind, um das geforderte oder gewünschte Thema darzustellen.

2 **Beispiel: Thematische Karte Millionenstädte**

Für das Anfertigen einer vereinfachten thematischen Karte eignen sich Karten mit kleinem Maßstab, z.B. Weltkarten. Hier sind die Umrisse des Landes am stärksten vereinfacht, so dass sogar ein Abzeichnen frei Hand möglich wird. Bei stärker gegliederten Umrissen ist es besser, diese auf Transparentpapier nachzuzeichnen.

3 **Beispiel: Lageskizze des Gangestieflandes**

Für das Anfertigen einer Lageskizze des Gangestieflandes eignet sich eine physische oder Landschaftskarte von Südasien. Die wichtigsten geographischen Objekte sind in diesem Fall die Flüsse Ganges und Brahmaputra sowie die an das Gangestiefland angrenzenden Landschaften und Staaten.

2. Schritt: Skizzieren

Skizziere zunächst alle wichtigen geographischen Objekte auf ein weißes Blatt. Beachte dabei deren Lagemerkmale sowie die Lage der Objekte zueinander in ihrer ungefähren Entfernung. Ergänze dann entsprechend dem Thema weitere Objekte, z.B. Ländergrenzen oder große Städte, die einer besseren Orientierung dienen.

④ **Beispiel: Thematische Karte Millionenstädte**
Suche zunächst auf einer Karte die Millionenstädte Indiens. Übertrage diese unter Beachtung wichtiger Lagebeziehungen in deine Umrisskarte. Ergänze zur besseren Orientierung große Flüsse oder Gebirge.

⑤ **Beispiel: Lageskizze des Gangestieflandes**
Zuerst zeichnest du die Umrisse des Gangestieflandes. Dann betrachtest du auf der Karte, wie die angrenzenden Landschaften zum Gangestiefland liegen. Zur besseren Orientierung zeichnest du weitere Objekte wie die Flüsse Ganges und Brahmaputra und die Grenzen der Staaten Nepal, Bhutan und Bangladesch ein. Zum Schluss trägst du wichtige Städte wie Delhi, Neu-Delhi, Kanpur, Lucknow, Varanasi, Kalkutta und Dhaka ein.

3. Schritt: Beschriften und Gestalten

Beschrifte zum Abschluss die Skizze und gestalte sie farbig. Ein Rahmen kann die Skizze umschließen. Hast du weitere Objekte eingetragen, müssen diese in einer Legende erklärt werden.

⑥ **Beispiel: Thematische Karte Millionenstädte**
Formuliere zuerst eine Überschrift für die Karte. Beschrifte dann alle zusätzlichen Eintragungen wie Flüsse oder Gebirge. Wenn dazu der Platz nicht ausreicht, musst du eine Legende anlegen.

⑦ **Beispiel: Lageskizze des Gangestieflandes**
Als Erstes erhält die Skizze eine Überschrift, z. B. „Das Gangestiefland“. Dann werden die Landschaften nach ihrer Höhe farbig gekennzeichnet, unter 200 m = grün, zwischen 200 – 500 m gelb, über 500 m braun. Bei Hochgebirgen wie dem Himalaya sollte das Braun etwas dunkler sein. Je nach Größe musst du dann die zusätzlichen Eintragungen, wie Städte und Flüsse, beschriften oder eine Legende anlegen.

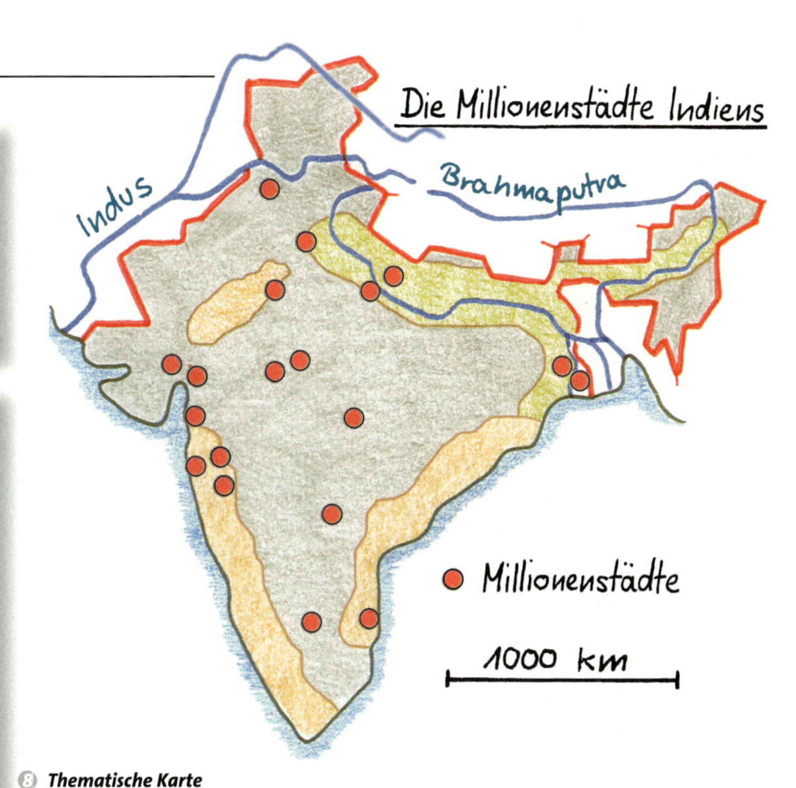

⑧ ***Thematische Karte***

⑨ ***Lageskizze***

1 *Beschreibe die Lage der Millionenstädte und gib mögliche Gründe dafür an.*

2 *Zeichne eine kartographische Skizze, in der die folgenden indischen Großlandschaften eingetragen sind: Himalaya, Ganges-Brahmaputratiefland, Westghats, Ostghats, Hochland von Dekkan, Zentralindisches Bergland.*

① ***Religionen in Indien***

③ **Der Buddhismus – ein Kind des Hinduismus**

Die Religion des Buddhismus ist aus dem Hinduismus hervorgegangen. Heute spielt der Buddhismus in seinem Ursprungsland Indien nur noch eine untergeordnete Rolle. Seine Mönche und Klöster prägen aber das Leben und Denken in Sri Lanka, China, Korea, Japan, Thailand, Vietnam, Laos, Myanmar und Kambodscha .

Siddharta Gautama (ca. 560 – 480 v. Chr.), der als Buddha (der Erleuchtete) verehrte Gründer dieser Religion lehnte das Kastenwesen und die Vorstellung der Hindus von einer Seele ab. Für Buddha war alles Leben unvermeidlich leidvoll. Daher streben Buddhisten nach dem Ende aller Wiedergeburten und dem endgültigen Erlöschen aller Existenz im Nirwana (Nichts). Der Weg ins Nirwana führt durch ein Leben im Mönchskloster. Dort versucht man, auf Buddhas „mittlerem Weg" die Extreme Askese und Lust zu vermeiden und durch Meditation jedes Streben nach Besitz oder Anderem zu überwinden.

Hinduismus und Kastenwesen

② ***Anteile der Religionen an der Gesamtbevölkerung (2001)***

Hindus	*80,5 %*
Muslime	*13,4 %*
Christen	*2,3 %*
Sikhs	*1,9 %*
Buddhisten	*0,8 %*
Jainas	*0,4 %*
Andere	*0,7 %*
Gesamtbevölkerung 2001:	*1 028 610 328*

In Indien sind Kirche und Staat getrennt. Niemand darf wegen seiner Religionszugehörigkeit diskriminiert werden. Im Alltag spielen die Religionen aber eine sehr große Rolle. Die Anhänger der unterschiedlichen Glaubensgemeinschaften leben weitgehend friedlich miteinander. In der Vergangenheit kam es jedoch auch zu gewaltsamen Auseinandersetzungen zwischen Hindus und Moslems mit vielen Toten. Ursache dafür waren die Wunden jahrhundertelanger Fremdherrschaft durch die Muslime sowie soziale Spannungen, die noch heute von radikalen Politikern geschürt werden.

Hinduismus – mehr als eine Religion

Fast unüberschaubar ist die Zahl der Glaubensrichtungen und Götter, die mit dem Begriff Hinduismus zusammengefasst werden. Im Gegensatz zu anderen Religionen gibt es keinen Gründer und keine allgemein verbindliche Lehre. Für Hindus gibt es so viele Wege zu Gott, wie es Gläubige gibt. Zu den Vorstellungen gehört der Glaube an die Wiedergeburt, wobei jede Geburt eine Folge von Taten aus dem früheren Leben ist. Wenn also Kinder unter sehr ärmlichen Verhältnissen auf die Welt kommen und andere in Luxus groß werden, ist das die Folge von Taten. Der Tod ist damit nur der Übergang in eine neue Daseinsform. Im Hinduismus spielt deshalb das tägliche Handeln eine große Rolle. Die Kulthandlungen (puja) werden in öffentlichen Tempeln oder am Hausaltar durchgeführt.

4 ***Am Ufer des Ganges in Varanasi***

5 ***Wegen ihrer großen Bedeutung im täglichen Leben wird die Kuh verehrt.*** *Kühe dürfen sich in Städten und Dörfern frei bewegen und nicht getötet oder verletzt werden. Für strenge Hindus sind sie sogar heilig.*

Bestimmen Varnas und Jatis Indien?

Vor etwa 4000 Jahren bildete sich in Indien eine komplizierte Gesellschaftsstruktur heraus, die bis heute das Zusammenleben der Menschen bestimmt. In alten heiligen Schriften wird von einer Einteilung nach Hautfarben (Varna = Farbe) berichtet. Je heller die Hautfarbe, desto höher die Stellung in der Gesellschaft. Daraus entwickelte sich eine religiös begründete Einteilung in vier „Stände", vergleichbar mit der Ständeordnung in Europa im 18. Jahrhundert. An oberster Stelle standen die Priester (Brahmanen), es folgten die Krieger, Händler und Grundbesitzer sowie Handwerker. Außerhalb stand die große Gruppe der „Unberührbaren". Noch bedeutsamer war die Gliederung dieser Varnas in tausende Jatis, was „Geburt" bzw. „Geburtsgruppe" bedeutet. Das sind geschlossene Gruppen, in die der Einzelne hineingeboren wird und denen er sein Leben lang angehört. Alle Mitglieder üben meist gemeinsame Berufe aus. Portugiesische Kaufleute prägten im 15. Jahrhundert für dieses ihnen fremde Phänomen den Begriff „casta" = „Kaste", ohne zwischen Varna und Jati zu unterscheiden. Heute ist eine Einteilung in Varnas nicht mehr möglich. Dagegen prägen Jatis bis heute das Zusammenleben. Will man wissen, zu welcher Kaste ein Inder gehört, muss man in Hindi nach der „Jati" fragen.

6 **Beziehungen innerhalb der Kaste**

Kaste (jati)/**Unterkaste**
gegenseitige Hilfe,
wirtschaftliche Kooperation,
Konfliktregelung und Überwachung der Vorschriften durch den Kastenrat,
Selbstorganisation und Autonomie

Beziehungen zwischen den Kasten

Verbindungen durch	Abgrenzung durch
Arbeitsteilung, z. B. leitende Funktionen und Hilfskräfte; Tätigkeiten in „modernen" Berufen und Beschäftigung in der Landwirtschaft, die für alle Kasten möglich sind.	Reinheit-, Unreinheit und / oder politische Macht; Essensregeln; Kleidungsvorschriften; Regeln für soziale Kontakte; Heirat nur innerhalb der Kaste; Diskriminierung niederer Kasten

Für die Rangordnung der etwa 5 000 Kasten in „niedere" und „höhere" gibt es keine für ganz Indien gültige Stufung.

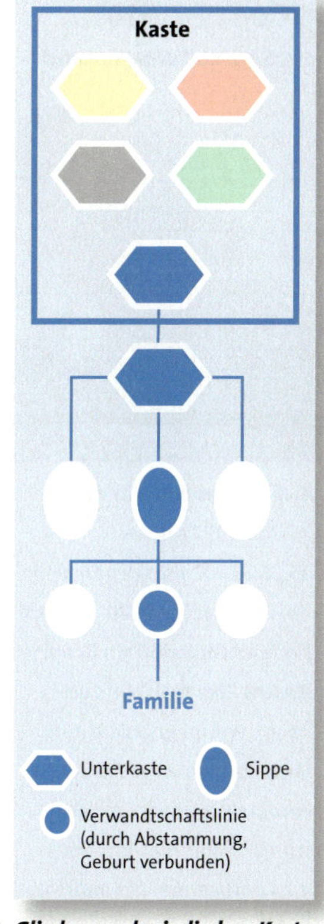

7 ***Gliederung der indischen Kaste***

8 **Straße in Kalkutta (Kolkata)**

11 **Ein Streitgespräch in Indien**

„Diese Familie gehört sicher den Dalits, den Unberührbaren, an. Sie werden nie eine Chance im Leben haben."

„Woher willst du das wissen? Das können auch Brahmanen sein. Außerdem bieten sich auch in Indien Möglichkeiten der Armut zu entkommen."

„Nein! Wer arm ist, gehört zu den niederen Kasten oder den Dalits, wer reich ist zu den hohen Kasten. Veränderungen gibt es nicht, weil das Kastenwesen alles blockiert. Wer als Unberührbarer oder als Angehöriger einer niederen Kaste geboren wird, bleibt es sein Leben lang und hat keine Chance – egal, welche Fähigkeiten er hat."

„Das stimmt so nicht."

9 ***K. R. Narayanan** war vom 25. Juli 1997 bis zum 25. Juli 2002 Präsident Indiens. Am 27. Oktober 1920 in einem Dorf des südindischen Bundesstaates Kerala als Dalit geboren, vertrat er Indien als Botschafter in China und bekleidete vor seiner Präsidentschaft bereits das Amt des Vize-Präsidenten der Indischen Union.*

Verbot und Wirklichkeit der Kasten

Gesetzlich sind Kasten seit der 1950 verabschiedeten indischen Verfassung verboten, tatsächlich existieren sie jedoch weiter. Die meisten Menschen in Indien definieren sich zuerst über die Familie und die Kaste, dann über regionale Herkunft und erst zuletzt als Inder. Seit Jahren ist die einst starre Ordnung im Wandel und ihr Einfluss nimmt deutlich ab. Dabei gibt es große regionale Unterschiede, sowohl von Stadt zu Land, wie innerhalb der ländlichen Regionen. So ist für die modernen Berufe eine Gliederung nach Kasten unmöglich. In den modernen Großstädten wie Delhi, Bombay oder Bangalore fragt kaum noch jemand nach der Kastenzugehörigkeit, außer bei der „Wahl des Ehepartners". Das gesellschaftliche Ansehen wird nun weniger durch „Kaste" als durch Beruf oder Einkommen geprägt. So finden sich nicht selten verarmte Brahmanen, die als Köche oder Grundschullehrer mit einem geringen Einkommen ihr Leben fristen müssen. Dagegen haben es manche aus niederen Kasten geschafft, durch gute Ausbildung und Arbeit in der Computer- oder Elektroindustrie sozial aufzusteigen. Diese Chancen ziehen viele junge Menschen in die Städte.

In der indischen Volkskammer sind von 542 Sitzen 70 für die „Unberührbaren" und 30 für die Angehörigen der Stammesbevölkerung, die sich Adivasi nennen, reserviert.

KKB brahmin girl, teaching profession, looking for alliance from KKB well settled guy: Age: 30, Religion: Hindu, Caste: Brahmin Kanyakubaja; Languages: English, Hindi; Birth place: Hardoi; My Minimum criteria: Age 30–37; Mother Tongue: Hindi; Marital Status: Never Married; Location: India

I am simple fun loving, happy go lucky type of a person: Age: 30; Religion: Hindu; Caste: Does not matter; Languages: English, Hindi; Birth place: Mumbai; My Minimum criteria: Age: 20–35; Mother Tongue: Hindi; Marital Status: Never Married; Location: India

I am a 26 year old girl looking for a smart and intelligent person as my life partner: Age: 26, Religion: Christian, Caste: Catholic, Languages: English, Hindi; My Minimum criteria: Age: 26–31; Mother Tongue: Others; Marital Status: Never Married; Location: India, US, UK, Canada, Australia

10 ***Heiratsanzeigen in den indischen Medien***

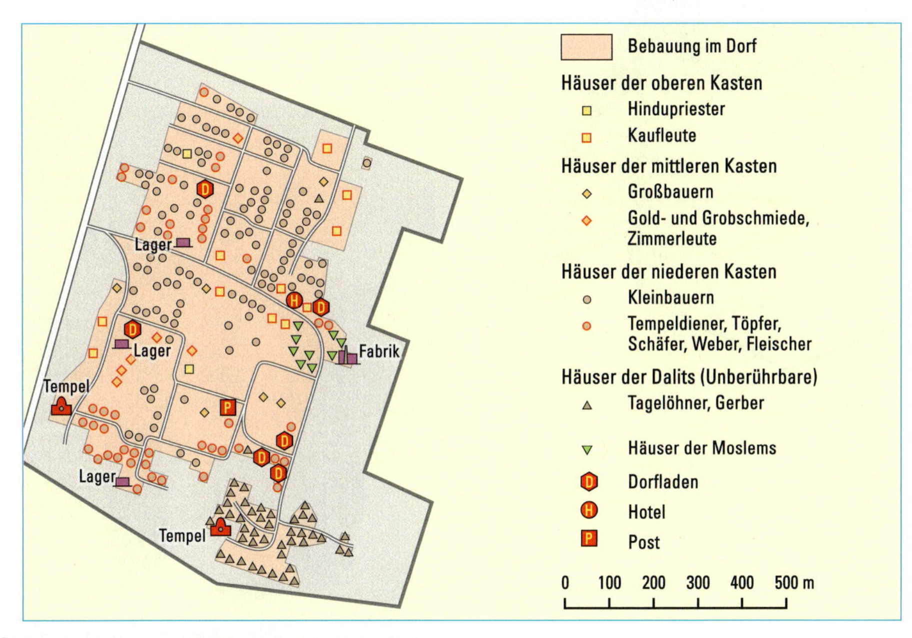

⑫ ***Landaufteilung und Siedlungsstruktur in Juriyal***

⑬ ***Steckbrief Juriyal***

Einwohner	*1422*
Kasten	*21*
Haushalte (Hh)	*258*
davon:	
Obere Kasten	*13 Hh*
Mittlere Kasten	*11 Hh*
Niedere Kasten	*164 Hh*
Unberührbare	*60 Hh*
Muslime	*10 Hh*
Haushalte mit Landbesitz über dem Existenzminimum	*21 Hh*
davon:	
Obere Kasten	*5 Hh*
Mittlere Kasten	*3 Hh*
Niedere Kasten	*11 Hh*
Unberührbare	*2 Hh*
Muslime	*0 Hh*

Juriyal in Andhra Pradesh

Wie Hinduismus und Kastenwesen den Alltag in den indischen Dörfern bestimmen, kann man in Juriyal, einem Dorf im Bundesstaat Andhra Pradesh sehen. Die Unterscheidung der einzelnen Kasten wird schon in den Haustypen deutlich. Die Angehörigen der höheren Kasten leben als Großfamilie in oft zweigeschossigen Steinhäusern, während die der niederen Kasten kleine, einräumige Häuser bewohnen. Die Unberührbaren siedeln in Hütten am Rand des Dorfes. Großfamilien sind hier – auch aufgrund geringer Lebenserwartung – selten. Die meisten können sich von ihrem Kastenberuf kaum ernähren und müssen als billige Tagelöhner auf den Feldern der Landbesitzer arbeiten.

Auch in der Verteilung von Landbesitz gibt es bei den Kasten sehr große Unterschiede. Die meisten Kleinbauern betreiben als Pächter Ackerbau auf Feldern, die einem Großbauern gehören. Meist ist die Pacht so hoch, dass die Ernte gerade ausreicht, sie zu bezahlen. Viele von ihnen geraten im Verlauf der Zeit durch zunehmende Verschuldung immer stärker in die Abhängigkeit vom Großbauern und müssen meist ein Leben lang für ihn arbeiten.

1 *Beschreibe die räumliche Verbreitung der Religionen in Südasien (Karte 1, S. 72).*

2 *Informiere dich im Lexikon oder Internet über die Sikh-Religion und den Jainismus.*

3 *Erläutere an Beispielen den Einfluss des Hinduismus auf das Leben der Menschen.*

4 *Stelle die Auswirkungen des Kastensystems auf das Zusammenleben der Menschen in einer Mind Map dar.*

5 *Ermittle mit dem Steckbrief des Dorfes Juriyal (12) die prozentualen Anteile*
a) der Kastengruppen an den Gesamthaushalten.
b) der Kastengruppen, deren Landbesitz über dem Existenzminimum liegt.
c) Vergleiche die ermittelten Anteile.

6 *a) Erkläre, weshalb ein gläubiger Hindu seine Kastenzugehörigkeit nicht so einfach aufgibt.*
b) „Kasten wird es in Indien immer geben." Nimm Stellung zu dieser Behauptung.

Adivasi
Hindi: adi = „Ur, ursprünglich" und vasi = „Bewohner"

1

2 **Kerala, Uttar Pradesh und Indien im Vergleich**

	Säuglings-sterblichkeit 1998 (%)	Frauen je 1000 Männer 2001	Durch-schnittl. Heiratsalter Frauen 1998	Alphabeten-quote je Erw. >7 Jahre 2001 (%)	Kinderzahl pro Frau 1997
Kerala	16	1058	21,9	91	2,0
Uttar Pradesh	85	898	16,7	57	4,8
Indien	70	933	17,1	65	3,2

4 ***Brennholz sammeln ist Aufgabe der Frauen***

Frauen in Indien

Weltweit kommen auf 1050 Mädchen 1000 Jungen – in Indien ist das Verhältnis genau umgedreht. Hier überwiegen die Jungen, obwohl nicht weniger Mädchen geboren werden als in anderen Ländern. Doch jedes Jahr sterben viele von ihnen, bevor sie 15 Jahre alt werden. Dafür gibt es verschiedene Ursachen, die alle eng mit der Stellung der Mädchen und Frauen in der Gesellschaft verbunden sind.

Mädchen kosten viel Geld

Vor allem in den Dörfern gelten noch die alten Traditionen. Die Söhne vererben den Namen der Familie, sie können früh das Land bestellen, bleiben in der Regel zu Hause und versorgen die Eltern im Alter.

Die Geburt einer Tochter ist dagegen für viele arme Familien eine Katastrophe. Wenn sie heiratet, muss ihr Vater ein großes Fest veranstalten und dem Bräutigam und seiner Familie wertvolle Geschenke („Mitgift") kaufen. Viele müssen dafür inzwischen mehr ausgeben, als sie in einem ganzen Jahr ver-

Kaum zu glauben

Noch heute werden 90% aller Ehen in Indien nach altem Brauch von den Eltern arrangiert.

3 **Frauen in Indien**

In Indien leben Mädchen und Frauen in extrem unterschiedlichen Verhältnissen. Viele sind bettelarm und haben nie einen Beruf gelernt. Für wenig Geld schuften sie von morgens bis abends auf dem Feld, in Fabriken, Steinbrüchen oder beim Straßenbau.

Die Mädchen und Frauen aus der Mittelschicht dagegen leben in den Großstädten und sind wohlhabender. Viele von ihnen haben studiert und gut bezahlte Jobs – als Rechtsanwältinnen, Ärztinnen oder Wissenschaftlerinnen, sie moderieren Talkshows, drehen Filme oder arbeiten in der Computerindustrie oder bei der Luftfahrt. In Indien gab es weltweit den ersten Airbus mit einer rein weiblichen Besatzung!

Immer mehr Frauen nehmen ihr Schicksal nicht einfach hin. Sie schließen sich zusammen und protestieren gegen ihre Benachteiligung. Frauenorganisationen zeigen, dass es Gesetze für ihre Rechte gibt. Es hat sich gezeigt, je gebildeter eine Frau ist, um so besser geht es ihrer Familie.

5 Bräutigam auf dem Weg zur Hochzeit

dienen. Viele nutzen deshalb Ultraschalluntersuchungen zur Feststellung des Geschlechts von Ungeborenen, um im Fall eines Mädchens abzutreiben.
Viele Mädchen sterben sehr früh, weil sie weniger zu essen bekommen als ihre Brüder oder seltener zum Arzt gebracht werden. Da Töchter früh verheiratet werden und dann das Haus verlassen, halten viele Eltern das Lesen und Schreiben lernen für überflüssig. Wenn überhaupt, schicken sie ihre Söhne zur Schule.

Eltern mit Mädchen werden belohnt

Der Bundesstaat Andhra Pradesh hat jetzt eine Initiative gestartet, die den Geschlechterquotienten im Bundesstaat (1 000 Männer: 943 Frauen) verändern und den Status von Mädchen verbessern soll. Eltern, die eine Tochter und keine weiteren Kinder großziehen, bekommen von der Regierung 100 000 Rupien. Das Geld wird an die Tochter ausgezahlt, sobald sie das Alter von 20 Jahren erreicht hat. Die Eltern müssen zusätzlich nachweisen, dass sie Geburtenkontrolle betreiben.

6

Digeshwar
lebt in Indien und ist das dritte von sieben Kindern.

Ihr Alter: 13 Jahre
Digeshwar hütet ihre jüngeren Geschwister und begleitet ihre Eltern aufs Feld.

Ihr Alter: 14 Jahre
Digeshwar besucht zum ersten Mal eine Schule, aber nur für kurze Zeit. Sie wird von ihren Eltern verheiratet und ist bereits acht Monate später schwanger.

Ihr Alter: 15 Jahre
Sie bringt eine Tochter zur Welt. Digeshwars Mann erkrankt und muss ins Krankenhaus. Die Schwiegereltern geben ihr die Schuld. Digeshwar versucht Mann und Kind zu versorgen. Das Kind stirbt nach drei Monaten, ihr Mann einen Monat später. Digeshwar wird von den Schwiegereltern verstoßen und kehrt zu ihrer leiblichen Mutter zurück.

Ihr Alter: 17 Jahre
Digeshwar hat Glück. Sie geht in eine für Mädchen eingerichtete Schule und absolviert zugleich eine Schneiderausbildung, die ihr eine Zukunft eröffnet.

7 **Kleine Kredite – große Wirkung**

Die Teilnehmerin einer Selbsthilfegruppe im ländlichen Gebiet des Bundesstaates Andhra Pradesh erklärt: „In unserer Gruppe sind 10–20 Frauen. Wir sparen wöchentlich ca. 10 Rupien (der Tageslohn in der Landwirtschaft beträgt ca. 20–30 Rupien) und sammeln den Betrag auf unserem Sparkonto bei einer Bank. Gibt es unvorhergesehene Ausgaben, können wir einen ‚Kredit' aus dem Sparguthaben beantragen, worüber von der Gruppe entschieden wird. Häufig werden die Beträge für Lebensmittel oder Saatgut eingesetzt und innerhalb einer Erntesaison zuzüglich 3 % Zins monatlich zurückgezahlt. Bevor wir unseren Sparclub hatten, waren wir den Wucherzinsen der Geldverleiher ausgesetzt oder von den Großgrundbesitzern abhängig. Das führte manchmal bis zur Zwangsarbeit. Diese wirtschaftliche Unabhängigkeit wirkt sich auch in anderen Bereichen aus: die Frauen werden selbstbewusster. Ihre Stellung innerhalb der Familie wird gestärkt."

1. *Frauen werden in Indien benachteiligt. Erkläre sowohl Ursachen als auch Möglichkeiten zur Veränderung.*
2. *Vergleiche Digeshwars Lebenslauf mit deinem eigenen Leben.*
3. *Untersuche, weshalb die in Tabelle 2 dargestellten Vergleichswerte im Bundesstaat Kerala abweichen.*

Surftipp
www.anisha.de/basis.html
http://de.wikipedia.org/wiki/Kerala

1 Hitze in Indien – 120 Tote

Eine Hitzewelle hat im Osten Indiens und im benachbarten Bangladesch mindestens 120 Menschen das Leben gekostet. Allein im ostindischen Bundesstaat Orissa gab es schon 55 Tote durch Hitzschlag. Tausende Menschen in den beiden südasiatischen Ländern versammelten sich, um für einen Beginn der Monsunregenfälle zu beten. In Teilen Orissas erreichten die Temperaturen fast 50 Grad Celsius. Der Monsun, der Indien und Bangladesch Abkühlung und Regen bringt, verspätet sich nach Angaben des Indischen Meteorologischen Instituts. Bislang gelangte der Monsun nach Süd- und Westindien, er bewegt sich aber derzeit nicht weiter nach Norden und Osten fort. Ein verspäteter oder schlechter Monsun hat verheerende Auswirkungen auf den indischen Agrarsektor, von dem die Wirtschaft abhängt.

2 *Landschaft während des Sommermonsuns ...*

Monsun über Indien

Monsun
(von arab. mawsim = für die Seefahrt geeignete Jahreszeit) Monsune sind jahreszeitlich wehende Winde. Man unterscheidet tropische und außertropische Monsune.

→ *Passate, siehe Seite 112/113*

→ *Innertropische Konvergenzzone (ITC), siehe Seite 113*

Monsune sind Winde, die das Klima Indiens prägen. Von Januar bis Februar wehen die Winde überwiegend aus Nordosten. Es sind die Nordost-Passate der Tropen. Weil sie nicht ganzjährig, sondern nur in diesen Monaten wehen, nennt man sie Wintermonsun. Sie bringen trockene und kühle Luftmassen aus dem Inneren Asiens nach Indien. Niederschläge fallen in dieser Zeit nur, wenn Tiefdruckgebiete aus dem Mittelmeerraum bis an den Südrand des Himalaya vordringen.

Mitte März bis Mai steigen die Temperaturen in ganz Indien rasch an. Mit der Verlagerung des Zenitalstandes auf die Nordhalbkugel nimmt die Sonneneinstrahlung zu. In weiten Teilen Indiens herrscht eine unerträgliche Hitze. Mit zunehmender Erwärmung entwickelt sich über Nordindien und dem südwestlichen Tibet ein großräumiges Hitzetief. In dieser Zeit verlagert sich die Innertropische Konvergenzzone (ITC) weit nach Norden. Dadurch entsteht ein Druckgefälle von den subtropischen Hochdruckgebieten auf der Südhalbkugel über den Äquator nach Norden.

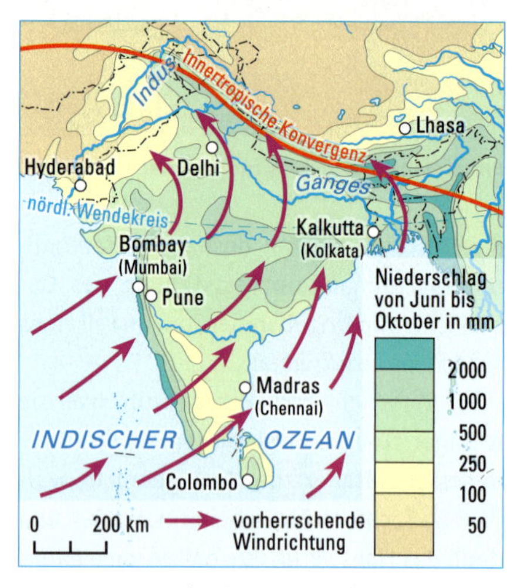

3 *Sommermonsun (Juni–September)*

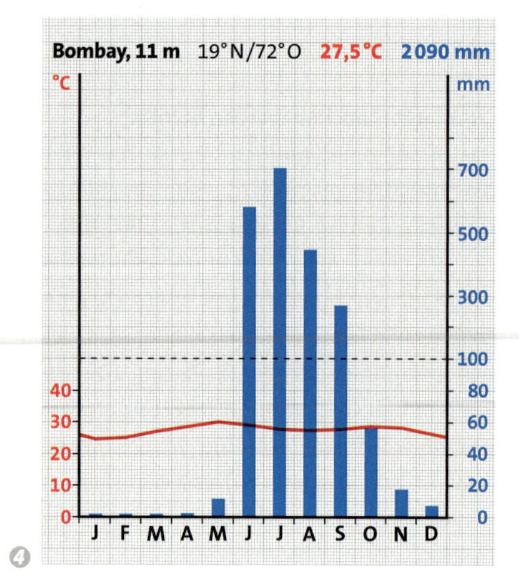

4

5 ***... und in der Zeit des Wintermonsuns***

8 ***Der Monsunregen setzt ein***

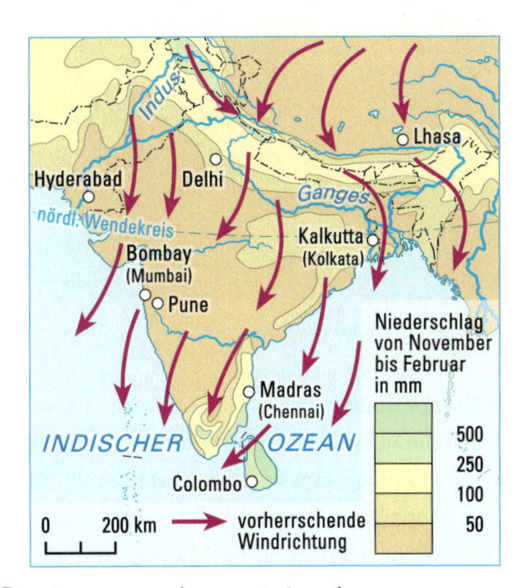

6 ***Wintermonsun (Januar–Februar)***

Die Südostpassate der Südhalbkugel gelangen nun über den Äquator und strömen zur über Nordindien liegenden ITC. Dabei werden sie durch die Erdrotation abgelenkt und wehen als Südwestwinde. Mit diesem Sommermonsun gelangen feucht-warme Luftmassen nach Indien. Nach monatelanger Trockenheit setzt jetzt der lang ersehnte Regen ein. Oft sind es heftige Gewitter und Wolkenbrüche. Die Intensität der Niederschläge ist regional sehr unterschiedlich. Es gibt Regionen, in denen der Monsun manche Jahre regelrecht ausbleibt und andere, in denen es tagelang nicht aufhört zu regnen. Solche Unterschiede entstehen durch die jeweilige Richtung der Luftströmungen und das Relief. Besonders hoch sind die Niederschläge im Luvbereich der Gebirge.

Wenn sich im Herbst das Tiefdruckgebiet abschwächt und sich die ITC wieder nach Süden verlagert, „zieht sich" der Monsun langsam zurück. Im Oktober ist der größte Teil Indiens wieder trocken – bis zum nächsten Sommermonsun.

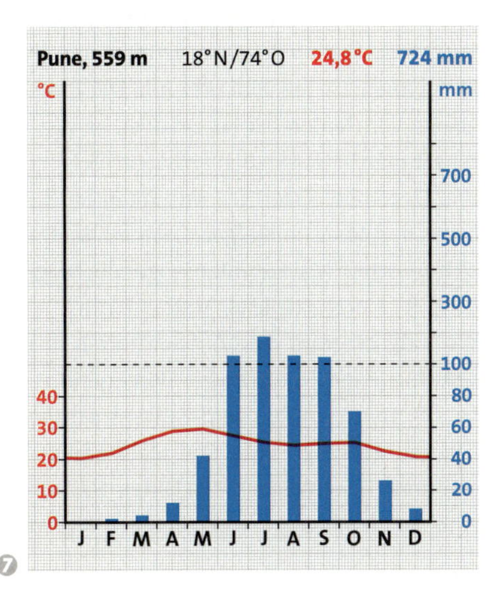

7

1 *Erläutere Entstehung und Eigenschaften des Winter- und Sommermonsuns in Indien.*

2 *Erkläre die Niederschlagsverteilung in den Klimastationen 4 und 7.*

3 *Warum fallen im Südosten Indiens auch während des Wintermonsuns Niederschläge?*

9 ***Cherrapunji*** *25°N, 92°O (1313 m) 11777 mm*

Chemnitz *51°N, 13°O (418 m) 700 mm*

⑩ ***Bewässerung in Indien***

⑪ ***Tankbewässerung auf indischen Feldern***

⑫ ***Brunnen in einem Dorf***

Monsun und Landwirtschaft

Kommt der Sommermonsun pünktlich und bringt er genügend Niederschlag, ist er für die Bauern „Geld, das vom Himmel fällt“. Setzt der Regen aber zu stark ein, kann es zu Überschwemmungen kommen, die große Zerstörungen anrichten. Katastrophal ist es aber auch, wenn der Monsun zu spät kommt oder zu wenig Regen bringt. Dann drohen Dürrezeiten, denen große Hungersnöte in den Dörfern folgen.

Schon immer haben die Menschen versucht, mit den Unregelmäßigkeiten des Sommermonsuns fertig zu werden. Wichtigste Aufgabe war dabei, während der Regenzeit so viel Wasser wie möglich aufzufangen und zu speichern. Dort, wo es der geologische Bau und das Relief erlauben, wurden künstliche Stauteiche, auch Tanks genannt, angelegt.

Anbauperioden

Auch die Auswahl der Feldfrüchte sowie der Beginn von Aussaat und Ernte werden durch den Monsun bestimmt. Anbau im Sommer (Kharif) und Winteranbau (Rabi) sind die wichtigsten Anbauzeiträume.

Im Sommeranbau erfolgt die Aussaat der Früchte zu Beginn des Sommermonsuns, in Nordindien z. B. im Juni und Juli. Die Ernte erfolgt von September bis Oktober. Im Winter sät man in Nordindien zwischen Oktober und Dezember. Geerntet wird dann im Februar und März. In einigen Gebieten bietet sich zwischen März und Juni sogar die Möglichkeit einer zusätzlichen dritten Ernte.

Wo möglich, wird eine Anbaurotation mit verschiedenen Feldfrüchten durchgeführt, so z. B. zwischen Reis und Hülsenfrüchten (Linsen), zwischen Hirse und Mais, Erdnüssen und Hirse. Wegen der kleinen Flächen sind die Kleinbauern zum ständigen Anbau

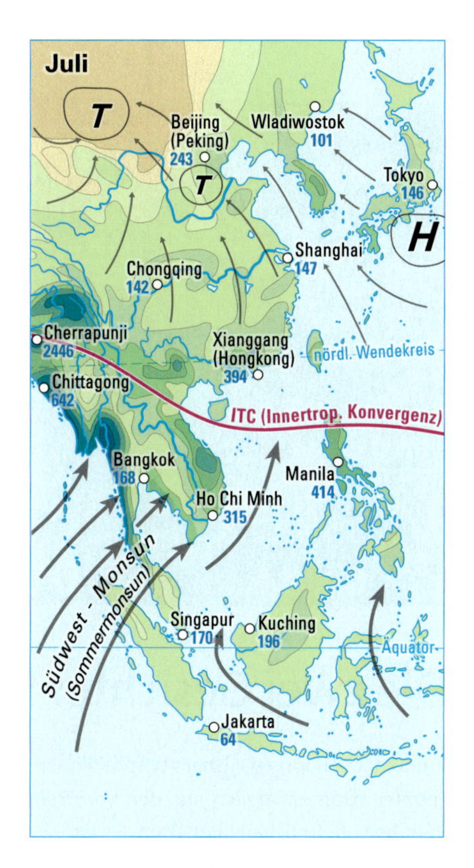

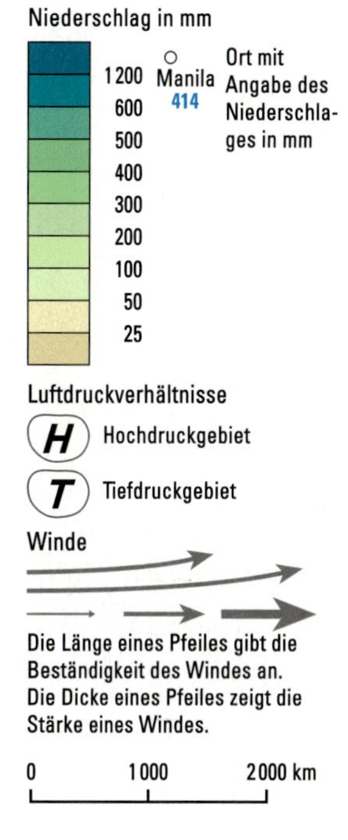

13 ***Der außertropische Monsun in Ostasien***

gezwungen, eine Brache zur Erholung des Bodens können sie sich nicht leisten. Viele Bauern praktizieren deshalb den gleichzeitigen Anbau von Stickstoff anreichernden Pflanzen und Getreide. Diese Maßnahme kommt einer Düngung des Bodens gleich.

14 **Wichtigste Ackerkulturen in Indien und deren Anteil an der Anbaufläche in Prozent (2002)**

Reis	23,7
Ölfrüchte	18,6
Weizen	15,5
Hülsenfrüchte	12,7
Hirse	11,4
Kirchererbsen	3,8
Erdnüsse	3,5
Gemüse	3,4
Gewürzpflanzen	0,7

4 *Für die Bauern kann der Monsun „Segen oder Fluch" bedeuten. Erkläre.*

5 *Beschreibe und begründe die Verbreitung der unterschiedlichen Bewässerungsarten (Karte 10). Nutze dazu auch die Karten 3 und 6 auf den Seiten 78 und 79.*

6 *Stelle die Anbauperioden in einem Anbaukalender grafisch dar.*

7 *Beschreibe mithilfe geeigneter Atlaskarten die Lage wichtiger Anbaugebiete für Reis und Hirse und begründe diese.*

8 *a) Erkläre die Entstehung des außertropischen Monsuns (13).*

b) Benenne und begründe Merkmale von Temperatur und Niederschlag im Sommer und Winter.

c) Vergleiche den außertropischen Monsun in Ostasien mit dem tropischen Monsun in Indien.

d) China wird im Sommer von zwei Monsunen beeinflusst. Erkläre.

❶ Bahnhof von Mumbai um 7 Uhr

❸ Dharavi, größter Slum in Mumbai

❷ Eine Stadt – vier Namen

Mumba Ai
(deutsch „große Mutter") nannten Fischer die Siedlung nach ihrer Schutzgöttin.

Bom Bahia
(deutsch „gute Bucht") nannten die Portugiesen die 1534 eroberte Inselgruppe in dem Naturhafen.

Bombay
hieß die Stadt, nachdem sie 1661 in britischen Besitz gelangte.

Mumbai
als traditioneller Hindi-Name löste 2001 den aus der Kolonialzeit stammenden Namen ab.

Die zwei Gesichter Mumbais

Mumbai frühmorgens: Über sechs Millionen Pendler strömen täglich aus den Vororten in Indiens heimliche Hauptstadt. Es ist, als würde sich die gesamte Bevölkerung Dänemarks auf den Weg machen. In den Stoßzeiten quetschen sich 5 000 Menschen in Züge, die nur für 1600 zugelassen sind. Und täglich werden es mehr! Was aber zieht so viele Menschen an? Arbeit, sozialer Aufstieg, Befreiung aus der Enge des Kastenwesens und Löhne, die vielfach höher sind als auf dem Land locken tausende Zuwanderer in die Metropole. Heute drängen sich hier schätzungsweise über 18 Millionen Menschen. Man rechnet für das Jahr 2025 sogar mit 33 Millionen Einwohnern. Den Prozess des Wachstums der städtischen Bevölkerung nennt man Verstädterung.

Mumbais Aufstieg

Vor der Ankunft der Europäer lebten auf den sieben Inseln, die jetzt Mumbai bilden, Fischer in kleinen Dörfern. Im Jahre 1668 verpachtete die Kolonialmacht England das Gebiet an die „East India Company". Diese Region entwickelte sich aufgrund ihrer guten Lage als sturmsicherer Naturhafen schnell zum Handelszentrum für die Westküste Indiens. Durch die aufblühende Textilindustrie in England wurde die Baumwolle zum wichtigen Handelsgut. Im 19. Jahrhundert stieg Bombay zum Hauptsitz des Baumwollhandels und der Baumwollindustrie auf. Nach London und Paris war es damals die drittgrößte Stadt der Welt.

Heute ist Mumbai Indiens wirtschaftliche Lokomotive – 40 % der indischen Steuereinnahmen werden dort erwirtschaftet. Neben der traditionellen Baumwoll- und Textilindustrie bieten Betriebe des Maschinen- und Fahrzeugbaus, der Elektrotechnik, Elektronik und Erdölverarbeitung Arbeitsplätze. So strömen Millionen Menschen vom Land in die Stadt. Ein Ballungsraum hat sich gebildet. Seine Sogwirkung auf hoffnungsvolle Arbeitssuchende ist so groß, dass täglich tausend Menschen aus allen Teilen Indiens in Mumbai neu ankommen.

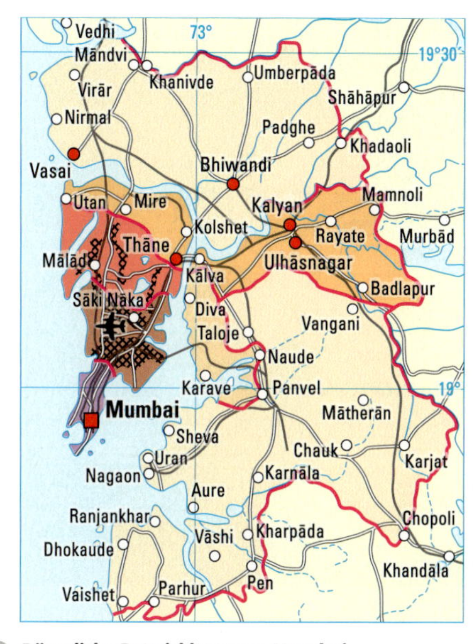

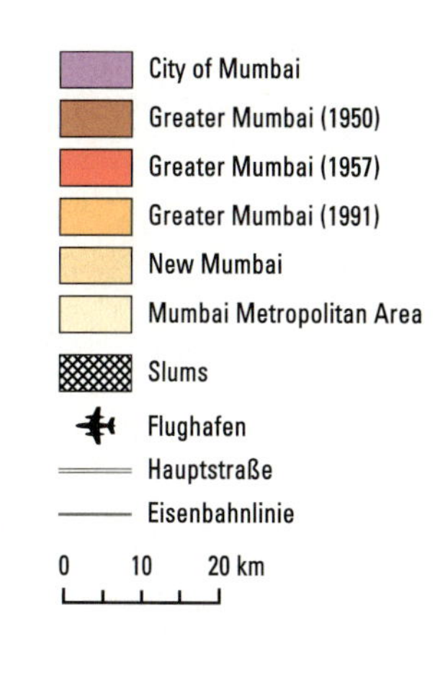

4 ***Räumliche Entwicklung von Mumbai***

„Slumbai" – die Stadt der Armen

Wo aber sollen diese Menschen wohnen? Auf ungenutztem Land, an Straßen, Bahngleisen, Flussufern oder Kanälen, auf Müllhalden oder unter Brücken – überall entstehen einfachste Hütten. Dharavi ist der größte Slum in Mumbai. Hier leben etwa 300 000 Menschen auf einem Quadratkilometer. Durchschnittlich wohnen mehr als fünf Personen auf einer Fläche von 15 m² in Verschlägen aus Plastikplanen, Wellblech und Brettern, ohne Strom- und Wasseranschluss. Eine Wasserpumpe für 600 und eine Toilette für 800 Menschen!

Niemand in Dharavi ist jedoch untätig. In Kleinstbetrieben werden Textilien, Lederwaren, Backwaren oder Schmuck hergestellt. Müllsammler betreiben „Recyclingbetriebe". 1961 lebten 10 % der Bevölkerung Mumbais in Elendsvierteln, heute schätzt man ihren Anteil auf 50 %. Darüber hinaus gibt es noch weitere 1,5 Millionen Obdachlose in der City. Ganze Familien, die sich selbst die Mieten für die Slumhütten nicht leisten können, schlafen auf dem Gehweg, notdürftig unter einer Plane oder Pappe.

Metropole Indiens

Gleichzeitig ist Mumbai der Wohnsitz der Milliardäre, 70 der reichsten 100 Familien Indiens leben hier. In der City befinden sich die Schaltzentralen der größten Unternehmen Indiens: Von den 100 Top-Firmen des Landes werden 56 von Mumbai aus gelenkt. Auch die boomende Informationstechnologiebranche ist mit 68 der 200 führenden Softwarefirmen in Mumbai angesiedelt. Zwei Drittel des Börsenumsatzes in Indien werden allein hier gemacht. Damit ist die Stadt der viertgrößte Finanzplatz Asiens. Im internationalen Luftverkehr führt Mumbai klar vor anderen indischen Städten. Seine Filmindustrie in Bollywood hat weltweite Bedeutung. Zwar fehlt Mumbai die politische Hauptstadtfunktion, dennoch ist es mit seiner Bedeutung als die führende Metropole Indiens zu bezeichnen.

1 *Stelle die Bevölkerungsentwicklung Mumbais in einem Kurvendiagramm dar und erläutere die Entwicklung.*

2 *Nenne Gründe für das hohe Bevölkerungswachstum in Mumbai und erläutere die damit verbundenen Probleme.*

3 *Diskutiere folgende Aussage mit deinem Partner: „Um den Menschen in Mumbai zu helfen, muss man auf dem Land anfangen."*

5 ***Einwohner in Mumbai***

	Einw. in 1 000
1900	*1 260*
1910	*1 510*
1920	*1 750*
1930	*1 800*
1940	*2 280*
1950	*3 800*
1960	*5 280*
1970	*7 780*
1980	*11 080*
1990	*14 530*
1995	*16 520*
2000	*18 580*
2004	*21 500*
2015 (Prognose)	*26 100*

6 ***Anzahl der Städte in Indien mit***

	> 1 Mio. Einw.	***> 5 Mio. Einw.***
1971	*9*	*3*
1981	*12*	*3*
1991	*23*	*4*
2001	*30*	*6*

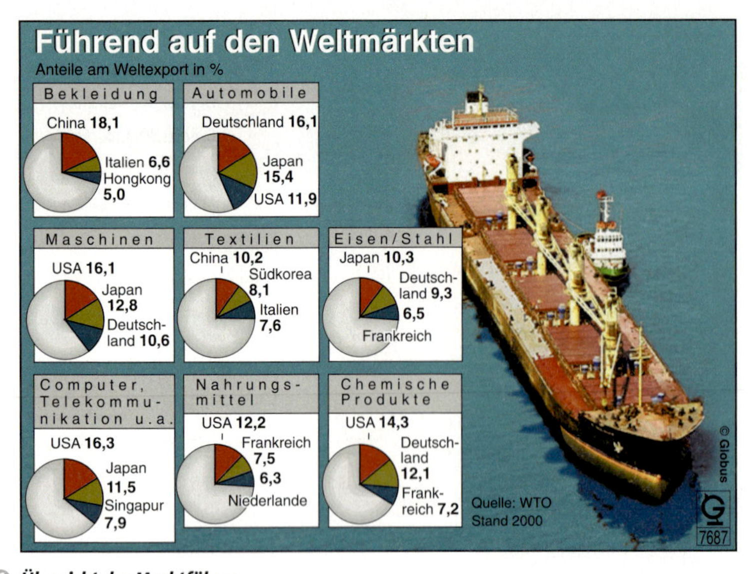

① *Übersicht der Marktführer*

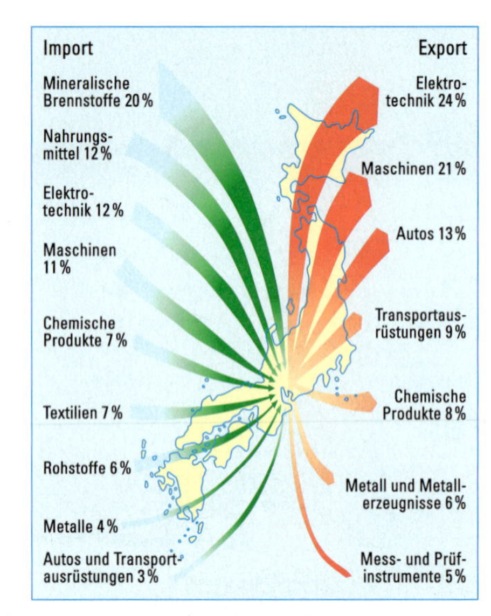

④ ***Hauptimporte und Exporte Japans 2002***

Wirtschaftsmacht ohne Rohstoffe

② ***Rohstoffabhängigkeit Japans***

Erdöl	*100 %*
Eisenerz	*100 %*
Bauxit	*100 %*
Baumwolle	*100 %*
Zink	*98 %*
Kupfer	*95 %*
Erdgas	*92 %*
Kohle	*75 %*
Weizen	*65 %*
Holz	*50 %*

Japan ist nur wenig größer als Deutschland, seine Bevölkerung ist jedoch eineinhalbmal so groß. Die Bevölkerungsdichte liegt deshalb mit 332 Einwohnern pro km² auch wesentlich höher. Die Bevölkerung ist innerhalb des Landes allerdings sehr ungleichmäßig verteilt. So drängen sich in einem Umkreis von 50 km um den Mittelpunkt Tokyos 30 Millionen Menschen auf einem Fünfzigstel der Landesfläche. Dies entspricht einem Viertel der gesamten Bevölkerung Japans.

③ **Entwicklung der Beschäftigten in den Wirtschaftsbereichen in Prozent (1970 – 2001)**

	1970	1980	1990	2001
Primärer Sektor	17,4	10,4	7,2	4,9
Sekundärer Sektor	35,2	34,9	33,8	30,2
Tertiärer Sektor	47,4	54,7	59,0	64,9

Fast alle Rohstoffe muss Japan einführen. Riesige Frachter- und Tankerflotten beliefern die Weiterverarbeitungsanlagen an den Küsten mit Eisenerz, Kohle und Erdöl.

Trotz dieser starken Abhängigkeit von Rohstoffimporten stieg Japan nach dem Zweiten Weltkrieg zur zweitstärksten Industriemacht und zur drittgrößten Handelsnation auf. Japanische Industrieerzeugnisse traten auf dem Weltmarkt einen Siegeszug an und eroberten die Führung in vielen Zweigen.

Ganz Japan erschien den Konkurrenten im Ausland wie eine einzige mächtige Firma, die Vertretungen überall auf der Welt aufbaute.

Seit 1990 steigt die Industrieproduktion in Japan langsamer als in den Jahren zuvor. Dennoch spielt Japan weiterhin eine führende Rolle in der Weltwirtschaft. Gründe für die japanischen Exporterfolge sind einerseits die hohe Qualität der Produkte bei günstigen Preisen, andererseits aber auch andere Produktions- und Vermarktungsverfahren als in der westlichen Welt. Diese Zauberformel machte die Japaner zum Vorbild für Europäer und Amerikaner.

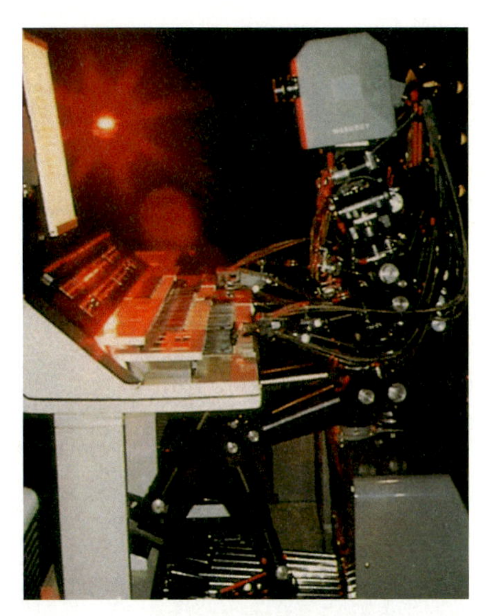

5 **Der Roboter „Wabot" spielt sogar Klavier**

Kollege Roboter

Installierte Roboter je 10 000 Beschäftigte in der Industrie

Land	Roboter
Japan	322
Deutschland	148
Südkorea	138
Italien	116
Schweden	99
Finnland	78
Spanien	72
Frankreich	71
USA	63
Österreich	54
Benelux	53
Dänemark	50
Großbritannien	39
Australien	36
Norwegen	24
Portugal	15
Tschechien	12

Quelle: UNECE/IFR Stand 2003 © Globus 9565

6 **Robotereinsatz in der Industrie**

8 ***Markenvielfalt aus Japan***

Japan führt

Ob für grobe oder feine Arbeiten, Roboter sind in vielen Bereichen der Industrie heute eine Selbstverständlichkeit. Je mehr Präzision in der Produktion eine Rolle spielt, desto notwendiger ist der Einsatz der elektronischen Helfer, die noch auf Bruchteile von Millimetern genau schleifen, bohren oder fräsen können. Auch bei monotonen, wiederkehrenden oder für Menschen gefährlichen Fertigungsschritten werden Computer eingesetzt. Sie verrichten Tag und Nacht immer die gleichen Handgriffe, ermüden niemals (außer wenn der Strom ausfällt) und zeigen daher auch keine Konzentrationsschwäche. Weltweiter Spitzenreiter beim Einsatz von Robotern ist Japan. Die neuen Roboter von Sony und Honda können heute tanzen, Fußball spielen, laufen und sogar Treppen steigen.

1 *Ermittle Produkte, mit denen Japan auf dem Weltmarkt führend ist.*

2 *Ordne in einer Tabelle den Logos dir bekannte Produkte und dazugehörige Industriezweige zu.*

3 *Welche Vor- und Nachteile bringt der industrielle Einsatz von Robotern?*

7 **Bei Canon**

Das Canon-Werk in Toride bei Tokyo ist eine der größten Fotokopierer-Fabriken der Welt. Jeden Monat werden hier 30 000 Geräte hergestellt. Der Arbeitstag beginnt mit der gemeinsamen Morgengymnastik zu Lautsprechermusik und mit dem „Qualitätsversprechen" der Werksgruppen.
Häufig machen Arbeiterinnen und Arbeiter Vorschläge, wie man die Arbeit verbessern kann. Dafür gibt es Prämien von der Firmenleitung. Auch für Überstunden erhalten die Beschäftigten zusätzliche Prämien. Ist einmal zu wenig Arbeit da, werden Arbeitszeit und Löhne gekürzt. Entlassungen gibt es selten.
Die meisten Beschäftigten bleiben vom Anfang bis zum Ende ihrer Berufstätigkeit bei Canon. Das Unternehmen gibt günstige Kredite zum Bau von Eigenheimen. Viele Freizeiteinrichtungen, die ebenfalls der Firma gehören, stehen zur Verfügung. Gern wird das Bild von der „Canon-Firmenfamilie" gebraucht: Die Firma – das ist der Vater („oyabun"). Die Beschäftigten – das sind die Kinder („kobun").

9 ***Exportvolumen ausgewählter Länder 2003 (in Mrd. US$)***

China	*437,9*
Deutschland	*748,3*
Japan	*471,8*
USA	*723,8*
Welt	*7 503,0*

Surftipp

www.meti.go.jp/english/index.html
www.esri.cao.go.jp/index-e.html
www.dpc.or.jp/english/index.html
www.infojapan.org

10 *Kaizen*

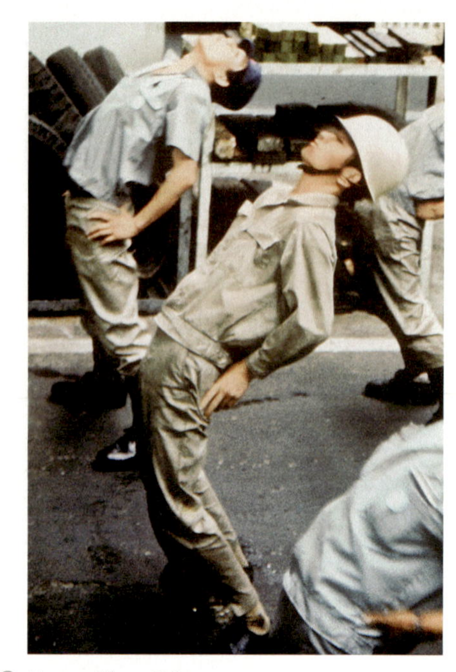

11 *Gymnastik zur Entspannung*

Beschäftigungsstruktur in Japan (2000)

- *Großbetriebe (über 300 Beschäftigte), 1,03 % aller Betriebe mit 28 % aller Beschäftigten*
- *Klein und Mittelbetriebe (4 bis 300 Beschäftigte) 98,97 % aller Betriebe mit 72 % aller Beschäftigten*

Geheimnisse des Erfolgs

Auf die Frage nach den Ursachen für das „Japanische Wirtschaftswunder" hieß es anfänglich: Die Japaner kopieren ausländische Produkte und ausländisches Know-how, sie erhalten niedrige Löhne und weniger Urlaub, arbeiten mehr, sind weniger krank und ... .
Die wesentlichen Gründe für den Erfolg hat man dabei meist übersehen:

Die Japan-AG

Die effektive Verschmelzung von Forschung an den Universitäten mit der Produktion in den Betrieben ist nur ein Beispiel für das erfolgreiche Wirken der Japan-AG. Der Begriff soll das Zusammenwirken zwischen Politik, Wirtschaft und den Staatsbeamten verdeutlichen. Der Staat übt großen Einfluss auf die Wirtschaft aus. Die starke Bindung der Beschäftigten an ihren Betrieb gehört ebenso zu dieser Politik. Die Erzeugung eines „Wir-Gefühls" stärkt das Bewusstsein, ein wichtiger Teil des Ganzen zu sein. Äußere Zeichen dafür sind zum Beispiel das Tragen von Einheitskleidung, Gemeinschaftspausen mit Freiübungen und Singen des Firmenliedes.

Die Hightech-Orientierung

Japan ist heute führend bei der Entwicklung von Zukunftstechnologien. Grundlagen dafür sind das große Interesse für alles Neue, die Innovationsfreude der Japaner sowie moderne Forschungseinrichtungen und kurze Entwicklungszeiten für neue Produkte.

Das Kaizen

So nennt man in Japan das ständige Bestreben nach Verbesserung unter Einbeziehung aller Mitarbeiter und aller Bereiche der Wirtschaft. Die Überzeugung von der Notwendigkeit in kleinen Schritten immer besser zu werden, ist tief in der japanischen Mentalität verwurzelt. Das Leben gilt als ein ständiger Lern- und Verbesserungsprozess. Voraussetzung für das Kaizen ist, dass die Arbeitnehmer permanent mitdenken und mitentscheiden. In Teamarbeit lässt sich das besser bewerkstelligen. In keinem Land der Erde ist die Zahl der Verbesserungsvorschläge so hoch wie in Japan. Kein Tag soll vergehen ohne Verbesserungsvorschlag. Etwa 80 Prozent der Beschäftigten beteiligen sich jährlich daran. Auf diese Weise hat Japan eine so hohe Produktqualität erreicht.

Ohne die Kleinen läuft nichts

Die japanische Produktion stützt sich auf zwei Standbeine: die meist weltweit bekannten Großbetriebe und unzählige Klein- und Kleinstbetriebe, die das eigentliche Rückgrat der japanischen Wirtschaft bilden. Fast zwei Drittel der Betriebe im verarbeitenden Gewerbe haben weniger als zehn Beschäftigte. Fast drei Viertel der japanischen Arbeitnehmer sind hier beschäftigt. Diese Kleinbetriebe arbeiten als Zulieferer für die Großbetriebe, z. B. für die Automobilindustrie. Um Aufträge der Großunternehmen wird hart gekämpft. Nur der Zulieferer kann bestehen, welcher seine Erzeugnisse **just-in-time**, das heißt zum richtigen Zeitpunkt in der geforderten Ausführung und Anordnung sowie in ausgezeichneter Qualität direkt an die Produktionsstelle liefern kann.

⑫ ***Schüler der Minamini Oberschule (10. – 12. Klasse) in Aomori***

Religiöse Werte und Bildung

Pflichttreue, Selbstbeherrschung, Gehorsam, Wahrheitsliebe, Fleiß und Disziplin – das sind Werte, die in Japan einen hohen Stellenwert haben. Diese stammen zum Teil aus dem Shintoismus, der aus einer schlichten Verehrung der Gottheiten in der Natur und aus einem ausgeprägten Ahnenkult erwuchs. Andere Werte stammen aus dem Buddhismus, wie z. B. geistige Disziplin und der Verzicht auf eigene Wünsche. Auch das Lernen gilt als Tugend.

1 – 3 Jahre Kindergarten, 6 Jahre Grundschule, 3 Jahre Mittelschule, danach schwierigste Übergangs- und Aufnahmeprüfungen in die 3-jährige Oberstufe und 4 Jahre Universität – das ist der zeitliche Durchlauf eines auf höchste Ansprüche ausgerichteten Bildungssystems.

97 Prozent aller Schüler besuchen die Oberschule. Knapp 50 Prozent studieren danach an der Universität. Weil eine hohe Bildung für jeden Japaner selbst und für sein Ansehen in der Gesellschaft so wichtig ist, besuchen 80 Prozent der Schüler Abendschulen, um sich besser auf die Aufnahmeprüfungen vorzubereiten.

Das Wunderkind zeigt Schwächen

Trotz der wirtschaftlichen Höhenflüge der 1980er Jahre geriet das wohlhabende Japan zu Beginn der 1990er unerwartet in eine Wirtschaftskrise. Die Ursachen liegen zum Teil im Land selbst. Eine völlige Überbewertung von Aktien und Firmengrundstücken führten zu Reichtum, der nur auf dem Papier da war. Zum anderen trugen die schwache Weltwirtschaft und die Absatzschwierigkeiten in der IT-Branche, insbesondere wegen der Konkurrenz aus Südostasien, dazu bei.

Japan entwickelte deshalb umfangreiche staatliche Hilfsprogramme für die Wirtschaft. Die Vergabe von Krediten wird strenger geregelt. Es wurde viel in Forschung und Entwicklung investiert, um durch technologischen Vorsprung die Exporte weiter erhöhen zu können. Immerhin konnte dadurch der Abwärtstrend seit 2003 gestoppt werden. Leichtes Wirtschaftswachstum mit sinkenden Zahlen an Firmenpleiten und an Arbeitslosen geben dem Land neue Hoffnung.

4 *Gestalte eine Gedankenkarte (Mind-Map), welche die Ursachen für die Erfolge der japanischen Industrie übersichtlich abbildet.*

Kaum zu glauben

Karoshi, das japanische Wort für „Tod durch Überarbeitung", erlitten im Jahr 2005 160 Menschen, davon waren 40 % Manager.

① **_Produktauswahl Sony_**

② **_Sony-Center am Potsdamer Platz in Berlin_**

③ **Sony United – Innovationen unter einem Dach vereint!**
Konzern präsentiert neues Konzept für die digitale Welt von morgen.
Sony stellt die Weichen für eine noch erfolgreichere Zukunft. Unter dem Motto „Sony United" präsentiert der Konzern am 26. August 2005 im Rahmen einer einzigartigen Pressekonferenz Strategien und Produkte für die Digital Entertainment World von morgen.

Global Player Sony

Der Name Sony ist eine Kombination aus dem lateinischen Wort sonus (Klang) und dem englischen Wort sonny (kleiner Junge).

Sony weltweit

Produkte der Unterhaltungselektronik von Sony sind weltweit begehrt. Bahnbrechende Welterfolge waren die Erfindung des Transistorradios und die Entwicklung des Walkman. In den letzten Jahren brachte Sony jährlich etwa 500 neue Produkte auf den Markt, das heißt, täglich fast zwei Neuentwicklungen.

Neben der Unterhaltungselektronik machte sich Sony in den letzten Jahren einen Namen im Film- und Musikgeschäft. 2004 kaufte Sony zum Beispiel das legendäre Filmstudio MGM. Im Jahr 2001 bildete Sony mit dem schwedischen Telekommunikationskonzern Ericsson ein Gemeinschaftsunternehmen mit 3500 Angestellten und Hauptsitz in London.

Die Europazentrale des Konzerns befindet sich im Sony-Center am Potsdamer Platz in Berlin. Im Sony Style Store können die Kunden eine breite Palette der Produkte ausprobieren. Des Weiteren ist Sony in Deutschland mit einem Forschungszentrum in Stuttgart und einem Vertriebszentrum in Köln vertreten.

Die europäischen Ländervertretungen werden jeweils von einem europäischen Management geführt. Nur weniger als 2 % der Mitarbeiter sind hier Japaner. Die Teams sind jedoch international zusammengesetzt, so dass ein sicheres Beherrschen der englischen Sprache bei den Mitarbeitern vorausgesetzt wird.

Schlagwort „Globalisierung“

Ob in den Zeitungen, im Radio oder im Fernsehen, in allen Medien begegnet uns der Begriff **Globalisierung**. Auch wir verwenden ihn oft im Alltag. Kaum ein anderer Begriff wird so vielfältig gebraucht. Zahlreiche Definitionen sind die Folge. Globalisierung lässt sich als Prozess der Verstärkung weltweiter wirtschaftlicher, kultureller und sozialer Beziehungen verstehen. Dabei nimmt der Austausch von Gütern, Informationen und Finanzen ständig zu. Immer mehr qualifizierte Arbeitskräfte sind zeitweilig an verschiedenen Standorten tätig. Diese Entwicklung eröffnet besonders großen Wirtschaftsunternehmen durch weltweites Agieren neue Chancen.

Global Player

Großunternehmen, die seit den 1990er-Jahren auf fast allen nationalen Märkten agieren, werden als **Global Player** bezeichnet. Diese multinationalen Unternehmen werden von nationalen Standorten immer unabhängiger. Sie optimieren Zulieferung, Produktion und Absatz entsprechend der Vorteile, die einzelne Standorte bieten. So können die Einzelteile eines Produkts jeweils in einem anderen Land produziert werden, um sie dann an einem „Montagestandort“ zusammenzusetzen.

Die internationale Zusammensetzung der Teams und deren Qualifizierung oder die Festlegung auf eine einheitliche Betriebssprache sind neue Herausforderungen für die Unternehmen. Am schnellsten haben sich Großbanken über die Möglichkeiten internationaler Kapitalbewegungen zu Global Playern entwickelt.

Trotz vieler Vorteile werden diese Entwicklungen auch von kritischen Stimmen begleitet. Eine zu hohe wirtschaftliche Machtkonzentration, eine zu große politische Einflussnahme sowie Wettbewerbsverzerrungen werden befürchtet. Arbeitsplatzverluste im „Heimatland“, Steuerflucht und erschwerte öffentliche Kontrolle sind weitere Kritikpunkte.

4 **Weltkonzerne nach Umsatz (2004)**

Rang	Name	Land	Umsatz in Mrd US-$	Gewinn in Mrd. US-$	Branche
1.	Wal-Mart	USA	287,9	10,3	Einzelhandel
2.	BP	Großbritannien	285,1	15,4	Erdöl
3.	Exxon Mobil	USA	270,8	25,3	Erdöl
4.	Royal Dutch / Shell Group	Großbritannien / Niederlande	268,7	18,2	Erdöl
5.	General Motors	USA	193,5	2,8	Automobile
6.	Daimler Chrysler	Deutschland	176,7	3,1	Automobile
7.	Toyota Motor	Japan	172,6	10,9	Automobile
8.	Ford Motor	USA	172,2	3,5	Automobile
9.	General Electric	USA	152,8	16,8	Mischkonzern
10.	Total	Frankreich	152,6	11,9	Erdöl

5 **Definitionsbeispiele für „Globalisierung“:**

„Die Welt wird zum globalen Einkaufszentrum, in dem Ideen und Produkte überall zur selben Zeit verfügbar sind.“

„Globalisierung ist die Freiheit aller Individuen, sich auf der ganzen Welt nach Belieben zu bewegen und zu interagieren, ohne dass sie irgendeine höhere Instanz davon abhält oder einschränkt.“

„Ich verstehe darunter den freien Kapitalverkehr und die wachsende Dominanz der Volkswirtschaften durch globale Finanzmärkte und multinationale Unternehmen.“

1 a) *Erkläre den Begriff „Globalisierung“ mit eigenen Worten.*

b) *Nenne Erscheinungen aus deinem Umfeld, die Ausdruck für eine zunehmende Globalisierung sind.*

2 a) *Zeige, dass Sony ein Global Player ist.*

b) *Stelle Vorzüge und Nachteile von „Global Player“ für den Käufer der Produkte gegenüber.*

3 *Suche im Internet weitere Beispiele für Global Player.*

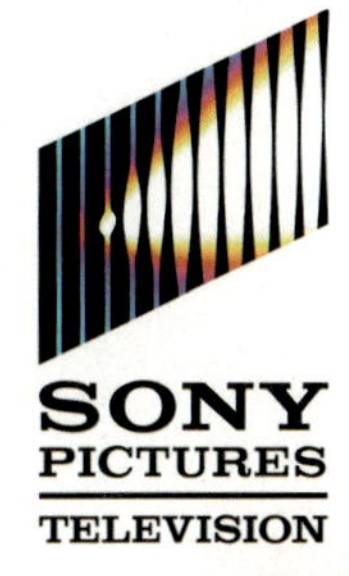

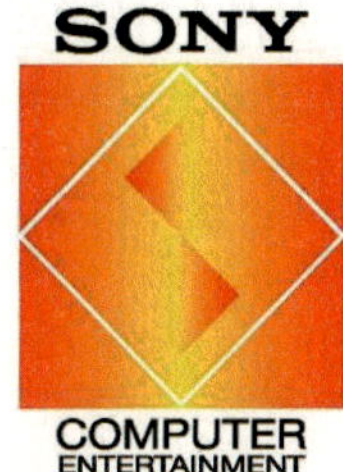

6 ***Auswahl von Zusammenschlüssen und Neugründungen mit dem Ziel der Spezialisierung***

Seit über 40 Jahren kommt es immer wieder zu gewaltsamen Auseinandersetzungen zwischen Arabern und Israelis. Welche Ursachen haben diese Konflikte? Und welche Rolle spielen dabei die unterschiedlichen Religionen? Warum konnte trotz unzähliger Bemühungen bisher keine dauerhafte Lösung erreicht werden? Antworten auf diese Fragen lassen sich nur durch die Zusammenarbeit mehrerer Fächer finden.

GEOGRAPHIE
RELIGION
GESCHICHTE

1 Auseinandersetzung zwischen Palästinensern und Israelis

2 Der Nahe Osten umfasst die Staaten der Arabischen Halbinsel

Fächerverbindendes Thema: Krisenherd Naher Osten

Vor 3000 Jahren hatte König David die jüdischen Stämme im „gelobten Land" zum Königreich Israel zusammengeschlossen. Die Hauptstadt wurde Jerusalem. Doch das Reich war ständig bedroht. Die Assyrer, die Babylonier, die Griechen und später die Römer eroberten es. Um 70 n. Chr. erhoben sich die Juden gegen die römische Besatzung. Der Aufstand wurde blutig niedergeschlagen.
Jetzt wanderten viele Juden aus der Heimat ab und ließen sich in den Ländern am Mittelmeer, später auch in ganz Europa nieder. Dort waren sie als Juden ständigen Verfolgungen ausgesetzt. Eine kleine jüdische Minderheit blieb jedoch immer im Land, das seit 135 n. Chr. „Palästina" heißt.
Moslemische Araber ließen sich vom 7. Jahrhundert an in Palästina nieder. Ende des 19. Jahrhunderts, als in Europa viele Völker eigene Staaten gegründet hatten, kam auch unter den Juden der Wunsch nach einem eigenen Staat in der alten Heimat auf. Doch diese Heimat hatte sich erheblich verändert: die Mehrheit der Bewohner war arabischer Herkunft.

Nach der furchtbaren Verfolgung und Vernichtung von über 6 Millionen Juden durch deutsche Nationalsozialisten sahen viele Juden in einem eigenen Staat ihre einzige Überlebenschance. Die UNO beschloss die Teilung Palästinas in einen jüdischen und einen arabischen Staat. Die Araber lehnten diese Lösung ab. Als im Jahr 1948 der Staat Israel mit der Hauptstadt Jerusalem ausgerufen wurde, kam es zum Krieg. Erst 1949 wurde ein Waffenstillstandsabkommen unterzeichnet. Jerusalem wurde geteilt. Der Westteil blieb die israelische Hauptstadt. Der Ostteil, die Altstadt mit den Heiligtümern der Weltreligionen, fiel an Jordanien. 1967, im „Sechs-Tage-Krieg", besetzte Israel Ostjerusalem und weitere Teile Palästinas.
Jerusalem ist der „empfindlichste Berührungspunkt Israels mit der arabischen Welt". Hier leben Juden, Moslems und Christen auf engstem Raum nebeneinander.
Internationale Friedenspläne sehen vor, Ostjerusalem zur Hauptstadt eines Palästinenser-Staates zu machen, während der Westteil Hauptstadt Israels bleibt. Aber wird Israel akzeptieren, dass die Klagemauer auf ausländischem Boden liegt?

*Die **Klagemauer** ist die westliche Stützmauer des antiken jüdischen Tempelbezirks. Der Tempel erhob sich am Platz des heutigen moslemischen Felsendoms. Juden beklagen an diesem letzten Überrest den Verlust ihres Tempels.*

3 Blick auf die Altstadt Jerusalems vom Ölberg aus. *Der Felsendom auf dem Tempelberg wurde um 700, nach der Eroberung Jerusalems durch Kalif Omar (637), in unmittelbarer Nähe des ehemaligen jüdischen Tempels errichtet.*

Jerusalem: arab. = al-Quds
Jerusalem: hebr. = Jeruschalajim, auch Schalem

4 Unser Jerusalem

„Jerusalem gehört uns, Israelis und Palästinensern, Moslems, Christen und Juden. Unser Jerusalem ist ein Mosaik aus allen Kulturen, allen Religionen und allen Epochen, die die Stadt vom frühesten Altertum bis heute bereichert haben: Kanaaniter, Jebusiter und Israeliten, Juden und Griechen, Römer und Byzantiner, Christen und Moslems, Araber und Mamelucken, Osmanen und Briten, Palästinenser und Israelis. Sie und alle anderen, die ihren Beitrag zu der Stadt leisteten, haben ihren Platz in der geistigen und physischen Landschaft Jerusalems.
Unser Jerusalem muss eine vereinigte Stadt sein, die offen ist für alle und allen Einwohnern gehört – ein Jerusalem ohne Grenzen und Stacheldraht in seiner Mitte. Unser Jerusalem muss die Hauptstadt zweier Staaten sein, die Seite an Seite in diesem Land leben – Westjerusalem als Hauptstadt des Staates Israel und Ostjerusalem als Hauptstadt des Staates Palästina. Unser Jerusalem soll die Hauptstadt des Friedens sein."
Uri Avnery, Jerusalem, April 1996

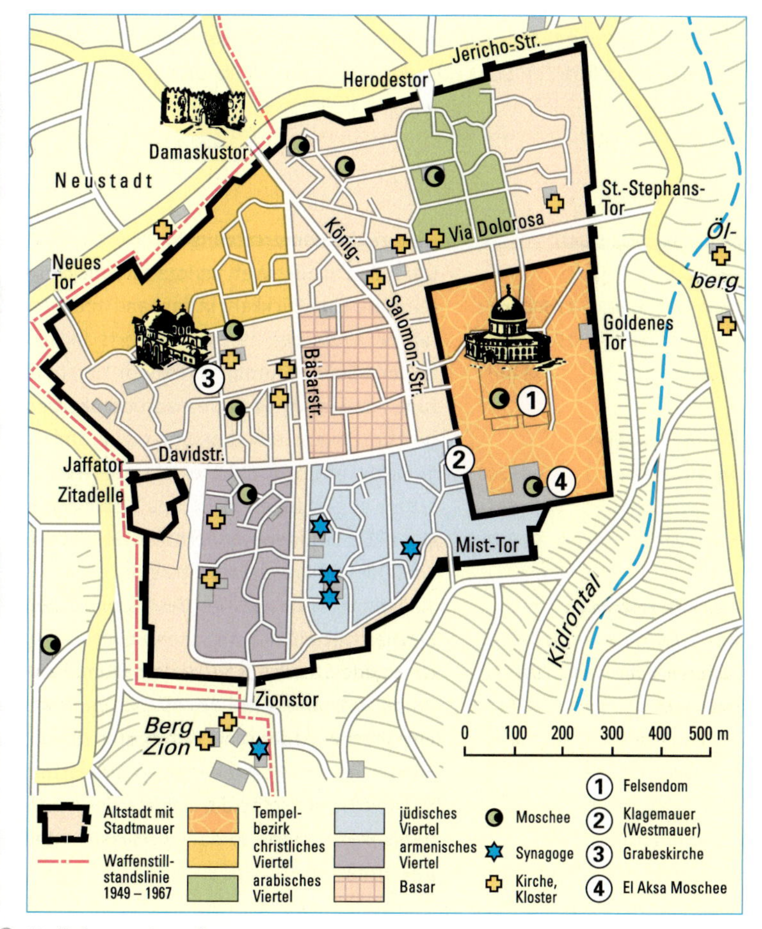

5 Stadtplan von Jerusalem

6 **Aus einem Brief des britischen Hochkommissars für Ägypten McMahons an Scherif Hussein (1915):**
„Die beiden Distrikte von Mersina und Alexandretta sowie Teile Syriens, die westlich der Distrikte von Damaskus, Homs, Hama und Aleppo liegen, kann man nicht als rein arabisch bezeichnen. Daher sollten sie von den geforderten Staatsgrenzen ausgeschlossen werden. (...) Abgesehen von den genannten Änderungsvorschlägen ist Großbritannien bereit, die Unabhängigkeit der Araber in allen vom Scherifen von Mekka geforderten Gebieten anzuerkennen und zu unterstützen."

7 **Aus einem Brief des britischen Außenministers Balfour an Lord Rothschild (1917):**
„Verehrter Lord Rothschild, ich bin sehr erfreut, Ihnen im Namen der Regierung Seiner Majestät die folgende Erklärung der Sympathie mit den jüdisch-zionistischen Bestrebungen übermitteln zu können, die dem Kabinett vorgelegt und gebilligt worden ist:
Die Regierung Seiner Majestät betrachtet mit Wohlwollen die Errichtung einer nationalen Heimstätte für das jüdische Volk in Palästina und wird ihr Bestes tun, die Erreichung dieses Zieles zu erleichtern, wobei, wohlverstanden, nichts geschehen soll, was die bürgerlichen und religiösen Rechte der bestehenden nicht-jüdischen Gemeinschaften in Palästina oder die Rechte und den politischen Status der Juden in anderen Ländern in Frage stellen könnten."

9 *Karte 1947: UN-Teilungsplan*

8 ***UN-Teilungsplan (1947)***

Fläche	
Arabischer Staat	*11 600 km²*
Jüdischer Staat	*15 100 km²*
Jerusalem	*176 km²*
jüdische Bewohner	
Arabischer Staat	*9 520*
Jüdischer Staat	*499 029*
Jerusalem	*99 960*
arabische Bewohner	
Arabischer Staat	*749 010*
Jüdischer Staat	*509 780*
Jerusalem	*105 540*

Historische Voraussetzungen
Die Juden in aller Welt verloren nie die Hoffnung auf eine Rückkehr in das Land ihrer Vorfahren. Ende des 19. Jahrhunderts forderte der Wiener Journalist Theodor Herzl die Juden auf, nach Palästina zurückzukehren und dort einen jüdischen Staat zu gründen. Er hatte mit Sorge die wachsende Feindschaft gegen Juden in Europa beobachtet. Über 25 000 Juden wanderten in den Jahren 1882 bis 1904 nach Palästina ein.
Palästina war damals Teil des Osmanischen Reiches mit einer arabischen Bevölkerung. Unter dem Druck der türkischen Fremdherrschaft entstand Mitte des 19. Jahrhunderts eine nationalarabische Bewegung für die Errichtung eines unabhängigen arabischen Staates. Dieser sollte die Gebiete des heutigen Syrien, Libanon, Jordanien, Palästina und Irak umfassen.

Nach dem ersten Weltkrieg wurde das Osmanische Reich aufgeteilt. Großbritannien sollte Palästina als Mandatsgebiet verwalten. Die Araber waren über diese Politik enttäuscht. Sie sahen in der „Mandatsverwaltung" eine neue Fremdherrschaft.
Durch die zunehmende Einwanderung von Juden kam es zu ersten Konflikten mit der palästinensischen Bevölkerung. Von 1936–39 weiteten sich die Unruhen über ganz Palästina aus. Dieser Große Arabische Aufstand richtete sich gegen die Juden und die Mandatsmacht Großbritannien.
Als am 14. Mai 1948 die Errichtung des Staates Israel ausgerufen wurde, griffen die Armeen Syriens, Ägyptens, Jordaniens und des Irak den neuen Staat an. Die Israelis hielten den Angriffen stand und konnten bis 1949 neue Gebiete hinzugewinnen. Weitere Kriege 1967 und 1973 endeten ebenfalls mit Niederlagen der arabischen Staaten.

⑩ **Karte 1949:** *Gründung von Israel*

⑪ **Karte 2003:** *vorgesehener Palästinenserstaat gemäß den Abkommen von Kairo (1994) und Taba (1995)*

⑫ ***Juden und Araber im Gebiet des heutigen Israel*** *(in 1 000)*

Jahr	*Juden*	*Araber*
1882	*24*	*426*
1914	*85*	*600*
1931	*175*	*859*
1940	*464*	*1 081*
1945	*554*	*1 256*
1948	*650*	*156*
1951	*1 404*	*173*
1961	*1 932*	*247*
1967	*2 384*	*393*
1973	*2 845*	*493*
1981	*3 320*	*658*
1986	*3 350*	*760*
2000	*5 048*	*1 067*

Die Intifada beginnt

Es gab viele Versuche, den Konflikt friedlich zu lösen. Doch ein dauerhafter Frieden konnte bis heute nicht erreicht werden.

1987 brach die erste Intifada aus, in der sich Palästinenser zuerst mit gewaltlosen Protesten, später mit Gewalt gegen die israelischen Besatzer wehrten.

Verhandlungen zwischen Israel und der Palästinensischen Befreiungsorganisation PLO endeten 1994 mit der Anerkennung Israels durch die PLO sowie der beschränkten palästinensischen Selbstverwaltung im Gazastreifen und Teilen des Westjordanlandes.

1999 fanden weitere Friedensverhandlungen statt, die 2000 durch den Ausbruch der zweiten Intifada (Al-Aqsa-Intifada) abgebrochen wurden. Bis 2004 forderte die zunehmende Gewalt, vor allem auch durch Selbstmordattentäter, über 4 500 Tote.

1. *Unser Begriff „Stadtviertel“ leitet sich von Jerusalem ab. Begründe dies mithilfe des Stadtplanes 5 auf Seite 91.*
2. *Begründe mithilfe der Quellen 6 und 7 die Enttäuschung der Araber über die Politik Großbritanniens.*
3. *Das Manifest von Uri Avnery (4) wurde von vielen Israelis und Palästinensern unterzeichnet. Bewerte das Dokument vor dem Hintergrund der historischen Entwicklung.*
4. *Vergleiche die Karten 9 bis 11. Fertige dazu eine Übersicht an:*

Teilregionen Palästinas	**bis 1947**	**1947–67**	**2003**
Jerusalem	neutrales Gebiet		
Jericho			
Golanhöhen			
Gazastreifen			
Westjordanland			

Intifada: *arab. = „sich erheben“*

Zionismus *= eine im 19. Jahrhundert entstandene jüdische Nationalbewegung, die sich für einen eigenen jüdischen Staat einsetzt. Sie wurde nach dem Tempelberg Zion benannt.*

Mandatsgebiet *= durch einen fremden Staat verwaltetes Gebiet.*

⑬ „Und der Herr sprach zu Abram: Geh aus deinem Vaterland und von deiner Verwandtschaft und aus deines Vaters Hause in ein Land, das ich dir zeigen will. Und ich will dich zum großen Volk machen und will dich segnen und dir einen großen Namen machen, und du sollst ein Segen sein." *[1. Mose 12,1–2]*
„Und ich will aufrichten meinen Bund zwischen mir und dir und deinen Nachkommen von Geschlecht zu Geschlecht, dass es ein ewiger Bund sei, sodass ich dein und deiner Nachkommen Gott bin. Und ich will dir und deinem Geschlecht nach dir das Land geben, darin du ein Fremdling bist, das ganze Land Kanaan, zu ewigem Besitz, und will ihr Gott sein." *[1. Mose 17,7–8]*
„Gebiete den Israeliten und sprich zu ihnen: Wenn ihr ins Land Kanaan kommt, so soll das Land, das euch als Erbteil zufällt, das Land Kanaan sein nach diesen Grenzen."
[4. Mose 34,2] (Bibel)

⑭ „Es wird zur letzten Zeit der Berg, da des Herrn Haus ist, fest stehen, höher als alle Berge und über alle Hügel erhaben, und alle Heiden werden herzulaufen, und viele Völker werden hingehen und sagen: Kommt, lasst uns auf den Berg des Herrn gehen, zum Hause des Gottes Jakobs, dass er uns lehre seine Wege und wir wandeln auf seinen Steigen! Denn von Zion wird Weisung ausgehen und des Herrn Wort von Jerusalem. Und er wird richten unter den Heiden und zurechtweisen viele Völker. Da werden sie ihre Schwerter zu Pflugscharen und ihre Spieße zu Sicheln machen. Denn es wird kein Volk wider das andere das Schwert erheben, und sie werden hinfort nicht mehr lernen, Krieg zu führen."
Worte Jesajas (2,2–4) am Eingang des UN-Gebäudes in New York

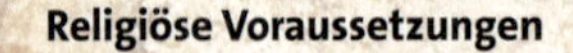

Religiöse Voraussetzungen

Die ersten jüdischen Einwanderer nach Palästina beriefen sich auf ihre religiösen Traditionen und leiteten daraus das Recht zur Besiedlung des „Gelobten Landes" ab. Zur Zeit Abrahams (ursprünglich: Abram) und Moses, die von Juden, Muslimen und Christen als heilige Männer anerkannt werden, gehörte das „Gelobte Land" zum ägyptischen Reich. Dort lebten verschiedene Volksgruppen.

Aus der religiösen Bindung an das Land ihrer Vorfahren und der Verfolgung seit der Zeit des alten Rom entstand die Forderung nach Gründung eines eigenen Staates, vor allem um sich und die Nachkommen vor weiterer Verfolgung zu schützen.

⑮ ***Jude an der Klagemauer***

⑯ ***Jerusalem: Klagemauer und Felsendom***

Judentum und Islam

Das Judentum ist die älteste Religion unter den Weltreligionen, die einem einzigen Gott verpflichtet ist. Das Christentum übernahm die Hebräische Bibel als heiliges Buch (Altes Testament).

Die Thora (hebr.: „Weisung", „Unterweisung"), die fünf Bücher Mose – im ganz engen Sinne nur das fünfte Buch Mose, das „Gesetz" – wurde auf Pergament mit der Hand geschrieben: in Hebräisch. Der Islam gewann ebenfalls Grundlagen aus der jüdischen und christlichen Überlieferung.

Für die Muslime ist der Koran wichtigster Glaubensinhalt. Er enthält die vom Propheten Mohammed (570–632 n. Chr.) empfangenen Offenbarungen Gottes. Islam bedeutet „unbedingte Hingabe an Gott", an Allah. Thora und Koran billigen Gewalt nicht. Schwieriger ist die Frage nach dem Recht auf Selbstverteidigung, das von beiden Religionen anerkannt wird.

Die wechselvolle Geschichte lehrt: Bei Gewalt im Namen Gottes geht es immer um Politik, nicht um Glauben. Es kommt immer wieder zur Vermengung von religiösen und politischen Interessen, weil es in Israel und bei den Palästinensern keine klare Trennung von Staat und Religion gibt.

(17) ***Frauen beim Freitagsgebet***

„Heiliger Krieg“ und Koran

Im Islam bedeutet „Djihad“ zunächst Anstrengung. Das arabische Wort für Krieg ist „Qital“. Die meisten moslemischen Rechtsgelehrten verstehen unter Djihad die Pflicht zur Verbreitung und Verteidigung des Glaubens. Djihad wird auch mit „Heiliger Krieg“ übersetzt. Diese Auffassung vom Djihad stammt aus der Zeit Mohammeds, als die Muslime noch verfolgt wurden. Mohammed forderte die Gläubigen auf, sich zu verteidigen und für ihren Glauben und die Einheit in der Gemeinschaft zu kämpfen. Islamische Fundamentalisten, deren Ziel die Errichtung eines nach den Gesetzen des Koran regierten „Gottesstaates“ ist, stellen meist die Gewalt in den Vordergrund. Mit der zunehmenden Verarmung vieler Menschen bekommen diese Kräfte immer mehr Zulauf.

5 *Vergleiche das Manifest von Uri Avnery (S. 91) mit den Aussagen der Bibel (14) und der Deklaration von Alexandria (19).*

6 *Untersuche die Quellentexte nach Aussagen zur Anwendung von Gewalt gegenüber Andersgläubigen.*

7 *Beurteile die Aussage: „Es ist wichtiger, positive Ansätze zur Lösung des Nahostkonflikts zu diskutieren, als die Frage zu klären, welche Seite Schuld bzw. Recht hat“.*

(18) „Und bekämpft in Allahs Pfad, wer euch bekämpft; doch übertretet nicht; siehe, Allah liebt nicht die Übertreter. Und erschlagt sie, wo immer ihr auf sie stoßt, und vertreibt sie, von wannen sie euch vertrieben; denn Verführung ist schlimmer als Totschlag. Bekämpft sie jedoch nicht bei der heiligen Moschee, es sei denn, sie bekämpfen euch in ihr. Greifen sie euch jedoch an, dann schlagt sie tot. Also ist der Lohn der Ungläubigen. So sie jedoch ablassen, siehe, so ist Allah verzeihend und barmherzig. Und bekämpfet sie, bis die Verführung aufgehört hat, und der Glauben an Allah da ist. Und so sie ablassen, so sei keine Feindschaft, außer wider die Ungerechten.“

Koran: Sure 2, 186–189

„Es sei kein Zwang im Glauben [...].“

Koran: Sure 2, 256

(19) „Im Namen Gottes dem Allmächtigen, Gnädigen und dem Mitleidenden beten wir, die wir uns als religiöse Führer von muslimischen, christlichen und jüdischen Gemeinden versammelt haben, für wahren Frieden in Jerusalem und im Heiligen Land. Wir fühlen uns verpflichtet, der Gewalt und dem Blutvergießen ein Ende zu bereiten, da dies das Recht auf Leben und Würde verneint.

Gemäß unseren Glaubenstraditionen ist das Töten von Unschuldigen im Namen Gottes eine Entheiligung Seines heiligen Namens und eine Diffamierung der Religion in dieser Welt. Die Gewaltsamkeit im Heiligen Land ist ein Übel, dem alle Menschen guten Glaubens entgegentreten müssen. Wir möchten als Nachbarn zusammenleben, indem wir die Integrität unseres historischen und religiösen Erbes gegenseitig respektieren. Wir rufen alle auf, sich Anstiftung, Hass und falscher Darstellung des anderen zu widersetzen.

Das Heilige Land ist allen unseren drei Glaubensgemeinschaften heilig. Deshalb müssen die Nachfolger der göttlichen Religionen die Heiligkeit des Landes anerkennen und verhindern, dass das Blutvergießen dieses verunreinigt. Die Heiligkeit und Integrität der Heiligen Stätten müssen bewahrt und die Freiheit der religiösen Anbetung muss für alle gewährleistet werden. Palästinenser und Israelis müssen die göttlichen Ratschlüsse des Schöpfers respektieren, durch dessen Gnade sie alle in demselben Land leben, welches heilig genannt wird.“

Alexandria-Deklaration, 2002

(20) ***Die große Moschee in Mekka ist das Zentralheiligtum der islamischen Welt***

21 ***Das Wasser und der israelisch-arabische Konflikt***

Kampf um Wasser

Der Nahe Osten gehört zu den ariden Räumen der Erde. Nur in den Bergen des Taurus-Gebirges und des Libanon-Gebirges fallen bis zu 1000 mm Niederschlag im Jahr. Die Wasserversorgung wird zum Problem.

Das gilt vor allem für Israel. Der Jordan und der von ihm durchflossene See Genezareth sind die Grundlagen der israelischen Wasserversorgung. Die Quellflüsse des Jordan entspringen aber nicht in Israel. Als in Syrien Pläne aufkamen, durch Staudämme die Wasserzufuhr zum Jordan zu regulieren, kam es schon 1964 zu Kämpfen zwischen israelischen und syrischen Truppen. Der „Sechstagekrieg“ von 1967 führte zur Besetzung der syrischen Golanhöhen durch Israel. Somit konnte Israel den Jordanquellfluss Banias kontrollieren. Die Besetzung der Golanhöhen dauert bis heute an.

Durch die übermäßige Nutzung des Sees Genezareth und des Jordanwassers in Israel gibt es sehr große Probleme mit Wasserversorgung im Nachbarstaat Jordanien. Die Jordanier bauten einen Kanal vom Oberlauf des Jarmuk ins Landesinnere, der in Kämpfen zum Teil von Israel zerstört wurde.

Die Zusicherung Israels, Jordanien mit jährlich 50 Millionen Kubikmeter Wasser zu versorgen, war eine der Grundlagen des Friedensvertrags zwischen beiden Staaten, der 1994 geschlossen wurde. Wasser wurde zur Grundlage für den Frieden!

Als 1999 der Nahe Osten von einer Dürreperiode betroffen war, kam Israel seinen Verpflichtungen aber nicht nach.

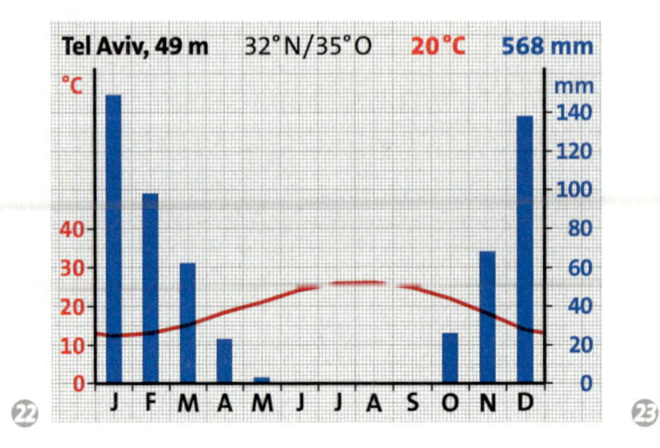

22

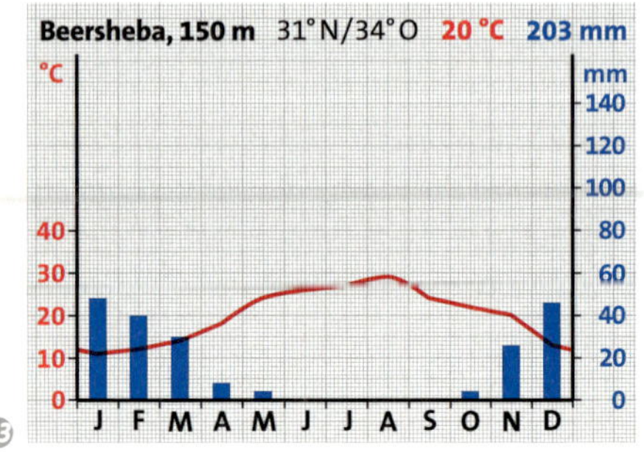

23

24 Entwicklung des Wasserverbrauches für Bewässerungsland in Israel

Jahr	Bewässerungsfläche/ha	Wasserverbrauch gesamt in Mio. m³	m³/ha
1948/49	30000	257	8670
1964/65	151000	1087	7190
1978/79	189000	1327	7020
1989	214210	1238	5730

25 Wasserbilanz für Israel und Jordanien (Mio. m³/1990)

	verfügbares Wasser	Wasserverbrauch	Bilanz
Jordanien	730	765	−35
Israel	1790	1919	−120

26 Wasserressourcen Israels (in Mio. m³/Jahr)

Oberflächliches Wasser	
See Genezareth	575–610
Gereinigte Abwässer	200–230
Gesamt	1890–2310
Erneuerbare Ressourcen	1790

27 Wasserverbrauch für Bewässerungsland (m³/ha/Jahr)

Israel	6000
Jordanien	11000
Syrien	13400
Irak	13300–15900
Ägypten	17000

28 Angesichts des sich verschärfenden Wassermangels gibt es Überlegungen vieler israelischer Politiker für den Import von Wasser:

Szenario 1: Wassertanker bringen Süßwasser aus der Türkei nach Israel. Pro Jahr könnten 250 Mio. m³ geliefert werden.

Szenario 2: Anschluss Israels an die geplante Friedens-Pipeline.

Szenario 3: Wassertransport mit riesigen, 600 m langen Nylon-Taschen („Medusa-Bags") vom südtürkischen Fluss Manavgat zur israelischen Küste. Die 1–2 Mio. m³ fassenden „Taschen" sollten im Meer von Schleppern gezogen werden.

Szenario 4: Nilwasser für Israel. Seit 1987 gibt es Pläne, mittels eines unter dem Suezkanal hindurchführenden Kanals Nilwasser in die nördliche Sinai-Halbinsel, den Gazastreifen, zu transportieren. Vom Nil bis zum Suezkanal existiert der Kanal schon.

Szenario 5: Vom Litani-Fluss im Libanon soll ein Kanal zum Jordan gebaut werden und so bislang in diesem Gebiet noch nicht benötigtes Wasser der Jordanregion zugeführt werden.

Szenario 6: Meerwasserentsalzung. In Kanälen soll Meerwasser vom Roten Meer und vom Mittelmeer ins Tote Meer eingeleitet werden. Durch den Höhenunterschied von etwa 400 m kann hydroelektrische Energie erzeugt werden. Diese kann dann unter anderem zum Betrieb von Wasserentsalzungsanlagen genutzt werden.

8 *Erläutere anhand der Karte 21, wie Israel das aus unterschiedlichen Quellen verfügbare Wasser über das Land verteilt.*

9 *Arbeite mit den Klimadiagrammen 22 und 23: Ermittle, in welchen Landesteilen Israels das Wasserproblem besonders groß ist.*

10 *Beschreibe die Entwicklung des Wasserverbrauchs in der israelischen Landwirtschaft anhand Tabelle 24 und nenne mögliche Ursachen.*

11 *Vergleiche die Wasserprobleme Israels mit denen Jordaniens.*

12 *Welche Vorteile und welche Nachteile haben die unterschiedlichen Formen des Wasserimports?*

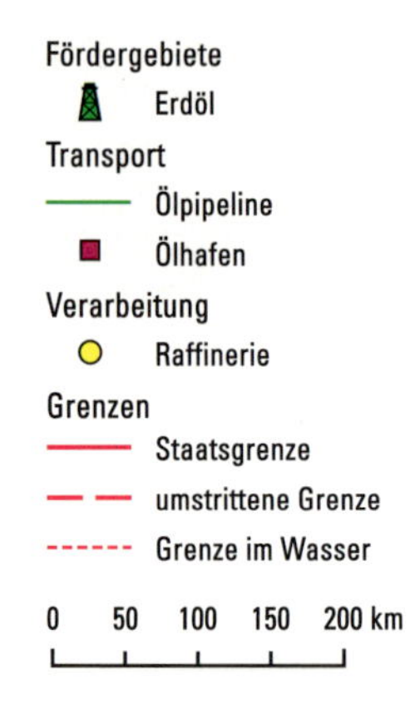

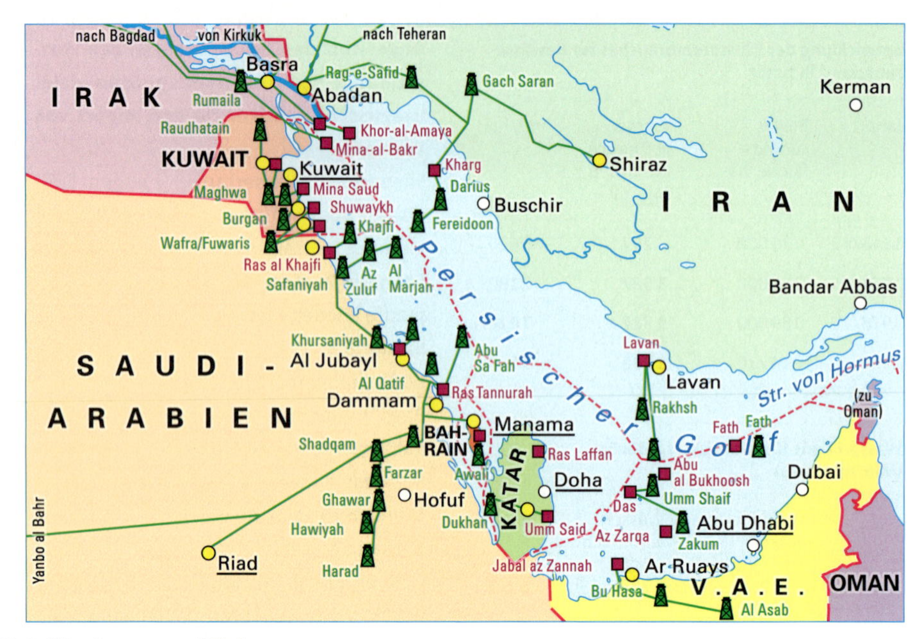

❶ *Erdölvorkommen und Förderung*

Erdöl – schwarzes Gold

Erdölreserven
sind die bekannten und derzeit wirtschaftlich gewinnbaren Erdölvorräte.

1 Barrel = 159 l Öl

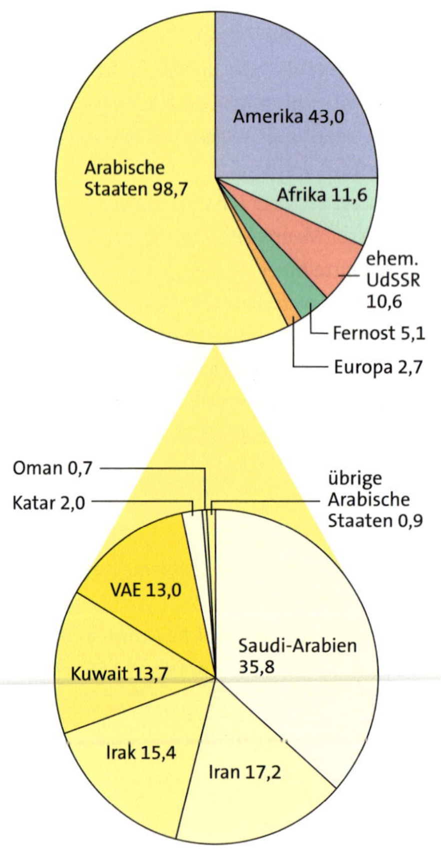

❷ ***Welt-Erdölreserven 2004 (in Mrd. t)***

Nirgendwo auf der Welt gibt es so riesige Vorräte an Erdöl wie am Arabisch-Persischen Golf. Nur fünf Staaten verfügen hier über 57 % der Erdölreserven der Welt. Da der Eigenbedarf der Region an Erdöl gering ist und mehr als 30 % der Weltproduktion erbracht werden können, wird der größte Teil exportiert.

Durch die günstige Lagerung des Erdöls im Gestein kann es im Vergleich zu anderen Regionen mit geringerem Aufwand und dadurch geringeren Kosten gefördert werden. So produzieren beispielsweise die Länder im arabischen Raum ein Barrel Rohöl für zwei Dollar, verkaufen es für ca. 60 Dollar. Durch die staatlichen Steuern bezahlen die Autofahrer in Deutschland für ein Barrel Benzin dann bis zu 200 Euro.

Die geringen Förderkosten sind aber auch die Basis für die niedrigen Energiepreise und die wirtschaftlichen Entwicklungsmöglichkeiten dieser Staaten. Der Reichtum aus dem Ölgeschäft macht sie zu einem umworbenen Absatzmarkt für die Industrieländer.

③ ***Erdölraffinerie***

Die maximale Förderleistung, das heißt die Förderkapazität, ist schon seit Jahrzehnten größer als die tatsächlich erbrachten Fördermengen. Dies liegt an den großen Reserven. Beim plötzlichen Ausfall der Öllieferungen von einem oder mehreren Ölförderländern können die arabischen Staaten viel flexibler reagieren und Versorgungslücken schneller schließen als andere Ölländer.

④ **Ölförderung und Förderkapazitäten einiger arabischer Staaten (in Mio. t)**

Land	Förderung 2003	Kapazität 2005	2008
Saudi-Arabien	497	525	525
Iran	182	200	201
Irak	63	135	175
Kuwait	104	125	130
VAE	123	125	135
Katar	38	45	50
gesamt	1007	1155	1216
Welt	**3686**		

1 *a) Beschreibe mithilfe der Karte 1 die Verteilung der Erdölvorkommen und Raffinerien.*

b) Ermittle den Anteil der arabischen Staaten an den Welt-Erdölreserven (Kreisdiagramme 2).

c) Vergleiche die Erdölreserven der arabischen Staaten untereinander (Kreisdiagramme 2).

2 *Begründe anhand des Textes und der Tabelle 4, warum die arabischen Staaten schneller Erdölversorgungslücken schließen können als andere Förderländer.*

3 *Was drückt der Zeichner mit der Karikatur aus?*

❶ ***Dubai, Skyline am Creek***

Erdöl – Garantie für die Zukunft?

OPEC (Organization of Petroleum Exporting Countries, gegründet 1960)
Organisation, um Fördermengen und Verkaufspreise von Erdöl abzusprechen. Zur OPEC gehören: Saudi-Arabien, Iran, Vereinigte Arabische Emirate (VAE), Nigeria, Indonesien, Libyen, Algerien, Venezuela, Kuwait, Katar, Irak, Ecuador (bis 1993) und Gabun.

Surftipp
www.eia.doe.gov

Der Reichtum der arabischen Erdölstaaten basiert ausschließlich auf den Ölvorkommen. Das bedeutet, dass ihre Wirtschaft einseitig ausgerichtet und abhängig ist:
- vom Ölpreis auf dem Weltmarkt,
- von den Verkaufsmengen,
- von den Kosten für den Import anderer Waren und Anlagen.

Auf verschiedene Weise versuchen diese Staaten, die Abhängigkeit vom Erdöl abzubauen und ihre Wirtschaftsstruktur vielseitiger zu gestalten. Aber Industrialisierungsprojekte sind sehr teuer und viele schaffen auch nur vordergründig eine Unabhängigkeit, weil die Maschinen und die zu verarbeitenden Rohstoffe im Ausland gekauft werden müssen. Die schwankenden und insgesamt sinkenden Einnahmen aus dem Erdölexport machen sich in den letzten Jahren zunehmend bemerkbar. Die Investitionen

❷ **Strukturdaten der Erdölmonarchien 2003**

	Fläche km²	Einw. in 1000	Ausländeranteil in%	städtische Bevölkerung in %	BSP/Einw. Mio. $	Import Mio. $	Export Mio. $	Anteil Öl/Gas am Export in Mio $
Bahrain	694	678	37	90	11164	5126	6490	3894
Katar	11400	840	60	94	9076	5711	12360	10506
Kuwait	17800	2257	55	98	16853	9606	22290	21176
Oman	309500	2903	12	80	13100	5659	11700	9360
Saudi-Arabien	2250000	25795	21	88	6847	30380	86530	77877
VAE	83600	2523	63	86	k.A.	37160	56730	24961
Zum Vergleich:								
Deutschland	357000	82400	9	88	25299	585000	696900	3255

3 **Wenn das Öl versiegt**

„Die Erdölfunde haben die wirtschaftliche Situation in den VAE völlig verändert. Die reichen Emirate Dubai, Sharjah und Abu Dhabi unterstützen die armen vier anderen. Die Gewinne aus dem Öl erlauben Abu Dhabi, 50% aller Kosten der gesamten Emirate zu übernehmen. Inzwischen ist der Tourismus dort auch ein erheblicher Wirtschaftsfaktor geworden. Im Gegensatz zu afrikanischen Ländern setzen die Emirate auf Luxushotels mit internationalem Flair. Mit Superlativen wie dem „Burj Al Arab" oder der geplanten künstlichen „Luxusinsel" für Reiche macht Dubai von sich reden. Bis 2004 werden sieben neue Superhotels gebaut. Aber auch der Immobilienverkauf an Ausländer boomt. Hier wird mit Steuerfreiheit, freiem Handel und weiteren Vorteilen geworben."

der Regierungen gehen zurück und das tägliche Leben der Menschen wird teurer. So stiegen 1995 z.B. in Saudi-Arabien die Preise für Strom, Benzin, Wasser, Telefon und Inlandsflüge in nicht gekanntem Ausmaß. Bei den hohen Investitionskosten und dem sinkenden Erdölpreis setzen manche der arabischen Erdölmonarchien auf einen neuen Wirtschaftszweig, die so genannte weiße Industrie, den Tourismus.

Die Industrie in den arabischen Staaten hat bis heute nur zwei entscheidende Standortfaktoren: Kapital und Energierohstoffe. Das Know-how, fast alle Produktionsmittel, Arbeitskräfte und andere Rohstoffe müssen für den Aufbau einer eigenen Industrie teuer importiert werden.

Während die Leistungen für den Aufbau des Verkehrswesens, der Bildung und der übrigen Infrastruktur beachtlich sind, stößt die Industrialisierung an Grenzen, nicht zuletzt wegen der kleinen Märkte in diesen Staaten. Entwickelt haben sich fast überall die Branchen Baustoffe und Farben, Nahrungsmittel, Kleidung und Möbel. Nach und nach werden aber auch einige industrielle Großanlagen wie Raffinerien, Trockendocks, Anlagen zur Erzverhüttung oder zur Petrochemie (z.B. auch für Düngemittel) errichtet.

1 *Vergleiche die Bevölkerungsdaten der arabischen Staaten mit Deutschland (Tabelle 2). Beachte die Größe der Staaten.*

2 *a) Zeichne mithilfe der Tabelle 2 ein Säulendiagramm, welches den gesamten Export und den Anteil am Erdölexport für die Länder darstellt.*
b) Werte dein Diagramm aus.

3 *Beurteile die Aussage:*
„Das Erdöl ist der Entwicklungsmotor im arabischen Raum, sobald es versiegt, hat die Wirtschaft keine Perspektive."

4 *Erläutere die Ziele, welche die Erdölmonarchien mit dem Bau der teuersten Luxushotelanlagen der Welt verfolgen.*

Surftipp
www.dubai-reisen.info

4 ***Burj Al Arab***

TERRATraining

Leben und Wirtschaften in Asien

Wichtige Begriffe

Bevölkerungspyramide
Bevölkerungsstruktur
Bevölkerungswachstum
Dammuferfluss
Delta
Familienplanung
Geographisches Informationssystem (GIS)
Globalisierung
Global Player
Joint Ventures
just-in-time
Kaste
Kulturpflanze
Löss
Monsun
Sonderwirtschaftszone

①
How I see my country
Wie soll ich mein Land charakterisieren, das so unbeschreiblich in seiner Vielfalt ist? Die Größe und die vielen Kontraste machen es schwer, unser Land zu verstehen: Da pflügen Bauern noch mit dem hölzernen Hakenpflug, während im Weltall der indische Satellit INSAT 1B seine Bahnen zieht; Petroleumleuchten bringen Licht in armselige Hütten, während moderne Kernkraftwerke fortschrittliche Industriebetriebe mit Strom versorgen; hoch spezialisierte Wissenschaftler und ein Heer von Analphabeten bilden genauso Gegensätze wie die Massenarmut und unvorstellbarer Reichtum.
Ich glaube nicht, dass unser Land jemals so fortschrittlich sein wird, wie die reichen westlichen Staaten. Dabei war Indien in uralten Zeiten ein blühendes und sehr reiches Land. Vielleicht ist es gerade deswegen so häufig von Eroberern heimgesucht worden.

1 Inder verstehen
Weshalb ist es für die Autorin des Textes 1 so schwierig, ihr Heimatland Indien zu beschreiben?

2 Kastenwesen erklären
a) Erkläre den Begriff Kaste.
b) Nenne Beispiele, wie die Kasten das Leben der Menschen in Indien beeinflussen.

3 Religionsexperte gesucht
a) Nenne Beispiele für den Einfluss des Hinduismus auf das Leben der Menschen.
b) Welche weiteren Religionen gibt es in Indien und in welchen Regionen leben deren Anhänger?

4 Eine kartographische Skizze zeichnen
a) Zeichne eine kartographische Lageskizze von Delhi.
b) Erläutere Zusammenhänge zwischen der Lage von Delhi und dem Klima (Anhang).

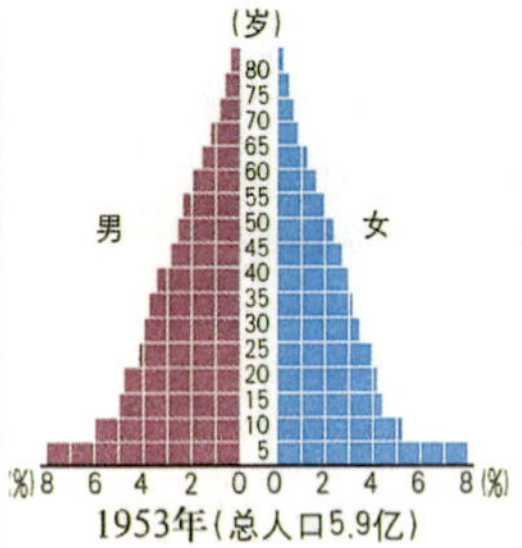

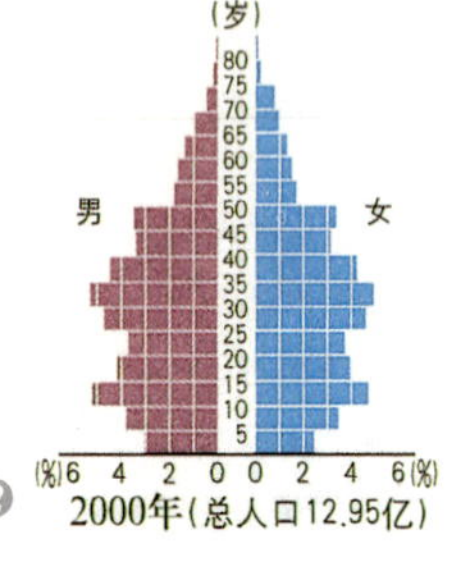

②

5 Bevölkerungspyramiden auswerten
Beschreibe und begründe die Veränderungen in den Bevölkerungspyramiden.

6 Richtig oder falsch
Verbessere die falschen Aussagen und schreibe sie richtig auf:
a) Besitzt ein Land eine hohe Geburtenrate, so bedeutet das ein starkes Wachstum.
b) Im Hinduismus hat die Wiedergeburt keine Bedeutung.
c) Am stärksten wächst die Bevölkerung heute in den Ländern Europas.
d) Kaizen nennt man das Bestreben nach ständiger Verbesserung unter Einbeziehung aller Mitarbeiter und aller Wirtschaftsbereiche.
e) Wenn mehr Menschen sterben als geboren werden, wächst die Bevölkerung.
f) Die größten Erdölreserven gibt es in der ehemaligen UdSSR.
g) Vor einhundert Jahren lebten viel mehr Menschen auf der Erde als heute.
h) China und Indien sind die Länder mit den meisten Einwohnern.
i) Das Judentum ist die jüngste Religion unter den Weltreligionen.

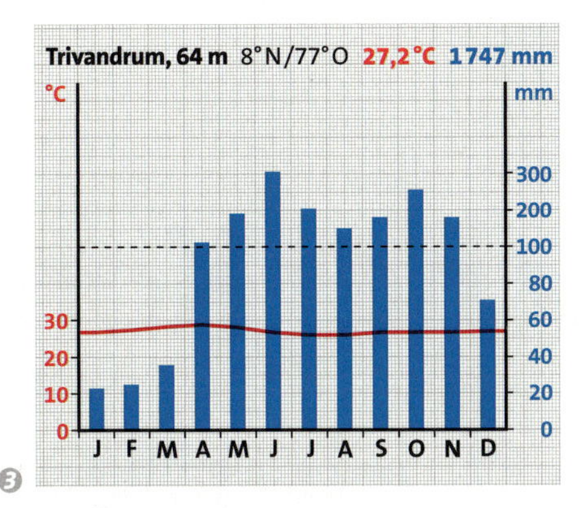

(3)

7 Klimadiagramm auswerten

Werte das Klimadiagramm (3) Thiruvananthapuram (Trivandrum) aus.

8 Merkmale des Monsuns ordnen

Hier ist einiges durcheinander gekommen bzw. falsch. Berichtige und ordne die Begriffe.

Sommer- – trocken – Nord- – Februar
Monsun – heiß – westen – September
Winter- – feucht – Süd- – Januar bis
Monsun – kühl – osten – Juni bis

9 Findest du die Begriffe?

a) Gemeinschaftsunternehmen, das durch mehrere Unternehmen gegründet wurde.
b) Aus wildwachsenden Arten gezüchtete Pflanzen, die als Nutzpflanzen oder Zierpflanzen angebaut werden.
c) Bezeichnung für ein großes Unternehmen, welches weltweit in der Welt agiert.
d) Begriff für ein gelbliches, feinkörniges Ablagerungsgestein.
e) Prozess der Zunahme weltweiter Verflechtungen.
f) Anbauart von Reis, bei der nicht bewässert wird.
g) Gebiet innerhalb eines Staates, in dem besondere Gesetze für das Wirtschafts- und Steuerrecht gelten.
h) Grafische Darstellung der Bevölkerung eines Gebietes nach Alter und Geschlecht.
i) Umgestaltung des Reliefs, damit Reisanbau am Hang möglich wird.

(4) **In der Altstadt von Udaipur**

10 Bilder beschreiben

a) Beschreibe das Foto 4.
b) Welche Informationen über das Leben in einer indischen Stadt kann man dem Foto entnehmen?

11 Zum Knobeln

Ermittle mithilfe des kleinen Wörterbuches die Bedeutung folgender geographischer Namen: Zhong-guo, Beijing, Nanjing, Chang Jiang, Huang He, Tienshan, Shanghai

Teste dich selbst

mit den Aufgaben 3b, 8, 9 und 11.

Pinyin

Deutsche Lautschrift der chinesischen Sprache

(5) **Häufige Begriffe in geographischen Namen unserer Atlanten**

Atlas	Pinyin	Bedeutung	Atlas	Pinyin	Bedeutung
fu	fŭ	Stadt	schang	shàng	oben
fōng	fēng	Wind	si	xī	Westen
hai	hăi	Meer	sin	xīn	neu
han	hàn	trocken	ta	dà	groß
ho	hé	Fluss	ti	di	Boden
hu	hú	See	tien	tián	Himmel
hwang	huáng	gelb	tung	dōng	Osten
jang	yáng	Ozean	tschang	cháng	lang
kiang	jiāng	Strom	tscheng	chéng	Mauer
king	jīng	Hauptstadt	tschu	zhū	Perle
kuo	guó	Land, Staat	tschun	chūn	Frühling
kwan	guān	Festung	tschung	zhóng	Mitte
nan	nán	Süd	tsin	jīn	Furt
pe	bĕi	Nord	yu	yŭ	Regen
schan	shān	Gebirge	yún	yún	Wolke

Training

Afrika – ein tropischer Kont vor großen Heraust

Das Klima in Afrika hat eine vielfältige Vegetation hervorgebracht. Subtropische Wälder im Norden und Süden, lebensfeindliche Wüsten an den Wendekreisen, weite Grasländer und üppige immergrüne Wälder in der Nähe des Äquators.
Die meisten Menschen Afrikas leben von der Landwirtschaft. Trotzdem sind Hunger und Armut ihre täglichen Begleiter.
Reiche Rohstoffvorkommen haben in vielen Ländern Afrikas zu keinem Fortschritt geführt. Was sind Ursachen, dass die meisten Länder Afrikas zu den ärmsten der Erde gehören? Und lassen sich die Probleme lösen?

nent
orderungen

4

Oberflächenformen Afrikas

1 *Der Kilimandscharo*

2 *Der Okavango im Kalaharibecken*

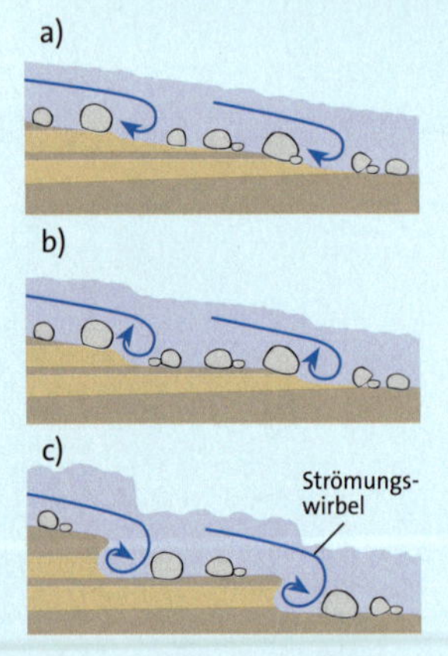

3 *Entstehung von Katarakten*

4 *Stromschnellen am Nil*

An den Küsten Afrikas gibt es nur schmale Tieflandsstreifen, ehe sich mächtige Gebirge mit schneebedeckten Gipfeln, wie der Kilimandscharo, erheben. Sie wechseln sich ab mit weiten, grünen Ebenen, die bis zum Horizont reichen. Riesige Wasserfälle stürzen über Felsvorsprünge in die Tiefe und gewaltige Ströme durchschneiden Felsriegel. Vulkane zeigen, dass aus dem Erdinneren Magma aufsteigt. Verwitterung und Abtragung, vor allem in der Wüste verändern die Oberflächenformen ständig.

Becken und Schwellen

Ein besonderes Merkmal der Oberflächengestalt Afrikas ist der Wechsel von Schwellen und Becken. Als **Schwellen** bezeichnet man die flach gewölbten und lang gestreckten Erhebungen. Aus diesen Hochflächen, den Plateaus, ragen oft einzelne Berge heraus. Durch Abtragung sind auch Schichtstufen und Tafelberge entstanden.

Die Schwellen bilden für die Flüsse Wasserscheiden. Diese fließen entweder zur Küste oder in die **Becken**, das sind die tiefer liegenden Gebiete zwischen den Schwellen. Hier sammelt sich von den umliegenden Erhebungen Material an, das von Wind und Wasser abgetragen wird. Die Flüsse sind in den Becken stark verzweigt und enden oft in abflusslosen Beckenseen. Durch das warme Klima und das Ausbleiben der Niederschläge führen manche Flüsse nur periodisch, das heißt nur in einigen Monaten Wasser. Daher verändert sich auch ständig die Ausdehnung vieler Seen.

Die Flüsse führen auf ihrem Weg von den Schwellen am Untergrund Gerölle mit. Dort, wo der Untergrund fester ist und nicht so leicht abgetragen werden kann, entstehen **Stromschnellen**. Das sind Stellen im Fluss, an denen das Gefälle plötzlich größer wird

und die Fließgeschwindigkeit zunimmt. In den großen Flüssen werden sie Katarakte genannt. Schreitet die Abtragung an dieser Stufe immer weiter voran, entstehen Wasserfälle.

1 *Arbeite mit der Karte und dem Atlas.*
a) Denke dir eine Linie von Algier nach Johannesburg. Benenne die Becken und Schwellen, die diese Linie durchquert.
b) Beschreibe die Oberflächenmerkmale von Becken und Schwellen und gib je zwei Beispiele an.

2 *Welche besonderen Merkmale hat das Gewässernetz in Afrika? Nutze dazu die Fotos 2, 4 und die Grafik 3.*

3 *Erkläre die Entstehung von Stromschnellen.*

5 ***Oberflächenformen Afrikas***

6 *Im Zentralafrikanischen Graben*

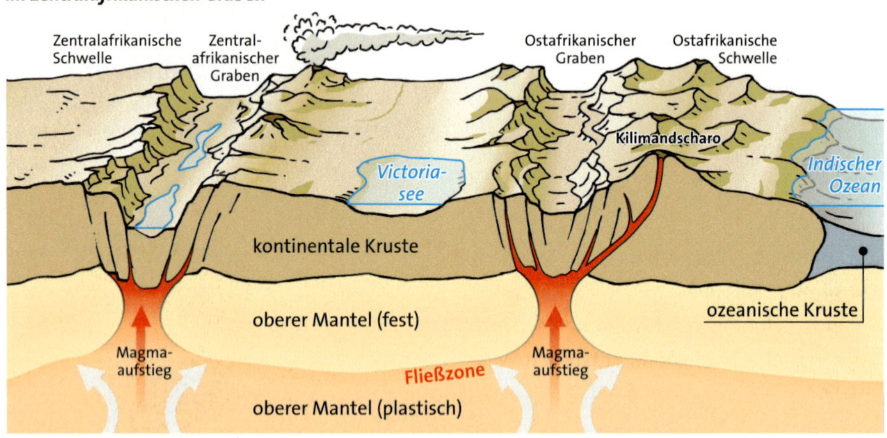

7 *Profil durch den Zentral- und Ostafrikanischen Grabenbruch*

→ *Entstehung Mittelozeanischer Rücken, siehe Seite 28/29*

Gewaltige Grabenbrüche

Vom Roten Meer bis nach Südafrika erstrecken sich über tausende von Kilometern zwei große **Grabenbrüche**. Wie in den Mittelozeanischen Rücken wurde hier die Gesteinshülle durch aufsteigendes Magma so lange gewölbt, bis diese an Bruchlinien aufbrach. In der Mitte konnten dann Teile der Erdkruste absinken. Eine lang gestreckte Hohlform, ein Graben (Rift) entstand. Entlang der Bruchlinien drang an vielen Stellen Magma an die Oberfläche. So entstand Afrikas höchster Berg, der Kilimandscharo.

In vielen Millionen Jahren könnte Afrika an diesen Grabenbrüchen auseinander brechen und ein neuer Ozean entstehen.

Hochland von Äthiopien

Diese markante Oberflächenform im Osten Afrikas ist das Ergebnis des Vulkanismus im ostafrikanischen Grabenbruch. Hier drang dünnflüssiges Magma aus der Fließzone an die Erdoberfläche. Die Lava verteilte sich in alle Richtungen, wodurch eine mächtige Basaltdecke entstand. Flüsse haben sich danach tief in das Gestein eingeschnitten und so viele einzelne Plateaus geschaffen. Das Hochland besitzt eine mittlere Höhe von etwa 3 000 m. Seine Ränder fallen oft mehr als 1 000 m ab. In der Mitte des Hochlandes gibt es felsige, meist von Grasland bewachsene Tafelberge mit senkrecht abfallenden Felswänden.

8 *Im Antiatlas*

10 *Skifahren in Marokko, am Rand der Wüste*

Das Atlasgebirge

Das 2 000 Kilometer lange und 300 Kilometer breite Gebirge hat eine große Vielfalt an Oberflächenformen. Einer der parallelen Gebirgszüge, der Hohe Atlas, erreicht im Westen Höhen über 4 000 Meter. Im Winter kann man hier gute Skigebiete finden. Dazwischen erstrecken sich tiefe, langgestreckte Täler.
Im Osten umschließen die nicht mehr ganz so hohen Gebirgsketten das Hochland der Schotts. Es ist ein abflussloses Becken, in welchem nur periodisch Wasser führende Flüsse feinste Materialien einschwemmen. Verdunstet das Wasser, bleibt eine salzreiche Schicht zurück, die auf mehrere Meter mächtige Salzablagerungen anwachsen kann. Bei starkem Regen bilden sich daraus flache Salzseen oder Salzsümpfe, die man nicht betreten kann.
Den Südrand des Atlasgebirges bildet der Antiatlas. Er ist viel älter als der nördliche Teil. Seine Oberflächenformen ähneln eher denen der Mittelgebirge. Durch das trockene, heiße Klima ist nur eine spärliche Pflanzendecke vorhanden. Die Abtragung durch Wind und Wasser kann somit ungehindert erfolgen.

9 *Salzsee im Hochland der Schotts*

4 *Vergleiche die ausgewählten Oberflächenformen mithilfe der Tabelle.*

	Grabensystem	Hochland von Äthiopien	Atlasgebirge
Oberflächenmerkmale			
Gewässernetz			

5 *Beschreibe Lage und Form von Becken- und Grabenseen und ordne je zwei Beispiele zu.*

6 *a) Verfolge den Flusslauf des Nils. Suche die Quellgebiete vom Blauen und Weißen Nil.*
b) Welche Oberflächenformen und welche Länder durchfließt der Strom?

② *Savannenlandschaft in Kamerun zur Trockenzeit*

④ *... und zur Regenzeit*

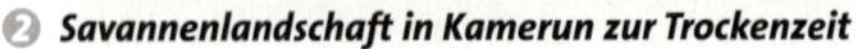

① ***Tagesgang der Temperatur***

30° N/31° O

Mittlere Monatstemperatur

Tageszeit	*Januar*	*Juli*
7.00 Uhr	*9 °C*	*23 °C*
14.00 Uhr	*18 °C*	*34 °C*
21.00 Uhr	*14 °C*	*28 °C*

1° N/25 ° O

Mittlere Monatstemperatur

Tageszeit	*Januar*	*Juli*
7.00 Uhr	*24 °C*	*24 °C*
14.00 Uhr	*29 °C*	*27 °C*
21.00 Uhr	*24 °C*	*24 °C*

34° S/18° O

Mittlere Monatstemperatur

Tageszeit	*Januar*	*Juli*
7.00 Uhr	*16 °C*	*9 °C*
14.00 Uhr	*24 °C*	*15 °C*
21.00 Uhr	*19 °C*	*11 °C*

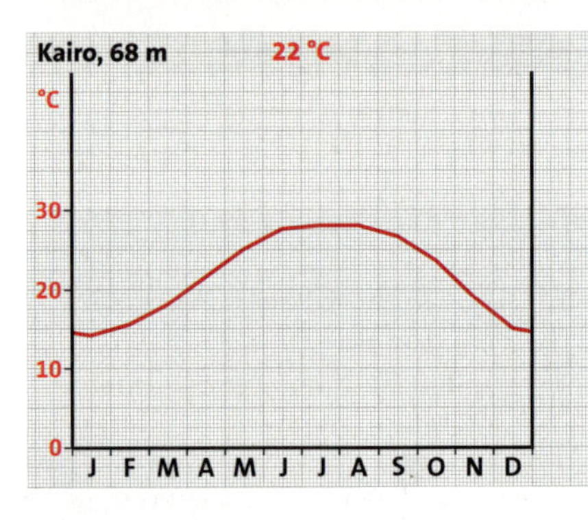

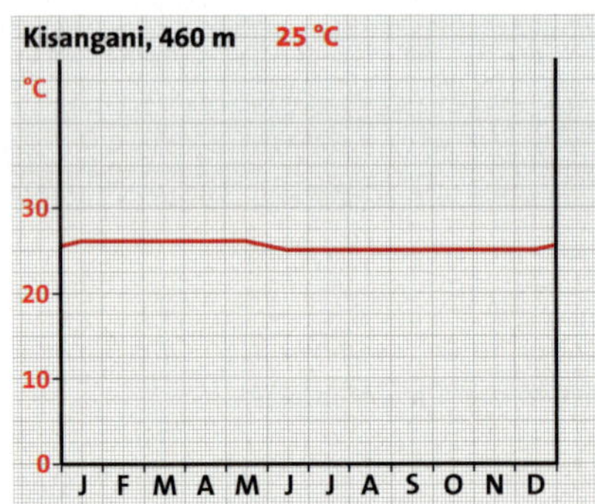

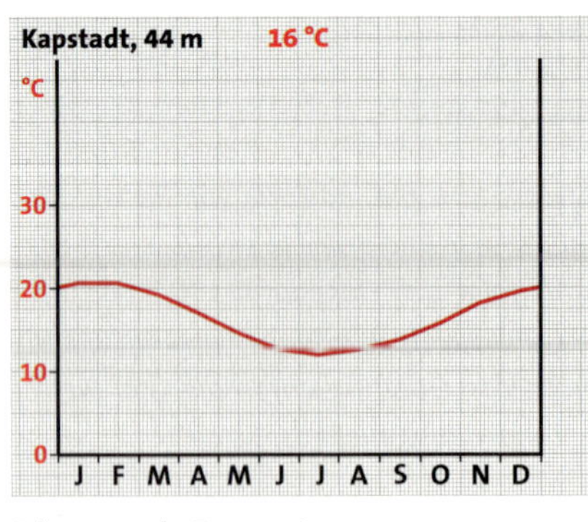

③ *Jahresgang der Temperatur*

Kontinent ohne Jahreszeiten?

Tropischer Regenwald am Äquator, Wüsten und Halbwüsten im Gebiet der Wendekreise. Wie können solche Unterschiede innerhalb der Tropenzone Afrikas erklärt werden? Anders als bei uns gibt es in der Dauer von Tag und Nacht kaum Unterschiede. Der Einstrahlungswinkel der Sonnenstrahlung bleibt in den Tropen das ganze Jahr sehr hoch. Deshalb gibt es keine thermischen Jahreszeiten wie bei uns.

Dagegen sind dort die täglichen Temperaturunterschiede größer als die zwischen Januar und Juli. Ein solches Klima bezeichnet man als **Tageszeitenklima**. Mit zunehmender Entfernung vom Äquator nehmen die Jahresschwankungen der Temperatur zu. Wenn diese größer sind als die täglichen Schwankungen der Temperatur, spricht man vom **Jahreszeitenklima**.

Aufgrund der hohen Temperaturen könnten die Pflanzen in fast allen Teilen Afrikas das ganze Jahr über wachsen. Das Pflanzenwachstum wird in Afrika nicht durch den Mangel an Wärme wie in unseren Breiten, sondern durch fehlende Feuchtigkeit unterbrochen.

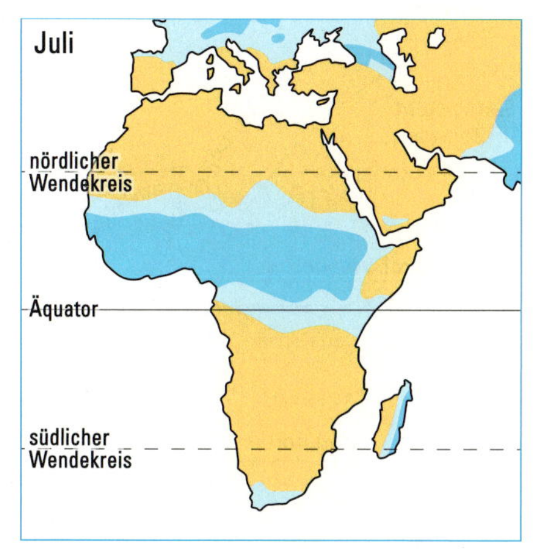

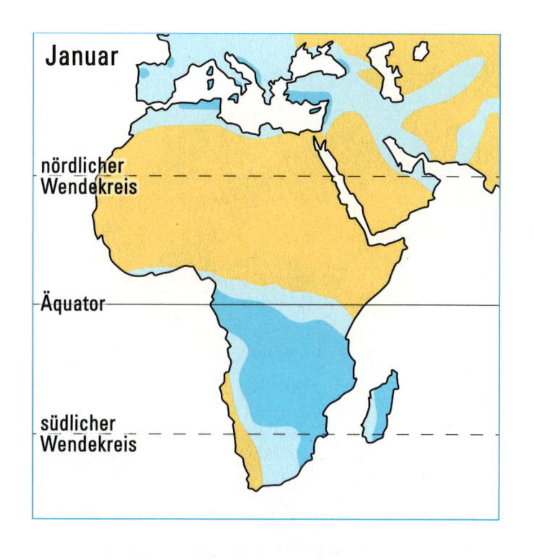

Niederschläge
- unter 25 mm
- 25 – 100 mm
- über 100 mm

5 ***Niederschlagsverteilung in Afrika***

Niederschläge bestimmen Jahreszeiten

Die Höhe und die Verteilung der Niederschläge bestimmen die Jahreszeiten in Afrika. Fällt für das Wachstum der Pflanzen genügend Niederschlag, spricht man von einer Regenzeit, bei zu wenig Niederschlag von einer Trockenzeit. Zur Unterscheidung dieser hygrischen Jahreszeiten nutzt man die Bezeichnungen arid und humid. Im Gebiet des Äquators ist das Klima fast das ganze Jahr über humid, das heißt, dass mehr Niederschlag fällt als durch die hohen Temperaturen verdunsten kann. Die Pflanzen können während des ganzen Jahres wachsen. Im Gebiet der Wendekreise sind die Niederschläge so gering, dass sie fast vollständig verdunsten. Es herrscht arides Klima, an das sich nur wenige Pflanzen anpassen können.

Der größte Teil Afrikas wird jedoch durch den Wechsel von unterschiedlichen langen Regenzeiten und Trockenzeiten geprägt. Dieser jahreszeitliche Wechsel von ariden und humiden Verhältnissen hängt eng mit der Verlagerung des Zenitstandes der Sonne zusammen. „Wandert“ dieser zu den Wendekreisen, so verlagern sich auch die Gebiete größter Erwärmung und größter Niederschlagsintensität in diese Richtung. Aus diesem Grund wird der so entstehende Niederschlag als **Zenitalregen** bezeichnet.

6 **Trockenzeit in der Savanne**

Die Landschaft sieht öde und traurig aus. Der Himmel ist stets wolkenlos, aber voller Staub und Dunst. Mittags ist es sehr heiß, bis zu 40 °C im Schatten. Die Gräser sind gelblich, die Bäume grau und kahl. Tierherden legen auf der Suche nach Wasserstellen viele Kilometer lange Strecken zurück.

1 *a) Beschreibe den Tagesgang und den Jahresgang der Temperatur der Stationen Kairo, Kisangani und Kapstadt (1, 3).*

b) Berechne für jede Station die Jahres- und Tagesschwankung der Temperatur.

c) Erkläre die Begriffe Tageszeitenklima und Jahreszeitenklima.

2 *Übertrage die Tabelle in dein Heft. Fülle sie mithilfe der Karten (5) und deinem Atlas aus.*

Niederschläge im Januar und Juli in verschiedenen Breiten entlang 20° O (in mm)

Breite	Januar	Juli
32° N		
23,5° N		
0°		
23,5° S		
32° S		

3 *Begründe die Unterschiede der Temperaturen und der Niederschläge innerhalb Afrikas.*

***Tagesgang**: Verlauf der Temperatur an einem Tag*

***Tagesschwankung**: Differenz zwischen dem Tagesmaximum und dem Tagesminimum in Kelvin*

***Jahresgang**: Verlauf der Temperatur über ein Jahr*

***Jahresschwankung**: Differenz zwischen dem Jahresmaximum und dem Jahresminimum in Kelvin*

z. B. $T_{max} = 15\ °C$
$T_{min} = -5\ °C$
Differenz = 20 K

***hygrisch**: stammt vom griechischen Wort „hygros“ – feucht, nass – und bedeutet, dass sich die Aussage auf die Niederschläge bezieht, z. B. hygrische Jahreszeiten*

***thermisch**: stammt aus dem Griechischen und bedeutet „durch Wärme verursacht“, z. B. thermische Jahreszeiten*

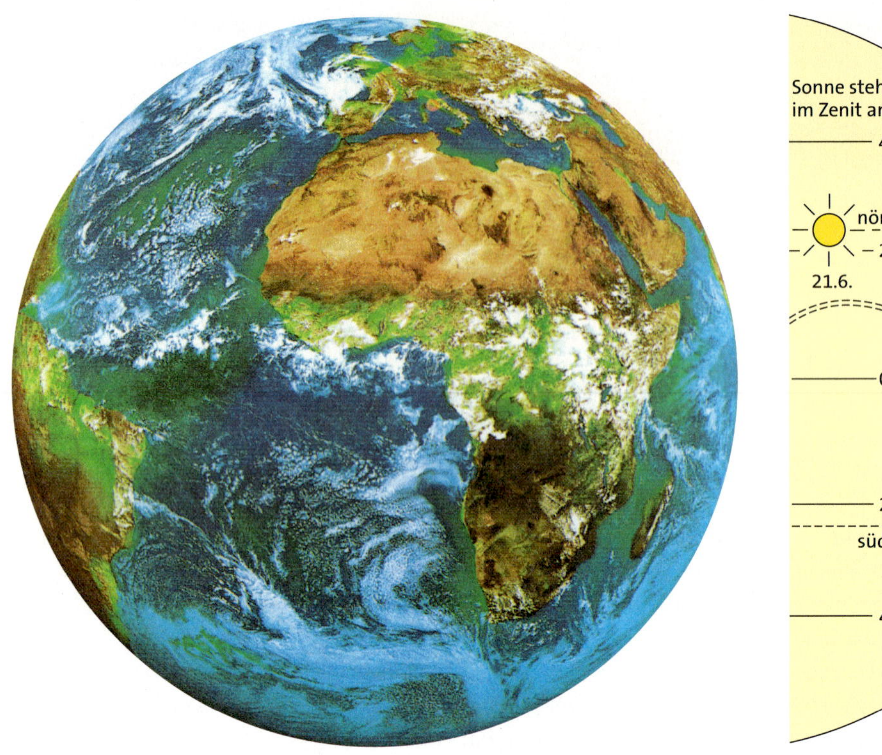

Die Erde am 6. Juli 1991, 12 Uhr. Aufnahme vom Satelliten Meteosat

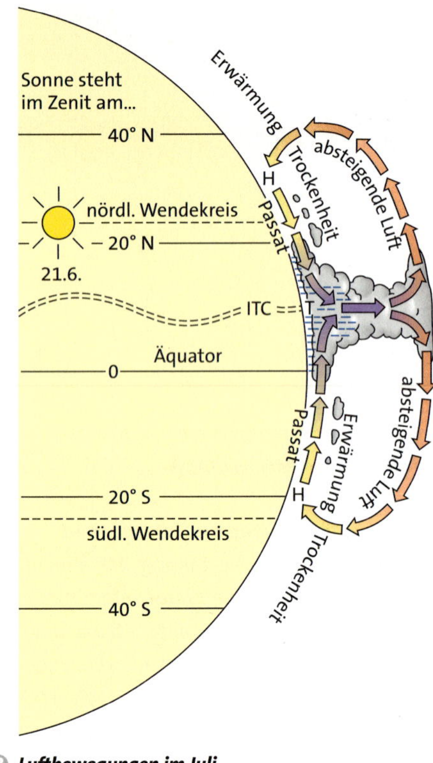

Luftbewegungen im Juli

Passate – Winde der Tropen

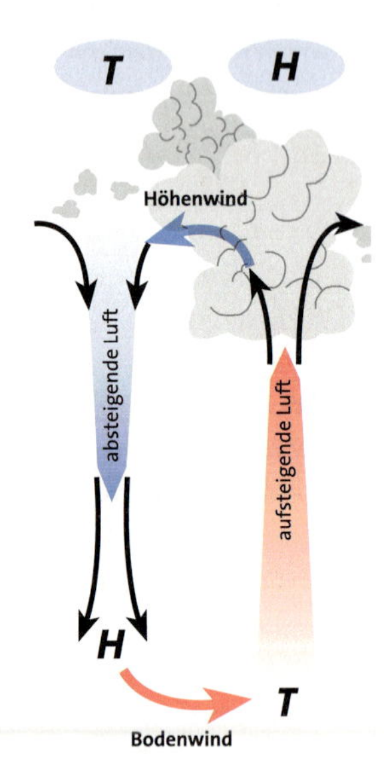

Entstehung von Hoch- und Tiefdruckgebieten

„Trade winds" – Handelswinde – nannten die Matrosen der Segelschiffe die beständig wehenden Winde zwischen den Wendekreisen. Diese von den Spaniern als Passat bezeichneten Winde nutzte schon Kolumbus auf seiner Überfahrt nach Amerika.

Entstehung der Passate

Das Satellitenbild zeigt in Äquatornähe ein breites Wolkenband. Dort steigt stark erwärmte Luft auf. Mit zunehmender Höhe kühlt sie sich ab. Dabei kondensiert der unsichtbare Wasserdampf und es entstehen Wolken, aus denen heftige und ergiebige Niederschläge fallen. Die aufsteigende Luft strömt in der Höhe nach Norden und Süden ab. Dadurch verringert sich in Bodennähe der Luftdruck, ein **Tiefdruckgebiet** entsteht.

In der Höhe strömt die Luft Richtung Wendekreise und sinkt dort zu Boden. Dabei erwärmt sie sich und kann wieder mehr Feuchtigkeit aufnehmen. Deshalb lösen sich die Wolken auf und es entstehen immertrockene Gebiete. Gleichzeitig steigt durch die absinkende Luftmasse der Luftdruck am Boden, ein **Hochdruckgebiet** entsteht. Da Luft immer das Bestreben hat, den Unterschied zwischen niedrigem und hohem Druck auszugleichen, „saugt" das Äquatortief in Erdnähe Luft vom Hoch an den Wendekreisen an. So entstehen beständig wehende Winde, die **Passate**. Haben diese einen weiten Weg über Land zurückgelegt, sind sie heiß und trocken. Wehen sie aber über das Meer, bringen sie Feuchtigkeit mit. Durch die Kraft der Erdrotation, darunter versteht man die Erddrehung, wird der Passat auf der Nordhalbkugel nach rechts und auf der Südhalbkugel nach links abgelenkt.

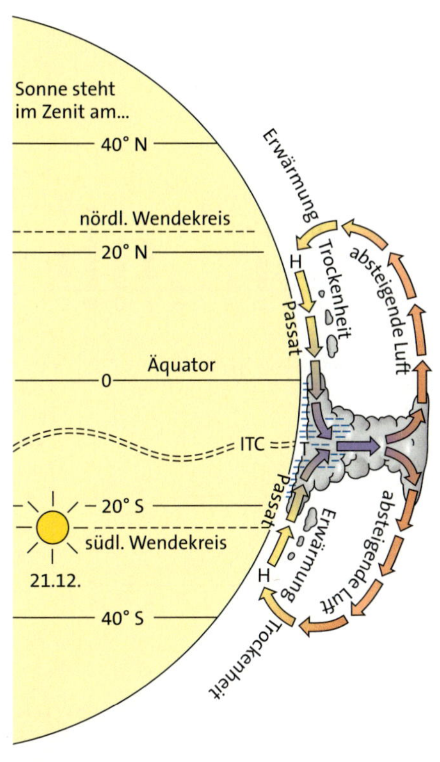

④ ***Luftbewegungen im Dezember***

Um die Niederschlagsverteilung in Afrika zu verstehen, muss man die Eigenschaften der Luftmassen kennen, die in Afrika wirksam sind. **Luftmassen** unterscheiden sich in ihrer Temperatur und in ihren Niederschlägen. In Afrika sind drei Hauptluftmassen wirksam:

1. Die Äquatorialluft ist feuchtwarm. Aus ihr fallen fast täglich hohe Niederschläge.
2. Die Passatluft, welche in der Nähe der Wendekreise entsteht, ist eine sehr warme und über dem Kontinent trockene Luft. Über den Meeresflächen kann sie Feuchtigkeit aufnehmen.
3. Die gemäßigte Luft entsteht über den gemäßigten Breiten. Die häufig vom Meer kommende Luftmasse ist kühler als die Passatluft und die Äquatorialluft. Sie bringt dem Kontinent Niederschläge.

Diese Luftmassen werden durch die Winde transportiert und beeinflussen mit ihren Eigenschaften das Klima.

⑤ ***Die Luftzirkulation im Experiment***

Material: *2 Kerzen, Streichhölzer*

Durchführung: *Geht zu zweit an die geschlossene Klassenraumtür und entzündet dort die Kerzen. Öffnet die Tür. Haltet je eine an den oberen und unteren Rand der Tür. Beobachtet die Flammen.*

Hinweis: *Haltet die Klassenraumtür vorher einige Minuten geschlossen, damit ein ausreichend hoher Temperaturunterschied zwischen beiden Räumen besteht.*

Hinweis:
Vorsicht mit brennenden Kerzen!!! Führe dieses Experiment nur im Beisein eines Erwachsenen durch.

Passatwinde und Luftmassen

Auf der Nordhalbkugel wehen die Passatwinde überwiegend aus Nordosten. Man spricht deshalb vom Nordostpassat. Auf der Südhalbkugel weht der Südostpassat. Den Bereich des Äquators, in dem die Passatwinde der Nordhalbkugel und der Südhalbkugel wieder zusammenströmen, nennt man die **Innertropische Konvergenzzone**.

1 *Führe das Experiment 5 durch und beschreibe deine Beobachtungen.*

2 *Stelle in einer Tabelle die Hauptluftmassen Afrikas und ihre Eigenschaften gegenüber.*

3 *a) Beschreibe und begründe die Verteilung der Bewölkung über Afrika im Satellitenfoto. Vergleiche dazu auch die Zeichnungen 3 und 4.*

b) Fertige eine ähnliche Skizze für die Monate März und September an.

4 *Erkläre die Entstehung und Richtung der Passatwinde.*

Innertropische Konvergenzzone *= ITC*
konvergieren = zusammenströmen

Die Klimazonen Afrikas

Die Klimazonen Afrikas sind ein Ergebnis der Wanderung des Zenitstandes der Sonne. Die dadurch ausgelöste Verlagerung der Gebiete stärkster Erwärmung führt zu einer Verlagerung der Hochdruckgebiete und Tiefdruckgebiete. Somit verändern sich auch die Lage der ITC und die des Passatkreislaufes. Dieser Vorgang erfolgt zwar zeitlich verzögert und nur etwa um 5 bis 10 Breitengrade nach Norden oder nach Süden, löst aber gleichzeitig eine Verlagerung der Luftmassen aus. Dadurch kommen bestimmte Gebiete im jahreszeitlichen Wechsel unter den Einfluss sehr unterschiedlicher Luftmassen oder bleiben ganzjährig unter dem Einfluss der gleichen Luftmasse. Wechseln zum Beispiel Äquatorialluft und Passatluft miteinander, so ist die eine Jahreszeit niederschlagsreich, die andere niederschlagsarm. Es entstehen Regenzeiten und Trockenzeiten. Solche Klimate nennt man Wechselklimate oder auch Subklimate. Bleibt in einem Gebiet eine Luftmasse jedoch ganzjährig vorherrschend, entsteht ein stetiges Klima. Diese Gebiete sind dann ganzjährig niederschlagsarm oder ganzjährig niederschlagsreich. Klimafaktoren wie zum Beispiel die Oberflächengestalt, die Höhenlage sowie die Lage zum Meer nehmen ebenfalls Einfluss auf die Niederschlagsverteilung. Jedem stetigen Klima folgt ein Wechselklima. Die Anordnung dieser Klimate bildete die Grundlage für die Einteilung der Klimazonen.

1 *a) Erkläre den Wechsel der Luftmassen. Beachte dabei die Angaben zur Jahreszeit (Karte 5).*

b) Welche Auswirkungen hat der Luftmassenwechsel auf die Klimazonen?

c) Sortiere die Klimazonen nach Wechselklima und stetigem Klima.

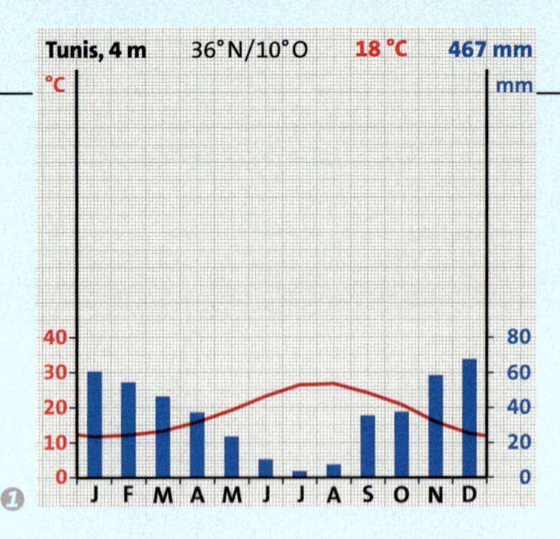

1

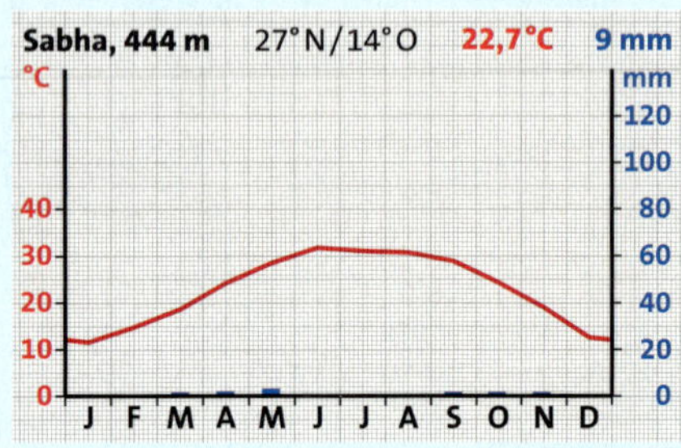

2

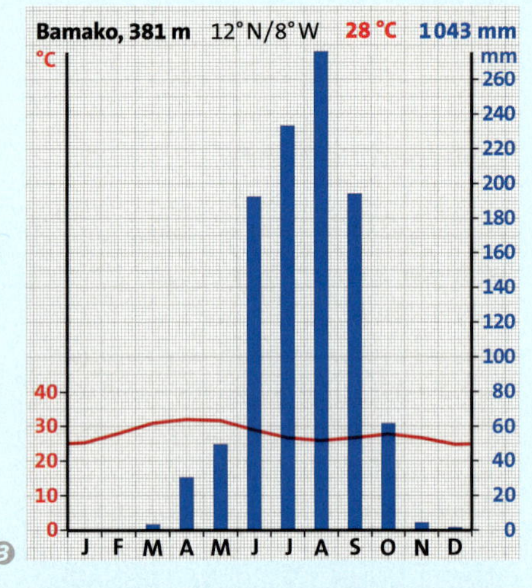

3

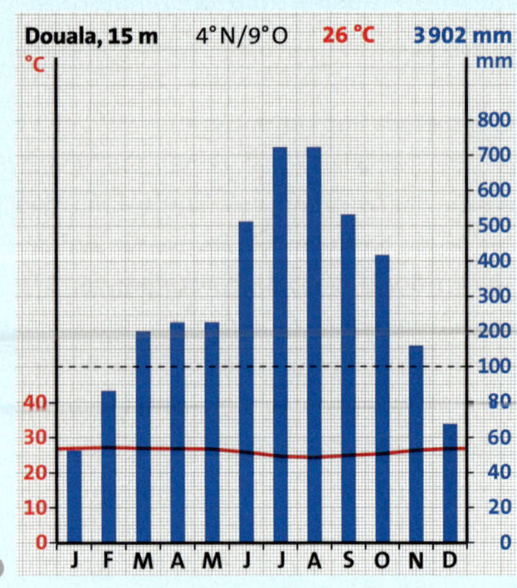

4

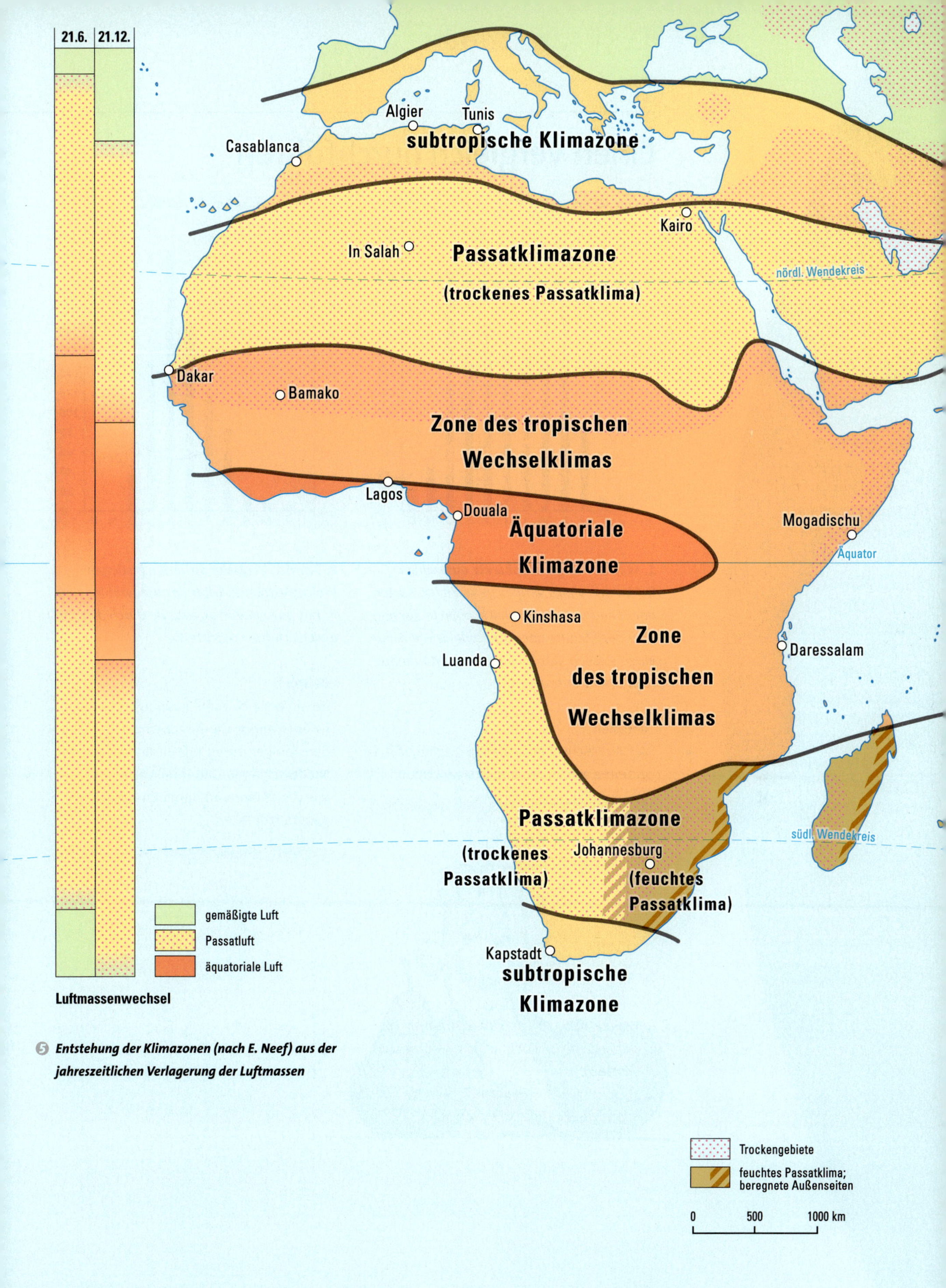

5 Entstehung der Klimazonen (nach E. Neef) aus der jahreszeitlichen Verlagerung der Luftmassen

Einen Vergleich durchführen

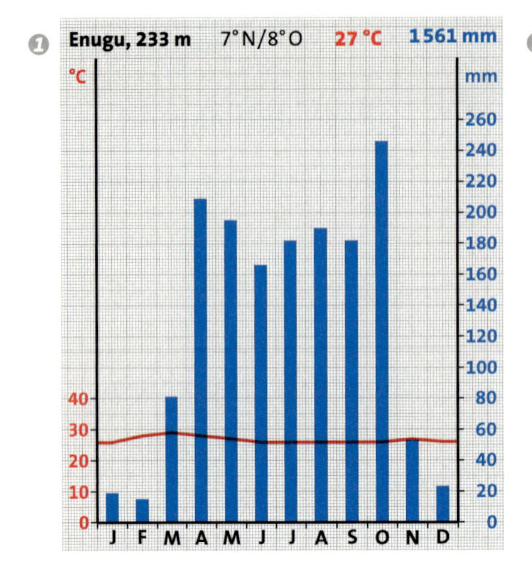

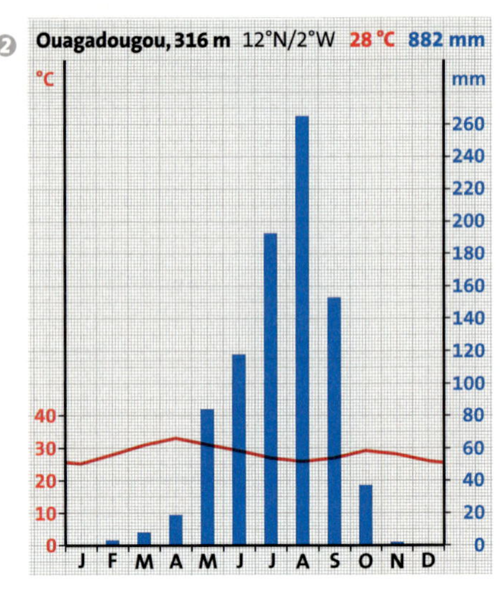

Vergleiche ...
Mit dieser Aufforderung beginnen viele Aufgaben in deinem Schulbuch. Vergleiche können im Geographieunterricht sehr hilfreich sein. So kannst du Unbekanntes mit Bekanntem vergleichen, um eine bessere Vorstellung zu erhalten. Vergleiche helfen dir auch, Objekte einem Begriff zuzuordnen oder Typisches zu erkennen. Oft sind sie Grundlage für Urteile über etwas und ermöglichen Schlussfolgerungen.
Doch Vorsicht, werden die Regeln für das Vergleichen nicht beachtet, kann das zu großen Fehleinschätzungen führen.

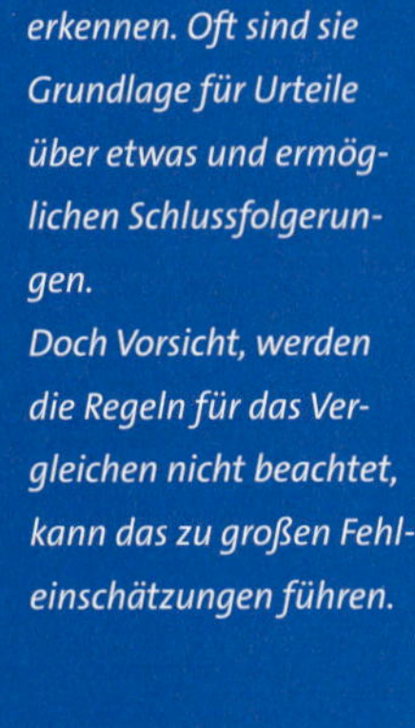

1. Schritt: Vergleichsobjekte auswählen

Du kannst vieles vergleichen: Bilder, Karten oder Diagramme. Vergleichsobjekte können aber auch Städte oder Landschaften sein. Für einen solchen Vergleich benötigst du mehrere Informationsquellen.

Beispiel:
Als Vergleichsobjekte dienen die Klimadiagramme von Enugu und Ouagadougou.

2. Schritt: Vergleichskriterien festlegen

Welche Vergleichskriterien auszuwählen sind, hängt ganz davon ab, was du durch den Vergleich erfahren möchtest.

Beispiel:
Beim Vergleich von Klimadiagrammen ist es notwendig, die Angaben zur Lage, zu den Temperaturen und ihren Verlauf, zu Niederschlägen und ihrer Verteilung sowie die ariden und humiden Monate gegenüberzustellen.

Vergleichskriterium	Station Enugu		Station Ouagadougou	
Lage (Gradnetz und Höhe)	7° N/8° O; 233 m		12° N/2° W; 316 m	
Jahresdurchschnittstemperatur	27 °C		28 °C	
Verlauf der Jahrestemperatur	Die Jahrestemperatur verläuft annähernd gleichmäßig bei 27 °C.		Die Jahrestemperatur verläuft gleichmäßig mit geringen Schwankungen.	
Jahresniederschlag	1561 mm		882 mm	
Niederschlagsverteilung	Es fallen jeden Monat Niederschläge, wobei sie von Februar bis April rasch ansteigen, bis Oktober sehr hoch bleiben und bis Dezember stark zurückgehen.		Es gibt Regen- und Trockenzeit. Die Niederschläge steigen von April bis August rasch an und fallen ebenso rasch bis November wieder ab.	
aride und humide Monate	arid	4 Monate	arid	7 Monate
	humid	8 Monate	humid	5 Monate

3. Schritt: Merkmale gegenüberstellen und Gemeinsamkeiten und Unterschiede herausfinden

Entsprechend der von dir festgelegten Kriterien musst du jetzt Merkmale von jedem Vergleichsobjekt erfassen. Bewährt hat sich dabei die Gegenüberstellung in einer Tabelle. Oft ist es ausreichend, wenn du die Gemeinsamkeiten und Unterschiede in der Tabelle jeweils mit gleicher Farbe unterstreichst. Hilfreich ist die Formulierung von Sätzen.

Beispiel:
Die Station Ouagadougou liegt etwas nördlicher und westlicher von Enugu. Die Höhenunterschiede betragen nur wenige Meter. Beide Stationen haben fast gleiche Jahresdurchschnittstemperaturen. Auch der Temperaturverlauf ist ähnlich. In Enugu fällt mehr Jahresniederschlag. Beide Stationen weisen deutliche Niederschlagsschwankungen auf. Es gibt bei beiden Stationen humide und aride Monate, die sich in der Anzahl unterscheiden.

4. Schritt: Beziehungen herstellen und Ergebnis formulieren

Um zum Ergebnis zu gelangen, musst du Beziehungen zwischen den ermittelten Gemeinsamkeiten und Unterschieden herstellen und nach Begründungen dafür suchen. Gelingt dir das gut, liegt das Ergebnis auf der Hand.

Beispiel:
Wegen der Übereinstimmungen im Temperaturverlauf, den Schwankungen bei den Jahresniederschlägen und der Nähe beider Stationen zueinander kann auf die gleiche Klimazone geschlossen werden. Die Höhe der Jahrestemperatur weist auf Tropisches Wechselklima. Die höheren Niederschläge und die längere Regenzeit in Enugu kann mit der geringeren Entfernung vom Äquator erklärt werden.

1 *Prüfe mithilfe der Klimatabellen im Anhang, ob Kisangani und Bilma in derselben Klimazone liegen.*

2 *Vergleiche die Klimadiagramme 1 und 2 auf der Seite 114.*

Die Vegetationszonen Afrikas

1 *Geofaktoren einer Landschaft*

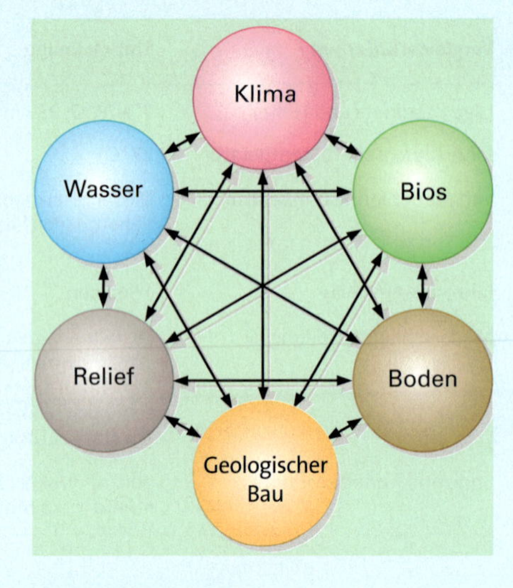

2 *Modell der Landschaft*

Die Vegetationszonen in den Tropen Afrikas reichen von der pflanzenarmen Wüste bis zum artenreichen tropischen Regenwald.

Vergleicht man die Anordnung der Vegetationszonen mit der Lage der Klimazonen, werden viele Gemeinsamkeiten deutlich.

Bei der Verteilung der Vegetation spielen aber auch die Fruchtbarkeit und die Zusammensetzung des Bodens sowie der Wasserhaushalt oder das Relief eine Rolle. In Lagen über 2000 Meter verändert sich die Vegetation so sehr, dass man von einer Hochgebirgsvegetation spricht, welche die zonale Abfolge der Vegetation unterbricht.

Auch die Menschen greifen in die Landschaft ein. Sie roden zum Beispiel den Regenwald, um Ackerflächen anzulegen, oder sie überweiden die Grasländer. Dabei verändert sich das ursprüngliche Aussehen der Vegetation.

Landschaft und Landschaftsmodell

Das äußere Erscheinungsbild von Landschaften verändert sich mit der Lage. So geht der Tropische Regenwald nördlich und südlich des Äquators allmählich in eine Feuchtsavanne über. Die Ursache dafür ist vor allem die Veränderung des Klimas. Dauert die Trockenzeit länger als zwei Monate an, kann sich kein Regenwald mehr ausbilden.

Solche Veränderungen kann man verstehen, wenn man den Aufbau einer Landschaft kennt. Zu jeder Landschaft gehören sechs **Geofaktoren** (Landschaftskomponenten):

- Klima (Temperatur und Niederschlag),
- Geologischer Bau (Gesteinsuntergrund),
- Relief (Oberflächenformen wie Gebirge, Hochländer, Becken, Täler),
- Wasser (Oberflächen- und Grundwasser),
- Boden (verwitterte Gesteinsschicht an der Erdoberfläche),
- Bios (Vegetation und Tierwelt).

Verändern sich die Merkmale eines Geofaktors, kommt es auch zu Veränderungen der Merkmale anderer Geofaktoren. Stellt man alle Geofaktoren und ihre wechselseitigen Beziehungen vereinfacht dar, spricht man vom Modell der Landschaft.

Die Merkmale der Geofaktoren beeinflussen sich gegenseitig. So ist zum Beispiel die Qualität des Bodens abhängig vom Relief, dem Ausgangsgestein (Geologischer Bau) oder dem Wasserhaushalt. Innerhalb einer Vegetationszone können durch die Veränderung einzelner Merkmale Unterschiede im Aussehen der Pflanzen oder der Länge der Vegetationsperiode auftreten. So wird die Zone der Savannen je nach der Dauer der Regenzeit in Dorn-, Trocken- oder Feuchtsavanne unterteilt.

1 *Ordne den Nummern in der Zeichnung 1 den jeweiligen Geofaktor zu. Nutze dazu das Modell der Landschaft (2).*

2 *a) Arbeite mit der Karte 3. Beschreibe die Verbreitung der Vegetationszonen im tropischen Afrika.*

b) Ordne der jeweiligen Vegetationszone die entsprechende Klimazone zu (Karte 3 und Karte 5 auf Seite 115).

c) Erläutere, wie sich die Merkmale des Geofaktors Klima vom Äquator zu den Wendekreisen verändern und wie sie die Vegetation beeinflussen.

3 ***Die Vegetationszonen Afrikas***

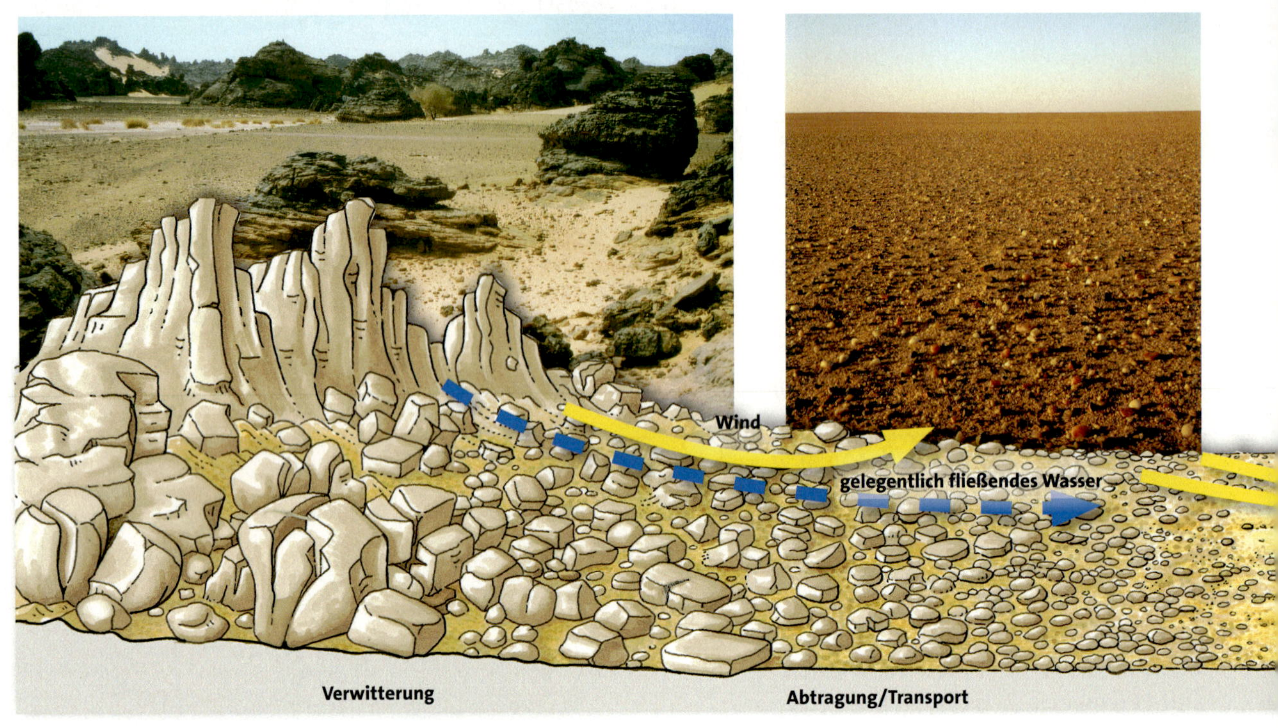

1 *Entstehung der Wüstenformen*

2 *Hitze- und Kältesprengung*

3 *Spur einer Wüstenschlange*

4 *Tamariske*

In der Sahara

„Die Hitze ist unerträglich. Die Sonne brennt erbarmungslos vom strahlend blauen Himmel. Nirgends ist eine Wolke zu sehen, kein Baum spendet Schatten. Unsere Kamelkarawane bewegt sich nun schon seit Tagen durch endlose Dünenfelder. Da, am Horizont ein Palmenhain, Häuser, die Luft flimmert, Wahrheit oder Schein? Es ist nicht zu unterscheiden, ob man die Wirklichkeit sieht oder eine Fata Morgana." So oder ähnlich stellen wir uns einen Ritt durch die Sahara vor. Aber die Sahara besteht nicht nur aus Sand.

Wüste ist nicht gleich Wüste

Erg, Serir, Hamada, so verschieden wie die Namen der **Wüsten** sind, ist auch ihr Aussehen. Wüsten kann man nach dem Relief, dem geologischen Bau und nach der Vegetationsdichte unterscheiden. Das Relief der Sahara ist vielgestaltig. Tafelberge, zerklüftete Gebirge, weite Hochflächen mit Einzelbergen und Dünenfeldern prägen die Landschaft. Da große Teile der Sahara im Gebirge liegen, nehmen die Felswüsten, welche die Araber Hamada nennen, 70 % der Fläche ein. Tagsüber erhitzt die Sonne die Steine so stark, dass man sie nicht mehr anfassen kann. Nachts kühlt die Temperatur schnell ab, sogar Bodenfrost ist möglich. Die Erhitzung führt zur Ausdehnung und die Abkühlung zum Zusammenziehen des Gesteins. Das hält auch das widerstandsfähigste Gestein nicht ewig aus. Von der Oberfläche springen schalenförmige Stücke ab. Nicht selten zerspringt ein ganzer Felsblock. Der entstandene Schutt wird immer weiter zerkleinert. Die sich bildenden Kiese und Sande sind Teile des geologischen Baus und werden durch Wind oder Wasser weiter sortiert. So entstehen Kieswüsten, die Serirs, und Sandwüsten, die Ergs, die durch ihre vielfältigen Dünenformen bekannt sind. Die Ergs prägen aber nur etwa 20 % der Sahara.

Die **Halbwüsten** bilden den Übergangsbereich von der Dornsavanne zur Wüste. Die Vegetation ist hier nur noch karg. In den Wüsten selbst fällt der Niederschlag nicht regelmäßig, sondern episodisch. Diese Nie-

derschläge werden z. B. in den Gebirgen der Sahara durch die Bildung von Gewittern ausgelöst. Dann können sich die **Wadis** (Trockentäler), in denen monatelang oder sogar jahrelang kein Wasser fließt, schnell in reißende Flüsse verwandeln.

Die Wüste lebt

Samen, Zwiebeln oder Wurzeln, welche oft jahrelang im Wüstenboden gelegen haben, treiben, wenn es regnet, sofort aus. Die Wüste grünt und blüht dann für wenige Stunden oder Tage. Menschen, Pflanzen und Tiere haben sich an diese extremen Bedingungen angepasst. Die Wüstenschlange z. B. befindet sich immer nur mit zwei Punkten auf dem Boden, um den Kontakt zur heißen Oberfläche zu minimieren. Pflanzen haben die Verdunstungsoberfläche reduziert, indem sie kleine Blätter haben, die sie mit einer wachsartigen Schutzschicht versehen, oder Dornen ausbilden. Pflanzen wie die Tamarisken, Dattelpalmen und Akazien stehen mit ihren tiefreichenden Wurzelsystemen dort, wo es Grundwasser gibt, mitten in der Sahara.

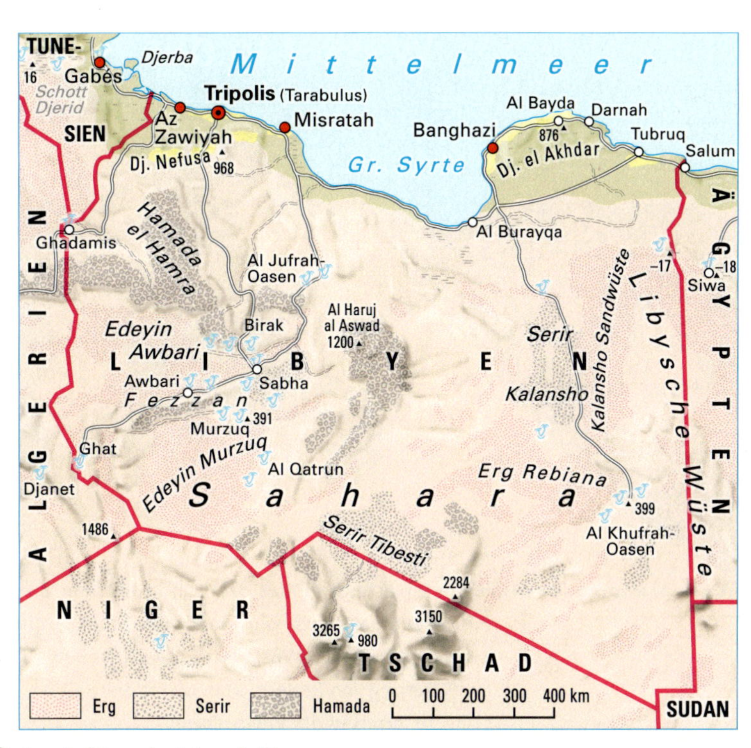

⑤ ***Ausschnitt aus der Sahara in Libyen***

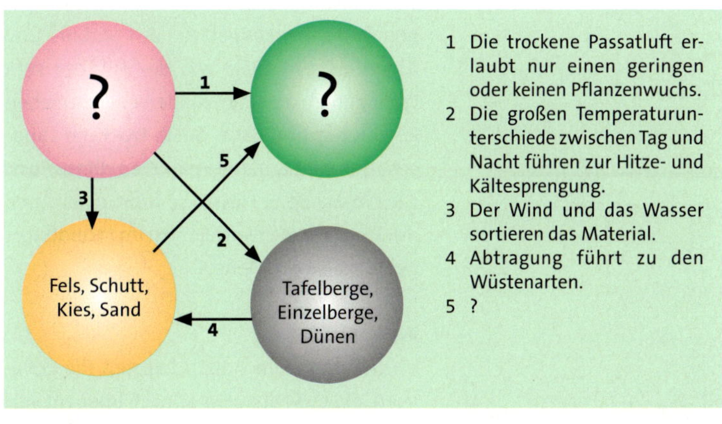

⑥ ***Wechselwirkungen zwischen den Geofaktoren in der Wüste***

1 *Ermittle mithilfe der Karte 5 und dem Atlas die Erg-, Serir- und Hamadagebiete in Libyen. Notiere ihre Namen und ihre Lage. Verfahre mit den Gebirgen ebenso.*

2 *Erkläre die Entstehung der Wüste mithilfe der Passatzirkulation.*

3 *Arbeite mit dem Schema 6: Übertrage es in dein Heft, ordne den Farben die Geokomponenten zu und ersetze die Fragezeichen durch entsprechende Merkmale.*

⑦ ***Wadi***

Wasser in der Wüste?

1 *Nil und Nildelta aus dem Weltall*

Tatsächlich gibt es das! Schon seit Jahrtausenden nutzen die Menschen Stellen mit Wasser in der Wüste zur künstlichen Bewässerung von Feldern. Man nennt diese Gebiete inmitten der Wüste **Oasen**.

Aus dem niederschlagsreichen Hochland Ostafrikas führt der Nil große Wassermengen in die Trockengebiete des Sudans und Ägyptens. Ein Fluss wie der Nil, der sein Quellgebiet in einer niederschlagsreichen Region hat und dann durch trockene Landschaften fließt, nennt man **Fremdlingsfluss.** Die entstandene Flussoase führt quer durch die Sahara und erweitert sich im Mündungsgebiet zu einem Delta.

Wasser ist Leben

Im traditionellen Anbau leiteten die Fellachen, die Oasenbauern am Nil, über ein verzweigtes Netz von großen, mittleren und kleinen Kanälen Nilwasser auf ihre Felder.

Wegen der geringen Fläche kann man sie auch als Gärten bezeichnen. Um das Wasser zu fördern und für die Bewässerung der Anbauflächen zu verteilen, wurde unterschiedliche Technik genutzt: archimedische Schrauben, Bewässerungskanäle, Schöpfwerke oder Ziehbrunnen. Die Schöpfwerke wurden früher von Zugtieren oder auch von Menschen bedient. Heute gibt es fast nur noch Motorpumpen.

Der Anbau der Pflanzen erfolgte unter Schatten spendenden Palmen, um die Verdunstung zu verlangsamen.

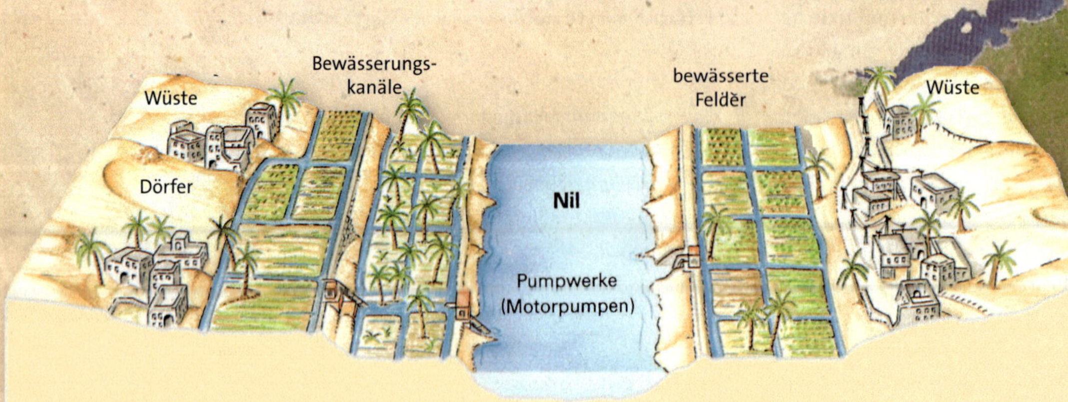

2 *Schnitt durch das Niltal*

Da Wasser die wichtigste Grundlage für das Leben in der Oase ist, kam dessen Schutz besondere Bedeutung zu. Es war daher notwendig, die begrenzten Wasservorräte gerecht zu verteilen. Wasserwächter leiteten es nach einem genauen Plan über größere und kleinere Kanäle auf die Beete der einzelnen Bauern.
Neben den Flussoasen unterscheidet man die Grundwasseroasen. Wasser in nicht zu großer Tiefe wird mit Brunnen zu Tage gefördert. Eine Besonderheit ist das artesische Wasser: Es steht unter Druck und steigt von selbst nach oben, wenn man einen Brunnen gräbt.

1 *Fertige mithilfe des Satellitenbildes eine Kartenskizze der Niloase an.*
   a) Kennzeichne dabei Wüsten- und Meeresflächen, Bewässerungsland und Siedlungen.
   b) Trage Alexandria und Kairo ein.
2 *a) Die Niloase zählt zu den am dichtesten besiedelten Regionen Afrikas. Beweise diese Aussage.*
   b) Begründe, warum die Häuser im Niltal nicht am Wasser stehen.
3 *Vergleiche die Oasentypen 3–5.*
4 *Erläutere, was du unter einem Fremdlingsfluss verstehst. Suche im Atlas drei weitere Beispiele.*

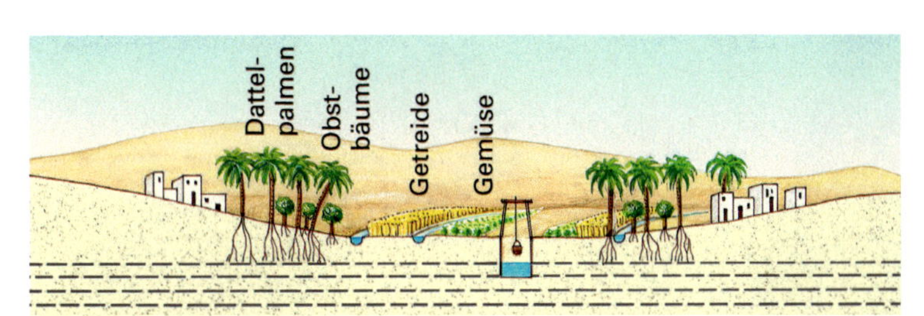

3 **Grundwasseroase mit Brunnen**

4 **Flussoase**

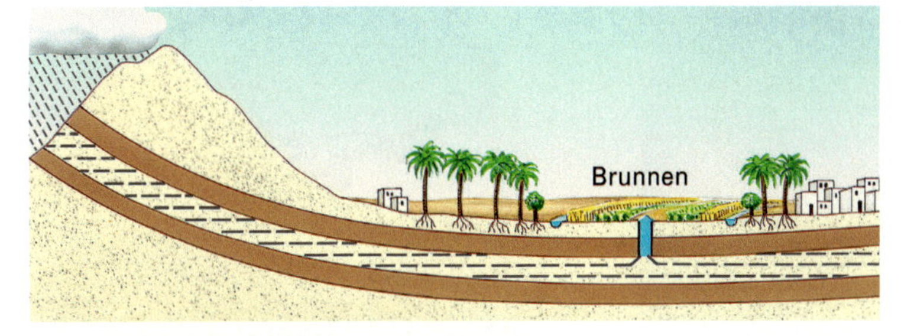

5 **Oase mit artesischem Brunnen**

6 **Archimedische Schraube**

8 **Funktionsprinzip archimedische Schraube**

7 **Grabenbewässerung**

Das Gruppenpuzzle ist eine Unterrichtsform, bei der die Schüler in einer Gruppe, der Stammgruppe, an einer gemeinsamen Aufgabe arbeiten. Um diese lösen zu können, ist jeder Schüler für ein Spezialgebiet verantwortlich. Zunächst erwirbt er als Experte Spezialwissen in einer Expertengruppe und teilt die Ergebnisse den Mitschülern in seiner Stammgruppe mit. Durch das Zusammenführen aller Expertenbeiträge wird die Aufgabe der Stammgruppe gelöst.

1 **Stammgruppen**

2 **Expertengruppen**

Gruppenpuzzle: Die Sahelzone

Sahel (arabisch: As-Sahil = Ufer/Küste), so bezeichneten Nomaden, die bereits ab dem 7. Jahrhundert den Karawanenhandel durch die Wüste betrieben, das sich südlich an die Sahara anschließende Gebiet. Nach den langen Wüstenwanderungen konnten sich hier die Tiere und Menschen mit Wasser und Nahrung versorgen. Es entwickelten sich dabei auch bedeutsame Handelsstädte, wie zum Beispiel Timbuktu. Die Sahelzone wurde zum kulturellen und wirtschaftlichen Zentrum zwischen Nordafrika und Südafrika. Eine genaue Abgrenzung der Region war früher und ist auch heute schwierig. In der Vergangenheit gab es in der Sahelzone immer wieder Dürreperioden. Während der letzten Jahrzehnte ist der Sahel ein Problemgebiet geworden.

Arbeitsauftrag:
Viele Flächen, die früher genutzt wurden, sind heute Wüste. Untersucht mithilfe der folgenden Seiten die Ursachen dieser Entwicklung.

Ein Gruppenpuzzle durchführen

1. Schritt: Stammgruppen bilden und Experten bestimmen

Bildet zur Bearbeitung des Themas zunächst Gruppen mit vier bis sechs Schülern, die Stammgruppen.
Für die Lösung des Arbeitsauftrages müsst ihr Spezialwissen erwerben. Bestimmt dazu in jeder Stammgruppe einen oder zwei Experten für die möglichen Ursachen:
- *Zu wenig Niederschläge in der Sahelzone?*
- *Zu viele Tiere in der Sahelzone?*
- *Zu wenig Geld in der Sahelzone?*
- *Zu viele Menschen in der Sahelzone?*

Das Material für die Expertengruppen findet ihr auf den Schulbuchseiten 126 bis 133.

❸ **Stammgruppen**

❹ **Schüler bereiten die Präsentation vor**

2. Schritt: In Expertengruppen arbeiten

Sollte eure Klasse groß sein, könnt ihr zu jedem Thema auch zwei Expertengruppen bilden. Erforscht in der Expertengruppe euer Spezialgebiet. Löst dazu die Aufgaben auf den Themenseiten des Schulbuches. Ihr könnt aber auch Informationen, die ihr vom Lehrer erhalten oder selbst gesammelt habt, nutzen. Fertigt Notizen an und wählt Material zur späteren Erläuterung eures Wissens in der Stammgruppe aus.

3. Schritt: Als Experten Wissen vermitteln

Tragt den Mitschülern der Stammgruppe die Ergebnisse, welche ihr in der Expertengruppe erarbeitet habt, vor und diskutiert sie. Löst den übergeordneten Arbeitsauftrag der Stammgruppe und fertigt Präsentationshilfen, z. B. Plakate und Folien an.

4. Schritt: Ergebnisse präsentieren

Präsentiert eure Ergebnisse in den Stammgruppen und diskutiert mögliche Unterschiede. Beurteilt die Gruppenleistung.

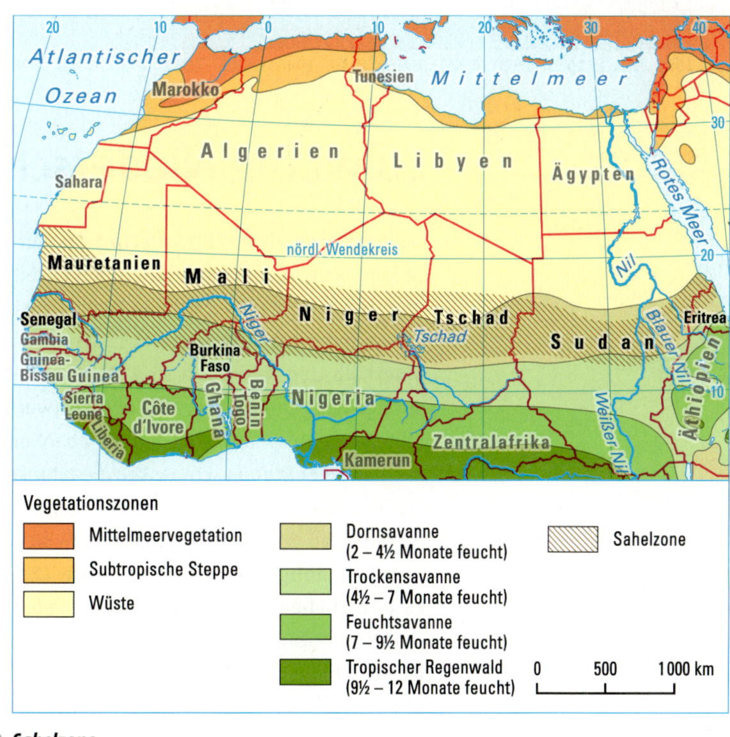

❺ **Sahelzone**

① Risse im Boden durch Trockenheit

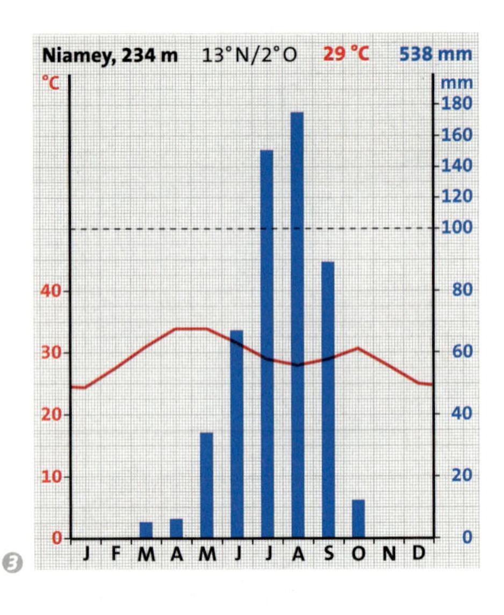

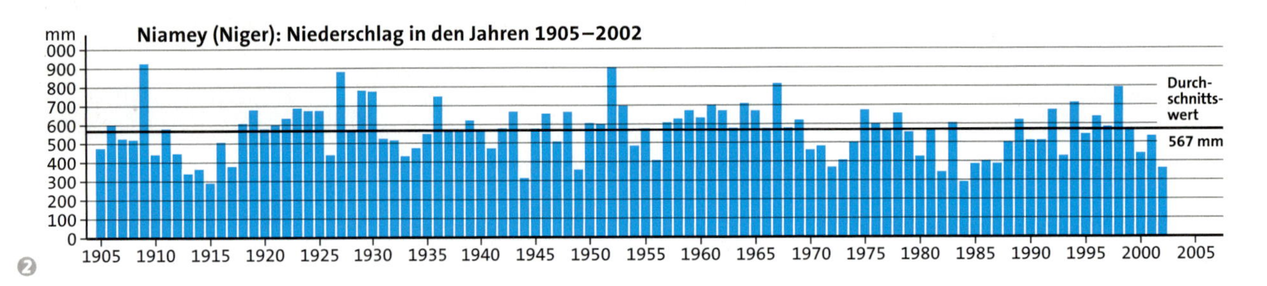

②

Zu wenig Niederschläge?

Die Trockenzeit dauert im Sahel fast das ganze Jahr. Sie wird von einer kurzen Regenzeit unterbrochen. In dieser fällt der Regen meist örtlich begrenzt in Form heftiger Gewitter. Innerhalb der Sahelzone sind die Niederschlagsmengen regional sehr ungleich verteilt. Sie nehmen nach Norden hin ab. Aber auch an einer Station schwanken die Jahresniederschläge oft sehr stark. Dabei kommt es meist zu Abweichungen von 20–30% vom langjährigen Durchschnittswert. Diese klimatische Erscheinung wird als Niederschlagsvariabilität bezeichnet. Liegen die Niederschlagsmengen unter dem Durchschnittswert, dann kommt es zu Dürreperioden. Diese waren früher auf relativ kleine Regionen und nur kurze Zeiten begrenzt. Im Verlauf der letzten hundert Jahre verlängerten sich die Dürrezeiten jedoch. Damit ging eine noch größere Ausdehnung der wüstenhaften Gebiete einher.

Niederschlag und Pflanzenwachstum

Bedingt durch die intensive Sonneneinstrahlung und die hohen Temperaturen in der Sahelzone verdunstet ein Großteil des Niederschlags, bevor er auf den Boden trifft und den Pflanzen zur Verfügung steht. Dadurch bildet sich nur eine spärliche Vegetation, deren Wurzeln keine großen Wassermengen im Boden speichern können. Sind die Niederschläge zu gering oder bleiben sie ganz aus, nimmt die Pflanzenbedeckung weiter ab.

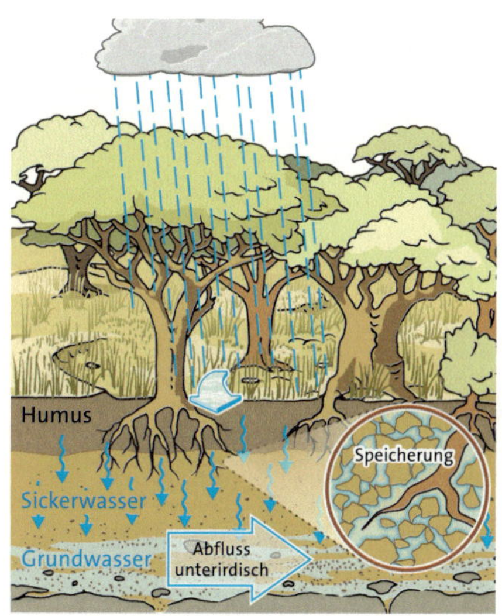

④ ***Wasserhaushalt bei natürlicher Vegetation***

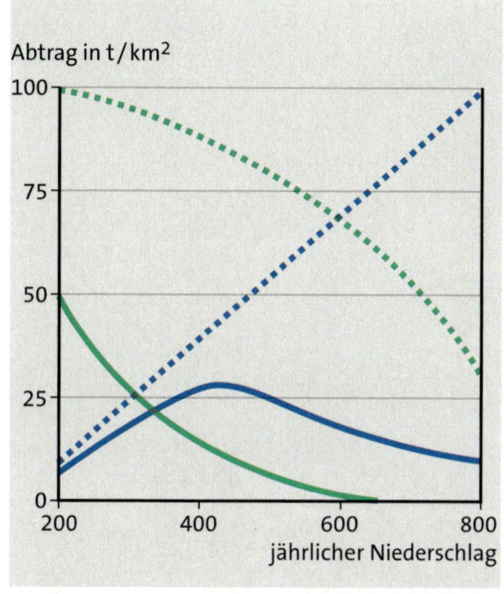

⑥ ***Bodenabtragung und Vegetation***

Wasserabtragung mit Vegetation

Wasserabtragung ohne Vegetation

Windabtragung mit Vegetation

Windabtragung ohne Vegetation

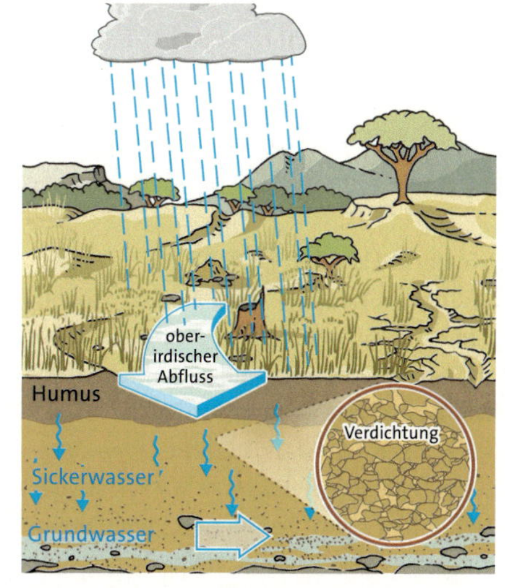

⑤ ***Wasserhaushalt bei gestörter Vegetation***

Klima und Boden

Die hohe Intensität der Niederschläge während der kurzen Regenzeit bewirkt einen großen oberflächlichen Abfluss und eine starke Bodenabtragung. Dabei wird die fruchtbare Bodenschicht dauerhaft zerstört. Die geringe Versickerungsfähigkeit der Böden begünstigt diesen Prozess noch. Es kann sich kaum neues Grundwasser bilden, Quellen und Brunnen versiegen.

Während der Trockenzeit wird der Boden aber auch durch den Wind abgetragen. Viele nutzbare Felder werden mit Sand und Staub überdeckt und unfruchtbar.

Arbeitsaufträge der Expertengruppe „Niederschläge"

1. *Werte das Klimadiagramm der Station Niamey aus. Stelle die Abweichungen der Jahresniederschläge von der langjährigen Durchschnittsmenge dar (Diagramme 2 und 3).*
2. *a) Beschreibe mithilfe der Zeichnungen 4 und 5 den Wasserhaushalt bei natürlicher und bei gestörter Vegetation.*
   b) Erkläre anhand des Diagramms 6 den Zusammenhang von Niederschlägen, Vegetation und Bodenabtragung.
3. *Stelle Ursachen für die weiter voranschreitende Wasserknappheit dar und erläutere die damit einhergehenden Auswirkungen.*

→ *Klimadiagramme auswerten, siehe Seite 44/45*

① *Ziegen fressen junge Triebe ab*

② *Weidewirtschaft im Sahel*

Zu viele Tiere?

Preisentwicklung:
1980 (vor der Dürre)
1 Schaf = 2–3 Sack Hirse (95 kg)
100 kg Getreide kosteten 30 €
1984/85 (Dürrezeit)
3–4 Schafe = 1 Sack Hirse
100 kg Getreide kosteten 90 €

Während der vergangenen Jahrhunderte entwickelten die Menschen im Sahel ein System der Landnutzung, welches optimal an die Natur angepasst war. Sie lebten als **Nomaden** und wechselten regelmäßig die Weideplätze. Mit Beginn der Regenzeit zogen sie nach Norden, wo sich durch die Niederschläge die Vegetation rasch entwickelte. Mit dem Beginn der Trockenzeit begaben sich die Nomaden wieder nach Süden. Dort nutzten sie die abgeernteten Ackerflächen der Bauern zur Weide und düngten sie. Das Vieh war ihre Lebensgrundlage. Es wurde gegen alles getauscht, was man benötigte, vor allem Hirse, das Hauptnahrungsmittel. Die Menschen hielten nur so viele Tiere, wie sie zum Leben benötigten. Dadurch gab es auch in trockenen Jahren genügend Weideflächen und Wasserstellen.

Die Herden werden größer

Heute verkaufen die Nomaden ihr Vieh auf den Märkten und erhalten dafür Geld. Davon müssen sie sich Hirse und andere lebensnotwendige Dinge kaufen. Die Preise für Vieh schwanken sehr stark. In Dürrezeiten sinken sie, weil die Preise für Hirse stark ansteigen. Außerdem sorgt Fleisch von Viehhändlern aus dem Süden für einen Preisverfall. Die Nomaden sind gezwungen, ihre Herden zu vergrößern. Sie müssen immer mehr Vieh verkaufen, um überleben zu können.

Es werden verstärkt Ziegen gehalten. Diese können bei schwierigen Bedingungen leichter überleben als Rinder oder Kamele, da sie alles fressen, was ihr Magen verträgt. Von dürren Ästen bis Pappe, ganze Grasbüschel werden herausgerissen und die Grasnarbe dauerhaft zerstört. Der Anteil mehrjähriger Gräser, die als Futter geeignet sind, geht dabei besonders stark zurück.

Heute sind viele Nomaden sesshaft und die Tierhaltung erfolgt nicht mehr so angepasst wie früher. In der Nähe der Wasserstellen wurden die Herden stark vergrößert.

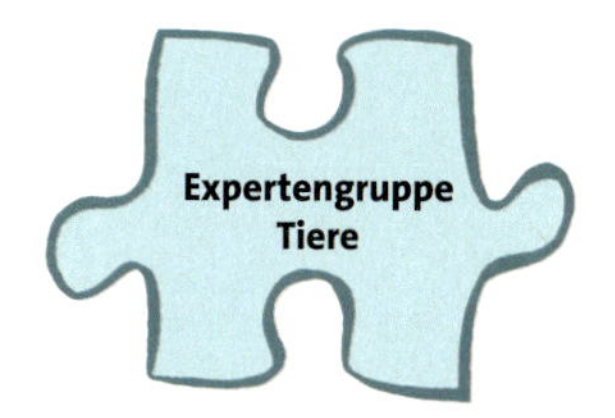

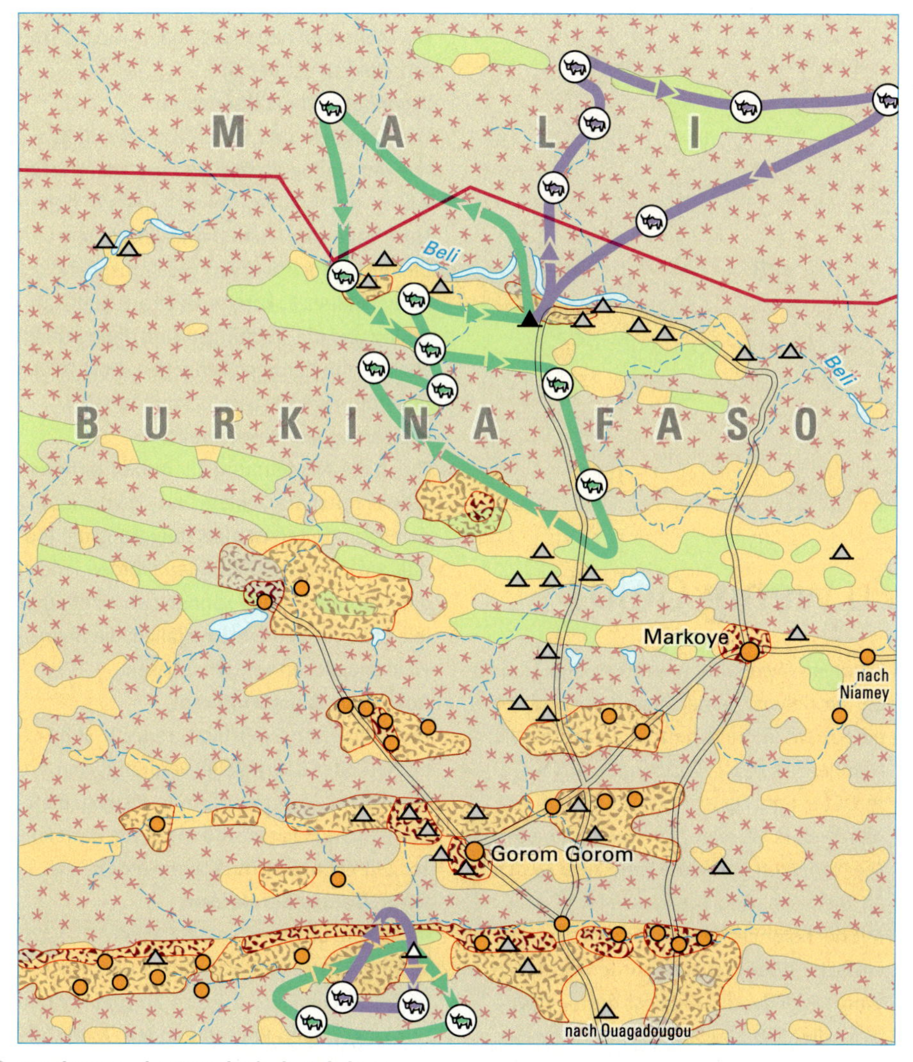

3 *Wanderungen der Nomaden in der Sahelzone*

Viele Tiere benötigen mehr Futter und Wasser als zur Verfügung steht. Die großen Herden zertrampeln auch noch das letzte Grün und es dauert nicht lange, bis die Weideflächen Wüstencharakter annehmen.

4 Entwicklung der Tierbestände in der Sahelzone

Staat	Schafe/Ziegen in Tsd. 1970	Schafe/Ziegen in Tsd. 2000	Rinder in Tsd. 1970	Rinder in Tsd. 2000
Mauretanien	7500	12700	1800	1500
Burkina Faso	4120	15500	2250	4800
Mali	10750	15000	5310	6819
Niger	8700	11400	4000	2260

Arbeitsaufträge der Expertengruppe „Tiere"

1. *Charakterisiere mithilfe des Textes und der Karte 3 das Leben der Nomaden früher.*
2. *Beschreibe anhand der Tabelle 4 für ausgewählte Sahelstaaten die Entwicklung der Tierbestände.*
3. *Stelle Ursachen für die Vergrößerung der Tierbestände dar und erläutere die damit einhergehenden Auswirkungen.*

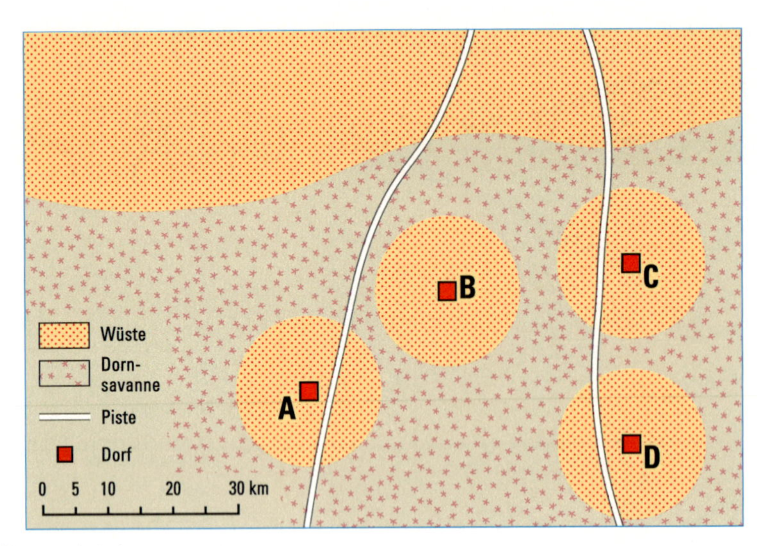

Brennholzringe

In den letzten Jahren beteiligen sich auch Schulen in Deutschland mit Spendenaktionen am Projekt „Sonnenöfen für Afrika". Dabei wird die Nutzung der Solarenergie mit dem Ziel gefördert, den Brennholzbedarf zur Energiegewinnung, vor allem zum Kochen und Heizen zu minimieren.
www.solarenergie-fuer-afrika.org

Zu wenig Geld?

Schon im Mittelalter wurde im Sahel Handel betrieben. Kamen Karawanen durch die Sahara in die Sahelzone, brachten die Händler Salz, Gold, Baumwolle und andere Güter mit. Da es noch kein Geld gab, wurde stets Ware gegen Ware getauscht. Die Nomaden boten die Tiere zum Tausch an, die sesshaften Bauern die Hirse.
Mit der Kolonialzeit änderte sich alles. Der einfache Warentausch wurde durch den Ware-Geld-Handel abgelöst. Seitdem wird es für die Sahelbewohner immer schwerer. Für alle lebensnotwendigen Dinge, insbesondere Nahrungsmittel, Brennholz, aber auch Leistungen wie Schulgeld, medizinische Versorgung und vor allem Steuern muss die Bevölkerung immer mehr Geld entrichten.

Die Menschen haben nicht viele Möglichkeiten, Geld zu verdienen:

Brennholz sichert Überleben:
Das Sammeln und Roden von Brennholz sowie der Handel damit sind vor allem Tätigkeiten der Frauen. Bei der derzeit hohen Nachfrage kann man damit leicht Geld verdienen. Jedoch werden die Transportwege immer länger. Es kommt vielerorts zum Kahlschlag und die Siedlungen sind dann schnell von Brennholzringen umgeben. Dort ist die Vegetationsdecke bereits stark zerstört.

Steigerung des Hirseanbaus:
Durch die Ausdehnung der Anbauflächen in schwer nutzbare Gebiete und die Verkürzung der Brachezeiten ist eine Steigerung der Produktion möglich. Die Böden werden jedoch dabei übernutzt und können sich nicht erholen. Es kommt zu Ernteausfällen, die finanziell ausgeglichen werden müssen.

Anbau von Exportkulturen:
Der Anbau von Exportkulturen, z. B. von Erdnüssen oder Baumwolle, verdrängt den Anbau von Nahrungsmitteln in Risikogebiete. Zusätzliche Flächen sind nötig, die nach kurzer Zeit ebenso unfruchtbar werden.

Vergrößerung der Herden:
Viele Tiere überweiden die Flächen. Dadurch verringert sich das Nahrungs- und Wasserangebot. Die Tiere magern ab und können nur zu geringen Preisen auf dem Markt gehandelt werden.

Veränderungen auf dem Markt:
Ein größeres Angebot und die Nachfrage nach zubereiteten Nahrungsmitteln, Mode, Handwerksartikeln sowie Waren aus dem Ausland erweitern den Handel. Neue Besitzwünsche werden geweckt und der Geldbedarf steigt.

Abwanderung in die Stadt:
Vor allem junge Männer wandern in die Stadt, um Geld zu verdienen. Dadurch fehlen die Arbeitskräfte und ihr Einkommen auf dem Land. Die Armut der Zurückgebliebenen wächst.

③ *Auf dem Markt*

④ **Meldung aus dem Sahel**
Besonders in den Dürrezeiten, wenn der Preis des Getreides sich verdoppelt oder verdreifacht, sinken die Preise für die vom Hungertod bedrohten Tiere – zum Beispiel für Rinder von 120 € auf 6 €. Abgemagert und geschwächt werden sie bei Notverkäufen massenhaft mit hohem Wertverlust angeboten.

Arbeitsaufträge der Expertengruppe „Geld“

1. *Erläutere den Wandel von der Tauschwirtschaft zur Geldwirtschaft (Text 2).*
2. *Beschreibe mithilfe des Textes und der Zeichnung 1 die Entstehung von Brennholzringen.*
3. *Stelle Ursachen der wachsenden Geldnot dar und erläutere die damit einhergehenden Auswirkungen.*

⑤ ***Brennholz sammelnde Frau mit Kind***

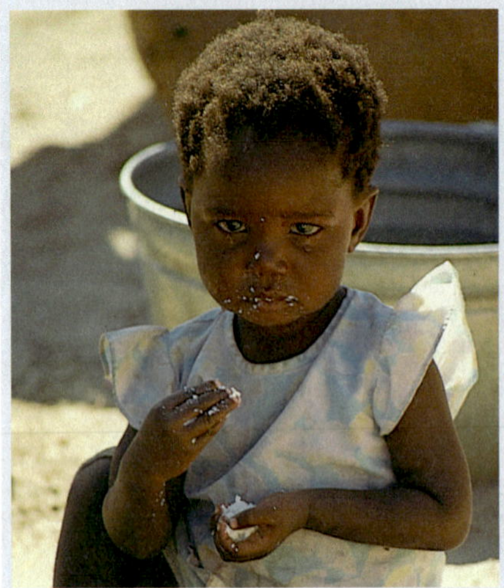

morgens:
meistens nichts

vormittags (in der Arbeitspause):
kalter Hirsebrei mit etwas Zucker, dazu Wasser

mittags:
kalter Hirsebrei mit gerösteten Erdnüssen (wegen der Hitze aber nur wenig), dazu Wasser

abends:
heißer Hirsebrei mit Gemüsesoße und Pfeffer, eventuell getrockneter Fisch, dazu Wasser, zum Abschluss Tee

2 ***Speiseplan der Menschen in Mali***

1 ***Hirse:***
Man unterscheidet Rispenhirse und Kolbenhirse (Sorghum). Die Körner werden zu Mehlbrei, Fladen und einem breiartigen Getränk (Braja) verarbeitet.
Anbaubedingungen:
25–30 °C Mindesttemperatur
180–700 mm Niederschläge im Jahr
90–120 Tage Wachstumszeit

Plantagen *sind landwirtschaftliche Großbetriebe, die sich auf eine Anbaufrucht und deren Verarbeitung spezialisiert haben.*

Zu viele Menschen?

Die Bevölkerung im Sahel nimmt jährlich um etwa drei Prozent zu. Daran haben besonders die sesshaften Menschen einen großen Anteil. Zu den Gründen für das Bevölkerungswachstum gehören:

- der Rückgang der Anzahl von Sterbefällen durch zunehmende Verbesserung der medizinischen Versorgung der Menschen bei gleichbleibend hohen Geburtenzahlen,
- der Wunsch nach vielen Kindern, der durch die Religion gestützt wird und in der Gesellschaft zu höherer Anerkennung führt,
- die Notwendigkeit der Kinder zur späteren Altersversorgung der Eltern,
- die unzureichenden Mittel zur Familienplanung und so gut wie keine beruflichen Entwicklungsmöglichkeiten für die Frauen.

Solange die Bevölkerungszahl gering war, reichte die Nahrung für alle. Mit dem Wachstum der Bevölkerung wurde die Nahrungsversorgung jedoch immer schwieriger. Der hohe Bedarf an Hirse zur Selbstversorgung und für den Gelderwerb führte zur starken Ausdehnung der Anbauflächen und Verkürzung der Brachezeiten. Die Qualität des Bodens verschlechtert sich. Es kommt immer häufiger zu Ernteausfällen.

Während sich früher der Boden in ausreichenden Brachezeiten erholen konnte, ist dies heute nicht mehr möglich. Die Folgen dieser Übernutzung sind, dass das Ackerland nicht mehr bewirtschaftet werden kann und die Bauern sich dann neue Flächen suchen. So werden die Anbaugrenzen immer weiter nordwärts verlagert.

Viele Felder müssen dort intensiver bewässert werden als im Süden. Dies führt zum Rückgang lebenswichtiger Wasserreserven und Brunnen versiegen schnell. Die gemeinsame Nutzung der Brunnen durch Menschen und Tiere erhöht die Seuchengefahr.

Auf den Ackerflächen kommt es durch die Bewässerung zur Bodenversalzung. Es bildet sich an der Oberfläche eine harte Kruste, die das Pflanzenwachstum erschwert.

Plantagen, die sich auf Exportkulturen, wie z. B. Erdnüsse und Baumwolle, spezialisiert haben, erweitern ständig ihre Anbauflächen. Dort arbeiten viele Menschen der Sahelzone als Saisonarbeiter, um zusätzlich Geld zu verdienen. Diese Ackerflächen sind der voranschreitenden Wüstenausbreitung ebenso immer stärker ausgesetzt.

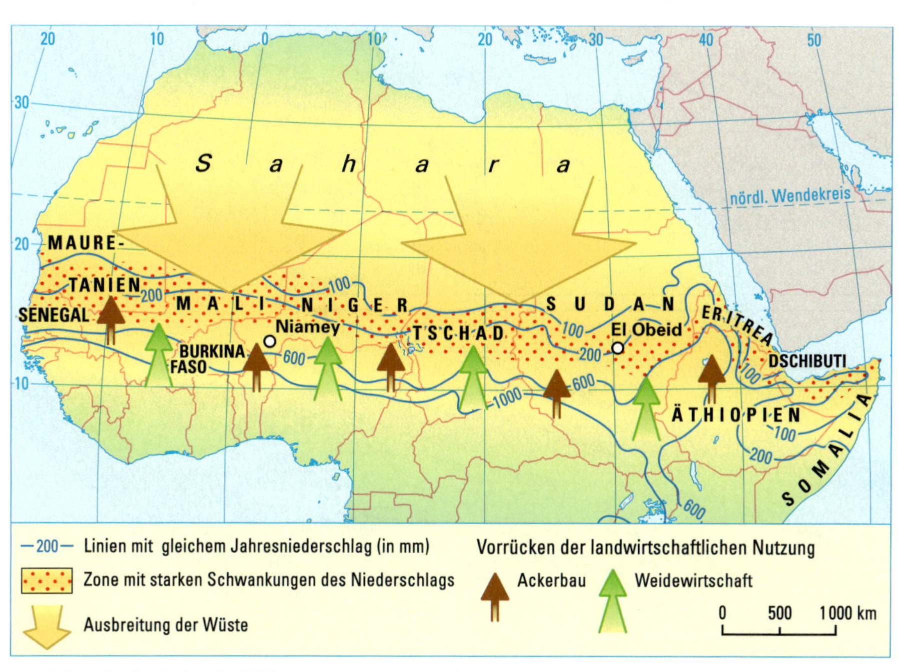

③ ***Vorrücken der landwirtschaftlichen Nutzung in der Sahelzone***

④ **Bevölkerungsentwicklung und Landwirtschaft**

	Einwohner in Tsd. 1970	Einwohner in Tsd. 2000	Ackerland in ha/Einwohner 1970	Ackerland in ha/Einwohner 2000
Mauretanien	826	2665	2,4	0,8
Burkina Faso	5449	11535	0,5	0,2
Mali	5484	11308	0,5	0,2
Niger	4154	10832	0,9	0,4

⑤ **Rückkehr der Allesfresser**

... es ist Krieg im Sahel und der Gegner hat Milliarden von Soldaten. Bis zu 70 Kilometer lang sind die Heuschreckenschwärme, die immer wieder den Sahel heimsuchen ... Nach Berichten der Welthungerhilfe erhöht sich die Zahl der Schwärme und betroffenen Gebiete um ein Vielfaches. Ein Schwarm besteht aus rund 100 Millionen Heuschrecken, jede verzehrt täglich ihr eigenes Gewicht. Mehr als 4 Millionen Hektar Land sind inzwischen kahlgefressen. Diese Flächen stehen für den Anbau von Nahrungsmitteln nicht mehr zur Verfügung ...

Arbeitsaufträge der Expertengruppe „Bevölkerung“

1. *Erläutere die Bedeutung der Hirse als Nahrungsmittel (Bild und Material 2). Welche Probleme gibt es beim Anbau der Hirse?*
2. *Beschreibe am Beispiel ausgewählter Sahelstaaten die Zusammenhänge zwischen der Entwicklung der Bevölkerung und den Ackerflächen (Tabelle 4 und Text).*
3. *Stelle Ursachen für die Bevölkerungszunahme dar und erläutere die damit einhergehenden Auswirkungen.*

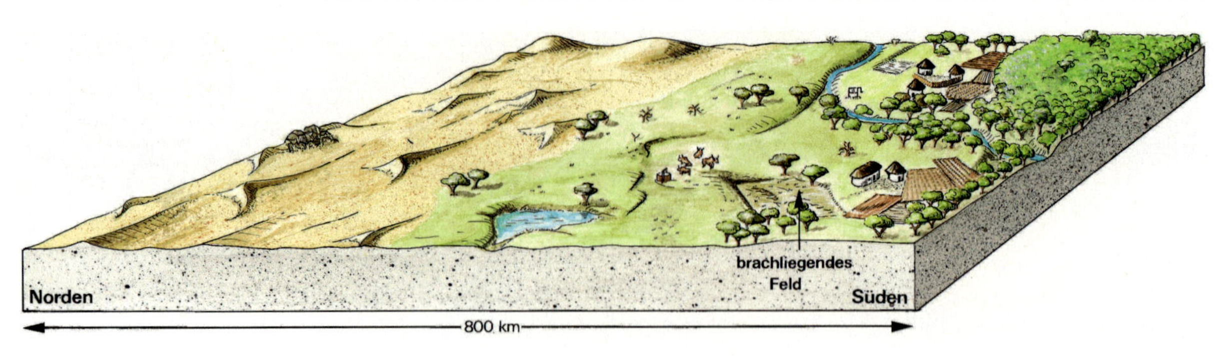

1 *Vor der Desertifikation*

2 *Nach der Desertifikation*

Viele Ursachen – eine Wirkung

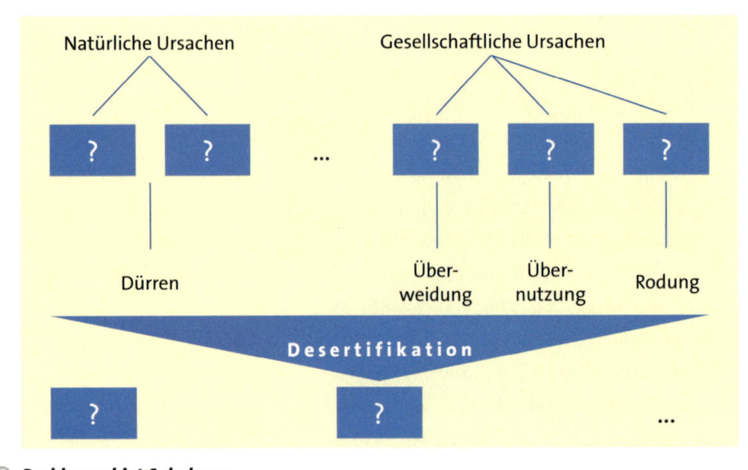

3 *Problemgebiet Sahelzone*

In der Sahelzone gingen seit den großen Dürren in den Jahren 1972/73 jährlich 1,5 Millionen Hektar Nutzfläche verloren. Die einstige Savannenlandschaft nimmt immer mehr Wüstencharakter an. Die natürliche Ungunst und Fehlnutzungen durch den Menschen führen zu dauerhaften Schäden der Natur. Diesen Prozess der Zerstörung der angepassten Nutzung und Wüstenausbreitung bezeichnet man als **Desertifikation**.

Hilfe zur Selbsthilfe

Die Sahelbewohner benötigen Unterstützung. Die beste Hilfe, die ihnen zuteil wird, muss die Eigenständigkeit und das Selbstbewusstsein der Menschen fördern. Durch geeignete Bildungsmaßnahmen, den Bau von Straßen, Wasserleitungen oder anderen Versorgungseinrichtungen kann die Lebenssituation der Menschen vor Ort grundlegend verbessert werden.

④ **Ernährungs- und Trinkwassersicherung in der Sahelzone**

Misereor ist eine Entwicklungshilfeorganisation der katholischen Kirche. Sie organisiert und unterstützt in den Sahelländern Projekte zur Selbsthilfe, um die Eigenversorgung in den Ländern, z.B. auch in Burkina Faso zu stärken.

Zum Projekt 115-5/7 gehören etwa eine Million Menschen in 414 Dörfern. Sie lernen mithilfe von Beratern Projektarbeiten in Gruppen selbst durchzuführen. Seit 1993 wurden mehr als 700 Brunnen und zwei Staudämme gebaut. Die 300 in Selbsthilfe angelegten Steinwälle verhindern die Bodenabtragung durch Wind und Wasser. Neu angepflanzte Bäume, z.B. Acacia Albida, und Sträucher bieten Schutz. Durch die Beratung beim Pflanzenanbau und in der Wasservorratswirtschaft konnten die Ernteerträge gesteigert werden. Der Boden bleibt nun länger feucht und die Menschen können sich wieder selbst ernähren.

Bodenbearbeitung in Burkina Faso

Surftipp

www.oneworld.net
www.bmz.de
www.misereor.de
www.brot-fuer-die-welt.de

⑤ **Acacia Albida – der Superbaum im Sahel**

Der Baum wächst sehr schnell und wird bis zu 20 m hoch. Mit einem Stammdurchmesser von etwa zwei Metern besitzt er eine große Krone. Seine Besonderheit besteht darin, dass er sein Laub zur Regenzeit abwirft und den Pflanzen und Tieren während der Trockenzeit Schatten spendet. Unter dem Baum sammelt sich dadurch immer eine Menge Kot, der zur Düngung des Bodens verwendet wird. Außerdem hält der Baum das Wasser im Boden und vermag mit seinen langen Wurzeln auch tiefer liegende Mineralien an die Bodenoberfläche zu transportieren. Dadurch können die Getreideernten auch in Trockenzeiten gesichert werden. Die Verwendung des Baumes ist sehr vielfältig: z.B. sind Laub, Früchte und Rinde nahrhaftes Viehfutter, das Holz ist Brenn- und Bauholz und wird insbesondere für landwirtschaftliche Geräte genutzt, die dornigen Äste dienen für natürliche Zäune. Die Menschen essen den Samen und nutzen den Baum auch für medizinische Zwecke.

⑥ ***CILSS***

Internationale Organisation der Sahelstaaten zur nachhaltigen Entwicklung mit den Zielen:

1. *Förderung der Sicherung der Nahrungsmittel,*
2. *Bekämpfung der Desertifikation*
3. *Linderung der Wasserknappheit*

→ *Einen Vergleich durchführen, siehe Seite 116/117*

Surftipp

www.insah.org

1 *Vergleiche die Grafiken 1 und 2. Beschreibe die Landschaftsveränderungen.*

2 *Übertrage das Schema 3 zu den Ursachen und Auswirkungen der Desertifikation in dein Heft und vervollständige es.*

3 *Erläutere am Beispiel Burkina Fasos das Prinzip der Entwicklungshilfe als Hilfe zur Selbsthilfe. Arbeite mit der Zeichnung und den Texten 4 und 5. Beurteile die Erfolgsaussichten der Maßnahmen.*

1

2 *Erdölförderung in Nigeria*

Nigeria – reiches, armes Land

Mit der Unabhängigkeit Nigerias 1960 verbanden sich viele Hoffnungen für einen wirtschaftlichen und sozialen Aufschwung. Mit seiner großen Bevölkerung, umfangreichen Ölvorkommen und einem für die Landwirtschaft günstigen Klima schien Wohlstand für alle nur noch eine Frage der Zeit zu sein. Auch die große Vielfalt der Völker stand sich nicht feindlich gegenüber. Kein anderes afrikanisches Land hatte nach dem Ende des Kolonialismus so gute Startbedingungen. Heute, Jahrzehnte später, gehört Nigeria zu den rückständigsten Ländern der Erde, leben die meisten Menschen schlechter als während der Kolonialzeit. Wie konnte es dazu kommen?

Öl – das schwarze Gold

Nigeria besitzt hochwertige Erdöl- und Erdgasvorkommen. Diese Rohstoffe werden seit den 1970er-Jahren sehr stark in den Industrieländern nachgefragt. Dadurch stieg Nigeria in kürzester Zeit zum sechstgrößten Erdölexporteur der Welt auf. Der plötzliche Reichtum führte zu ehrgeizigen Plänen. Nigeria sollte sich in kürzester Zeit von einem Agrarland zu einer Industrienation entwickeln. Die Regierungen investierten viel Geld in den Bau von Stahlwerken und Walzwerken. Schiffe mit Konsumgütern und Nahrungsmitteln aus den westlichen Industriestaaten drängten sich im Hafen von Lagos. In den Städten bevorzugte man holländischen Käse, japanischen Fisch oder kalifornischen Wein. Die landesüblichen Produkte wie Maniok, Yams und Hirse verschwanden von den Speisezetteln. Vom Nahrungsmittelexporteur entwickelte sich Nigeria zum Nahrungsmittelimporteur. Der Bau von gigantischen Überlandautobahnen und Wolkenkratzern in den Städten, von über 30 Universitäten, Flughäfen, modernen Waffensystemen, aber auch von Krankenhäusern und Schulen verschlangen den größten Teil der Einnahmen aus dem Ölexport. Sogar den Aufbau einer neuen Hauptstadt leistete man sich.

Man hatte sich an die gewaltigen Einnahmen durch das Erdöl gewöhnt. Andere Bergbaubereiche, wie Steinkohlenförderung, und die einst blühende Landwirtschaft wurden vernachlässigt.

3 *In der neuen Hauptstadt Abuja*

4 Entwicklung der Ölförderung in Nigeria

Jahr	Ölförderung in Mio. Barrel*	Ölpreis je Barrel in $
1970	503	1,65
1980	641	34,50
1985	459	15,40
1990	614	23,00
1995	693	17,00
2000	750	27,50
2001	438	24,50
2003	766	28,00

**1 Barrel = 159 Liter*

1 *Beschreibe mithilfe einer Atlaskarte und dem Foto 2 die Lage der Erdölfördergebiete sowie die Förderbedingungen.*

2 *Berechne aus Fördermenge und Ölpreis den Wert des geförderten Erdöls (Tabelle 4). Stelle die Zahlen in einem Diagramm dar. Welche Aussagen kannst du aus der Kurve ablesen?*

3 *Stelle zusammen, wofür die Einnahmen aus dem Öl verwendet wurden und welche Bereiche vernachlässigt wurden.*

4 *Beschreibe die Entwicklung des Exportes von Nigeria (Diagramm 5).*

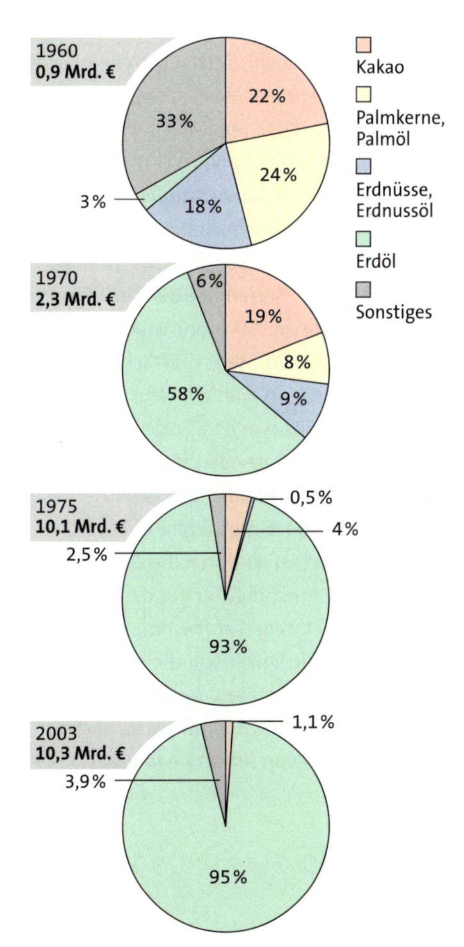

5 ***Entwicklung des Exportes von Nigeria (in %)***

6 *Diese Sammelleitung für Erdöl in Nigeria wurde von Shell (internationales Energieunternehmen) stillgelegt*

Reichtum für alle?

Von dem Reichtum profitierten in Nigeria vor allem die regierende Oberschicht, Angestellte der Verwaltungen und viele Bewohner der Städte. Auch internationale Öl- und Baukonzerne verdienten an der Ölförderung und an den gigantischen Bauvorhaben im Land.

Durch die Vernachlässigung der Landwirtschaft konnten die einheimischen Bauern keine Nahrungsmittel mehr verkaufen und verarmten. Die landwirtschaftliche Produktion nahm stark ab. Massenhafte Abwanderung in die Städte war eine Folge. Das bei der Ölförderung austretende Erdgas wurde wegen fehlender Verarbeitungsanlagen einfach abgefackelt. Überhaupt fehlte es an einheimischer Industrie, da durch die Öldollars Industrie- und Konsumgüter auf dem internationalen Markt eingekauft werden konnten. Massenarbeitslosigkeit war die Folge.

So stand einer kleinen Anzahl von Menschen, die sich am Ölboom bereichert hatten, ein „Meer" von Armut gegenüber.

Ein Land in der Krise

Als dann in den 1980er-Jahren die Preise für das Erdöl einbrachen, sanken auch die Einnahmen Nigerias. Jetzt rächte sich die einseitige Ausrichtung auf diesen Rohstoff und verschärfte die Probleme des Landes enorm. Großprojekte mussten abgebrochen oder durch Aufnahme von Krediten finanziert werden. Lebenswichtige Importe wie Arzneimittel waren nicht mehr bezahlbar. Die von den internationalen Ölkonzernen gedrosselten Fördermengen führten zu Benzinknappheit. Kilometerlange Staus an den Tankstellen waren die Folge. Der Ölriese Nigeria musste sogar Erdöl importieren. Einheimische Firmen, Banken, Versicherungen gingen in großer Zahl Pleite. Ausländische Konzerne zogen ab, Kredite internationaler Banken wurden entzogen. Dazu verschärften sich die Konflikte zwischen den Bewohnern des Nigerdeltas und den Erdöl fördernden Konzernen. Die Ölförderung hatte die natürlichen Lebensgrundlagen der vor allem vom Fischfang lebenden Bevölkerung im Nigerdelta zerstört.

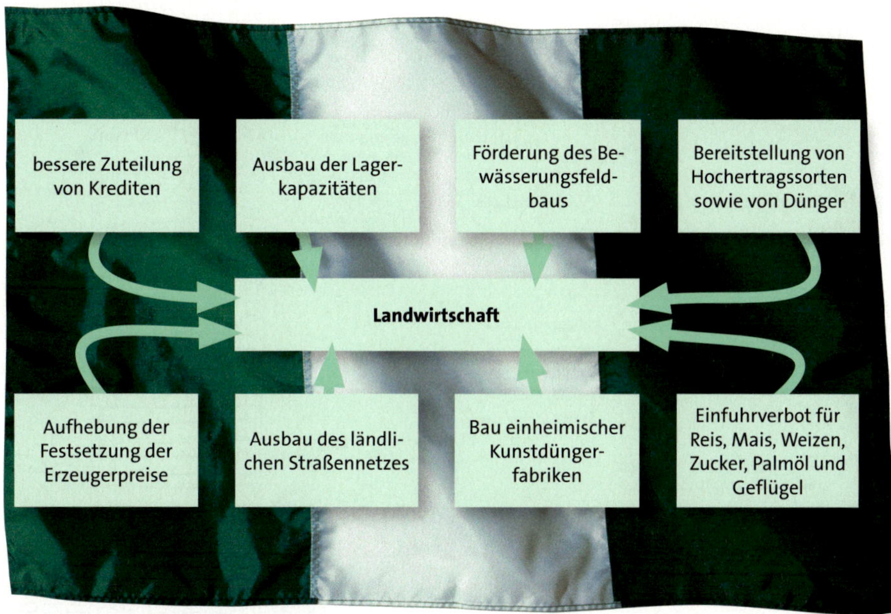

7 ***Maßnahmen der Regierung zur Entwicklung der Landwirtschaft (1986)***

8 **Auswirkungen der Maßnahmen zur Entwicklung der Landwirtschaft auf die Bauern**

Regina Ofo ist eine Bäuerin. Für sie bedeuteten die Maßnahmen von 1986 etwas ganz Konkretes: Sie ist besser dran. Weil sie in der Landwirtschaft mehr verdient, kann sie es sich leisten, neue Kleidung für sich und ihre zwei Töchter zu kaufen, und sie konnte sogar für die weniger Begünstigten in ihrem Dorf ein Weihnachtsfest ausrichten.

Andere hatten weniger Glück. Steigende Nahrungsmittelpreise sind nicht immer solchen Bauern willkommen, die zeitweise Nahrungsmittel dazukaufen müssen. Vor der wirtschaftlichen Wende konnte Nse Nnachukwu seine sechsköpfige Familie mit den Erträgen von seinem Stückchen Land und seinen Gewinnen aus dem Kleinhandel ernähren. Mit höheren Preisen für Nahrungsmittel und für andere Basisprodukte konnte aber sein Einkommen nicht mithalten. Außerdem kann er auf die höheren Preise nicht mit einer gesteigerten Nahrungsmittelproduktion reagieren, da er sein Land nicht vergrößern kann.

Nigeria heute

Trotz der neuen Ansätze haben sich die wirtschaftlichen und sozialen Probleme des Landes für die Mehrheit der Bevölkerung nicht verbessert, sondern für lange Zeit weiter verschärft. Vor allem Bürgerkriege, Korruptionen und illegale Geschäfte verhinderten bislang eine Verbesserung der wirtschaftlichen Lage der Nigerianer. Seit dem Machtwechsel 2003 versucht die neue Regierung, die einseitige Wirtschaftsstruktur aufzubrechen. Eine 1997 fertiggestellte Flüssiggasfabrik ist ein erster Anfang. Fast 50 Prozent der staatlichen Ausgaben sollen zukünftig in die Landwirtschaft, den Verkehrsausbau und das Bildungswesen fließen.

5 *„Der Verfall des Ölpreises ist Schuld an den großen wirtschaftlichen Problemen Nigerias." Nimm zu dieser Aussage Stellung.*

6 *a) Welche Ziele verfolgte die Regierung mit den Maßnahmen, die ab 1986 ergriffen wurden (Schema 7)?*

b) Beschreibe die Folgen für die Landbevölkerung (Text 8).

7 *Informiere dich in aktuellen Medien nach dem Stand der wirtschaftlichen Entwicklung Nigerias (www.auswaertiges-amt.de).*

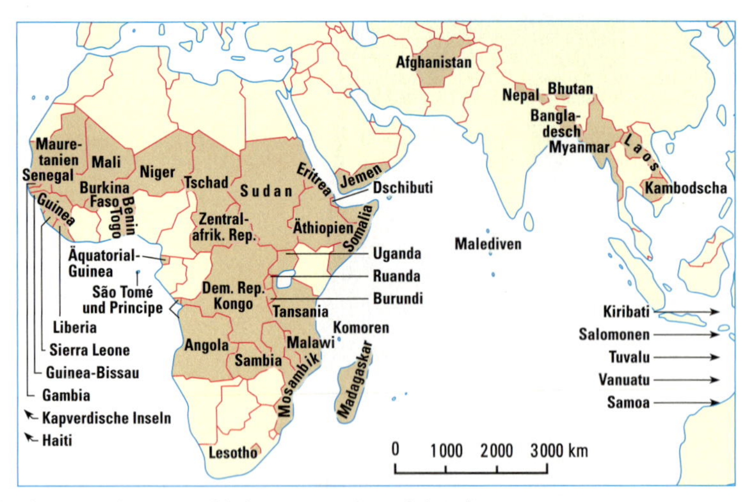

Die am wenigsten entwickelten Staaten der Welt (LLDC)

Ein Entwicklungsland – was ist das?

Kaum zu glauben

Im südlichen Afrika sind bis zu 40 % der Bevölkerung mit HIV (AIDS) infiziert.

Der Ausdruck **„Entwicklungsländer"** („Developing Countries" = DC) wurde von westlichen Wissenschaftlern geprägt. Er soll die Staaten auf der Welt bezeichnen, in denen die wirtschaftliche Leistungsfähigkeit und der Lebensstandard der Bevölkerung deutlich niedriger sind als in den reichen Industriestaaten Europas oder Nordamerikas. Fast alle Länder Afrikas zählt man heute zu dieser Gruppe, daneben viele Länder in Mittelamerika und Asien; auch einige Nachfolgestaaten der Sowjetunion gehören dazu.

Wirtschaftliche und soziale Merkmale von Entwicklungsländern

Staaten können auf vielen Gebieten von Entwicklungsrückständen betroffen sein, etwa im Bildungs- und Rechtswesen oder bei der Gleichstellung von Mann und Frau. Trotzdem werden Entwicklungsländer häufig allein aufgrund wirtschaftlicher Kriterien abgegrenzt. Grenzwert ist ein durchschnittliches Jahreseinkommen von unter 3 000 US-Dollar pro Kopf der Bevölkerung. Dies sagt auch etwas über die mangelhafte Versorgung mit Nahrung, Kleidung oder medizinischen Leistungen aus.

Die Staaten mit einem extrem niedrigen Durchschnittseinkommen von unter 766 US-Dollar im Jahr ordnet man in die Gruppe der „am wenigsten entwickelten Länder" („Least Developed Countries" = LLDC) ein.

Weitere Merkmale sind: ein relativ hohes Bevölkerungswachstum (über 1,5 % im Jahr) bei niedriger Lebenserwartung und hoher Kindersterblichkeit, verbreiteter Analphabetismus, das Vorherrschen des Wirtschaftssektors Landwirtschaft und eine hohe Staatsverschuldung. Im Gesundheitsbereich schaut man vor allem auf die Ausstattung mit Ärzten und Krankenhäusern sowie auf die Verbreitung bestimmter Krankheiten wie Kinderlähmung, Malaria und neuerdings AIDS. Schließlich hat auch die Anzahl der Nutzer des Internets einige Aussagekraft, denn der Zugang zu Informationen aus dem „Netz" wird die Entwicklungschancen der benachteiligten Länder positiv beeinflussen.

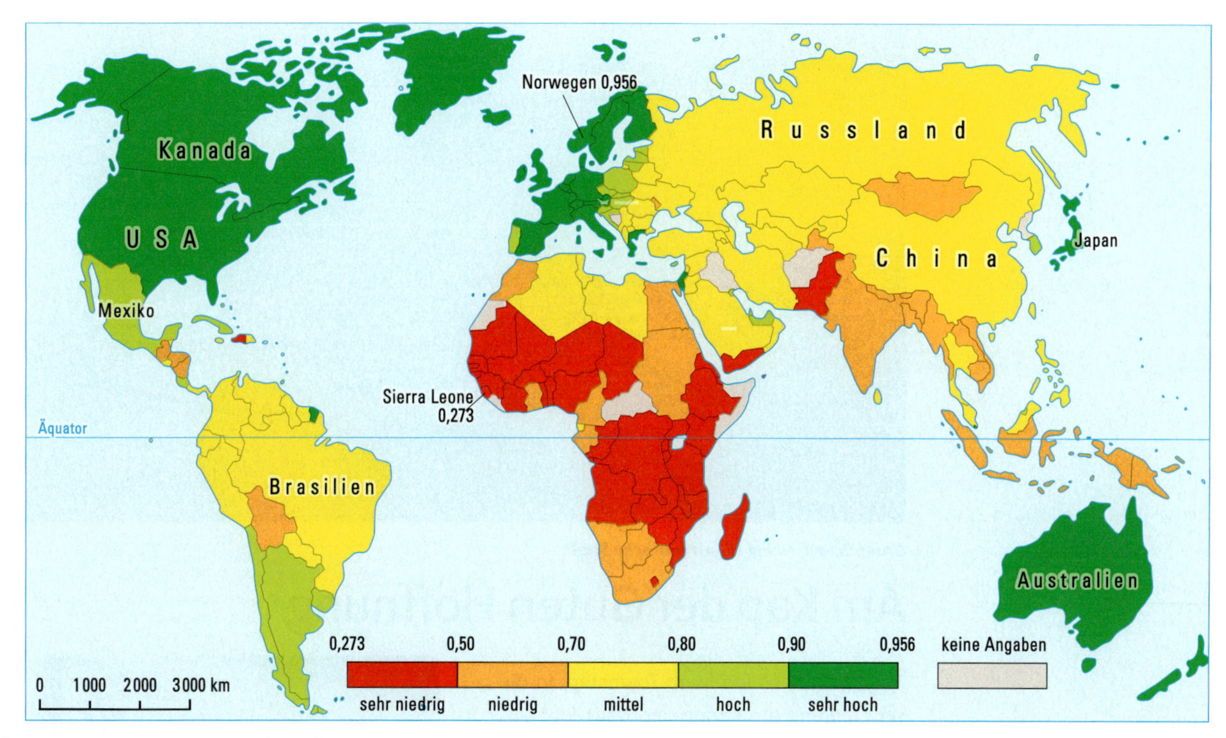

3 ***HDI im weltweiten Vergleich (2003)***

Der Index für menschliche Entwicklung

Mithilfe einiger besonders aussagekräftiger Merkmale haben die Vereinten Nationen den „Index für menschliche Entwicklung" („Human Development Index" = HDI) gebildet. Zu den herangezogenen Merkmalen gehören die mittlere Lebenserwartung (als Anzeiger für das Gesundheitssystem und die hygienischen Zustände), Alphabetisierungsrate und Einschulungsquote sowie das Pro-Kopf-Einkommen. Mithilfe dieses Maßstabs – dessen Maximalwert bei 1 liegt – errechnen die Vereinten Nationen eine Rangfolge aller Länder der Erde. Deutschland liegt in dieser Tabelle zurzeit auf dem 19. Platz (von insgesamt 177 Staaten); die meisten Länder Afrikas nehmen einen Platz hinter den ersten hundert ein.

Doch welchen Sinn hat eigentlich ein so allgemeines Messinstrument wie der HDI? Er kann zumindest verdeutlichen, wo die Abstände zwischen Industrie- und Entwicklungsländern besonders groß sind und wo die reichen Länder den armen und benachteiligten Unterstützung anbieten müssen.

Die nötige **Entwicklungshilfe** zielt vor allem auf eine Verbesserung der Gesundheits- und Bildungssysteme, auf Ertragssteigerungen in der Landwirtschaft und die Verringerung des Bevölkerungswachstums.

1 *Erläutere den Begriff „Entwicklungsländer" und nenne dabei wichtige Merkmale.*

2 *Untersuche die räumliche Lage der „Least Developed Countries" (LLDC) mithilfe von Karte 1.*

3 *Ermittle mithilfe des Atlas jeweils drei Länder für jede Kategorie innerhalb des HDI („sehr niedrig" bis „sehr hoch").*

4 *Beurteile die Aussage der Karikatur 2 in Bezug auf mögliche Probleme bei der Vergabe von Entwicklungshilfe.*

5 *Diskutiert, ob Nigeria trotz seines Reichtums ein Entwicklungsland ist.*

Surftipp

www.unicef.de
www.awkh.org
(aktion weltkinderhilfe)
www.entwicklungshilfe.de
www.wetlhungerhilfe.de
www.aerzte-ohne-grenzen.de
www.mdh-afrika.de
(medizinische Direkthilfe in Afrika e. V.)

① *Graaf Reinet – eine südafrikanische Stadt*

Am Kap der Guten Hoffnung

Thembeka lebt in einem Township. In dieser Siedlung am Rande der Stadt lebt ausschließlich die nichtweiße Bevölkerung. Townships sind typisch für Städte in der Republik Südafrika. Meist liegen sie deutlich getrennt von den weißen Wohngebieten und sind oft durch Armut und schlechte Lebensqualität gekennzeichnet. Wie kam es zu dieser Trennung?

② *Sogar die Nutzung öffentlicher Warteräume wurde nach Hautfarbe unterschieden*

For Whites only

Im 17. Jahrhundert siedelten sich holländische, deutsche und französische Bauern an. Sie bezeichneten sich selbst als Buren (boer: niederländisch für Bauer). Diese kolonisierten das Land und unterwarfen die schwarzen Ureinwohner. Als die Briten das Kapland zur Sicherung des Seeweges nach Indien zur englischen Kolonie erklärten, vertrieben sie die weißen Siedler in den Osten des Landes. Später vereinigten sich Briten mit den eingewanderten Bauern zur Südafrikanischen Union. Zur Sicherung ihrer Macht schufen sie die **Apartheidpolitik**. Diese Politik schränkte viele demokratische Grundrechte für die nichtweiße Bevölkerung ein, wie die freie Wohnort- und Arbeitsplatzwahl oder die Teilnahme an Wahlen. Für gleiche Arbeit wurden ungleiche Löhne bezahlt, bestimmte Berufe durften von Schwarzen nicht ausgeübt werden. Es gab extra Busse oder Parkbänke für Weiße.

Der nichtweißen Bevölkerung wurde die Staatsbürgerschaft aberkannt, sie mussten neben den Townships auch in reservatähnlichen Homelands umsiedeln.

3 *Mandela – de Klerk*

Von Beginn an wehrten sich die Nichtweißen gegen ihre Diskriminierung. International wurde Südafrika vom Welthandel und aus internationalen Organisationen ausgeschlossen. Erst 1989 leitete die weiße Regierung unter Druck der Weltöffentlichkeit, aber auch aus den eigenen Reihen, eine Wende ein. 1994 fanden die ersten freien Wahlen statt, in deren Ergebnis Nelson Mandela zum Präsidenten gewählt wurde.

Umverteilung, Wachstum, Versöhnung ...

... sind die Hauptziele des 1994 verabschiedeten Umbau- und Entwicklungsprogramms. Es soll helfen, die sozialen Ungleichheiten abzubauen und den Lebensstandard der nichtweißen Bevölkerung zügig anzuheben. Dies ist bisher nur in Ansätzen gelungen. Nach wie vor leben die weißen und nicht weißen Bevölkerungsschichten strikt getrennt. Zunehmendes Desinteresse am Schicksal der jeweils anderen Bevölkerungsgruppe ist zu beobachten.

Im Ergebnis der „Black Economic Empowerment"-Politik, welche die Bevorzugung von schwarzen Bewerbern auf dem Arbeitsmarkt beinhaltet, hat sich eine gut verdienende schwarze Mittelschicht gebildet. Dadurch kommt es innerhalb der Townships zu einer Gliederung in wohlhabende Viertel mit Villen und arme Gegenden.

4 *Thembeka geht mit ihren Freundinnen zur Schule*

Der Geist von Ubuntu

Seitdem Thembekas Vater eine gut bezahlte Arbeit gefunden hat, verbesserte sich das Leben in den letzten Jahren deutlich. Sie wohnt jetzt mit ihrer Familie in einem Steinhaus mit Strom- und Wasseranschluss. Auch darf sie eine weiterführende Schule besuchen, für die ihre Eltern Schulgeld bezahlen müssen. Wenn sie groß ist, will sie weiterhin in ihrem Township leben. Hier hat sie ihre Verwandten und Freunde, dies bedeutet ihr mehr als eine schöne Wohnung in einem weißen Stadtteil. Dieses Zusammengehörigkeitsgefühl, die Solidarität untereinander, bezeichnen die Schwarzen mit dem Wort Ubuntu. Es bildet die Grundlage des Zusammenlebens im Township.

1 Nenne Merkmale eines Townships.

2 Beschreibe Auswirkungen der Apartheidpolitik für die nichtweißen Bevölkerungsgruppen.

3 Beschreibe, welche Maßnahmen die Regierung zur Verbesserung des Lebensstandards nach 1994 ergriffen hat. Nenne positive und negative Ergebnisse.

5 *Flagge Südafrikas*

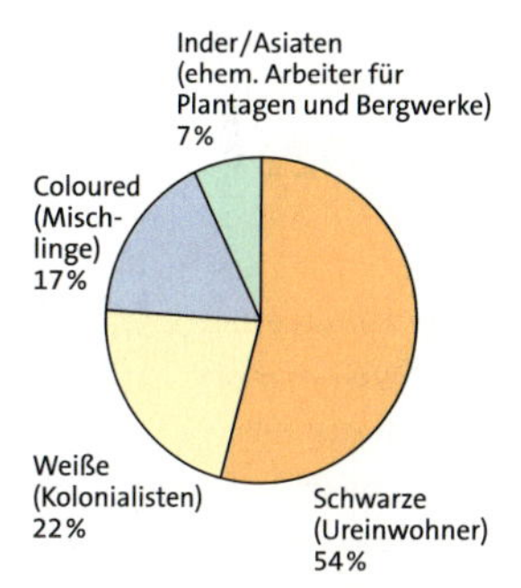

6 ***Prozentuale Gliederung der Bevölkerung***

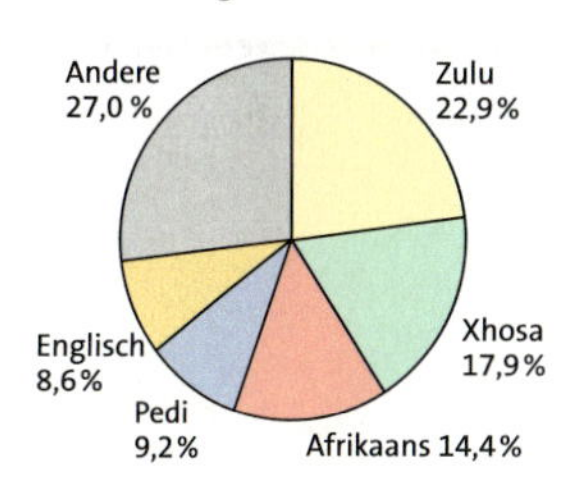

7 ***Landessprachen der Republik Südafrika***

***Apartheid**: staatlich verordnete Politik der Rassentrennung*

***Homelands**: festgelegte Gebiete, in welche die Schwarzen umgesiedelt wurden*

8 ***Industrie und Bodenschätze in Südafrika***

Die Wirtschaft

Innerhalb Afrikas nimmt die Republik Südafrika aufgrund ihrer wirtschaftlichen Stärke eine Sonderstellung ein. 40 % der Industrieproduktion und 45 % des Bergbaus Afrikas werden hier erarbeitet.

Mit dem Fund von Gold setzte ab 1866 eine wahre Einwanderungsflut ein. Der Reichtum an weiteren wertvollen Rohstoffen, wie Platin, Kupfer, Chrom, Steinkohle oder Diamanten, waren die Grundlage des wirtschaftlichen Aufstiegs Südafrikas. In den Bergwerken der Weißen schufteten Einheimische und aus britischen Kolonien stammende asiatische Bergleute unter meist unmenschlichen Bedingungen.

Im Unterschied zu vielen anderen Ländern Afrikas wurden in Südafrika die Rohstoffe nicht nur abgebaut, sondern in einer gut ausgebauten Industrie weiterverarbeitet und über einen intakten Dienstleistungsbereich verkauft. Während der Zeit der Apartheid war Südafrika weitgehend vom Weltmarkt isoliert. Die Wirtschaft stagnierte.

Seit Abschaffung der Apartheid wächst die Wirtschaft wieder. Das Land verfügt inzwischen über ein sehr gut ausgebautes Autobahn- und Telefonnetz sowie ein funktionierendes Handels-, Banken- und Versicherungswesen und eine weitgefächerte Wirtschaftsstruktur.

9 ***Selbstversorgungswirtschaft im Süden***

Trotz wirtschaftlicher Erfolge in den letzten Jahren gibt es im Land große Unterschiede in der Wirtschaftskraft der Regionen und im Lebensstandard der Menschen. Die Industrie hat sich in der Nähe der großen Städte angesiedelt. Besitzer der meisten Firmen sind nach wie vor Weiße. Besonders betroffen von Armut und Arbeitslosigkeit sind weiterhin die Nichtweißen in den ländlichen Gegenden sowie in den Townships der Städte. Auf geringster Entfernung kann man hier großen Reichtum und bitterste Armut erleben.

Die Landwirtschaft

Die ungleichen Besitzverhältnisse werden auch in der Landwirtschaft sichtbar. Die großen Farmen im feuchten Süden sind überwiegend in weißem Besitz und werden mithilfe billiger, schwarzer Landarbeiter und den Nachkommen indischer Einwanderer betrieben. Hauptanbauprodukte sind Mais und Weizen. In den letzten Jahren hat sich im Süden der Wein- und Obstanbau stark entwickelt und spielt im Export des Landes eine immer größere Rolle.

Neben der auf Verkauf orientierten Landwirtschaft besteht vor allem in den ehemaligen Homelands eine auf Eigenbedarf betriebene Landwirtschaft. Angebaut werden dort neben Gemüse hauptsächlich Mais und Hirse.

4 *Erläutere und begründe die Sonderstellung der Wirtschaft Südafrikas.*

5 *„Der Abbau der Ungleichheiten wird über die Zukunft Südafrikas entscheiden." Bewerte diese Aussage.*

6 *Suche in geeigneten Nachschlagewerken die Verwendungsmöglichkeiten der in Karte 8 aufgeführten Rohstoffe.*

7 *„Eine Welt in einem Land" heißt die Werbung der südafrikanischen Tourismusindustrie. Gestalte mithilfe von Reiseprospekten und Internet ein Poster, welches den Slogan unterstützt.*

10 ***Stellung des Bergbaus Südafrikas in der Welt 2001***

Gold	*1. Platz*
Chrom	*1. Platz*
Platin	*1. Platz*
Diamanten	*5. Platz*

11 ***Anteile an der Wirtschaftsleistung 2002***

Landwirtschaft	*3,8 %*
Bergbau	*12,3 %*
Industrie	*18,8 %*
Dienstleistung	*64,2 %*

12 ***Armut in Südafrika***

Arbeitslosigkeit:	*42 %*
Analphabeten:	*14 %*
Anteil der Menschen, die unterhalb der Armutsgrenze leben:	*48 %*

13 ***Plakat von Siemens*** *(Übersetzung: Unsere Wurzeln sind tief und stark)*

14

Drehscheibe Südafrika

Im Zeitalter weltweiter Wirtschaftsverflechtungen und damit verbundener Handelsströme nimmt die südafrikanische Wirtschaft bislang eine untergeordnete Rolle ein. Dies soll sich aber in den nächsten Jahren ändern.

Als Mitglied in der Entwicklungsgesellschaft für das südliche Afrika (SADC) stellt Südafrika in dieser Region den wichtigsten Handelspartner für Europa, Asien und Amerika dar und ist gleichzeitig das „Eingangstor" für die Erschließung der Märkte im südlichen Afrika. Große multinationale Konzerne, aber auch kleinere Unternehmen der ganzen Welt produzieren hier für den südafrikanischen Markt beziehungsweise für Exporte in die ganze Welt. Aus Deutschland haben sich bisher mehr als 400 Firmen und Institutionen aus vielen Branchen angesiedelt.

Sie nutzen wie die anderen ausländischen Investoren die sehr guten Standortbedingungen des Landes.

Diese Auslandsinvestitionen helfen beim Aufbau der südafrikanischen Wirtschaft. Sie bringen Geld ins Land und sichern Tausende von Arbeitsplätzen. Dies wiederum führt zur Verbesserung der Lebensverhältnisse und festigt die demokratischen Entwicklungen in Südafrika.

⑮ ***Das Betriebsgelände von DaimlerChrysler in East London***

⑯ ***Deutsche Unternehmen in Südafrika***

DaimlerChrysler in East London

Seit 1999 baut Mercedes in East London die C-Klasse. Über 250 Millionen Euro investierte der Konzern in sein Fertigungswerk und schuf damit vor Ort etwa 4000 Arbeitsplätze. Jährlich werden fast 50000 Autos produziert, die zu einem Drittel im Land bleiben, zu zwei Dritteln vor allem nach Japan und Großbritannien exportiert werden. Die Kapazitätsgrenzen liegen derzeit in der jährlichen Produktion von 80000 PkWs. In den nächsten Jahren sollen auch Autos in die USA exportiert werden.

Herstellungsort zweitrangig

Aber diese Entwicklung hat auch Kehrseiten. Der monatliche Durchschnittsverdienst beträgt bei DaimlerChrysler South Africa gegenwärtig ungefähr 480 Euro, ein Bruchteil der Löhne in Deutschland. Diese enormen Kostenvorteile zwingen Standorte in Deutschland zur Kostensenkung, um wettbewerbsfähig zu den ausländischen Standorten zu bleiben. „Entscheidend ist nicht Made in Germany, sondern Made by DaimlerChrysler – darum geht es", so die Meinung des Vorstandes, „Produkte einer weltweit vernetzten Wirtschaft würden heute ganz selbstverständlich mit Komponenten aus einer Vielzahl von Herkunftsländern hergestellt. Wichtig ist für den Kunden, dass das Know-how deutscher Ingenieure drinsteckt."

Erst im Juli 2004 hat der Vorstand mit den Angestellten eine Vereinbarung zur Kostensenkung geschlossen, die den Erhalt von 6000 Arbeitsplätzen in Deutschland sichert.

8 *Übersetze den Werbetext der Anzeige von Siemens. Was sind die Ziele von Siemens?*

9 *a) Erläutere Ziele, die ausländische Firmen mit den Aufbau von Unternehmen in Südafrika verfolgen.*

b) Welche Vorteile bietet das Land?

c) Beschreibe mögliche Auswirkungen für die heimische Industrie.

10 *Erläutere, warum ausländische Investitionen für das Land notwendig sind.*

TERRATraining

Afrika

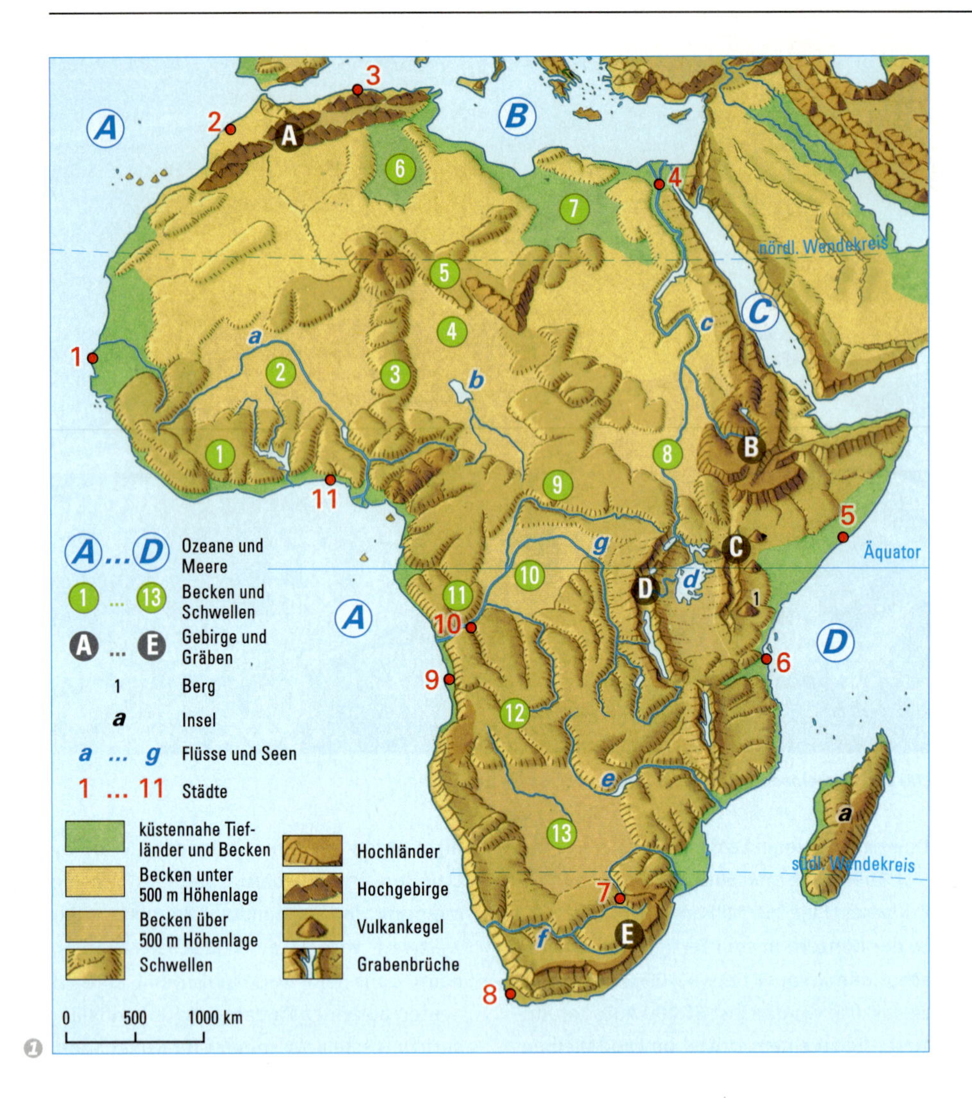

Wichtige Begriffe

Apartheidpolitik
Äquatoriale Klimazone
Becken
Desertifikation
Entwicklungshilfe
Entwicklungsland
Fremdlingsfluss
Geofaktoren
Grabenbruch
Halbwüsten
Hochdruckgebiet
Innertropische Konvergenzzone (ITC)
Jahreszeitenklima
Luftmassen
Nomaden
Oasen
Passat
Passatklimazone
Plantage
Sahel
Schwellen
Stromschnellen
Tageszeitenklima
Tiefdruckgebiet
Wadi
Wüsten
Zenitalregen
Zone des tropischen Wechselklimas

1 Kennst du dich in Afrika aus?

Arbeite mit der Karte. Benenne

a) die Meere A–D
b) die Becken und Schwellen 1–13
c) die Gebirge und Gräben A–E
d) die Flüsse und Seen a–g
e) die Städte 1–11 mit mehr als einer Million Einwohner
f) Ordne den Städten, die gleichzeitig Hauptstädte sind, die entsprechenden Länder zu und beschreibe ihre Lage.

2 Der Druckfehlerteufel

Wenn du die Buchstaben ordnest, erkennst du Länder Afrikas:
galerien, lima, olanga, bunga, anike, nadus, reginia

3 Richtig oder Falsch?

Verbessere die falschen Aussagen und schreibe sie richtig auf!

- *Die Sahelzone ist der Übergangsbereich zwischen Savanne und Tropischem Regenwald.*
- *Die Passatluft ist trocken und heiß.*
- *In den Wüsten gibt es weder Tiere noch Pflanzen.*
- *Bei Tageszeitenklimaten ist die jährliche Schwankung der Temperatur größer als die tägliche Schwankung.*
- *In den Wechselklimaten der Tropen führt der Luftmassenwechsel zur Regen- und Trockenzeit.*
- *Desertifikation bedeutet das Ausbreiten der Wüste.*

Abéché (14°N/20°O), 549 m — Land: **Tschad**

Kontinent: **Afrika**

Monat	Jan.	Feb.	März	April	Mai	Juni	Juli	Aug.	Sep.	Okt.	Nov.	Dez.
Temperatur in °C	26,6	27,7	30,7	32,9	33	32,4	29,4	26,9	28,4	29,7	28,7	26,7
Niederschl. in mm	0	0	0	1	25	25	130	220	70	13	0	0

Jahresmitteltemperatur: **29,43 °C** — Jahresniederschlag: **484 mm**

2

4 Auswerten von Klimadiagrammen

Zeichne das Klimadiagramm von Abéché (Tabelle 2) und werte es aus.

5 Geofaktoren beschreiben

Beschreibe mindestens 4 Geofaktoren der Klima- und Vegetationszone von Abéché (Aufgabe 4) und gib Wechselbeziehungen zwischen den beschriebenen Faktoren an.

6 Land gesucht

a) Trage waagerecht Länder der Sahelzone so ein, dass sich senkrecht der Name des größten Landes Afrikas ergibt.

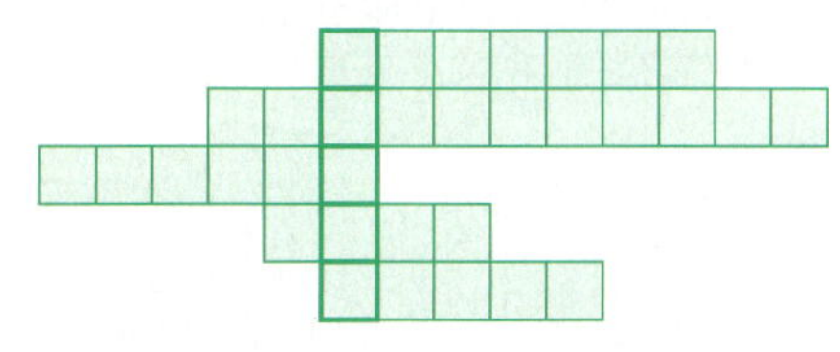

b) Welche Gemeinsamkeit hat das Land mit den anderen?

7 Welcher Begriff passt nicht dazu? Begründe!

a) aufsteigende Luft – Wolkenauflösung – Hochdruckgebiet – Niederschläge

b) Wüste – Äquatoriale Klimazone – tropisches Wechselklima – Passatklimazone

c) mittlere Lebenserwartung – Analphabetisierungsrate – Pro-Kopf-Einkommen – Entwicklungshilfe

d) Sahel – Dürre – niederschlagsreich – Überweidung

e) Mali – Niger – Senegal – Kongo

8 Bilderrätsel

Löse die Bilderrätsel und erkläre die gesuchten Begriffe.

Teste dich selbst

mit den Aufgaben 3 und 7.

Training

Angloamerika

Angloamerika ist der nördliche Teil des Doppelkontinents Amerika. Die Einwohner Amerikas, mit Ausnahme der Indianer und der Inuit, sind entweder Nachfahren von Einwanderern oder selbst eingewandert. Von Alaska bis Feuerland erstreckt sich eine große Vielfalt faszinierender Landschaften. Neben seinem Naturreichtum ist Angloamerika auch der stärkste Wirtschaftsraum der Erde. Hier gibt es riesige Städte, Industrie und Dienstleistungszentren.

Grönland
Alaska
Yukon
Rocky Mountains
Mackenzie
Labradorsee
Hudson Bay
Labrador
Nelson
St.-Lorenz-Strom
ATLANTISCHER
OZEAN
NORDAMERIKA
Vancouver
Seattle
Portland
Missouri
Große Seen
Montreal
Toronto
Boston
Milwaukee
Detroit
Chicago
Cl.
New York
Philadelphia
San Francisco
Denver
St. Louis
Pi.
Baltimore
Washington
Appalachen
Los Angeles
Ohio
Mississippi
Phoenix
Dallas
Atlanta
San Diego
Rio Grande
New Orleans
Houston
Miami
Golf von Mexiko
Havanna
Monterrey
Guadalajara
Große Antillen
Mexiko
Kleine Antillen
MITTELAMERIKA
Karibisches Meer
Guatemala
Managua
San Salvador
Panama-Kanal
Maracaibo
Caracas
Medellín
Orinoco
Cali
Bogotá
Bergland von Guayana
Anden (Kordilleren)
Putumayo
Quito
Amazonastiefland
Guayaquil
Manaus
Amazonas
Belém
Fortaleza
Madeira
Xingu
Tocantins
Lima
SÜDAMERIKA
Recife
Brasilia
São Francisco
PAZIFISCHER
OZEAN
La Paz
Brasilianisches Bergland
Paraguay
Rio de Janeiro
São Paulo
Paraná
La-Plata-Tiefland
Curitiba
Córdoba
Porto Alegre
Santiago de Chile
Rosario
Montevideo
Buenos Aires
Rio de la Plata
Tiefland (0 – 200 m)
Hügelland (200 – 500 m)
Mittelgebirge (500 – 2000 m)
Hochgebirge (über 2000 m)
0
1000
2000
3000 km
Drakestraße
5

① Flächengrößen in Mio. km²

Nordamerika: 23,5
davon
- *Grönland: 2,175*
- *Mittelamerikanische Landbrücke: 1,0*
- *Inseln der Karibik (Westindische Inseln): 0,24*

Südamerika: 17,8
Angloamerika: 19,8
Lateinamerika: 20,5

② Nord-, Mittel- und Südamerika

③ Anglo- und Lateinamerika

Fünfmal Amerika

Amerika setzt sich aus den Kontinenten Nordamerika und Südamerika zusammen. Die Abgrenzung beider Kontinente ist nicht verbindlich festgelegt. Nach geologischen und geographischen Merkmalen kann man das gesamte Gebiet zwischen Grönland im Norden und der Landenge von Panama im Süden zum Kontinent Nordamerika rechnen.

Der Rest des Doppelkontinents bis zur Insel Feuerland bildet den Kontinent Südamerika. Die rund 2000 km lange Landbrücke, vom Isthmus von Tehuantepec (Mexiko) bis zur Landenge von Panama (Isthmus von Darien) wird häufig auch als Mittelamerika oder Zentralamerika bezeichnet. Meist werden aber ganz Mexiko und die Inseln der Karibik (Große und Kleine Antillen) sowie die im Atlantik liegenden Bahamas, Turks- und Caicosinseln zu Mittelamerika gerechnet.

Eine andere Gliederung ist die Abgrenzung in die Kulturerdteile **Lateinamerika** und **Angloamerika**. Diese Bezeichnungen entstanden im Ergebnis der Eroberung durch die Europäer. Spanien und Portugal kolonisierten Süd- und Mittelamerika. So wurden die aus dem Lateinischen stammenden Sprachen Spanisch und Portugiesisch zur Landessprache. Die Bezeichnung Lateinamerika verweist aber auch auf spätere französische und italienische Einflüsse. Nordamerika wurde dagegen vor allem von Englisch sprechenden Europäern kolonisiert. In Angloamerika existieren außerdem die Sprachen und Kulturen anderer früherer Kolonialmächte und Einwanderergruppen.

Eine Sonderstellung nimmt die kanadische Provinz Québec ein, in der Französisch offizielle Amtssprache ist. Als ein Teil Kanadas wird sie aber trotzdem zu Angloamerika gezählt. Sprachen und Kulturen der Ureinwohner gibt es in beiden Kulturerdteilen.

Die Besiedlung des Doppelkontinents

Die Besiedlung Nordamerikas ist heute noch umstritten. Wahrscheinlich wanderten die Indianer im Zeitraum von 28 000 bis 9 000 v. Chr. von Sibirien über die Beringstraße nach Nordamerika ein. Es kann aber nicht ausgeschlossen werden, dass auch Seefahrer von Polynesien oder Australien aus nach Südamerika gelangt sind.

Die Einwanderer passten sich an die jeweilige Umwelt an, lebten als Fischer, nomadisierende Jäger und Sammler oder sesshafte Ackerbauern. Sie züchteten Pflanzen wie Mais, Kürbis und Kartoffeln. So konnten sich unterschiedliche Lebensweisen, Sprachen, religiöse Vorstellungen und andere kulturelle Eigenarten entwickeln. Allerdings entstanden im Norden Amerikas keine Hochkulturen wie in Mexiko und anderen Teilen Südamerikas. Die Indianer Nordamerikas kannten auch keine Schrift, für sie war die mündliche Überlieferung wichtig.

Die Ureinwohner Amerikas

Aus dem Glauben der Europäer, Indien entdeckt zu haben, entstand der Sammelname Indianer oder Indios für die Ureinwohner Amerikas. Diese Vereinheitlichung berücksichtigt jedoch nicht die große ethnische, kulturelle und sprachliche Vielfalt dieser Völker. Die in den Polarregionen Nordamerikas lebenden Ureinwohner, die von den Europäern als Eskimo bezeichnet wurden, nennen sich selbst Inuit, was „Menschen" bedeutet. Nach unterschiedlichen Schätzungen lebten zwischen 13 bis 40 Millionen Menschen vor der Ankunft von Kolumbus in Amerika.

Heute gehören viele Nachfahren der Ureinwohner zu den „bedrohten Völkern". Bedroht sind sie in ihrer Identität als eigenständige ethnische, sprachliche und kulturelle Gemeinschaft. Die Ureinwohner aller Kontinente werden heute international auch als **indigene Völker** bezeichnet. Die deutsche Übersetzung für den Begriff indigen lautet eingeboren. Die Bezeichnung „Eingeborene" wird aber wegen der kolonialen Vergangenheit heute nicht mehr verwendet.

4

5 „Heute muss daran erinnert werden, dass die geschichtlichen Ereignisse gemessen werden an dem Grad, in dem sie den Völkern nutzen oder schaden. Was mit der Kolonialisierung seinen Anfang nahm, hat immer noch negative Konsequenzen für die Nachkommen jener ‚Entdeckten'. Sie kamen nicht, sie waren schon immer hier."
Victor de la Cruz (Dichter aus Mexico)

Kaum zu glauben

Lange vor Kolumbus, um 1000, landeten die Wikinger unter Leif Erikson an der Nordspitze Neufundlands.

1 *Ermittle für den Doppelkontinent Amerika die Lage des nördlichsten und südlichsten Punktes im Gradnetz und berechne die Nord-Süd-Ausdehnung.*

2 *a) Erläutere mithilfe der Karten 2 und 3 die unterschiedlichen Gliederungsmöglichkeiten Amerikas.*
b) Ordne den Teilräumen jeweils Staaten zu.

3 *Was soll mit der Karikatur 4 angesprochen werden?*

4 *Berichte mithilfe deiner Kenntnisse aus dem Geschichtsunterricht über die Entdeckungsfahrten von Kolumbus und den Umgang der Eroberer mit den Ureinwohnern.*

5 *Erstelle einen Kurzvortrag zum Leben der Indianer früher und heute.*

Der Mammutbaum kommt in den trockenen Wäldern der Sierra Nevada vor. Er kann bis 120 m hoch werden und mitunter einen Stammdurchmesser von 12 m besitzen.

Monument Valley – ein Nationalpark in den USA

Großlandschaften Amerikas

Die Großlandschaften in Amerika lassen sich aufgrund der Gliederung des Reliefs einfach abgrenzen. Der gesamte Westteil des Kontinents wird durch das Hochgebirgssystem der Kordilleren geprägt. Sehr unterschiedliche Gesteine und die Gewässer haben völlig verschiedene, sehr eindrucksvolle Landschaften gebildet. Viele davon sind als Nationalparks besonders geschützt.

Die nördlichen Kordilleren

In Nordamerika sind die Kordilleren in drei parallel verlaufende Gebirgszüge gegliedert: Die Küstengebirge, die Sierra Nevada und die Rocky Mountains. Im Norden treten bis zur Waldgrenze Nadelwälder mit Zedern, Weißfichten, Blautannen und Lärchen auf.
Zwischen den Gebirgen liegen weiträumige Becken und **Plateaus**. So nennt man ausgedehnte Hochflächen mit geringen Höhenunterschieden. Sie sind häufig abflusslos, das heißt, die Flüsse enden aufgrund der hohen Verdunstung in Salzseen. Auf den Plateaus haben sich daher Steppen, Wüsten und Halbwüsten ausgebreitet. Oft wachsen hier nur noch Kakteen und Salzbüsche.

Die südlichen Kordilleren

Das Gebirgssystem der Kordilleren setzt sich in den Gebirgen und Hochländern Mittelamerikas und in den fast 9 000 km langen Anden Südamerikas bis nach Feuerland fort. Durch den Hochgebirgscharakter dieses schmalen Küstengebirges mit Gebirgsketten, eingeschlossenen Hochflächen und Längstälern haben sich Hochgebirgssteppen und -wüsten gebildet, die höchsten Bereiche (bis 7 000 m Höhe) sind vergletschert. In unmittelbarer Nähe zur Pazifikküste treten auch Küstenwüsten wie die Atacamawüste auf.

Die Appalachen

Dieses Gebirge im Osten Nordamerikas ist ein typisches Mittelgebirge. Es hebt sich klar von den umgebenden Tieflandsbereichen ab. Die Appalachen verlaufen ebenfalls meridional in mehreren Gebirgsketten. Sie sind durch die tief eingeschnittenen Flusstäler stark gegliedert. Laubmischwälder prägen das Landschaftsbild. Auf den Höhen der Gebirgszüge wachsen ausgedehnte Nadelwälder, insbesondere auch die für die Holzwirtschaft wertvolle, bis 50 m hohe Weißkiefer.

3 **Bergland von Guayana**

4 **Die Großlandschaften Amerikas**

Die Bergländer Südamerikas

Obwohl in den riesigen Flächen des Brasilianischen Berglandes und des Berglandes von Guayana Höhen bis fast 3 000 m erreicht werden, herrscht auch hier meist Mittelgebirgscharakter vor. Die Bergländer steigen an der Ostküste steil an und fallen zum Landesinneren allmählich ab. Im Inneren der Bergländer sind mächtige Tafelländer und ausgedehnte Hochflächen entstanden, die durch zahlreiche Flüsse zerschnitten sind.

Das Bergland von Guayana ist noch fast vollständig von tropischen Regenwäldern bedeckt. In einigen Bereichen wird Weidewirtschaft betrieben.

Im Bergland von Brasilien treten tropische Regenwälder nur in den Flusstälern auf, es dominieren Trocken- und Feuchtsavannen. Das Grasland dient vorwiegend der Weidewirtschaft. Der südöstliche Teil des brasilianischen Berglandes wird ackerbaulich genutzt. Etwa ein Viertel der Kaffeeproduktion der Welt kommt von den Plantagen dieses Raumes. Weitere wichtige Anbauprodukte sind Zuckerrohr, Mais, Reis und Sojabohnen.

5 ***Satellitenbild vom Mississippi nördlich von Memphis*** *(von der Internationalen Raumstation ISS am 25.11.2005 aus 354 km Höhe aufgenommen)*

Die Great Plains

Die weiträumigen Landschaften zwischen den großen Gebirgszügen Nordamerikas werden als die Inneren Ebenen bezeichnet. Sie gliedern sich in die Great Plains im westlichen Teil und in das Zentrale Tiefland (Central Plains). Vom Ostrand der Rocky Mountains bis etwa zum 95. Längengrad erstrecken sich die Great Plains. Das flachwellige Relief steigt von ca. 500 m westwärts bis ca. 1 500 m allmählich und sanft an. Die ursprüngliche Vegetationsform sind die Steppen als unendlich erscheinende Grasfluren. Die Steppen, in Nordamerika Prärie (französisch: Wiese) genannt, sind wie die außertropischen Grasländer in den Lössgebieten in Südamerika, Europa und Asien entstanden: Der Wind lagerte auf nahezu vegetationsfreien Flächen fruchtbaren Löss ab. Aufgrund der Winterkälte und der geringen Niederschläge entwickelte sich die Steppengrasvegetation. Durch das abgestorbene organische Material kam es zu einer Humusanreicherung im Boden. Als Bodentyp konnte sich daher auf dem kalkreichen Löss Schwarzerde entwickeln.

Die Prärie war die ursprüngliche Heimat der Indianer. Deren Nahrungsgrundlage stellte der Bison dar. Über 70 Millionen Bisons konnten sich vom Gras der Prärie ernähren. Heute werden hier intensiv Ackerbau und Weidewirtschaft betrieben.

Das Zentrale Tiefland

Das Zentrale Tiefland ist relativ flach und eben. Es weist meist Höhen bis 200 m auf. Die Landschaften sind durch das weitverzweigte Mississippi-Missouri-Flusssystem geprägt. Die Flüsse haben aus ihren Quellgebieten, den umliegenden Gebirgen, riesige Mengen Abtragungsmaterial transportiert und in der Aufschüttungsebene als Sedimente abgelagert.

Das Zentrale Tiefland wird intensiv landwirtschaftlich genutzt. Riesige Getreidefelder bestimmen das Landschaftsbild, Farmen und Viehzuchtbetriebe liegen oft meilenweit auseinander.

6 **Grastundra im Bereich des Kanadischen Schildes (Ellesmereland)**

7 ***Mangroven** sind Gehölze, die im Gezeitenbereich tropischer Küsten, wie zum Beispiel an der Küste Floridas, zu finden sind. Mit ihren Stelzwurzeln passen sie sich den verschieden hohen Wasserständen und dem Aufprall der Wogen an. Die Blätter und jungen Triebe enthalten wertvolle ätherische Öle wie das Kajeputöl.*

Die Küstenebenen Nordamerikas

In den Küstenebenen, wie der Golfküstenebene und der Atlantikküstenebene, liegt der Wasserspiegel der Flüsse oft höher als das umgebende Land, sodass Deiche vor Überschwemmungen Schutz bieten müssen. Die Atlantikküstenebene war der erste Siedlungsraum der europäischen Einwanderer. An den Ufern und Mündungen der Flüsse entwickelten sich die wichtigsten Städte der Ostküste. Die strategisch günstig gelegenen Häfen dienten als Umschlagplatz der in der Küstenebene angebauten Kulturen und der importierten Waren.

In der Golfküstenebene, wo sich früher subtropische Feuchtwälder ausbreiteten, erstreckten sich bis ins 20. Jahrhundert riesige Baumwollplantagen. Heute werden auf den fruchtbaren Auelehmböden auch andere Kulturen, wie Zuckerrohr und Reis, angebaut.

Die Tiefländer der Flüsse Südamerikas

Auch in Südamerika sind die Tiefländer durch die riesigen Stromsysteme des Amazonas, des Orinoco und der anderen Flüsse mit ihren zahlreichen Nebenarmen und Schwemmgebieten geprägt. Den größten Teil des Amazonastieflandes und des Tieflandes des Orinoco bedeckt tropischer Regenwald. Das La-Plata-Tiefland ist eine Steppenlandschaft. Sie wird hier als Pampa bezeichnet. Auf den als Weideland genutzten Flächen werden vorwiegend Rinder gezüchtet, in der Nähe der Flüsse und ihrer Mündungen dominiert Ackerbau.

Der Kanadische Schild

Dieser Teil Nordamerikas wurde während der Kaltzeiten vom Inlandeis überformt. Im flachwelligen Relief findet man zahlreiche Hügelketten und ausgeschürfte Rinnen, die sich nach dem Abtauen des Eises mit Schmelzwasser füllten. Daher prägen viele Seen, Flüsse und Sümpfe diese 300 bis 600 m hoch gelegene Landschaft. Im Norden ist der Raum von Tundrenvegetation und im südlichen Teil von Nadelwäldern bedeckt.

1 *Ordne das Bild 2, Seite 154, in die Großlandschaften ein. Begründe deine Entscheidung.*

2 *Übernimm die Tabelle in dein Heft und stelle in dieser die wesentlichen Merkmale der beschriebenen Landschaften gegenüber.*

Landschaft	Relief	Vegetation	Landwirtschaft
...	...	...	...

***Schild:** Bezeichnung für Festlandskerne aus sehr alten Gesteinen, die seit ihrer Entstehung nahezu unverändert lagern.*

1 *Das Gewässernetz Amerikas*

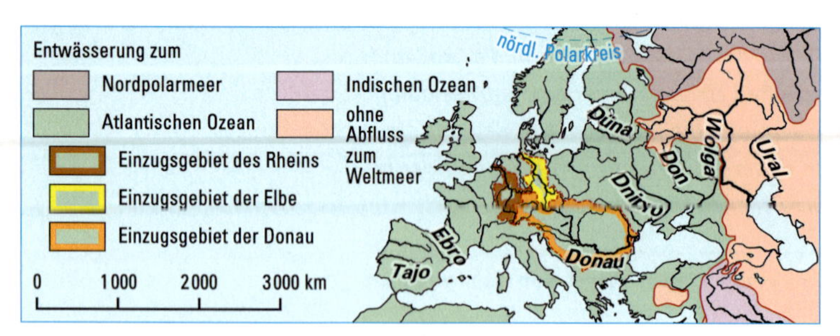

2 *Die Einzugsgebiete der größten Flüsse Europas*

Gewässernetz Amerikas

Die wasserreichsten und gewaltigsten Ströme Amerikas, wie der Amazonas und der Mississippi, durchfließen, aus den Kordilleren kommend, die großen Tiefländer Amerikas. Aufgrund des geringen Gefälles durchziehen sie in großen Schlingen die von ihnen geschaffenen Aufschüttungsebenen, bevor sie in den Atlantischen Ozean bzw. in den Golf von Mexiko münden. An der Mündung der Flüsse erkennt man den Einfluss der Gezeiten. Dort, wo Ebbe und Flut sehr stark wirksam sind, treten Trichtermündungen auf. An den Küsten ohne Gezeiteneinfluss bilden die Flüsse dagegen riesige Deltamündungen.

Die Fließrichtungen der Flüsse werden durch die Gebirge bestimmt. Sie bilden gleichzeitig natürliche **Wasserscheiden.** Ein durch Wasserscheiden abgegrenztes Gebiet, das durch einen Fluss und seine Nebenflüsse entwässert wird, nennt man **Einzugsgebiet**.

Aufgrund geringer Niederschläge, hoher Temperaturen oder Gebirgen als natürliche Barrieren enden einige Flüsse in den Hochbecken und Hochländern der Kordilleren. Obwohl ihre Quellen in niederschlagsreichen Gebirgszügen liegen, verlieren diese Flüsse zum Teil so viel Wasser durch Verdunstung und Versickerung, dass sie in einem der großen Salzseen der Hochplateaus enden. Man spricht von **Binnenentwässerung** und bezeichnet diese Gebiete dann als abflusslos. Ein Beispiel dafür ist der Titicacasee, der höchst gelegene schiffbare Binnensee der Erde. Mit einer Fläche von über 8 200 km² ist er fast halb so groß wie Sachsen. Mehr als 25 Flüsse münden in diesen See.

1 *Benenne jeweils drei Flüsse, die*
a) in den Rocky Mountains entspringen,
b) eine Deltamündung bilden,
c) zum Pazifik und Atlantik entwässern,
d) die größten Längen aufweisen,
e) ein großes Einzugsgebiet besitzen.

Da einige Gewässer auf sehr kurzen Strecken über unterschiedlich widerständige Gesteine große Höhenunterschiede überwinden, bilden sie Kaskaden und Wasserfälle. Am bekanntesten sind die Niagarafälle zwischen Erie- und Ontariosee. Noch beeindruckender sind jedoch die südamerikanischen Wasserfälle, wie die des Iguaçu oder der Salto Angel in Venezuela, der mit 978 m der höchste frei fallende Wasserfall der Erde ist.

③ *Iguaçufälle in Brasilien / Paraguay*

Mit einer Länge von etwa 6400 km ist der Amazonas der zweitlängste Fluss der Erde. Sein Einzugsgebiet umfasst mehr als sieben Millionen km². Er mündet mit einer etwa 250 m breiten Trichtermündung in den Atlantik. Dort lagert er täglich rund drei Millionen Tonnen Material ab, die ein Labyrinth von Inseln bilden. Dadurch wird der Fluss in einzelne Arme aufgeteilt. Infolge der Gezeiten bewegen sich die Flutwellen vom Meer kommend mit einer Geschwindigkeit von mehr als 65 km / h etwa 650 km flussaufwärts. Sie erreichen oft Höhen bis zu fünf Metern.

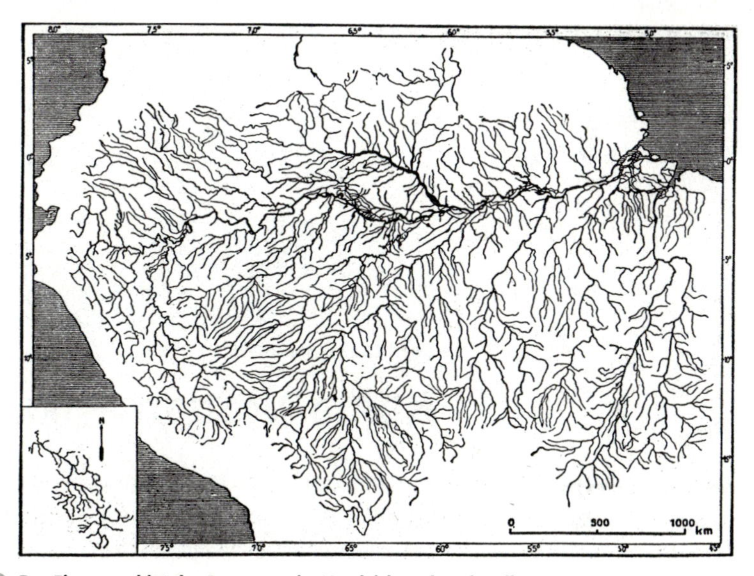

④ *Das Einzugsgebiet des Amazonas im Vergleich zu dem der Elbe*

Die Großen Seen in Nordamerika sind natürliche Stauseen in heute unterschiedlichen Seespiegelhöhen. Zum Atlantik wurde die Verbindung durch den St.-Lorenz-Strom geschaffen. Da dieser Schifffahrtsweg eine große Bedeutung als Transportweg zwischen den Städten an den Großen Seen und den Hafenstädten an der Atlantikküste hat, mussten zahlreiche Schleusen eingebaut werden.

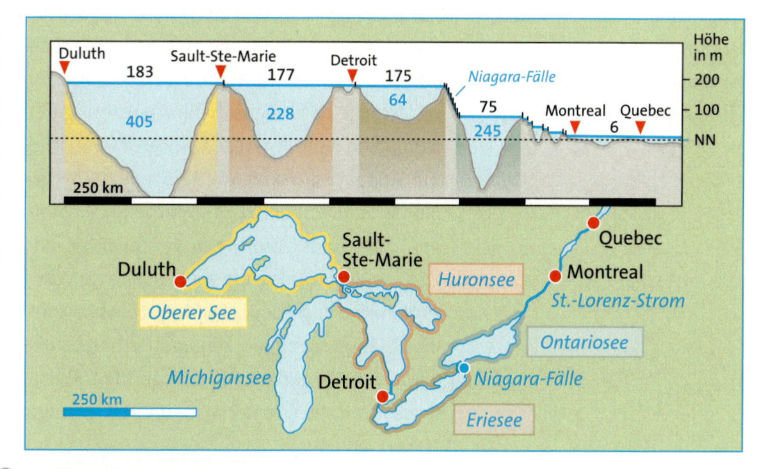

⑤ *Profil durch die Großen Seen*

2 *Erkläre den Einfluss des Reliefs auf das Gewässernetz. Nutze dazu die Begriffe „Wasserscheide" und „Einzugsgebiet".*

3 *Begründe die besondere Bedeutung des St.-Lorenz-Stromes für die Schifffahrt.*

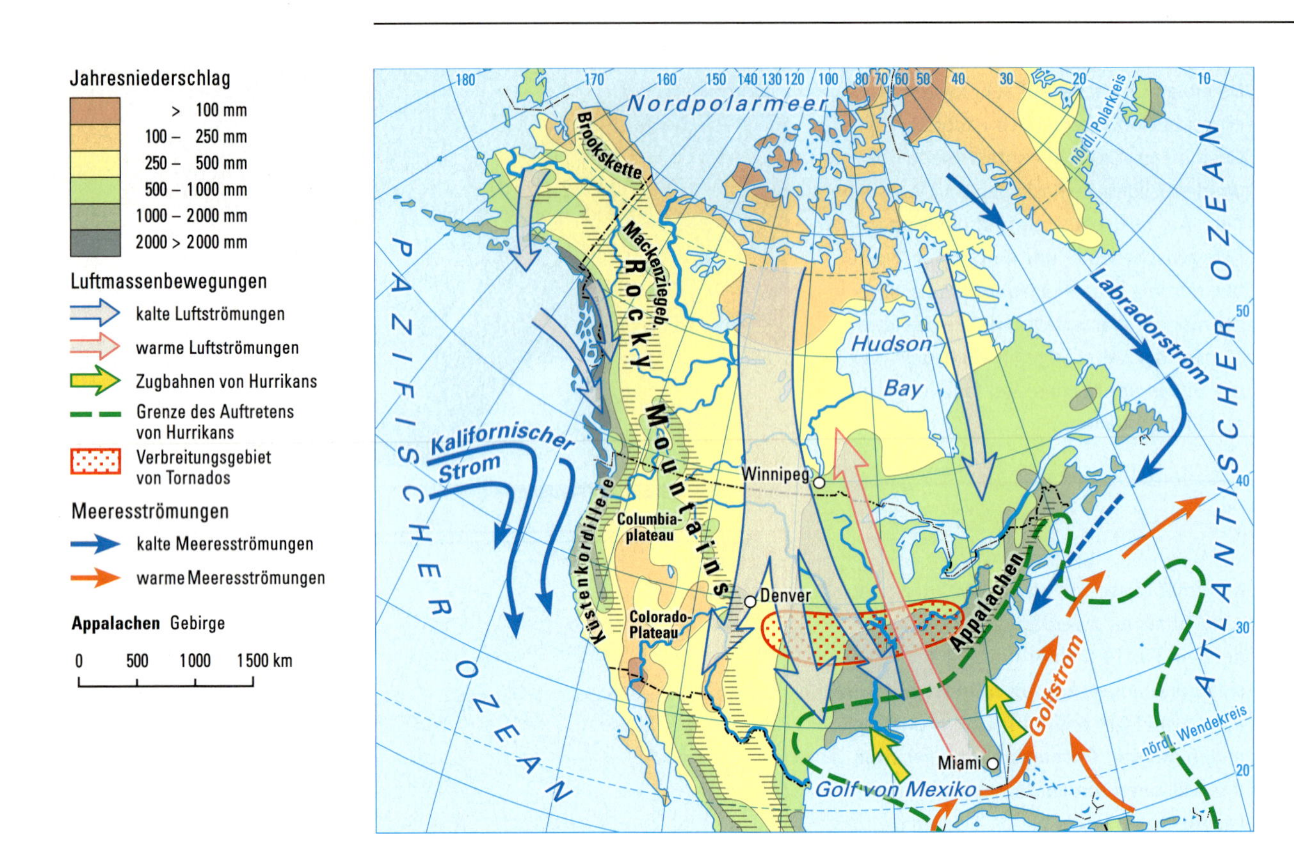

② **Das Klima Nordamerikas**

Klima Nordamerikas

① ***Ausgewählte Klimadaten im Vergleich***

Klimastation	*Neapel (41 °N)*	*New York (41 °N)*
Januartemp.	*9 °C*	*−1 °C*
Julitemp.	*25 °C*	*23 °C*
Jahresdurchschnittstemp.	*17 °C*	*11 °C*

Der größte Teil Nordamerikas liegt im Bereich des Kontinentalklimas der gemäßigten Klimazone. Der Temperaturverlauf, die Niederschlagssummen und die Ausprägung der Jahreszeiten einzelner Klimastationen unterscheiden sich zum Teil erheblich von Orten gleicher Breitenlage in Europa. Eine Ursache dafür liegt in der Anordnung der Gebirge in Nordamerika. Die Kordilleren und die Appalachen verlaufen vorwiegend von Norden nach Süden. Die Gebirge im Westen verhindern das Vordringen der feuchtgemäßigten Westwinde. Auf der Luvseite der Küstengebirge und der Rocky Mountains kommt es zu Steigungsregen, dagegen erhalten die jeweils im Regenschatten liegenden Hochländer und die Great Plains äußerst geringe Niederschläge.

Im Gegensatz zu Europa treten in Nordamerika keine westöstlich verlaufenden Gebirgszüge auf. Daher kommt es innerhalb der weit ausgedehnten Inneren Ebenen zum Austausch von kalten polaren und heißen tropischen Luftmassen. Insbesondere im Winter dringt polare Luft (**Northers**) weit nach Süden, oft bis zum Golf von Mexiko, vor. Diese Kaltlufteinbrüche haben oft starke Schneestürme zur Folge, die **Blizzards** genannt werden. Sie können zu schweren Schäden in der Landwirtschaft führen.

Im Sommer stoßen häufig feuchtheiße Luftmassen (**Southers**) aus dem Golf von Mexiko bis weit in den Norden vor. Auf ihrem Weg werden sie immer trockener. Die Bevölkerung an der Ostküste und in Kanada stöhnt dann über die wochenlang anhaltende tropische Hitze.

Die Ostküste und der Küstenbereich am Golf von Mexiko weisen insbesondere im Sommer deutlich höhere Niederschläge auf.

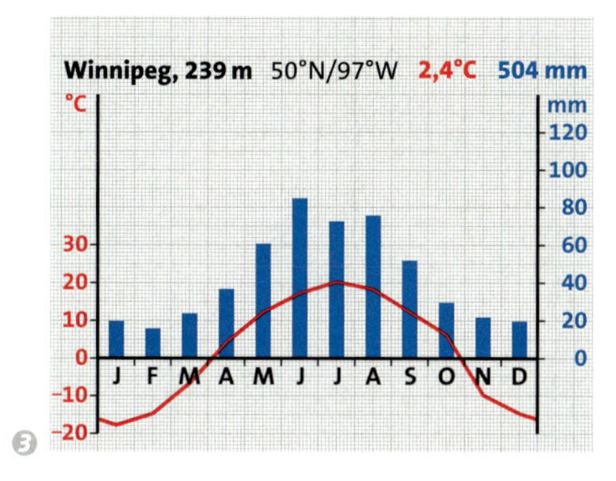

3

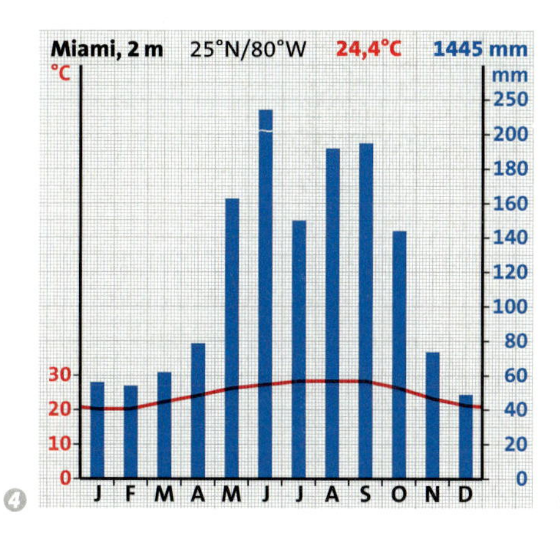

4

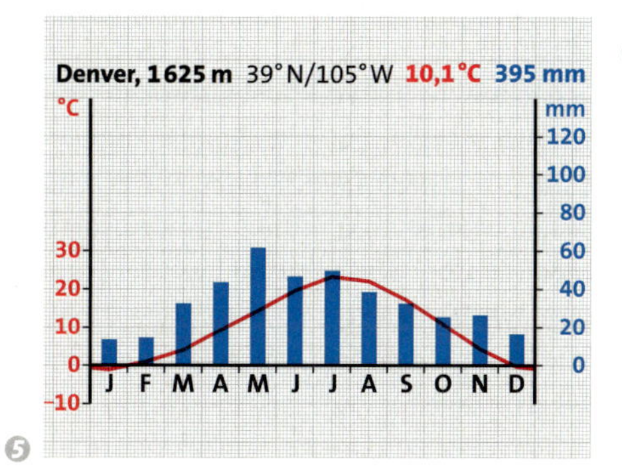

5

Milde und feuchte atlantische Luftmassen aus Südosten prägen das gemäßigte und das subtropische Ostseitenklima.

Der Einfluss der angrenzenden Meeresströmungen führt zu Abweichungen in der zonalen Anordnung der Klimazonen an den Küsten. An der Atlantikküste werden zum Beispiel im Winter sogar Eisberge aus Grönland oder Treibeis gesichtet. Aber auch die Wolken- und Nebelbildung ist an den Küsten viel intensiver.

6 ***Schneemassen auf dem LaGuardia-Flughafen in New York nach einem Blizzard (Januar 2005)***

7 Die beiden New Yorker Geoff Smock und Bill Simons haben einen Blizzard hautnah miterlebt. Sie spielten gerade Billard, als es draußen plötzlich immer stürmischer wurde und mehr und mehr Schnee fiel. Auf dem Weg nach Hause blieben sie mit dem Auto stecken – 500 Meter vor dem Ziel. Sie beschlossen, zu Fuß weiterzugehen. Einen Meter hinter sich konnten sie nicht einmal mehr ihre eigenen Spuren sehen, so stark schneite es. Ihnen blieb nur eine Möglichkeit: Sie suchten Schutz hinter einem Baum. Hier saßen sie fest, da der Schneesturm immer schlimmer wurde. Bei Temperaturen um minus 40 Grad und Windgeschwindigkeiten von bis zu 200 Stundenkilometern wurde der Baum für die beiden zur Falle. Nach 18 Stunden wurden Geoff Smock und Bill Simons von Rettungsmannschaften gefunden. Mit viel Glück haben die beiden überlebt, doch unbeschadet haben sie den Blizzard nicht überstanden. Beide mussten mit Erfrierungen ins Krankenhaus eingeliefert werden.

1 *Begründe die Unterschiede in den Klimadaten von Neapel und New York (1).*

2 *Werte die Klimadiagramme aus. Welche Erscheinungen und Faktoren beeinflussen die Temperatur- und Niederschlagsverhältnisse dieser Stationen?*

→ *Klimadiagramme auswerten siehe Seite 44/45*

⑧ ***Satellitenbild eines Hurrikans auf der Nordhalbkugel***

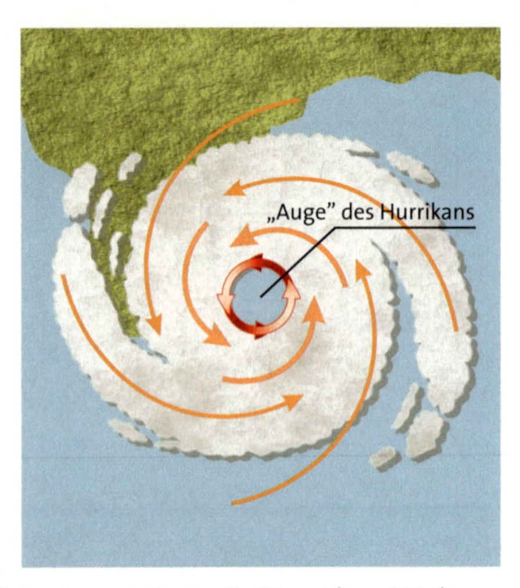

⑪ ***Hurrikan auf der Nordhalbkugel (Draufsicht)***

⑨ ***Die Hurrikan-Skala***

T1 über 118 km/h; schwach; schwere Schäden

T2 über 154 km/h; mäßig; Autos und ganze Dächer werden weggeweht

T3 über 178 km/h; stark; schwere Beschädigungen an allen Gebäuden

T4 über 210 km/h; sehr stark; Bäume werden hunderte von Metern weggefegt, Häuser bis zur Unbewohnbarkeit beschädigt

T5 über 250 km/h; verwüstend; Häuser und Brücken werden zerstört, Schiffe hunderte von Metern an Land geworfen

Naturgewalt Hurrikan

Der **Hurrikan** ist ein **tropischer Wirbelsturm,** der aufgrund seiner zerstörenden Kraft in seinen Verbreitungsgebieten sehr gefürchtet ist. In China und Japan werden die tropischen Wirbelstürme als Taifune bezeichnet, im Golf von Bengalen als Zyklone, in Australien als Willy-Willy und in Amerika als Hurrikan. Die Hurrikan-Saison beginnt jedes Jahr im Juni. Die tropischen Wirbelstürme entstehen über den warmen Gewässern in der Nähe des Äquators. Warme Luft strömt in ein Tiefdruckgebiet ein. Eine Spirale von bis zu 200 Kilometern Durchmesser bildet sich.

Da das Wasser über 27 °C warm ist, nimmt die Luft große Mengen Wasserdampf auf. Sie beginnt, sich um das „Auge" des sich bildenden Hurrikans immer schneller zu drehen und aufzusteigen. Dabei entstehen gewaltige Wolkentürme. Oft rast der Hurrikan dann mit einer Geschwindigkeit von 150–200 km/h auf das Festland zu. Die größte Zerstörungskraft entsteht beim Erreichen der Küste. Über dem Wasser hat sich eine Art Kuppe gebildet, die im offenen Meer oft nur eine Höhe von einem Meter hat. Im flachen Küstenbereich jedoch kann sie auf bis zu sechs Meter ansteigen. Weiträumige Überschwemmungen verstärken damit die zerstörerische Kraft des Wirbelsturms.

Hurrikans sind in ihrer Stärke und Zugrichtung nur schwer berechenbar. Daher sind sichere Vorhersagen oft nur Stunden vorab möglich. Über dem Festland lässt die Energie eines Hurrikans schnell nach, die durchschnittliche Lebensdauer beträgt etwa fünf bis zehn Tage.

⑩ **Mit den Hurrikan-Hunters unterwegs**

Tückische Turbulenzen, obwohl das Zentrum des Hurrikans noch 160 km vor uns liegt. Wir gehen aus etwa 5 800 m Höhe runter in einen brodelnden nachtschwarzen Wolkentrichter, fallen durch eine Wolke, dicht wie eine Mauer. Um ins Zentrum des Hurrikans hineinzufliegen, vermeidet man am besten die spiralförmig angeordneten Wolkenwände und versucht, zwischen den Sturmzellen durchzukommen. Je näher wir dem Zentrum kommen, desto größer werden die Windgeschwindigkeiten. Nicht immer können wir den Sturmzellen ausweichen und schon klatscht zentimeterdick der Regen auf die Scheiben, Blitze zucken. Dann tauchen wir in eine totale Schwärze. Unser Flugzeug tanzt wie ohne Kontrolle. Plötzlich ein Gefühl, als würden wir in ein anderes Flugzeug knallen. Und dann – Stille, helles Licht, blauer Himmel, tief unter uns das dunkelblaue Meer. Wir sind im Auge des Hurrikans.

⑫ *Tornadorüssel*

⑬ *In Hamburg-Harburg am 28.03.2006*

Naturgewalt Tornado

Der **Tornado** ist der kleinere, vielleicht aber noch gefährlichere Bruder des Hurrikans. Jährlich werden rund 800 Tornados gesichtet. Die meisten und kräftigsten Tornados entstehen im Frühsommer in den zum Teil stark erhitzten Gebieten des amerikanischen Mittelwestens. Hier stoßen feuchtwarme Luftmassen vom Golf von Mexiko mit kalten, trockenen Winden aus nördlichen Breiten zusammen. Dabei entstehen die ungeheuren Stürme, deren Bahnen und Stärken sich nur schwer vorhersagen lassen. Ihre Lebensdauer kann zwischen fünf Sekunden und drei Stunden betragen. Ihr Durchmesser liegt zwischen 50 und 400 m. Noch nie ist es gelungen, die höchsten dabei auftretenden Windgeschwindigkeiten zu messen, weil die Messgeräte ausnahmslos zerstört wurden. Es werden jedoch Geschwindigkeiten bis 1000 km/h vermutet!

Tornados entwickeln eine solche Saugkraft, dass ganze Häuser von ihren Fundamenten weggerissen und hunderte von Metern weiter wieder abgesetzt werden – meistens mit schweren Zerstörungen, falls überhaupt etwas erhalten geblieben ist.

3 Arbeite mit dem Satellitenfoto 8 und mit dem Atlas. Beschreibe die Lage des Hurrikans und ermittle seinen Durchmesser.

⑭ **Tornados in Deutschland?**

Nicht länger als eine halbe Minute wütete der Tornado am Abend des 27.3.2006 in Hamburg-Harburg, teilte der Deutsche Wetterdienst (DWD) in Offenbach mit. Das Ergebnis war dennoch verheerend: Die mächtige Luftsäule ließ zwei Baukräne umstürzen, riss die Kranführer in den Tod und hinterließ eine Schneise der Verwüstung. „Mit einem Tornado wie dem von Hamburg-Harburg ist in Deutschland ungefähr alle zwei bis drei Jahre zu rechnen", erklärt Andreas Friedrich vom DWD. Der Meteorologe zählt jedes Jahr zwischen 20 und 30 Tornados geringer Stärke in Deutschland. „Bei dem Harburg-Tornado handelt es sich allerdings bereits um einen stärkeren F2-Tornado."

4 Warum spricht man vom „Auge" des Hurrikans?

5 Vergleiche in einer Tabelle Entstehung, Eigenschaften und Folgen eines Hurrikans mit denen eines Tornados.

6 Begründe die Lage der Verbreitungsräume von Tornados und Hurrikans. Welche Bedingungen begünstigen die Entstehung der Stürme in Nordamerika?

⑮ ***Die Tornado-Skala***

F1 über 118 km/h; mäßig; schwere Schäden an Gebäuden, Schneisen durch Waldgebiete

F2 über 180 km/h; stark; verheerende Schäden an allen Gebäuden

F3 über 253 km/h; verwüstend; Zerstörung von Häusern

F4 über 332 km/h; vernichtend; Vernichtung ganzer Ortschaften, akute Lebensgefahr

F5 über 418 km/h; katastrophal; Vernichtung fast aller Gebäude, tonnenschwere Schiffe und Flugzeuge werden hunderte von Metern weit geworfen, akute Lebensgefahr

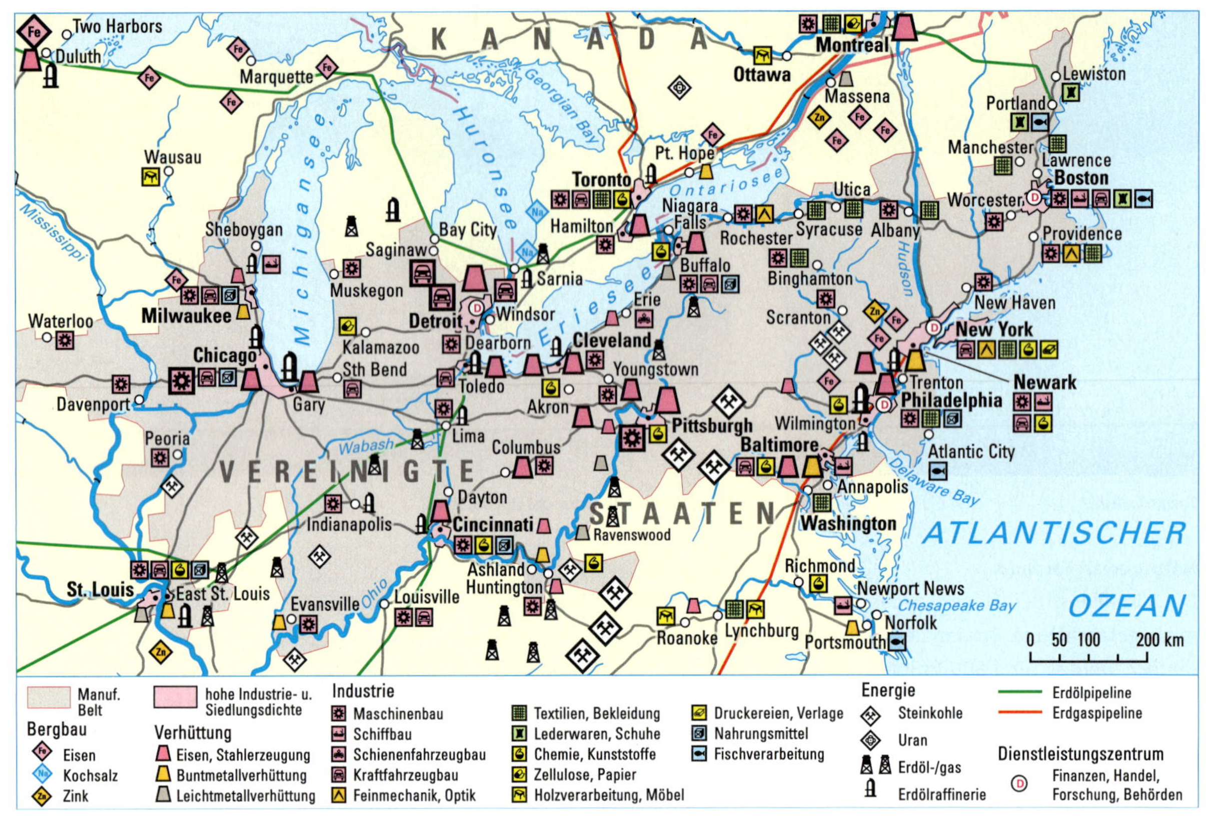

1 ***Manufacturing Belt 1950***

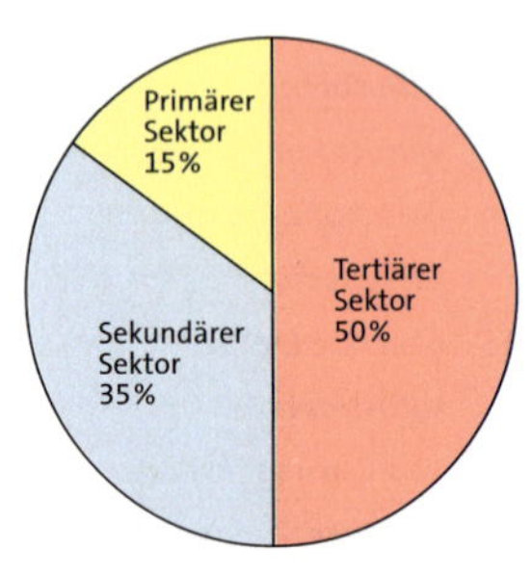

2 ***Beschäftigte nach Wirtschaftssektoren 1950 in den USA***

Industrielle Wertschöpfung
Wert der Industrieproduktion abzüglich der zur Herstellung benötigten Vorleistungen (z. B. Rohstoffe).

Wirtschaft im Wandel

Die industrielle Entwicklung der USA begann im Nordosten – im Manufacturing Belt. Auf Basis der Kohlelagerstätten in den Appalachen entwickelte sich im 19. Jahrhundert zuerst die Eisen- und Stahlindustrie. Vom Eisenbahnbau zur Erschließung des Westens erhielt sie ab 1850 starke Wachstumsimpulse. Heute reicht die hier entstandene Industrielandschaft von der Atlantikküste zwischen Baltimore und Boston über 1000 km nach Westen bis Chicago / St. Louis und ist heute der größte **Verdichtungsraum** der Welt. Wichtige Standortfaktoren waren die leicht zugänglichen Kohle- und Eisenerzvorkommen, die Großen Seen als wichtige Verkehrswege und die zahlreichen Einwanderer als Arbeitskräfte. Fast die Hälfte der Bevölkerung der USA lebt hier.

Im Manufacturing Belt liegt die Stadt Pittsburgh. Etwa 1850 fand man hier in der Nähe große, leicht abzubauende Kohlevorkommen, die man zur Eisenherstellung benötigte. Einige Jahre später hatte sich Pittsburgh zur bedeutendsten Industriestadt der USA entwickelt. Die Eisen- und Stahlindustrie stellte Rohmaterialien her, die in vielen anderen Betrieben zur Weiterverarbeitung benötigt wurden, sodass die gesamte Region vom Erfolg dieses Wirtschaftszweiges abhängig war.

3 **Anteile des Manufacturing Belt an den USA (2001)**

	Manuf. Belt	USA
Fläche	1,03 Mio. km²	9,4 Mio. km²
Bevölkerung	9600000	281421906
Ind. Wertschöpfung	3995775 Mio. US-$	129721512 Mio. US-$

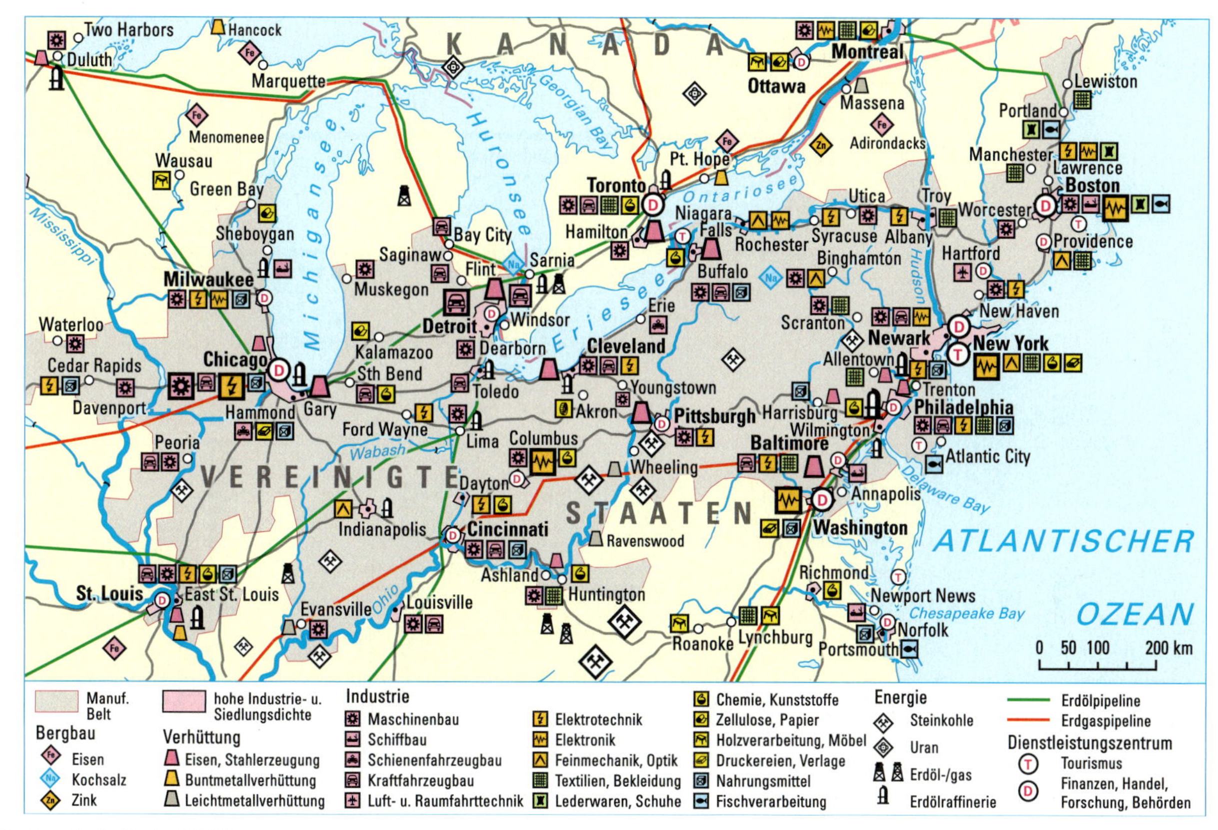

4 ***Manufacturing Belt 2003***

Der Strukturwandel im 20. Jahrhundert

Nach dem Zweiten Weltkrieg traten erste Probleme auf. Die Eisenbahn als Hauptabnehmer von Eisen und Stahl wurde langsam von Auto und LKW abgelöst. Zunehmend verdrängten die Kunststoffe Eisen als Werkstoff. Später entstanden neue und moderne Stahlwerke in anderen Regionen der USA, die nicht mehr so viel Kohle benötigten. Die neuen Stahlwerke konnten mit preiswertem Eisenerz aus dem Ausland beliefert werden. Viele Menschen verloren ihre Arbeitplätze. Zahlreiche Firmen, die von den Stahlwerken abhängig waren, mussten schließen. Daher war es kaum möglich, neue Arbeit zu finden. Viele Menschen wanderten aus Pittsburgh ab in die neu entstandenen Industrieregionen im Süden und Westen der USA. Die Stadt verlor innerhalb einiger Jahrzehnte zehntausende Einwohner. Diese Entwicklung konnte erst gestoppt werden, als es gelang, durch die Ansiedlung moderner Industriebetriebe und Schaffung von Arbeitsplätzen außerhalb der Industrie einen Strukturwandel einzuleiten. Genau wie in den übrigen USA stellen heute viele Menschen in Pittsburgh kaum noch Waren her, sondern erbringen Dienstleistungen.

1 *Arbeite mit den Karten 1 und 4. Vergleiche:*
a) die räumliche Verteilung und Anzahl der
– Eisen- und Stahlindustrie,
– Bergbau und Energiewirtschaft.
b) die Entwicklung der Industrie am Südrand der großen Seen mit der Entwicklung an der Atlantikküste.

2 *Werte die Tabelle 3 aus.*

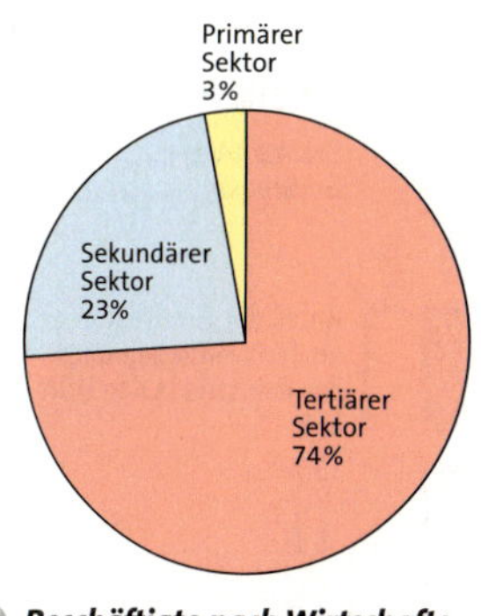

5 ***Beschäftigte nach Wirtschaftssektoren 2003 in den USA***

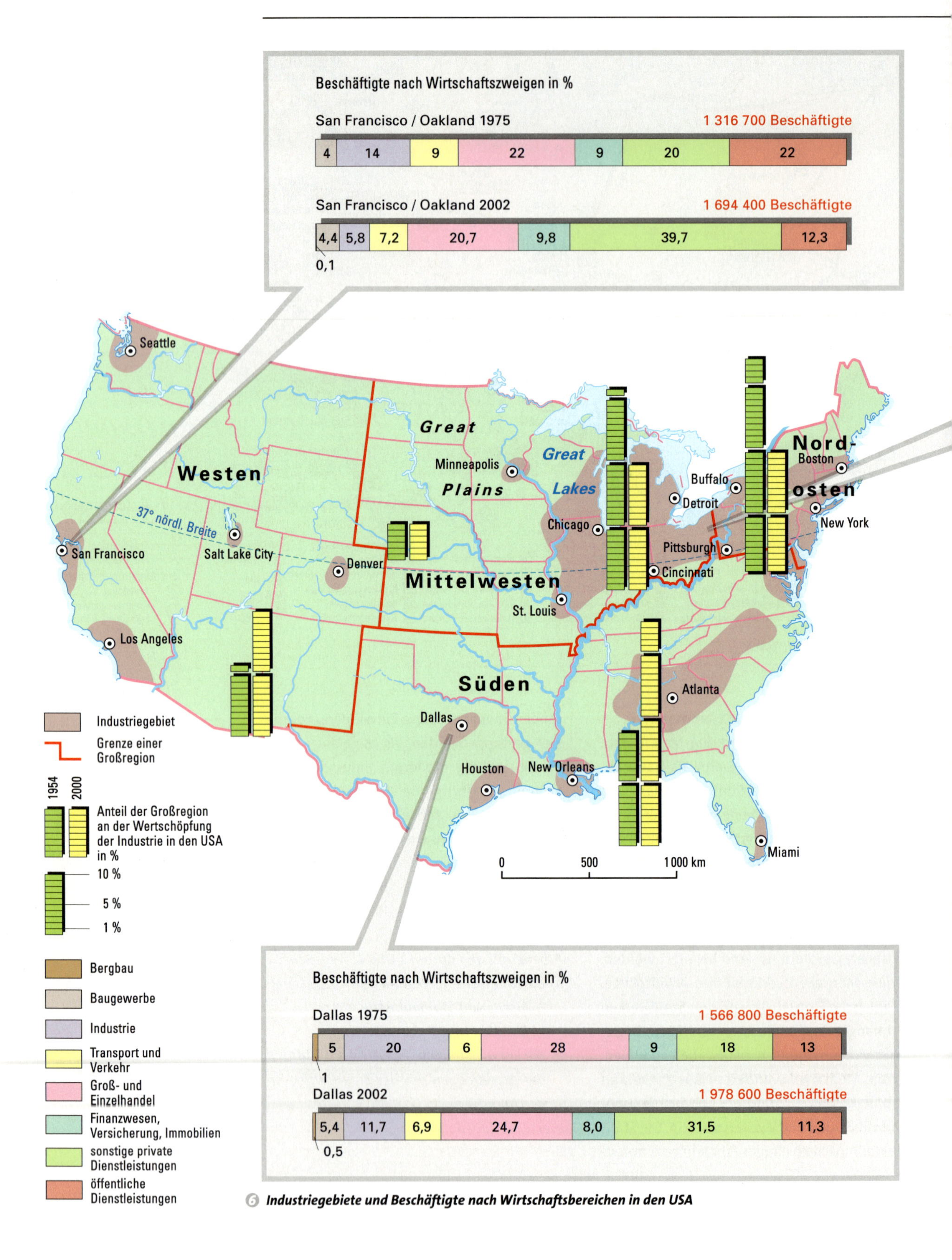

6 Industriegebiete und Beschäftigte nach Wirtschaftsbereichen in den USA

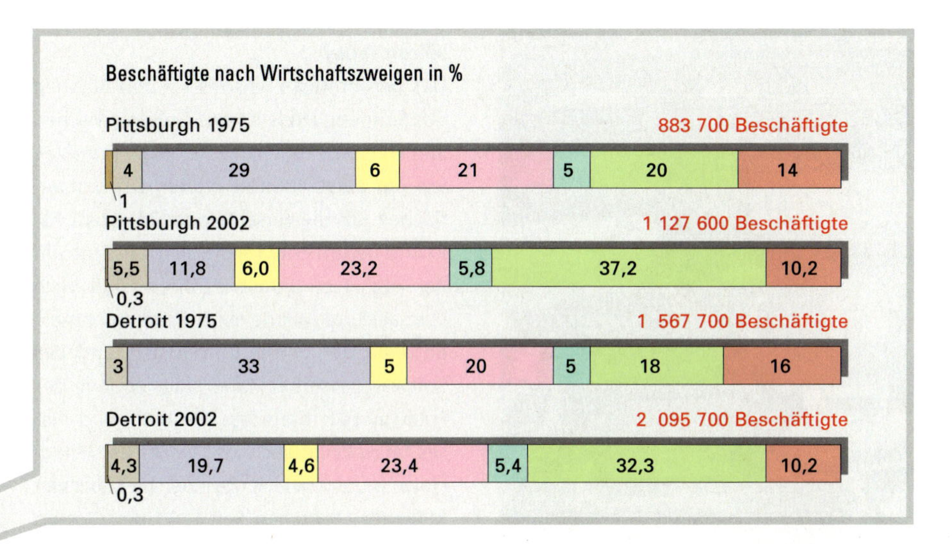

Surftipp

www. usa.gov

www.census.gov

www.theus50.com

(Informationen über die 50 Bundesstaaten der USA)

Von der Industrie- zur Dienstleistungsgesellschaft

Seit 1971 entstanden allein im Dienstleistungsbereich weit über 50 Millionen neue Arbeitsplätze. Große Mengen an Kapital flossen in Arbeitsplätze der Forschung und Entwicklung sowie in die neuen Wachstumsbranchen wie Computer-, Bio- und Gentechnologie. Heute arbeiten etwa drei Viertel aller Beschäftigten im Dienstleistungssektor, die übrigen in der Industrie und nur noch 2 % in der Landwirtschaft. Aber auch innerhalb des Industriesektors verlagern sich die Schwerpunkte. Die Stahl- und Eisenindustrie wurde in den Hintergrund gedrängt, Spezialmaschinenbau, Feinmechanische und Optische Industrie verzeichnen Zuwachsraten.

Auf den Weg in den Süden

In der amerikanischen Wirtschaft ist nicht nur ein Wandel von der Industrie- hin zur Dienstleistungsgesellschaft eingetreten. Auch innerhalb des sekundären Sektors und in der räumlichen Verteilung der wichtigsten Wirtschaftszentren gab es Veränderungen. Der Manufacturing Belt („Snowbelt") hat Konkurrenz bekommen durch neue Industrie- und Dienstleistungsstandorte im Süden. Diese neuen Wachstumsregionen in Kalifornien, Texas, Florida, North Carolina, Georgia und Alabama werden zusammenfassend als Sunbelt bezeichnet. Arbeitskräfte und Kapital aus dem Nordosten wanderten in die neuen Wirtschaftsgebiete im Süden. Gründe für die Ansiedlung neuer Unternehmen waren staatliche Subventionen, geringe Steuerbelastungen, niedrige Grundstückspreise, ein großes Angebot an Arbeitskräften sowie niedrige Energiekosten wegen des wintermilden Klimas.

Neben den traditionellen Fertigungsbetrieben der Textil- und Lebensmittelindustrie sind moderne Hochtechnologieunternehmen der Computer-, Luft- und Raumfahrtindustrie sowie eine wachsende Freizeitindustrie entstanden.

3 *Arbeite mit der Karte und den Diagrammen 6 sowie dem Atlas:*
a) Welche wirtschaftliche Bedeutung hat der Manufacturing Belt heute hinsichtlich der Wertschöpfung der Industrie innerhalb der Wirtschaftsräume der USA?
b) Erfasse die Veränderungen zwischen 1975 und 2002 anhand der Grafiken.
c) Nenne Gründe, die zur Ansiedlung der Industrie an der Westküste der USA führten.

4 *Erläutere den räumlichen und strukturellen Wandel der US-amerikanischen Wirtschaft und seine Auswirkungen auf das Leben der Menschen.*

7 ***Produktionsstätten im Silicon Valley***

Silicon Valley

Das berühmteste Beispiel für den Aufstieg des Sonnengürtels ist das Gebiet zwischen San Francisco und San José, das Silicon Valley. Auf einst 400 km² großen Obstanbauflächen um die verschlafene Kleinstadt Palo Alto herum entwickelte sich das Zentrum der High-Tech-Industrie. Über 2 500 hoch spezialisierte Mikroelektronikunternehmen, Betriebe der Computerindustrie und des Softwaregewerbes haben hier entlang des Freeway 101 ihren Sitz. Deshalb wird dieses Tal zu Recht auch als „Mekka des Mikrochips" bezeichnet. Heute leben hier über vier Millionen Menschen. Seit 1940, dem Beginn des elektronischen Zeitalters, stieg die Zahl der Beschäftigten von 60 000 auf 700 000 an. Ausgangspunkt für die rasante industrielle Entwicklung im „Silizium-Tal" war die Stanford-Universität, in deren Forschungsinstituten der Mikrochip entwickelt wurde. Gute Verkehrsanbindungen mit kurzen Wegen, niedrige Steuern, Lohnkosten und Bodenpreise sowie ein hoher Erholungswert des Naturraums verstärkten die Ansiedlung weiterer Unternehmen. Allerdings blieb diese rasche Entwicklung nicht ohne Folgen.

Ähnlich wie in anderen Ballungsräumen gibt es im Silicon Valley auch Probleme: Verkehrsprobleme, ständige Staus trotz immer neuer Straßen, erhöhte Wasser- und Luftverschmutzung. Die Lebenshaltungskosten sind enorm hoch. Auch die Unternehmen haben mit Schwierigkeiten zu kämpfen. Selbst weltweit operierende Konzerne wie Intel oder Hewlett-Packard mussten schon Beschäftigte entlassen, da die Konkurrenz größer geworden ist. Silicon Valley ist auch der Ort extremer sozialer Ungleichheit. Es beherbergt mehr Millionäre pro Kopf als jede andere Region der Vereinigten Staaten. Im Gegensatz dazu sinken die Löhne der Arbeiter schneller als in jeder anderen Region der USA.

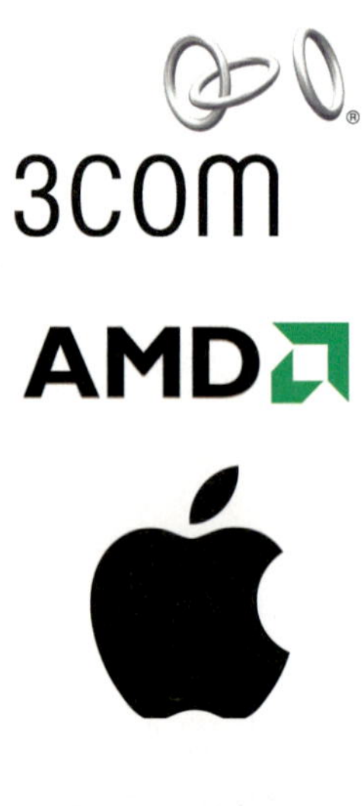

SONY

8 ***Unternehmen im Silicon Valley***

9 **Die Yahoo-Story**

Im Jahre 1994 waren Jerry Yang und David Filo Studenten an der Stanford-Universität in San Francisco. In einem Wohnwagen hinter der Universität verbrachten sie ihre Freizeit damit, durch das World Wide Web zu surfen und ihre eigene Homepage zu führen. Auf dieser legten sie eine Liste mit Internet-Links an, die nach Themen geordnet war. Wer diese Liste anklickte, konnte über Unterverzeichnisse auf eine Homepage gelangen, die ihn letztlich interessierte. Auf der Suche nach einem Namen für diese Liste kamen sie auf Yahoo, die Abkürzung für „Yet Another Hierarchical Officious Oracle". Mit dieser Idee gründeten sie 1995 eine Firma, die schon ein Jahr später an die Börse ging. Die Firma hatte 49 Mitarbeiter und ihr Wert erreichte im selben Jahr 849 Millionen Dollar. Bis zum Januar 1999 war er auf 44 Milliarden Dollar angewachsen. Die beiden Gründer Yang und Filo hatten zu diesem Zeitpunkt jeweils 5,1 Milliarden Dollar auf dem Konto.

(10) *Mississippidelta heute*

Das Öl des Südens

1901 begann mit der Entdeckung des Spindltop-Ölfeldes in Texas die industrielle Entwicklung der Golfregion. Hier wurde schon 1950 ein Drittel des gesamten Erdölbedarfs der USA gefördert. Heute hält Texas einen Anteil von zirka 20 % an der Welt-Erdölförderung. Zentrum ist Houston, die Stadt des Ölbooms und der Ölmultis. Hier leben und arbeiten 3,5 Millionen Menschen. Die Stadt gilt als Symbol für risikofreudiges Unternehmertum und ungezügelte Wachstumsmöglichkeiten. Ein dichtes Netz von Erdölleitungen verbindet die zahlreichen Raffinerien, Chemie- und Stahlwerke. In Houston befindet sich auch das bekannte Weltraumfahrtzentrum der USA.

5 *Stelle in einer Übersicht die Standortvorteile gegenüber für*
   - *die Hightech-Industrie im Silicon Valley*
   - *die chemische Industrie von Texas am Golf von Mexiko.*

6 *Vergleiche die Entwicklung im Silicon Valley mit der am Golf von Mexiko.*

7 *Erläutere die Folgen, die sich aus der Umleitung der Abwässer in den Mississippi für das Delta ergeben.*

(11) **Umweltschäden durch Industrialisierung**

Der Chicago River war jahrzehntelang Transportmittel für Fäkalien, Schlachthausabfälle und Fabrikabwässer. Als das Auffangbecken Michigansee ökologisch umzukippen drohte, kehrte man die Abflussrichtung des Chicago Rivers um, indem man die Wasserscheide zum Plaines River durchbrach. Seitdem übernahmen der Illinois und der Mississippi die Schmutzfracht. Außerdem hatte man so auch einen neuen Schifffahrtsweg erschlossen. Die Ufer der großen Seen wurden mit Industrie- oder Eisenbahn- und Hafenanlagen kilometerweit verbaut. Seit 1970 wurden gewaltige Geldmengen investiert, um die angerichteten Schäden teilweise wieder zu beheben. Aber auch im Golf von Mexiko sind durch die Ölförderanlagen und die Tankbetriebe die Umweltschäden erheblich.

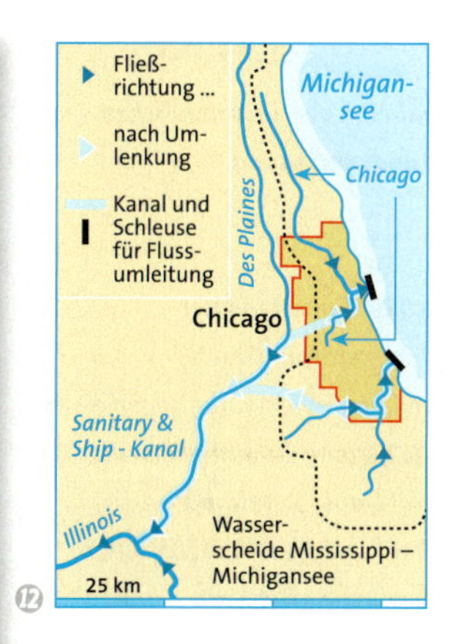

(12)

(13) ***Beschäftigte in der US-Ölbranche***

1970	*120 000*
1980	*420 000*
1990	*180 000*
2000	*120 000*

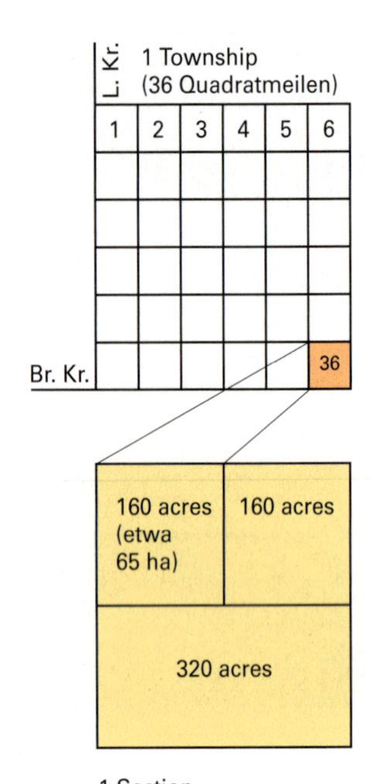

1 *Schema der amerikanischen Landvermessung*

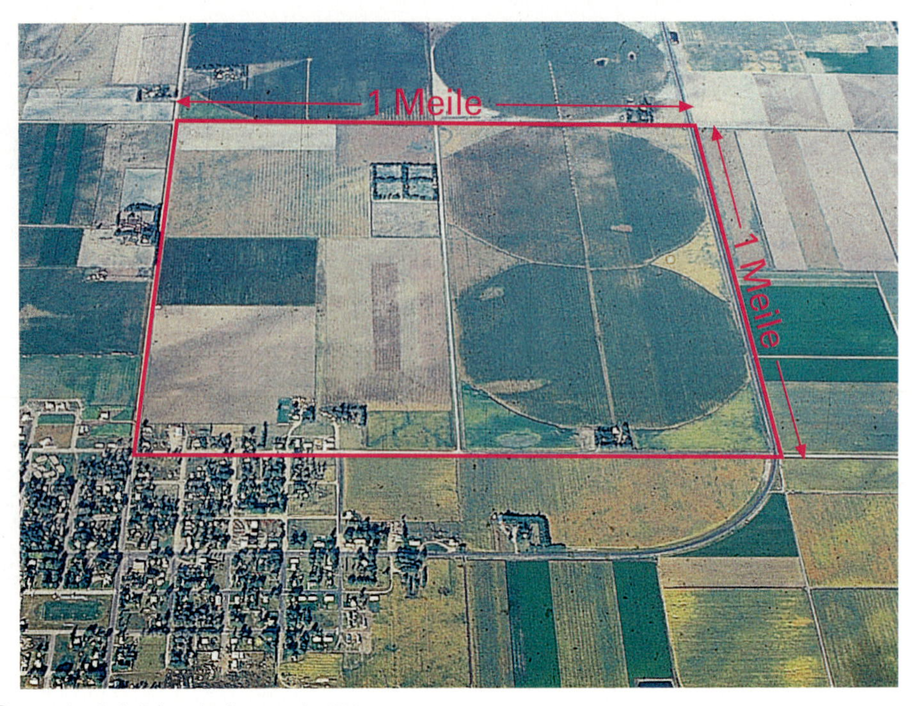

3 *Agrarlandschaft im Mittelwesten der USA*

2 ***1862 Homestead Act***
(Heimstätten-Gesetz)
Jedem Siedler wurde gegen eine geringe Gebühr 160 acres auf Dauer zugesprochen, sobald er dieses Areal fünf Jahre bewirtschaftet hatte. Farmen mit Flächen zwischen 65 und 130 Hektar gelten bis heute als Familienfarmen.

Get big or get out!

Etwas Eintönigeres als die Region um Oklahoma City im Herzen der USA kann man sich kaum vorstellen: Das Land ist fast tischeben, Straßen und Wege teilen es in riesige Quadrate. Das quadratische Landesvermessungssystem wurde 1785 im Zuge der Ausweitung des Siedlungsgebietes nach Westen angeordnet. So weit das Auge reicht dehnen sich Mais- und Sojafelder aus. Dazwischen liegen dunkelgrüne Weiden. Unterbrochen wird diese regelhafte Anordnung nur durch Gehöfte mit Scheunen, Silos aus Aluminium, in denen sich die Sonne spiegelt, große Hallen und Ställe. Selbst die Straßen folgen den rechteckigen Grundrissen der Landvermesser. Ab und zu trifft man auf eine Kleinstadt mit schachbrettförmigem Grundriss. Hier, südlich von Oklahoma City im Mittleren Westen der USA bewirtschaftet Michael Shirley mit seiner Familie eine große Farm.

Von der Familien- zur Großfarm

Die Farm der Shirleys besteht seit 1913. Ursprünglich war sie mit etwa 127 Hektar Größe eine typische Familienfarm. Bis etwa 1980 konnten die Erträge für Mais und Soja die Familie gut ernähren. Doch dann verfielen die Preise für Getreide, weil zu viel produziert wurde. In der Landwirtschaft der USA entstand durch diese Überproduktion eine Krise, in deren Folge es zu einem gewaltigen Farmensterben kam.

Auch Michael hätte die Familie nicht ernähren können, wenn er die Farm in der ursprünglichen Größe beibehalten hätte. Um effektiver wirtschaften zu können, kaufte er einen benachbarten Betrieb dazu und ging damit ein großes Risiko ein. Die Rettung kam durch ein Unternehmen, das in der Nähe eine große Schlachterei baute und mit den Shirleys einen Vertrag über die Lieferung schlachtreifer Tiere abschloss. „Die Ställe für die Schweine kosteten uns über 300 000 Dollar. Hinzu kamen die Kosten für das Land, das wir dazukaufen mussten. Das Schlachtunter-

4 Farm der Shirleys in Zahlen

Ackerbaubetrieb mit Fleischerzeugung;
Arbeitskräfte: Mr. und Mrs. Shirley mit den Söhnen Steve und Patrick, 3 zusätzliche Arbeiter;

Fläche: 650 ha, davon 250 ha Maisanbau (bewässert), 180 ha Hirseanbau, 130 ha Weizenanbau (bewässert), 90 ha Brache, stillgelegte Flächen, Grasland;

Maschinen: 7 Kreisberegnungsanlagen, 2 Futterautomaten, 7 Traktoren;

Jährliche Ausgaben: 41 000 $ für Düngemittel, 9 000 $ für Saatgut, 12 000 $ Energiekosten (besonders für die Wasserpumpen und Beregnungsanlagen), 7 000 $ für den Zukauf von Futtermitteln.

nehmen hat uns Geld geliehen, sonst hätten wir das gar nicht bezahlen können."
Die Shirleys kaufen die Ferkel und mästen sie mit dem extra dafür angebauten Mais. Sie sind ein typischer Veredelungsbetrieb geworden. 3,2 kg Mais ergeben etwa ein 1 kg Schweinefleisch. Schon mit sechs Monaten werden die dann schlachtreifen Tiere an das Unternehmen verkauft. Da die Kilopreise für Schweinefleisch sanken, müssen die Shirleys immer mehr Tiere mästen, um das Einkommen zu sichern.
Wie die Shirleys hatten viele Farmer in den USA nur eine Wahl: den Betrieb vergrößern oder aufgeben. So wurden aus früheren Familienfarmen mit der Zeit Großfarmen. Sie sind oft Zulieferbetriebe für Großabnehmer wie das Schlachtunternehmen, das den Shirleys ihre Schweine abkauft. Groß ist dann aber auch der Verdienst. „Im Moment können wir von unserer Farm gut leben", sagt Michael Shirley und lacht. „Aber es war ein sehr harter Weg bis hierher. Und Schulden haben wir immer noch."

	1930	2000
Zahl der landwirtschaftlichen Betriebe	6,5 Mio.	2,2 Mio.
Erwerbstätige in der Landwirtschaft	11 Mio.	3,0 Mio.
Ackerfläche	140 Mio. ha	177 Mio. ha
Durchschnittliche Betriebsgröße	57 ha	180 ha
Mechanisierung: Zahl der Traktoren	1,1 Mio.	5,1 Mio.
Verbrauch an Mineraldünger	15 kg/ha	111 kg/ha
Landw. Produktion Beispiel: Getreide	140 Mio. t	357 Mio. t
Hektarerträge Beispiel: Mais	15,7 dt/ha	86 dt/ha

5 ***Veränderungen in der Landwirtschaft der USA 1930 und 2000***

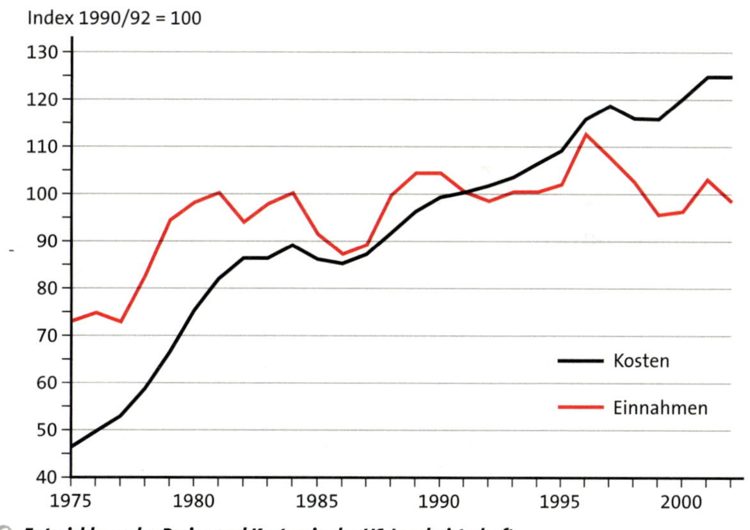

6 ***Entwicklung der Preise und Kosten in der US-Landwirtschaft***

1 *Beschreibe die Entwicklung der US-Landwirtschaft mithilfe des Spruchs „Get big or get out!"*

2 *Stelle anhand von Grafik 1 das Schema der Landvermessung vor und beschreibe die Auswirkungen auf die Landschaft in Foto 3.*

3 *Werte Tabelle 5 und Diagramm 6 aus und nenne Gründe für das Sterben von Familienfarmen.*

① **Feedlot**

② ***Cattle Empire Farm „Number 2" in Zahlen***
Großfarm mit Fleischerzeugung
Tiere: 85 000 Rinder in Feedlots
Fläche: 6 100 ha, davon 1 750 ha Maisanbau (bewässert), 403 ha Hirseanbau, 1 015 ha Weizenanbau (bewässert)
Arbeitskräfte: 3 Betriebsleiter, 73 Vollzeitbeschäftigte
Maschinen: 24 kleine (400 m) und 7 große (800 m) Kreisberegnungsanlagen, eigenes computergesteuertes Futtermischwerk, LKWs zur Futterausbringung und zum Viehtransport

③ Das Unternehmen Cattle Empire im Westen des US-Bundesstaates Kansas trägt seinen Namen zu Recht. Es besteht aus drei riesigen Rinderfarmen mit insgesamt 140 000 Tieren. Farm „Number 2" ist die größte. Joe Longoria als Manager überwacht unter anderem den Abtransport einer Herde von 800 Rindern zum Schlachthof. „Der Schlachthof gehört zu unserem Unternehmen", erzählt er, „während wir aber früher nur die Schlachtung der Tiere übernommen haben, zerlegen wir sie heute auch, verpacken das Fleisch und liefern es mit unseren eigenen Lastwagen an die Supermärkte. Das heißt, wir verdienen an jedem Arbeitsschritt bis zum Verkauf mit." Auch das Futter wird auf der Farm angebaut und mit dem LKW zu den Tieren gebracht. Eine Arbeitskraft kann bis zu 6 000 Rinder versorgen. Die Tiere stehen in Feedlots, Gehegen für jeweils 250 Rinder.

Agrobusiness

Die Rinderfarmen sind ein Beispiel für die Veränderung der US-amerikanischen Wirtschaft. Ohne Spezialisierung auf ein oder wenige Produkte, von denen bekannt ist, dass sie sich auf dem Markt gut verkaufen lassen, kann heute keine amerikanische Farm mehr überleben. Den Anfang machte die heute hauptsächlich im Südosten der USA verbreitete Hähnchenindustrie.

Ähnlich ist es auch beim Ackerbau in Kalifornien. Das kalifornische Längstal gilt als die produktivste Agrarregion der Welt. Das Salinastal südlich von San Francisco wird gar als die „Salatschüssel der USA" bezeichnet. In Kalifornien werden die verschiedensten Sonderkulturen angebaut. Neue Züchtungen entstanden in Zusammenarbeit mit Universitäten. Intensive Düngung und Schädlingsbekämpfung sowie künstliche Bewässerung sorgen dafür, dass hier die Erträge pro Hektar meist doppelt so hoch sind wie in den übrigen USA. Bei der Ernte werden Pflückroboter und hydraulische Baumrüttler eingesetzt. Wann geerntet wird, bestimmen nicht die natürlichen Bedingungen, sondern die großen Handelsunternehmen, die an die Farmbetriebe vertraglich gebunden sind.

So wandelt die amerikanische Landwirtschaft ihr Gesicht immer mehr hin zum **Agrobusiness.** Dabei werden die natürlichen Schranken wie Trockenheit und Kälte mit modernster Technik und Wissenschaft überwunden. Die Familienfarm wird zum Zulieferer für Großfarmen, deren Eigentümer oft Unternehmen wie Boeing, Coca-Cola, Standard Oil oder Banken sind. Für sie ist die Landwirtschaft nur eine Abteilung ihres Konzerns. So wird das traditionelle „family farming" mehr und mehr abgelöst vom „industrial farming". Doch diese Entwicklung fordert ihren Preis.

Probleme und Folgen

Die Böden der riesigen Weizenfelder in den Great Plains können nach dem Pflügen leicht vom Wind ausgeblasen werden. Es kommt zur Bodenerosion. Um die Abtragung zu verhindern, legen die Farmer Windschutzhecken an oder pflügen entlang der Höhenlinien (Konturpflügen). Dadurch fließt das Regenwasser langsamer von den geneigten Flächen ab und nimmt kaum Boden mit sich.

In vielen Trockengebieten ist der Wasserverbrauch so hoch, dass mehr Grundwasser aus dem Boden gepumpt wird als sich durch Niederschläge anreichern kann. Immer tiefere Brunnen müssen gebohrt werden.

Während der Ernte von Obst und Gemüse werden viele Saisonarbeitskräfte benötigt, die oft aus ärmeren Bevölkerungsschichten oder Minderheiten kommen. Um höhere Erträge zu erzielen, wird immer mehr Saatgut gentechnisch verändert. Beim Anbau dieser Pflanzen kommt es immer wieder zu überraschenden und ungewollten Nebenwirkungen: Die Stengel von Gen-Soja platzen bei Dürre und Hitze, Gen-Pappeln blühen zum falschen Zeitpunkt und Gen-Kartoffeln werden zu groß.

1 *a) Erkläre den Begriff Agrobusiness und vergleiche diese Art der Landwirtschaft mit einer Familienfarm. Nutze die Betriebsspiegel auf den Seiten 171/172.*
b) Stelle Vor- und Nachteile der Rinderzucht in Feedlots zusammen.

2 *a) Nenne Merkmale des „industrial farming“.*
b) Bewerte die Folgen dieser industrialisierten Landwirtschaft.

3 *Nimm zu der Frage Stellung, ob bei der Gentechnik der Nutzen oder die Gefahren überwiegen. Verwende dazu auch geeignete Quellen aus dem Internet.*

4 ***Einsatz eines Läusestaubsaugers in einem Erdbeerfeld***

5 **Konturpflügen gegen Erosionsgefahr in den Great Plains**

 TERRAMethode

① ***Nutzung mit den höchsten Erlösen in der US-Landwirtschaft nach Bundesstaaten***

Jede Karte stellt für einen Raum ein bestimmtes Thema dar. Manche Karten enthalten nur Informationen zu einem Thema, z. B. der Bodenfruchtbarkeit, andere dagegen stellen mehrere statistische Inhalte oder auch Entwicklungen dar. Solche Karten lesen und erklären zu können, gehört zu den wichtigsten Aufgaben im Geographieunterricht.

Thematische Karten auswerten

„Erläutere die landwirtschaftliche Nutzung im Bundesstaat New York!“
Zur Beantwortung solcher und ähnlicher Aufgaben können dir thematische Karten zur landwirtschaftlichen Nutzung weiterhelfen. Doch dazu musst du wissen, wie man thematische Karten nicht nur auswertet, sondern auch interpretiert.

② *Beispiel Karte 1: In der Karte wird die landwirtschaftliche Nutzung mit den höchsten Erlösen nach Bundesstaaten der USA dargestellt. Anhand der Farben und Symbole ist zu sehen, dass im Bundesstaat New York mit der Erzeugung von Milch die höchsten Erlöse erzielt werden.*

1. Schritt: Karteninhalt erfassen und beschreiben

Zuerst musst du dich orientieren: Um welches Thema geht es und welches Gebiet wird dargestellt? Lies anschließend die Legende, um das dargestellte Thema genauer zu erfassen. Beschreibe nun, was in der Karte dargestellt wird. Achte auf die räumliche Verteilung und Häufigkeit bestimmter Farben oder Signaturen oder darauf, ob Entwicklungsprozesse ablesbar sind. Prüfe, inwieweit einzelne Erscheinungen in bestimmten Teilräumen konzentriert sind oder fehlen.

2. Schritt: Karteninhalt erklären

Finde Ursachen für die in der Karte dargestellten Erscheinungen und deren räumliche Verteilung. In der Regel musst du dazu dein Vorwissen anwenden oder Informationen aus anderen Quellen entnehmen.

③ *Beispiel Karte 1 und Kreisdiagramm 6: Da hier viele Menschen leben, gibt es einen großen Absatzmarkt für Milchprodukte. Diese erzielen zwar mit rund 50 % die höchsten Erlöse, es werden aber noch andere Agrarprodukte wie Obst und Gemüse unter Glas erzeugt.*

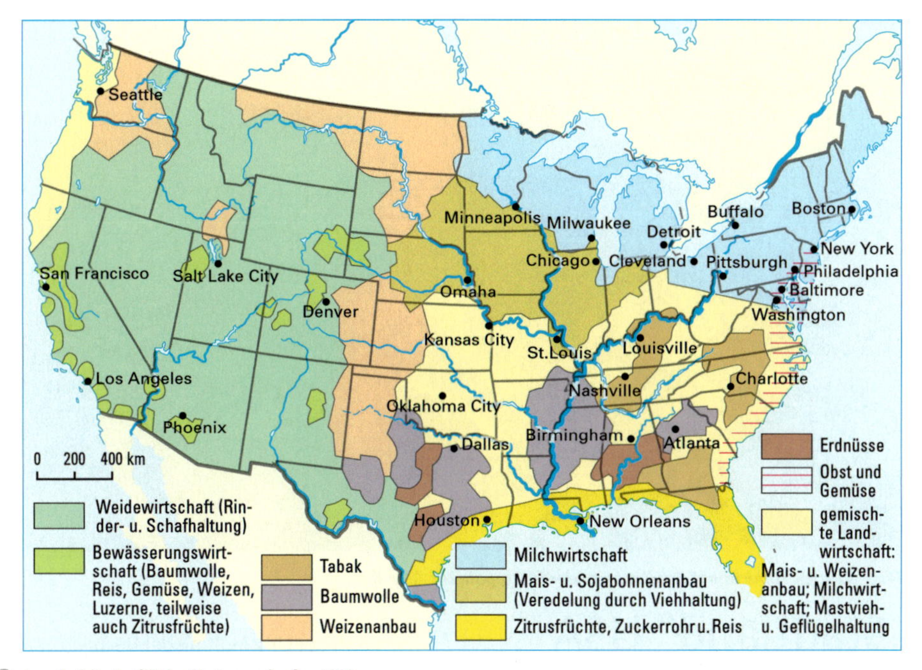

④ ***Landwirtschaftliche Nutzung in den USA***

3. Schritt: Karteninhalt bewerten und schlussfolgern

Bewerte Informationsgehalt, Aussagewert und Darstellung der Karteninhalte. Achte auf angegebene Datenquellen, die Aktualität, die verwendeten Farben, Symbole und Signaturen. Überprüfe dein eigenes Vorgehen. War die Auswertung systematisch angelegt und die Beschreibung ausführlich? Sind die Zusammenhänge logisch dargestellt und nachvollziehbar?

⑤ *Beispiel Karte 1: Durch die direkte Zuordnung der Nutzung mit den höchsten Erlösen zum jeweiligen Bundesland kann die Aufgabe eindeutig beantwortet werden. Durch das Hinzuziehen des Kreisdiagramms ist aber zu erkennen, dass im Bundesland New York nicht nur Milchwirtschaft existiert. Die Karte wirkt durch die Darstellung der Agrarprodukte sowohl mit Farben als auch mit Signaturen unübersichtlich. Es fehlt auch eine zeitliche Einordnung.*

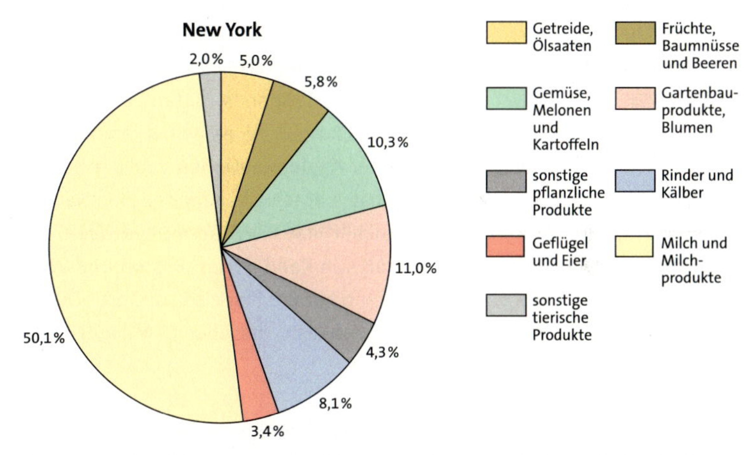

⑥ ***Agrarische Wertschöpfung nach Produktgruppen im Bundesstaat New York (2002)***

1 *Untersuche die landwirtschaftliche Nutzung der Bundesstaaten Texas und Kalifornien.*

a) Beschreibe mithilfe des Atlas die naturräumlichen Voraussetzungen für die Landwirtschaft in den Bundesstaaten.

b) Stelle mithilfe der Karte 4 fest, in welchen Teilregionen die jeweilige Nutzungsform überwiegt. Begründe.

c) Zu welchen Schlussfolgerungen kommst du, wenn du die Karte 1 in deine Überlegungen einbeziehst?

City, Downtown oder Central Business District (CBD) *sind Bezeichnungen für das Gebiet der höchsten baulichen Verdichtung und Konzentration von Dienstleistungseinrichtungen im zentralen Bereich der Städte.*

② **Blick von den Suburbs auf das Zentrum der Metropole Los Angeles**

① **Einwohnerzahlen der größten Städte der USA und der entsprechenden Agglomerationen (2003) in Mio.**

	Stadt	*Agglomeration*
New York	*8,1*	*18,6*
Los Angeles	*3,8*	*12,8*
Chicago	*2,9*	*9,3*
Houston	*2,0*	*5,1*
Philadelphia	*1,5*	*5,8*

Agglomeration
(lat.: agglomerare = fest anschließen; anhäufen) bezeichnet eine räumliche Ballung bzw. Verdichtung von Bevölkerung und Wirtschaft in einem Gebiet.

„Stadtland" USA

In den USA gibt es merkwürdige Städtenamen, die auf keiner Atlaskarte stehen: „Boswash", oder „Sansan". Es sind Abkürzungen für riesige „Stadtlandschaften", die sich aus der Verschmelzung einzelner aneinander gereihter **Agglomerationen** gebildet haben. Man hat einfach die Anfänge der Namen derjenigen Städte zusammengezogen, die am äußeren Rand liegen: Boston und Washington oder San Francisco und San Diego. Allein „Boswash" hat über 40 Millionen Einwohner.

Stadtrandwanderung

Während vor 200 Jahren nur 6 % der Amerikaner in Städten lebten, sind es heute etwa 80 %. Dabei dehnen sich die Städte immer weiter aus. Sie bilden neue Vororte und wachsen mit kleineren Städten im Umland zusammen. Außerhalb der Grenzen der Kernstädte bilden sich ausgedehnte Stadtrandsiedlungen, die „Suburbs".

Viele besser Verdienende sind aus der „Central City" abgewandert. Sie haben sich in den Vorstädten niedergelassen. Fast 50 % der 300 Millionen US-Amerikaner leben inzwischen in Suburbs.

Diese Form der Umsiedlung der Bevölkerung einschließlich der Verlagerung von Betrieben und Einrichtungen wird als **Suburbanisierung** bezeichnet. Ständiges Städtewachstum ist die Folge. Die Gründe für den Prozess sind sehr vielfältig:

- Im Central Business District wuchs der Flächenbedarf für Verwaltung und Dienstleistungen. Bürohochhäuser verdrängten die Wohnbauten wegen der hohen Grundstückspreise.
- Die neuen Wohnsiedlungen am Rand der Stadt bieten gute Bedingungen: Wohnen im Grünen, bessere Schulen und hinreichend Dienstleistungsangebote.
- Die längeren Wege in die City sind nicht von großem Nachteil, da jede Stadt über ein gut ausgebautes Stadtautobahnnetz verfügt.
- Auf den billigen Grundstücken im Umland konnten sich auf großen Flächen große Einkaufszentren, auch Malls genannt, Fabriken, Lagerhäuser sowie Bürokomplexe ansiedeln. So entstanden in der neuen Wohnumgebung auch neue Arbeitsplätze. Die am Rand der City noch übrig gebliebenen Wohnviertel verfielen sehr schnell. Einkommensschwache blieben hier zurück. Ethnische Minderheiten siedelten sich an.

Leben im Suburb

Fred Baker wohnt seit drei Jahren mit seiner Familie in einem Suburb nahe San Francisco. „Für uns war das bereits der dritte Umzug in den letzten 15 Jahren“, berichtet er. „Ich arbeite in einer Elektronikfirma. Durch den Wechsel des Firmensitzes nach San Francisco war ich gezwungen, mit der Arbeit mitzugehen.“ „Unser Fertigteilhaus besteht aus Holz und hat keinen Keller. Weil das Grundstück dazu nicht all zu groß ist, konnten wir das Anwesen relativ preiswert erwerben“, erklärt Fred Baker.

Auf der Garageneinfahrt stehen die Autos der Bakers. „Ohne Auto geht hier im Vorort gar nichts“, erzählt seine Frau Jane, die gerade mit einigen Einkäufen aus dem fünf Meilen entfernten Shopping-Center kommt. „Einkaufen kannst du täglich 24 Stunden lang. Dies ist auch notwendig, da meine Arbeitszeit meist nicht vor 19 Uhr endet und die Heimfahrt in der alltäglichen Rushhour gut zwei Stunden dauert. Nach unserem Umzug habe ich Arbeit in einem Büro gleichfalls in der City gefunden“, erklärt sie weiter. „Da Louise und Francis die Schule besuchen, müssen wir uns täglich absprechen, wer die Kinder zur Schule fährt und auch wieder abholt. Schulbusse gibt es in dieser Gegend nicht und mit dem Bike ist es einfach zu gefährlich.“, erläutert Fred, während Jane das Abendessen aus der Mikrowelle serviert. Danach sitzen die vier meist vor dem Fernseher. Kulturelle Einrichtungen gibt es bis auf Fast-Food-Restaurants nicht. Vor allem Francis geht dieses Leben zunehmend auf die Nerven. Ihre Freunde wohnen alle weit entfernt. „Bald bin ich 16 und kann die Fahrerlaubnis machen. Ein Auto gibt es bereits für 1 000 $.“

1 *a) Überlege, ob die Bezeichnung „Stadtland“ für die USA zutreffend ist.*
b) Beschreibe die Lage der Gebiete mit hoher Verdichtung innerhalb der USA.

2 *Erläutere den Aufbau eines amerikanischen Verdichtungsraumes.*

3 *Benenne Vorzüge und Probleme der „städtischen Lebensweise“ in einem Suburb.*

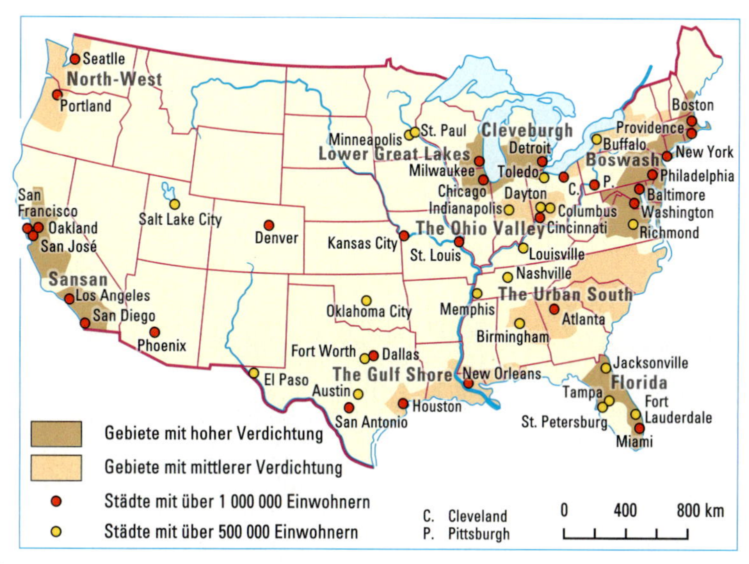

3 *Verdichtungsräume in den USA*

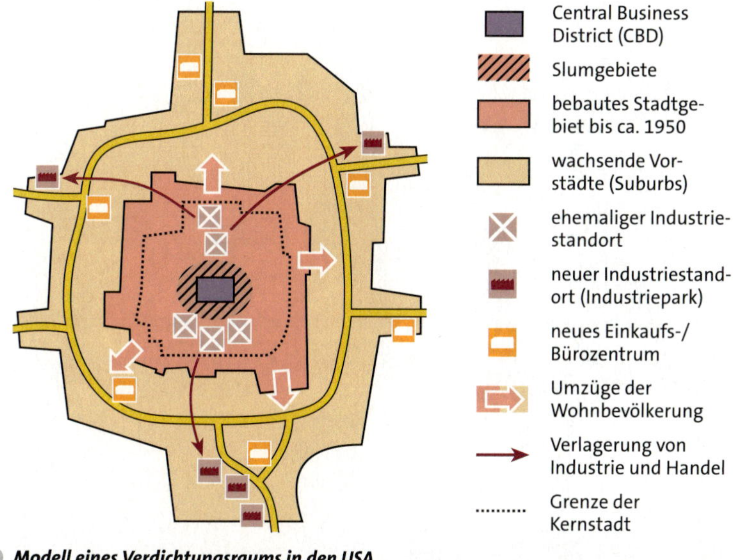

4 *Modell eines Verdichtungsraums in den USA*

5 *Mall of America in Bloomington*

Blick auf Manhattan, das Herz der Metropole New York

New York –

Über acht Millionen Menschen und 200 verschiedene Sprachen: Hier leben mehr Chinesen als irgendwo sonst außerhalb Asiens, aber auch sehr viele Italiener, Iren und andere Völker. Hinzu kommen jährlich über 36 Millionen Touristen. Wenn es das alles verbindende Englisch nicht gäbe ...

Weltmetropole mit Gegensätzen

Manhattan ist der wohl bekannteste der fünf Stadtteile von New York. Hier, im bedeutendsten Finanz-, Handels- und Kulturzentrum der Welt, findet man den Sitz der UNO, mehr als 60 Museen, etwa 400 Kunstgalerien und die größte Börse der Welt. Straßennamen wie Wallstreet oder Broadway sind weltbekannt. In der Fifth Avenue, der berühmten „Straße der Millionäre", liegen exklusive Luxusgeschäfte und teure Apartmenthäuser, deren Eingänge von Sicherheitspersonal überwacht werden. Der Time Square ist einer der bekanntesten Plätze der Welt. Rund 600 Veranstaltungen im Jahr mit mehr als sechs Millionen Besuchern finden im Madison Square Garden statt, einer Arena mit 20 000 Sitzplätzen. Und nicht zuletzt sind es die imposanten Wolkenkratzer, die Manhattan so attraktiv machen.

Die Einwohner gleicher Herkunft, ethnische, soziale oder religiöse Minderheiten finden sich oft in eigenen Wohnvierteln der Stadt zusammen, wie zum Beispiel in Chinatown oder Little Italy.
In kaum einer anderen Stadt gibt es so viele soziale Unterschiede auf engstem Raum. In Upper East Site wohnt seit Beginn des 20. Jahrhunderts die High Society. Unweit nördlich davon in Harlem leben jedoch rund 160 000 Farbige unter sehr schlechten Bedingungen. Die meisten Bewohner sind arbeitslos. Armut und Kriminalität sind die Folge.

the Big Apple

Diese Gegensätze wirken sich schlecht auf den Ruf New Yorks als Weltmetropole aus. Um den Verfall zu stoppen, ließ die Stadt ab 1995 allein im Stadtteil Bronx etwa 30 000 Wohnungen sanieren bzw. neu bauen und wertete das Stadtviertel dadurch auf. Die Kriminalität hat hier bereits bis zu 30 % abgenommen. Das liegt aber auch am aufgelegten Programm zur scharfen Bekämpfung der Kriminalität einschließlich der alltäglichen Vergehen wie Schwarzfahren und Ladendiebstahl. Über 1 000 Polizisten und Sicherheitsdienste wurden dafür zusätzlich eingestellt.

Treff: Manhattan 5th Avenue, 57th Street
Verlaufen kann man sich kaum in New York. Das gilt für jede nordamerikanische Stadt, auch wenn sie noch so groß ist. Der schachbrettartige Grundriss hilft bei der Orientierung. Meist genau von Nord nach Süd verlaufend kreuzen Avenues die von West nach Ost verlaufenden Streets. Durch ihre Nummerierung kann ein Treffpunkt kaum verfehlt werden. Ausnahmen bilden lediglich die sich meist quer durch die Stadt schlängelnden Boulevards, an denen viele Geschäfte, Theater und andere zentrale Einrichtungen zu finden sind. Der bekannteste unter ihnen ist der Broadway.

1 *New York wird als Weltmetropole bezeichnet. Begründe.*
2 *Vergleiche den Aufbau einer nordamerikanischen mit einer europäischen Stadt.*
3 *Arbeite mit dem Stadtplan. Beschreibe die Lage einzelner Sehenswürdigkeiten Manhattans mithilfe des Straßennetzes.*
4 *New York unternimmt große Anstrengungen zur Modernisierung der Wohnviertel armer Bevölkerungsschichten. Welche neuen Probleme ergeben sich für die „alten" Mieter?*

② **Stadtteil Manhattan / New York**

❶ *Früher bauten die Inuit Iglus, während sie auf Jagd waren*

Inuit in Kanada

Seit ungefähr 3 000 Jahren besiedeln die Inuit das Gebiet am Nordpolarmeer nördlich des 60. Breitengrades. Lange Zeit lebten die Ureinwohner Kanadas im Einklang mit der Natur. Mit dem Vordringen der Zivilisation änderte sich ihr Leben radikal.

Leben früher

Als Nomaden wanderten die Inuit dorthin, wo sie jagen konnten und Nahrung fanden. Im Sommer zogen sie ins Landesinnere. Während die Männer Karibus und andere Landtiere jagten oder in den Flüssen fischten, sammelten die Frauen Beeren und Kräuter. Zelte aus Robben- und Seehundfellen, die über einem Knochenrahmen gespannt waren, dienten als Unterkunft. Die Zelte waren praktisch, da sie leicht waren und vor Wind und Wasser schützten. Wurde es in den schneebedeckten Gebieten sehr kalt oder stürmisch, konnten die Inuit innerhalb von 30 Minuten aus Schneeblöcken ein Iglu bauen. Felle als Windfang und als Auskleidung der Decke sorgten für gleichmäßige Temperaturen im Inneren. Außerdem speicherten sie die Wärme, die während des Kochens entstand.

❷ In der Sprache der Cree-Indianer wurde Eskimo als „Rohfleischesser“ gedeutet. Da die Inuit mangels Holz und Öl lange Zeit kein Feuer kannten, aßen sie tatsächlich Fisch und Fleisch roh. Heute übersetzt man Eskimo mit „Schneeschuhflechter“. Sie selbst bezeichnen sich in ihrer Sprache Inuktitut als Inuit (Einzahl: Inuk), was übersetzt Mensch heißt.

Zum Seehundfang wandten die Inuit die Atemlochjagd an. Um atmen zu können, müssen die Seehunde Löcher im Eis öffnen. Etwa zehn Minuten halten sie sich hier auf – die Chance für die Jäger. Atemlochjagd ist ein Geduldsspiel. Stundenlang mussten die Jäger bei extrem niedrigen Temperaturen oft an den mühsam gefundenen Atemlöchern ausharren, bevor ihre Jagd von Erfolg gekrönt war. Im Winter zogen die Inuit an die Küste, um Meerestiere zu jagen. Dort bauten sie feste Häuser aus Steinen, Grasstücken, Treibholz, Knochen und gepresstem Schnee. Türen und Fenster verhängten sie von innen mit Häuten und Fellen. Um die Wärme besser zu speichern, machten sie aus dünnen Fellen sogar Tapeten für die Wände.

③ *Eine Inuitfrau spannt ein Karibufell*

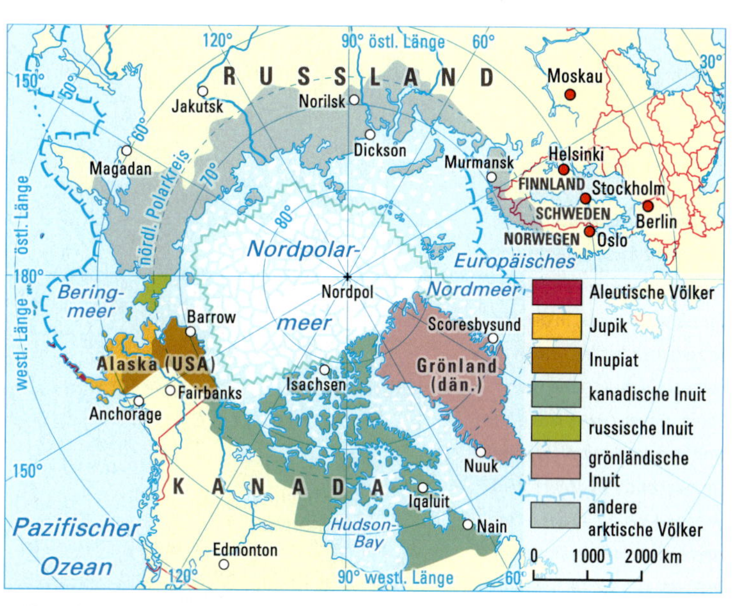

⑤ *Völker, die am Polarkreis leben*

④

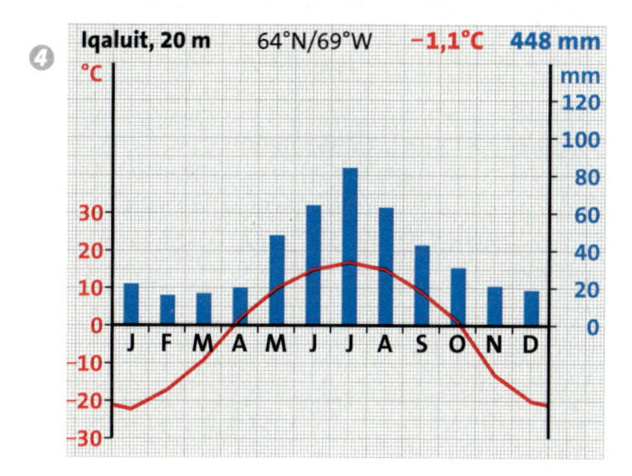

Aus dem Tran der Meerestiere gewannen sie Brennstoff für ihre einzige Lichtquelle während der Polarnacht – die Öllampe.

Die Kleidung der Inuit bestand vorwiegend aus Fellen. Am wärmsten sind Bärenfelle. Sie kamen beim Jagen in großer Kälte zum Einsatz. Selbst einen Sturz ins kalte Wasser konnte man damit trocken überstehen. Für den Alltag waren die Bärenfelle aber viel zu schwer. Hier eignete sich wasserdichtes Robbenfell oder das strapazierfähige, leichte und warme Rentierfell. Ähnlich der heutigen Outdoor-Kleidung lagen die Felle nicht eng an, sodass sich zwischen Körper und Haut eine warme Luftschicht bildete. Schweiß konnte nach außen verdunsten, umgekehrt Wasser und Wind nicht eindringen.

⑥ **Wie baut man ein Iglu?**

Simionie will sich für die Jagdsaison ein Biwak bauen. Ein Iglu! Zuerst tritt Simionie mit den Füssen einen Kreis in den Schnee, um festzulegen, wo das Iglu gebaut werden soll. Anschließend gräbt er einen Schacht, der später als Ein- und Ausgang dienen soll. Simionie schneidet mit einem großen Schneemesser Blöcke aus festem Schnee zurecht. Wenn möglich, werden die Blöcke aus dem Inneren des festgelegten Platzes geschnitten. Denn je tiefer der Boden ist, desto niedriger kann das Dach sein. Die Blöcke sind gleichmäßig und alle etwa gleich groß. Sie werden spiralförmig (wie ein Schneckenhaus) aufeinandergebaut. Die Fugen schneidet Simionie von innen mit dem Messer gerade und rückt die Stücke zusammen, sodass sie sich gegenseitig stützen. Oben bleibt ein kleines Belüftungsloch offen. Damit es innen nicht ganz dunkel bleibt, werden Fenster aus Eisscheiben oder aus durchsichtigem Seehundsdarm eingebaut. Als Eingang baut er an dem vorbereiteten Schacht einen Tunnel an, damit Wind und Kälte nicht eindringen können. Manchmal werden mehrere Iglus durch Gänge und Tunnel miteinander verbunden.

⑦ ***Durchschnittliche Tageslänge in Iqaluit***

Monat	*Stunden*
Januar	*6*
März	*12*
Juni	*19*
Oktober	*10*
Dezember	*5*

8 Flagge von Nunavut: *Gelb steht für den Reichtum an Bodenschätzen und Weiß für Eis und Schnee. In der Mitte zwischen beiden Farben ein roter „inukshuk“, eine Steinsäule, die eine Person darstellt und von den Inuit als Wegweiser oder auch als Meilenstein verwendet wird. In der rechten oberen Ecke des weißen Feldes befindet sich ein blauer fünfzackiger Stern, der den Nordstern symbolisiert.*

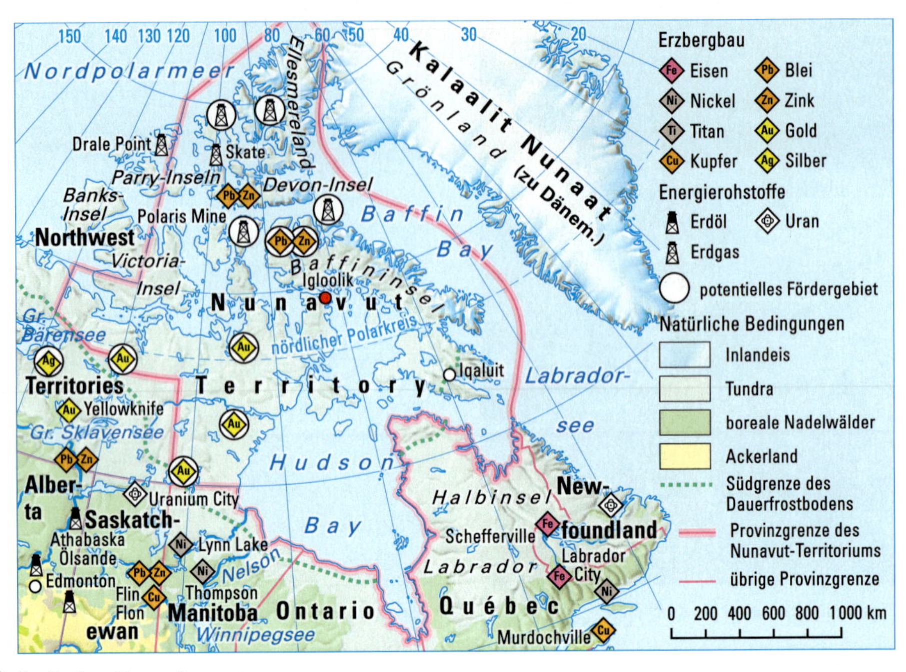

10 Territorium Nunavut

9 Territorium Nunavut

Größe: 2,1 Mio. km²
Einwohner (2005): 32 000
Bevölkerungsstruktur:
85 % Inuit, 15 % Weiße
60 % unter 25 Jahren,
3 % über 65 Jahren
Amtssprachen: Inuktitut, Englisch, Französisch
Hauptstadt: Iqaluit (früher: Frobisher Bay)

Leben heute

Lange Zeit war der arktische Norden Kanadas von äußeren Einflüssen abgeschirmt. Mit der Erschließung von Erzen sowie Erdöl und Erdgas änderte sich dies schlagartig. Multinationale Firmen nahmen, unterstützt von der kanadischen Regierung, das Land in Besitz. Mitte des vergangenen Jahrhunderts begann die kanadische Regierung mit einer Politik der Anpassung der Inuit an westliche Lebensstile. Das Kennenlernen westlicher Konsumgüter und der Bau städtischer Siedlungen stießen auf Ablehnung, waren aber Verführung zugleich.

Die Folgen waren verheerend: Traditionelle Werte, wie festgefügte dörfliche und familiäre Beziehungen, gingen verloren. Viele Inuit wurden arbeitslos, gerieten in Abhängigkeit von Sozialhilfe, flüchteten in den Alkohol. Arbeitersiedlungen der Ölfirmen wurden zu Zentren der Kriminalität.

Der 1. April 1999 war für die kanadischen Inuit ein großer Tag. Die erste gewählte Regierung des Territoriums Nunavut (Inuktitut: unser Land) trat in ihr Amt und für 32 000 Inuit begann die Selbstverwaltung in einem aus der Nordwestprovinz herausgelösten Land.

11 Nunavut und Kanada im Vergleich

Merkmal	Nunavut	Kanada
Wirtschaftsleistung pro Kopf 2004	28 733 CA-$	40 829 CA-$
Arbeitslosigkeit 2004	25 %	8 %
Bevölkerung unter 15 Jahren 2004	41 %	20 %
Bevölkerungsentwicklung 1996–2001	+ 8,1 %	+ 4,0 %
Highschool-Abschluss 2001	9,7 %	23,0 %
Lebenserwartung 2001	69,8 Jahre	78,3 Jahre

Ziel der autonomen Regierung ist die Verbesserung der Lebensverhältnisse der Menschen. Zum Aufbau der Wirtschaft sollen Arbeitsplätze im Dienstleistungsbereich geschaffen werden. Verstärkt setzt die Regierung auf den Tourismus. Eine große Einnahmequelle verspricht man sich von der Steigerung der Erträge bei der Gewinnung von Bodenschätzen. Zur Pflege alter kultureller Traditionen dient der Aufbau sozialer und kultureller Einrichtungen.

Viele dieser Maßnahmen sind bereits umgesetzt. Dennoch wird es noch lange Zeit dauern, bis in Nunavut ähnliche Lebensverhältnisse herrschen wie im übrigen Kanada.

⑫ ***Iqaluit***

⑭ ***Inuktitut** – ein eigenes Imagemagazin präsentiert das soziale Leben, die Sprache und Kultur der Inuit.*

⑬ As Canada's newest, fastest growing capital, Iqaluit is an exciting place to be. The city's bursting with the anything's-possible attitude of a young community, with a diverse mix of people that gives the city extra spark. Even though it's located on the remote Arctic tundra, Iqaluit aims to be every inch a capital city, with the amenities and quality of life to rival any in Canada. The Arctic climate can be daunting, but to those who live here, it's a challenge to be met with gusto. Dogsledding and snowmobiling are signature Iqaluit sports, but so are boating, fishing and kayaking. There are only three snowless months a year, but what brilliant months they are, filled with long mellow sunlight, bursting wildflowers and the laughter of liberated children. And while the sea-ice doesn't move out of the bay until July, it stays out until October.

The Relocation Guide to Iqaluit, www.city.iqaluit.nu.ca

Wortliste: burst – explodieren; spark – Funke; remote – entfernt; amenities – öffentliche Einrichtungen; daunting – entmutigend; gusto – Vergnügen

Iqaluit – eine aufstrebende Stadt

Am Beispiel der Hauptstadt Nunavuts werden das neue Selbstbewusstsein der Inuit und der wirtschaftliche Aufschwung der letzten Jahre besonders deutlich. Obwohl sie nur 5 000 Einwohner hat, verfügt die Stadt über eine Fülle von Dienstleistungseinrichtungen. Offensiv wirbt die Stadt mit einer hohen Lebensqualität für weitere Ansiedlungen. Mit der gut entwickelten touristischen Infrastruktur sollen Besucher angelockt werden und damit zu einer wesentlichen Einnahmequelle für die Stadt und das Land werden.

1 *a) Ordne den Lebensraum der Inuit in die Klima- und Vegetationszonen ein.*
b) Beschreibe, wie sich die Inuit an die besonderen Bedingungen angepasst haben.

2 *Erkläre, wie die Inuit ein Iglu bauen.*

3 *Beschreibe die Einflüsse der westlichen Kultur auf das Leben der Inuit.*

4 *a) Informiere dich z. B. im Internet über Maßnahmen zur Verbesserung der Lebensqualität in Iqaluit.*
b) Übersetze den Text (13). Welche Merkmale der Stadt für eine hohe Lebensqualität werden hervorgehoben?

Surftipp

www.nunavuttourism.com
www.city.iqaluit.nu.ca

Angloamerika

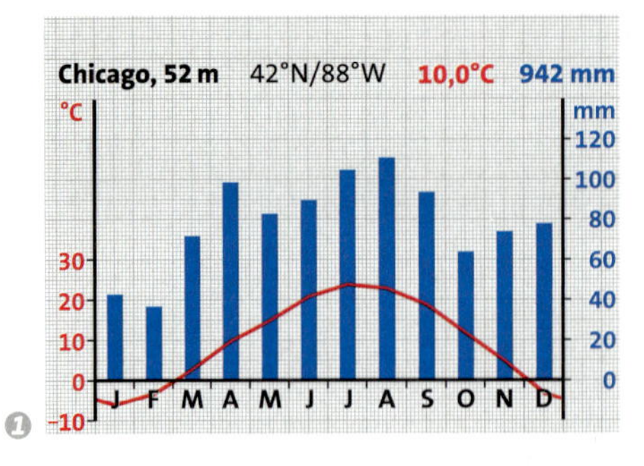

1

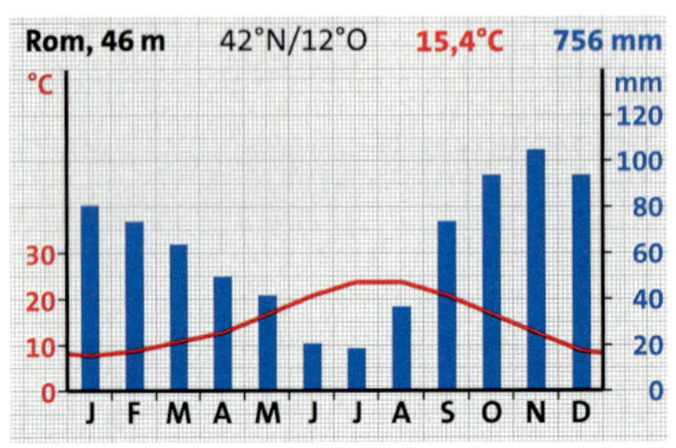

2

3 „Amerika“

Wichtige Begriffe

- Agglomeration
- Agrobusiness
- Angloamerika
- Binnenentwässerung
- Blizzard
- Einzugsgebiet
- Hurrikan
- indigene Völker
- Lateinamerika
- Northers
- Plateau
- Schild
- Southers
- Suburb
- Suburbanisierung
- Tornado
- tropischer Wirbelsturm
- Verdichtungsraum
- Wasserscheide

1 Topographie-Experten gesucht
Arbeite mit der Karte 4 und benenne die geographischen Objekte.

2 Vergleichen
a) Vergleiche die Oberflächengliederung von Nord- und Südamerika.
b) Vergleiche das Klima von Chicago (1) und Rom (2).
c) Vergleiche die Klimatypen der gemäßigten Klimazone von Nordamerika und Europa.

3 Außenseiter gesucht
Welcher der vier Begriffe gehört nicht zu den anderen drei? Begründe.
a) Brasilien, Kanada, Mexico, Kuba
b) Colorado, Mackenzie, Mississippi, Missouri
c) Alaska, Grönland, Florida, Labrador
d) Appalachen, Sierra Nevada, Anden, Rocky Mountains
e) Amazonastiefland, Orinocotiefland, Zentrales Tiefland, La-Plata-Tiefland

4 Kartographische Skizze zeichnen
Zeichne eine Umrisskarte der USA. Trage in die Karte flächenhaft die wichtigsten Verdichtungsräume ein. Kennzeichne in den Verdichtungsräumen jeweils die großen Agglomerationen.

5 „American Way of life“
Beschreibe und beurteile die Karikatur 3.

6 Findest du die Begriffe?
a) Bezeichnung für die Abwanderung von Bevölkerung, Unternehmen und Dienstleistungseinrichtungen aus den Kernstädten in die Vorstädte.
b) Bezeichnung für eine räumliche Ballung bzw. Verdichtung von Bevölkerung und Wirtschaft in einem Gebiet.

7 Richtig oder falsch?
Verbessere die falschen Aussagen und schreibe sie richtig auf.
a) Tornados entstehen vorwiegend über tropischen Gewässern.
b) Die Zerstörungskraft von Hurrikans nimmt über den Festländern ab.
c) Der Durchmesser eines Hurrikans ist geringer als der eines Tornados.
d) Kalte Meeresströmungen beeinflussen das Klima an der Ostküste der USA.
e) Der Nord-Süd-Verlauf der Gebirge verhindert das Vordringen von Luftmassen nach Süden bzw. Norden.

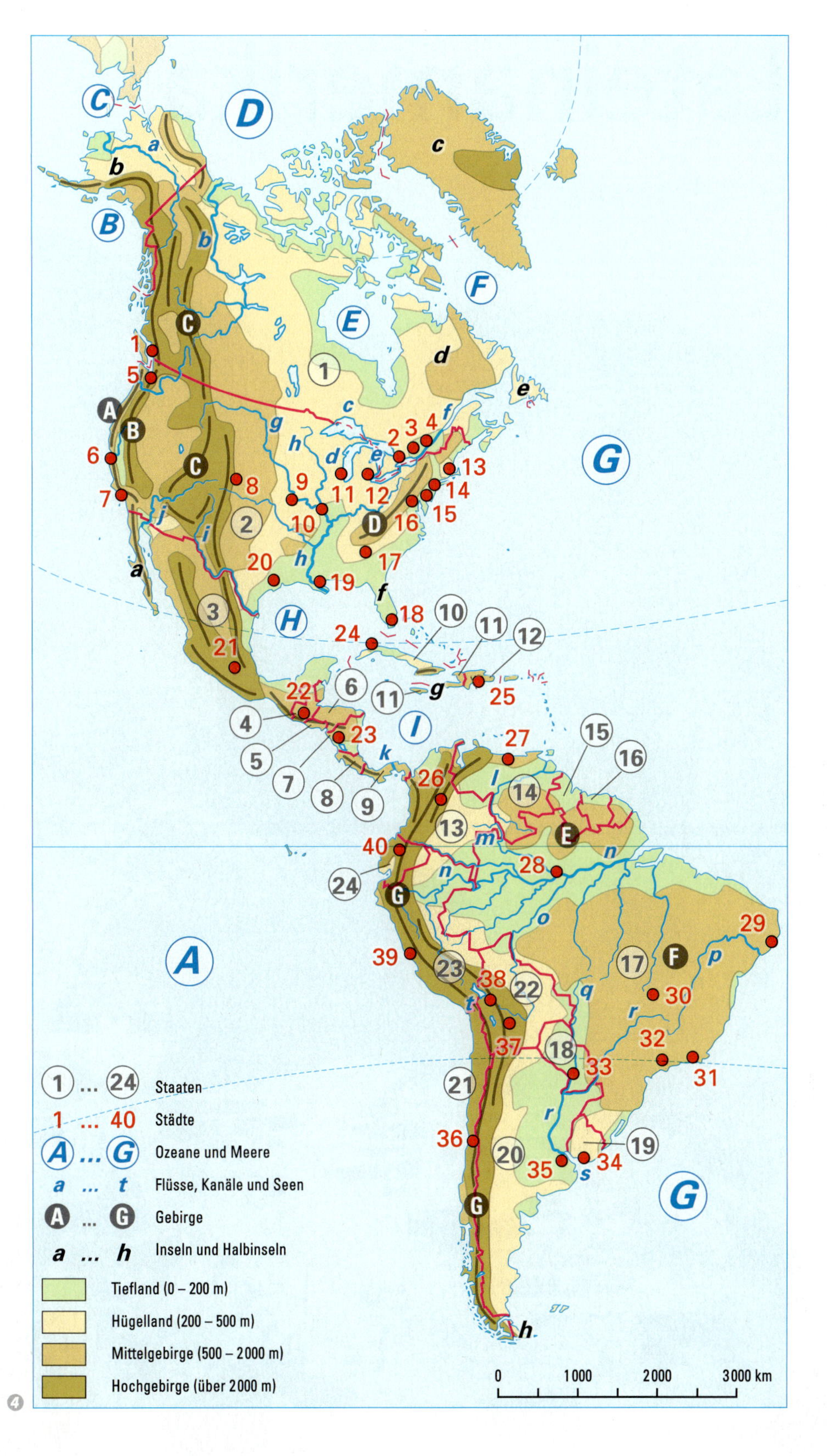

4

Teste dich selbst

mit den Aufgaben 6 und 7.

Training

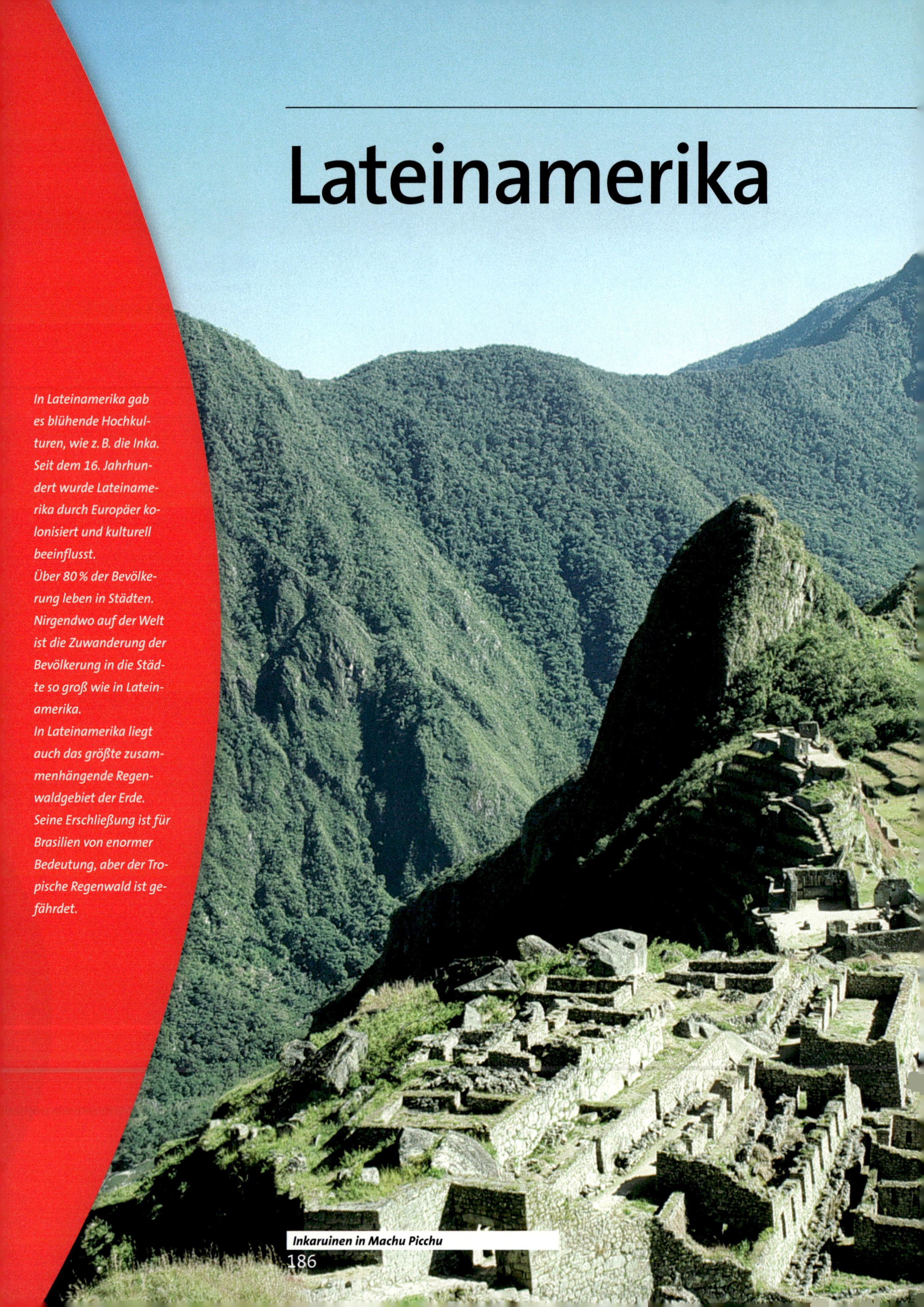

Lateinamerika

In Lateinamerika gab es blühende Hochkulturen, wie z. B. die Inka. Seit dem 16. Jahrhundert wurde Lateinamerika durch Europäer kolonisiert und kulturell beeinflusst.
Über 80 % der Bevölkerung leben in Städten. Nirgendwo auf der Welt ist die Zuwanderung der Bevölkerung in die Städte so groß wie in Lateinamerika.
In Lateinamerika liegt auch das größte zusammenhängende Regenwaldgebiet der Erde. Seine Erschließung ist für Brasilien von enormer Bedeutung, aber der Tropische Regenwald ist gefährdet.

Inkaruinen in Machu Picchu

In den Anden (Chile)

Tropischer Regenwald in Amazonien

Historische Innenstadt von Mexiko-Stadt

6

① *Der Chimborazo in Ecuador, 6272 m*

In Ecuador unterwegs

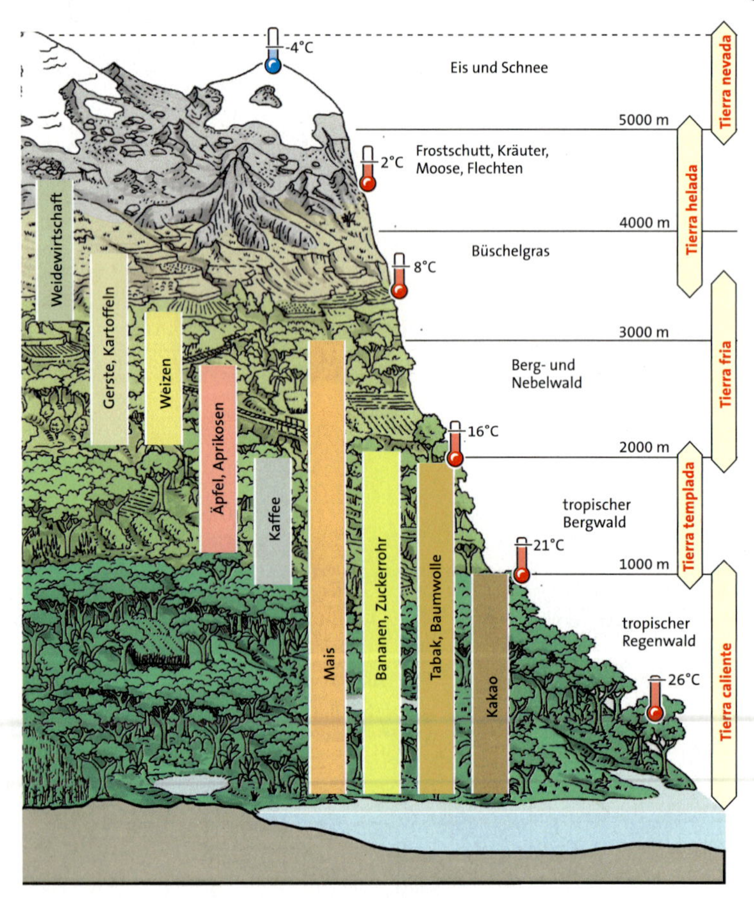

② *Höhenstufen der Vegetation am Äquator in Südamerika*

③ Unsere Fahrt mit dem Transandino-Express in Ecuador beginnt in der Hafenstadt Guayaquil. Es geht durch die feuchtheiße Küstenebene, vorbei an ausgedehnten Reis- und Zuckerrohrfeldern. Wir sehen Ölpalmenplantagen, Kakaopflanzungen und riesige Viehfarmen. Vom ursprünglichen Tropischen Regenwald zeugen nur noch einzelne Bäume. In Bucay beginnt der Anstieg. Durch steil eingeschnittene, mit Tropischem Regenwald bedeckte Täler geht es bergan. Zahlreiche Rodungsinseln zeigen, dass der Wald überall zurückgedrängt wird. Auch die natürliche Vegetation verändert sich. Auf den regenreichen Außenseiten des Gebirges wächst nun dichter tropischer Bergwald. Je höher wir kommen, desto kühler wird es. Der Bergwald geht allmählich in immergrünen Nebelwald über. An den Hängen ziehen sich nun die kleinen Getreide- und Kartoffelfelder der Indios wie Fleckenteppiche empor. Bei Urbina zu Füßen des eisbedeckten Chimborazo liegt der höchste Punkt der Strecke, das unwirtliche Grasland der Paramos. Die niedrigen Temperaturen erlauben hier keinen Baumwuchs mehr.

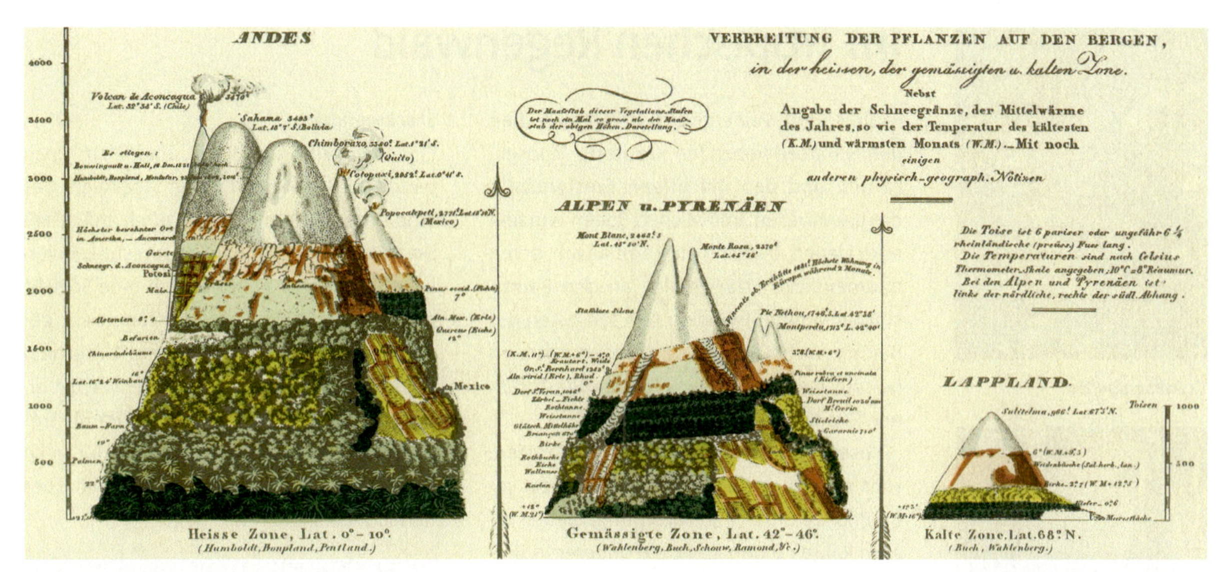

4 **1801 erforschte der deutsche Naturforscher Alexander von Humboldt die Höhenstufen und -grenzen der Vegetation in den Anden**

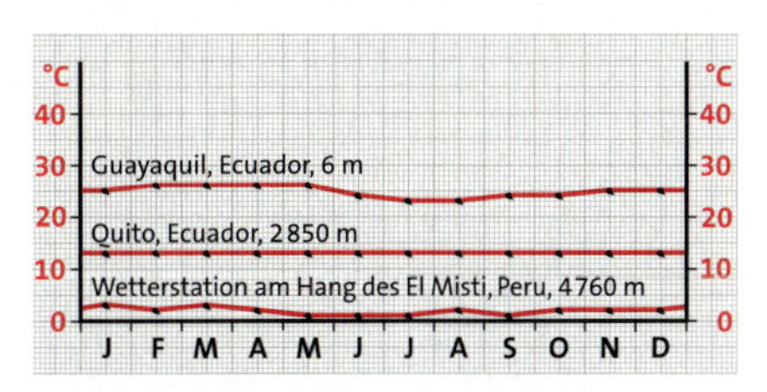

5 ***Höhe und Temperaturgang in den Anden***

Schon vor über 200 Jahren erkannte der deutsche Naturforscher Alexander von Humboldt bei der Besteigung des Chimborazo in Ecuador, dass sich die Vegetation zwischen dem tropischen Tiefland und den Eisgipfeln der Anden in mehreren Höhenstufen anordnet. Hier gibt es auf engem Raum ähnliche Verhältnisse, wie sie uns auf dem Weg durch die Vegetationszonen zwischen Äquator und Pol begegnen. Zur Benennung dieser Höhenstufen übernahm Humboldt die bereits von den Spaniern im 16. Jahrhundert eingeführten Bezeichnungen Tierra caliente, Tierra templada und Tierra fria, das heißt heißes, gemäßigt warmes und kaltes Land. Später wurden von Geographen die Bezeichnungen Tierra helada („Frostland") und Tierra nevada („Schneeland") hinzugefügt. Wie lässt sich diese Höhenstufung der Vegetation erklären? Die wichtigste Ursache ist die Temperaturabnahme mit zunehmender Höhe. Sie beträgt durchschnittlich 0,5 °C pro 100 m.

Je nach der Lage zum Äquator erhalten die Höhenstufen unterschiedlich viele Niederschläge. Von besonderer Bedeutung ist die Lage zu den Regen bringenden Winden. So gibt es Unterschiede in der Vegetation zwischen den luvseitigen, feuchteren Außenflanken und den leeseitigen, trockeneren Tälern und Hochbecken der Anden. Eine wichtige Rolle spielt auch die starke Einstrahlung durch die fast senkrecht einfallenden Sonnenstrahlen. Sie bewirken, dass in den tropischen Anden Ackerbau noch in Höhen möglich ist, die in den Alpen als unbewohnbar gelten.

1 *Lies den Reisebericht über die Fahrt mit dem Ferrocarril Transandino von Guayaquil am Pazifik nach Urbina.*
   a) Durch welche Höhenstufen fährt der Zug?
   b) Beschreibe, welche Vegetation dort zu finden ist.
   c) Nenne landwirtschaftliche Nutzungsmöglichkeiten.

2 *Erkläre, wieso es zur Ausbildung von Höhenstufen kommt.*

3 *Ordne einzelne Abschnitte des Fotos 1 den Höhenstufen in der Grafik 2 zu.*

4 *Vergleiche die Höhenstufen der Anden mit denen der Alpen (Zeichnung 4).*

6 ***Mönchspflanze***
oder Schopfpflanze wird dieses Gewächs genannt, das man im Grenzgebiet zwischen Ecuador und Kolumbien auf 4000 m Höhe sehr zahlreich antreffen kann.

→ *Einen Vergleich durchführen, siehe Seite 116/117.*

Im Tropischen Regenwald

① Dreizehenfaultier

② *Ara*

③ *Totenkopfäffchen*

④ *Blauer Pfeilgiftfrosch*

Fäulnis- und Modergeruch hängt zwischen den Schatten liebenden Kräutern, Moosen, Farnen und den mächtigen Brettwurzeln der Baumriesen. Im weichen Boden wurzeln auch Lianen. Das sind Kletterpflanzen, deren daumendicke Stränge sich an den Baumstämmen hinaufwinden. Auf den Ästen der Bäume wachsen Aufsitzerpflanzen, wie zum Beispiel Orchideen, die sich von abgestorbenen Pflanzenteilen ernähren.

„Dieser Wald kennt keine Jahreszeiten. Hier sprosst, grünt, blüht und fruchtet jede Pflanze ohne Unterbrechung. Neben einem kahlen Baum steht ein anderer in Blüte, ein dritter trägt Frucht. Fortwährend fällt und erneuert sich das Laub, aber nie steht eine Gruppe von Bäumen völlig kahl da." So schildert ein Tourist den Tropischen Regenwald.

Ökosystem Tropischer Regenwald

Die Fülle an Pflanzen und Tieren ist nirgendwo so beeindruckend und vielfältig wie in den Tropischen Regenwäldern. Fast eine halbe Million verschiedener Pflanzen wachsen hier. Bisher wurden 3 000 verschiedene Baumarten gezählt, bis zu 200 auf einem Hektar: Zum Vergleich: In unseren Mischwäldern sind es 10 bis 12. Im Regenwald stehen Bäume der gleichen Art oft kilometerweit auseinander. Etwa 80 % aller Insektenarten leben hier. Allein in der Krone eines Urwaldriesen leben bis zu 2000 verschiedene Tierarten: Blutegel, Eidechsen, Frösche, Faultiere, Vögel aller Art, Schlangen, Affen, sie alle finden hier ihren Lebensraum.

Über viele Millionen Jahre haben sich hier im Regenwald unzählige Lebensgemeinschaften herausgebildet. Wenn auch nur ein Merkmal eines Geofaktors verändert wird, z. B. eine bestimmte Baumart gerodet oder eine Tierart ausgerottet wird, zerstört man die größte Lebensgemeinschaft, den Regenwald selbst.

Stockwerkbau

Einzelne Baumriesen, die über 50 m hoch werden, bilden das oberste Stockwerk des Tropischen Regenwaldes. Durch mächtige Brettwurzeln wird ihnen Standfestigkeit verliehen. Darunter befindet sich eine Schicht mittelhoher Bäume, deren Kronen ein geschlossenes Blätterdach bilden. Unterhalb der jungen Bäume und Sträucher wächst eine Krautschicht. Die Vegetation ist im Tropischen Regenwald so dicht, dass nur noch wenig Licht bis auf den Boden fällt. Hier herrscht ewige Dämmerung.

⑤ *Im Inneren des Regenwaldes*

Reiche Vegetation – arme Böden?

Die Böden im Tropischen Regenwald sind bis zu einer Tiefe von acht Metern fast steinlos. Damit fehlen ihnen auch wichtige Mineralien, die in den Gesteinen enthalten sind und die für das Pflanzenwachstum benötigt werden. Die starken Regenfälle schwemmen den Rest der Nährstoffe in die Tiefe des Bodens. Die Bäume des

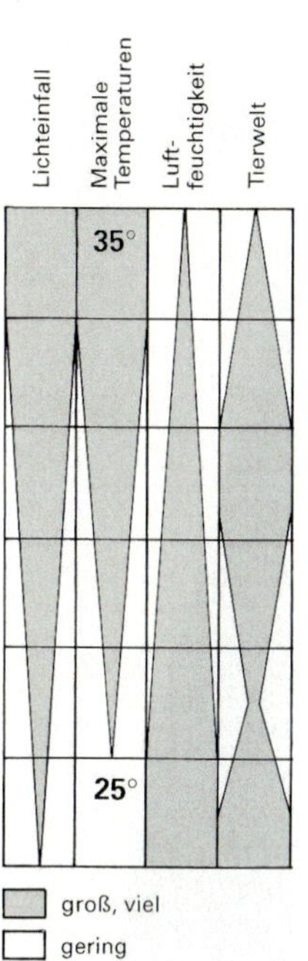

6 ***Stockwerkbau des Tropischen Regenwaldes und Lebensbedingungen in den Pflanzenstockwerken***

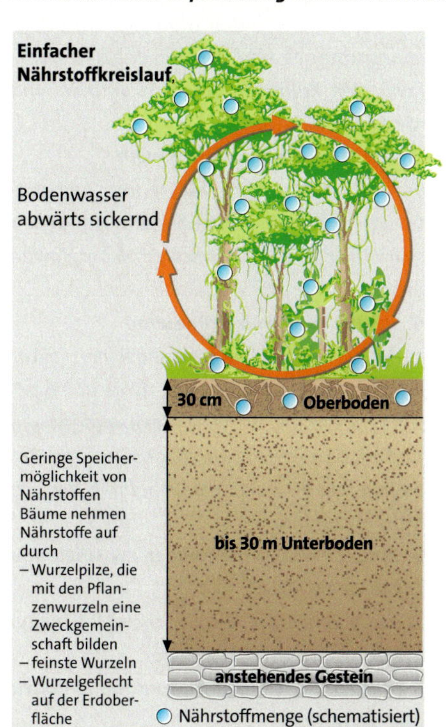

7 ***Nährstoffkreislauf des Tropischen Regenwaldes***

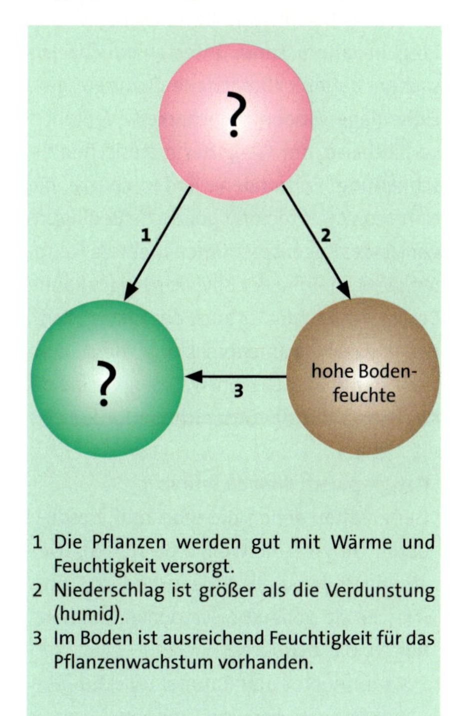

8 ***Beziehungen der Geofaktoren im Regenwald***

Tropischen Regenwaldes haben sich an diese Bedingungen angepasst. Sie entnehmen mit ihrem dichten und flachen Wurzelteppich die Nährstoffe direkt aus der obersten dünnen Bodenschicht und dem abgestorbenen organischen Material auf dem Waldboden. Es ist ein kurzgeschlossener Nährstoffkreislauf entstanden, bei dem der Boden eine untergeordnete Rolle spielt.

1 *Vergleiche den Tropischen Regenwald mit den deutschen Wäldern.*
2 *Erläutere die unterschiedlichen Lebensbedingungen in den einzelnen Stockwerken des Regenwaldes (Grafik 6).*
3 *Die Böden im Regenwald sind unfruchtbar, doch es wächst ein üppiger Wald. Erkläre.*
4 *Übertrage das Schema 8 in dein Heft und ergänze die Fragezeichen durch Merkmale.*

Raumanalyse Amazonien

Es gibt viele Gründe, einen Raum genauer zu untersuchen, zum Beispiel zur Vorbereitung einer Reise in ein Gebirge, eine Stadt oder ein Land. Oft wecken aktuelle Ereignisse oder Meldungen unser Interesse, mehr über ein Gebiet zu erfahren.
Bei einer Raumanalyse kommt es darauf an, dass du das, was du über den Raum wissen willst, mit geographischen Arbeitsmethoden selbständig erarbeiten und bewerten kannst.
Leitfragen sollen dir bei der Arbeit mit den Materialien helfen.

Das Schema 2 zeigt, welche Faktoren bei einer Raumanalyse untersucht werden können. Dabei muss natürlich eine Auswahl entsprechend der jeweiligen Fragestellung erfolgen. Bei der Untersuchung der ausgewählten Faktoren reicht es aber nicht, die ermittelten Informationen wie eine Summe von Daten nebeneinander zu stellen. Um Ursachen und Zusammenhänge zu verstehen, müssen die Wechselbeziehungen zwischen mehreren Faktoren untersucht werden. So kann zum Beispiel die Bevölkerungsverteilung in einem Land unterschiedliche Ursachen haben: klimatische Bedingungen, Höhenlage, Bodenfruchtbarkeit, Verkehrsverhältnisse, der Gang der historischen Erschließung, vorhandene Bodenschätze, die Nähe von Märkten und politische Bedingungen. In der Regel bestimmen mehrere Faktoren die Verteilung der Bevölkerung im Raum. Besonders wichtig ist auch der Faktor „Zeit", der zu einer „Raumentwicklung" führt. Zum Verständnis aktueller Entwicklungen sind oft Kenntnisse aus der Geschichte erforderlich.

1 **Geographisch denken lernen ...**
Geographen sehen die Erde mit „besonderen" Augen und wollen verstehen, wie sich der Lebensraum Erde verändert. Dazu müssen sie geographisch denken und arbeiten. Das bedeutet:
- Raummuster und Raumentwicklungen erkennen und erklären können;
- Zusammenhänge zwischen Merkmalen von natürlichen und gesellschaftlichen Faktoren verstehen;
- Wechselwirkungen zwischen der Umwelt und den Aktivitäten des Menschen aufdecken, und Konzepte für eine nachhaltige und schonende Nutzung der Umwelt entwickeln.

Eine Raumanalyse durchführen

1. Schritt: Fragen formulieren
Formuliere eine oder mehrere Leitfragen zur Untersuchung des Raumes. Gut geeignet sind Fragen, die sich aus den gegebenen Materialien ergeben und auf Ursachen oder Zusammenhänge zwischen einzelnen Faktoren im Raum gerichtet sind.

2. Schritt: Überblick verschaffen
Grenze den Untersuchungsraum ab und beschreibe seine geographische Lage.
Ordne dazu den Raum in größere räumliche Einheiten ein (z. B. Klimazonen, Landschaftszonen, Staatengruppen, Gebirge usw.)
Verschaffe dir einen Überblick über die Natur- und Wirtschaftsräume des Untersuchungsraumes und arbeite dabei wesentliche, den Raum prägende Strukturen und Merkmale heraus.

3. Schritt: Arbeitsschritte planen
Wähle weitere Materialien und geeignete Untersuchungsmethoden aus, mit denen sich die Leitfragen am besten beantworten lassen.

4. Schritt: Faktoren analysieren
Untersuche die Merkmale einzelner Faktoren mithilfe der Materialien. Achte dabei besonders darauf, welche Informationen die Materialien jeweils zur Beantwortung der Fragen liefern. Ziehe gegebenenfalls weitere Materialien hinzu.

5. Schritt: Wechselwirkungen zwischen den Faktoren erklären
Stelle Zusammenhänge zwischen Merkmalen der untersuchten Faktoren dar.

6. Schritt: Einzelergebnisse zusammenfügen und bewerten
Erkläre die besonderen Merkmale, Strukturen und Entwicklungen des untersuchten Raumes, indem du zusammenfassend die Leitfragen beantwortest.
Bewerte abschließend kritisch die Ergebnisse der Raumanalyse sowie die verwendeten Materialien und angewandten Methoden.

1 *Erstelle eine fragengeleitete Raumanalyse von Amazonien.*

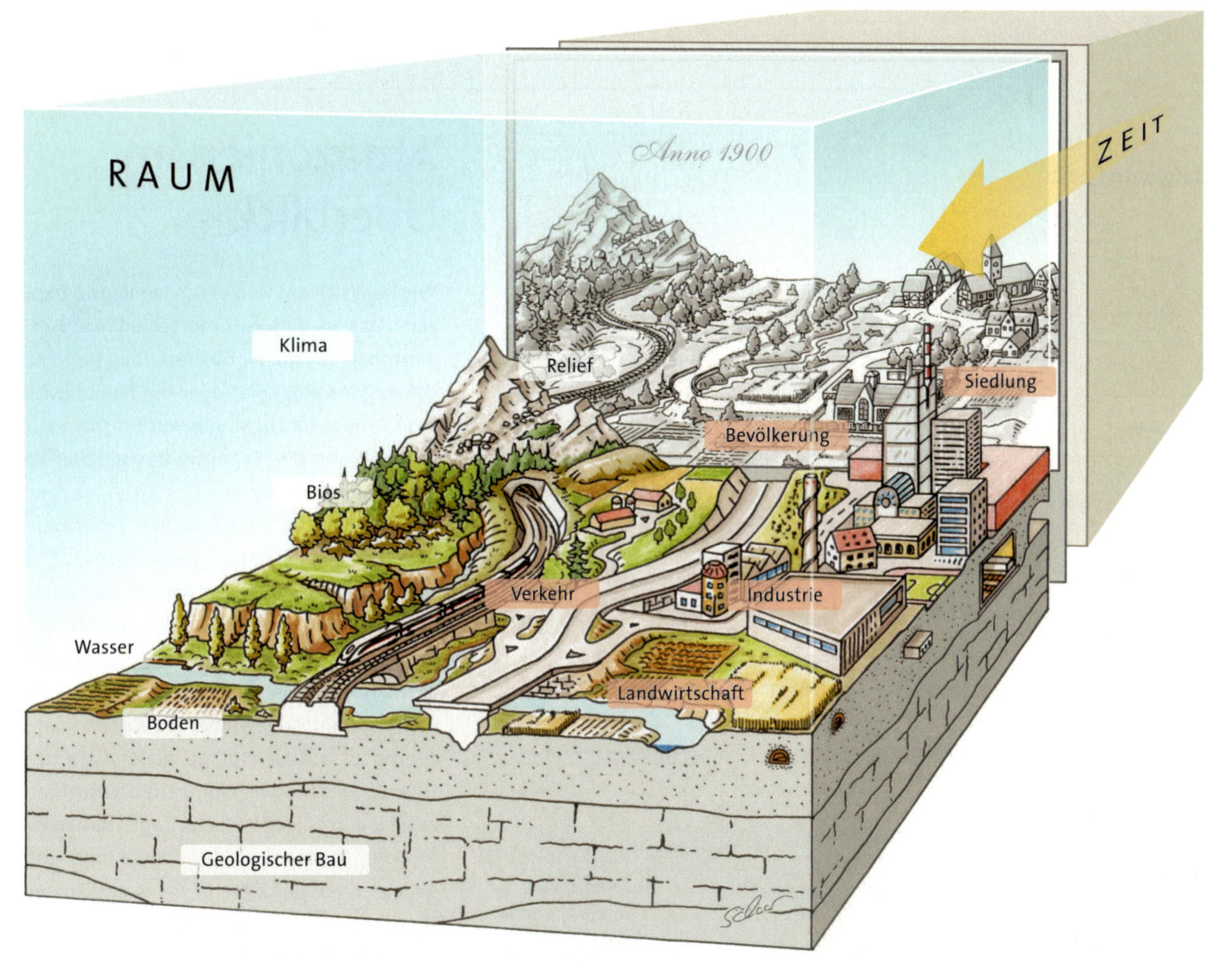

② *Schema des geographischen Raumes mit Natur- und Kulturraumfaktoren*

③ **Zur Arbeit mit Leitfragen**

Eine problemorientierte Leitfrage, die mithilfe dieses Kapitels beantwortet werden kann, könnte lauten: Ist die Abholzung des Tropischen Regenwaldes in Brasilien notwendig? (Schritt 1)

Die Raumanalyse beginnt mit der Abgrenzung Amazoniens, der Ermittlung des Naturpotentials sowie einem Überblick über die Erschließung des Tropischen Regenwaldes dieser Region. (Schritt 2)

Danach musst du die Materialien zur Agrarkolonisation, Holzwirtschaft, Bergbau und Energiegewinnung sichten und entscheiden, welche zur Beantwortung der Leitfrage(n) nutzbar sind. Du planst deine Vorgehensweise, indem du entweder die Ursachen oder die Auswirkungen als Ausgangspunkt deiner Untersuchungen wählst. (Schritt 3)

Ursachen und Folgen des menschlichen Handelns stehen im Mittelpunkt. Während der Arbeit mit den Materialien wirst du die Komplexität der Problematik erkennen und es werden sich neue Fragen ergeben. Wenn sich nicht alle Fragen mit den vorhandenen Materialien beantworten lassen, müssen zusätzliche Quellen, z. B. aus dem Internet, genutzt werden. (Schritt 4)

Stelle zum Abschluss Wechselwirkungen zwischen den untersuchten Faktoren dar, indem du die Folgen einer Bewertung unterziehst. Entscheide dabei, für wen sich positive bzw. negative Auswirkungen ergeben. (Schritt 5)

Formuliere am Ende eine begründende Antwort auf die Leitfrage(n). Dabei sollte auch eine kritische Auseinandersetzung mit den verwendeten Materialien erfolgen. (Schritt 6)

Surftipp

www.amazonia.org.br
www.tropenwaldnetzwerk-brasilien.de
www.regenwald.org
www.kooperation-brasilien.org
www.amazonlink.org

→ *Eine Möglichkeit, wie du deine Ergebnisse strukturieren kannst, findest du auf der Seite 210.*

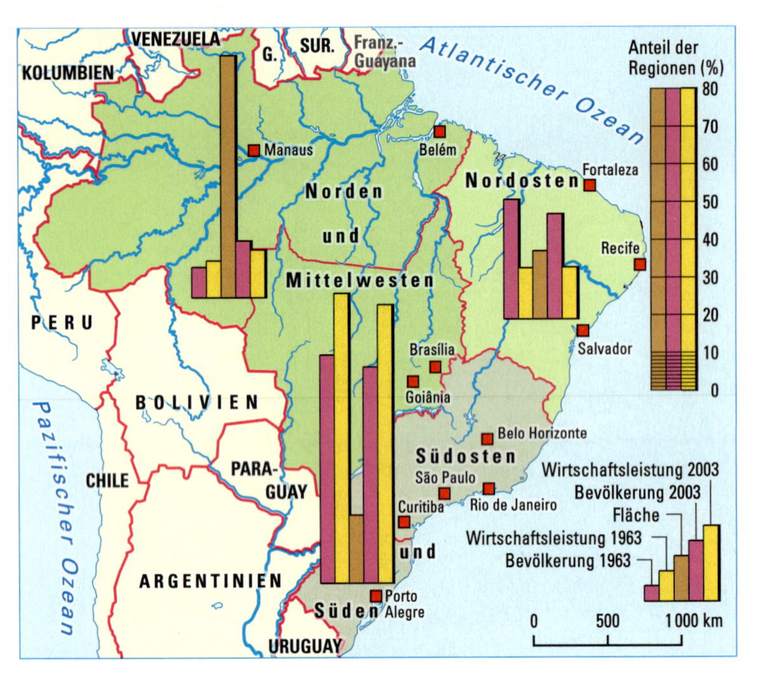

① *Wirtschaftsregionen Brasiliens*

② *Ökosystem Amazonasregenwald und Planungsregion Amazônia Legal*

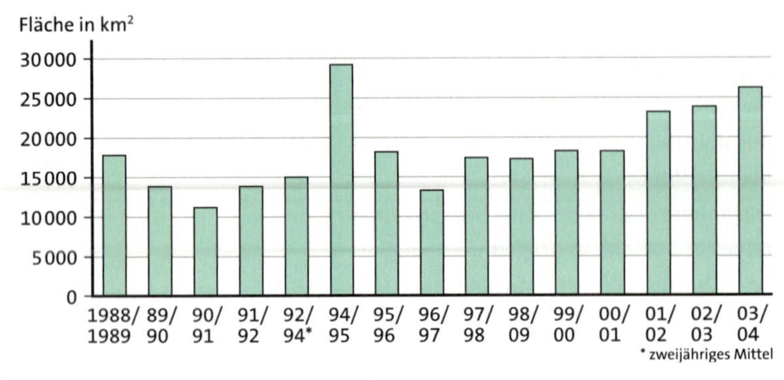

③ *Abholzung in der Planungsregion Amazônia Legal*

Amazonien im Überblick

Wie lässt sich das Gebiet Amazonien abgrenzen? Darauf gibt es unterschiedliche Antworten, je nachdem, ob damit das Tiefland, das Regenwaldgebiet oder die Planungsregion Amazônia Legal, die von Brasilien zur Erschließung des Regenwaldes geschaffen wurde, gemeint ist.

Die Artenvielfalt im Tropischen Regenwald bedeutet auch eine genetische Vielfalt. Erst etwa ein Prozent der Urwaldpflanzen ist bislang auf ihre Heilkräfte untersucht worden. So lassen sich aus tropischen Organismen Arzneimittel zur Bekämpfung von Malaria oder Antibiotika gewinnen. Exotische Pflanzendüfte sind Grundlage neuer Parfüms. Über 80 Prozent aller weltweiten Nutzpflanzen sind tropischen Ursprungs. Bananen, Ananas, Mais, Soja oder Gewürzpflanzen gedeihen auf gerodeten Regenwaldflächen. Hier lagern riesige Vorkommen an Bodenschätzen wie Eisenerz, Bauxit oder Gold. Das Gebiet des Amazonasregenwaldes gehört deshalb zu den begehrtesten Regionen der Erde.

Leben im Einklang mit der Natur

Der Amazonasregenwald ist Siedlungsgebiet indigener Völker. Im nördlichen Teil leben die Yanomami, Stämme, die bisher nur wenig mit der Zivilisation in Berührung gekommen sind. Der Regenwald liefert ihnen alles, was sie zum Leben brauchen: Wasser, Holz, Pflanzen und Tiere. Jagd, Fischfang und Brandrodung sind Aufgaben der Männer, die Frauen sind für die Feldarbeit, das Sammeln von Früchten und die Hausarbeit zuständig. Die Yanomami gehen sehr behutsam vor, um die Natur soweit wie möglich zu schonen. Diese traditionelle Lebensweise ist bedroht. Goldsucher dringen in ihr Stammesgebiet ein. Nutzungsansprüche der Regierung für Siedlungen, Verkehrswege und Militäranlagen drängen die Ureinwohner immer weiter zurück.

4 ***Landnutzung Amazoniens***

Erschließung Amazoniens

Mit der „Operation Amazonien“ begann Brasilien 1957 das Landesinnere zu erschließen. Unter dem Motto „Land für Menschen ohne Land in einem Land ohne Menschen“ sollten Kleinbauern im Regenwald angesiedelt werden. Zuerst wurden Straßen wie die „Transamazônica“ (BR 230) gebaut.

Ab 1975 begann die Erschließung durch in- und ausländische Großunternehmen. Im Polamazonica-Programm wurden 15 wirtschaftliche Schwerpunkte für den Bergbau und die industrielle Erschließung festgelegt. In den 1980er-Jahren erfolgte der Bau großer Staudämme zur Verbesserung der Energieversorgung. Große Flächen des Regenwaldes wurden auch für die Anlage von Rinderfarmen vergeben.

Das Entwicklungsprogramm „Avanca Brasil“ (2001) zielt auf die Nutzung von Heilpflanzen und pflanzlichen Kosmetika, den Ausbau der Wasserstraßen, die Asphaltierung bestehender Straßen, kontrollierten Holzeinschlag, Aufforstung verwüsteter Flächen, Einrichtung weiterer Schutzgebiete sowie die Unterstützung der Sammelwirtschaft der Ureinwohner.

Atlantischer
Äquator
Porto Velho
BRASILIEN
Rondonia
Brasilia
Ozean
1000 km

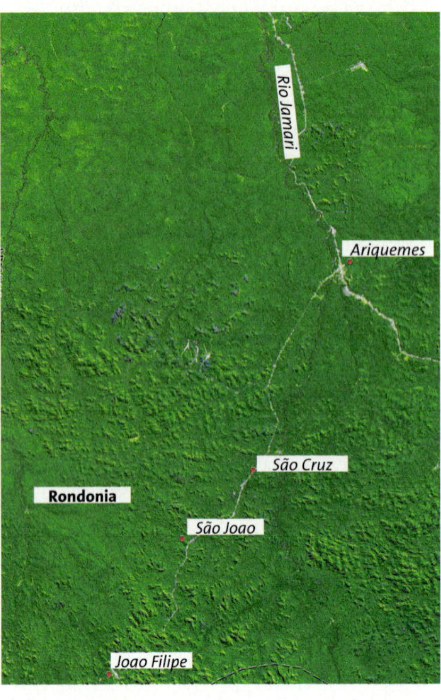

2 *Rondonia 1975*

3 *Rondonia 2005*

Projekt Agrarkolonisation

Rondonia ist ein Beispiel für die **Agrarkolonisation** in Amazonien. So nennt man die Erschließung bisher nicht genutzter Gebiete für die Landwirtschaft. Heute leben dort, wo sich 1970 noch unberührter Regenwald ausdehnte, über 1,4 Millionen Menschen.

Als 1968 die Straße Cuiabá–Porto Velho (BR 364) öffnete, begann die Zuwanderung von Menschen aus allen Teilen Brasiliens nach Rondonia. Bauern aus Südbrasilien, die sich nicht gegen die Konkurrenz der großen Exportplantagen z. B. für Soja durchsetzen konnten, wagten in Rondonia einen Neuanfang. Andere kamen aus dem dicht bevölkerten Nordosten, dem Armenhaus Brasiliens. Die Zuwanderer erhielten in den staatlichen Agrarkolonien 100 bis 200 ha Land, je nach Entfernung von der Straße, Kredite sowie landwirtschaftliche Beratung. Hier fanden die Siedler auch fruchtbarere Böden als in Zentralamazonien entlang der Transamazonica vor. Diese Tatsache und der gute Ruf des Projekts führten zu einem starken Anstieg der Zuwanderer in der zweiten Hälfte der 1970er-Jahre. Die staatlichen Agrarkolonien konnten schon bald keine neuen Siedler mehr aufnehmen, sodass neue spontane Siedlungen entstanden. Dort fehlten Straßen, Schulen, Krankenhäuser, eine geregelte Wasserversorgung sowie jegliche Organisation. Tausenden Siedlern erging es wie denen entlang der Transamazônica, nach ein bis zwei Jahren mussten sie die Flächen wieder aufgeben. Viele Kleinbauern hatten keine Erfahrungen bei der Bodenbearbeitung im Regenwald. Der Anbau von Dauerkulturen wie Kakao, Kaffee oder Kautschuk scheiterte an Pflanzenkrankheiten, dem Mangel an Düngemitteln und weiten Wegen zu Märkten für den Verkauf der Produkte.

Als 1984 die Asphaltierung der BR 364 abgeschlossen war, strömten noch mehr Siedler nach Rondonia. Aber auch für Großgrundbesitzer wurde das Land jetzt interessant. Sie kauften viele Parzellen auf oder vertrieben die illegalen Siedler mit nachträglich erstellten Besitzurkunden. Agrarprodukte konnten nun schnell nach Süd- und Südostbrasilien transportiert werden.

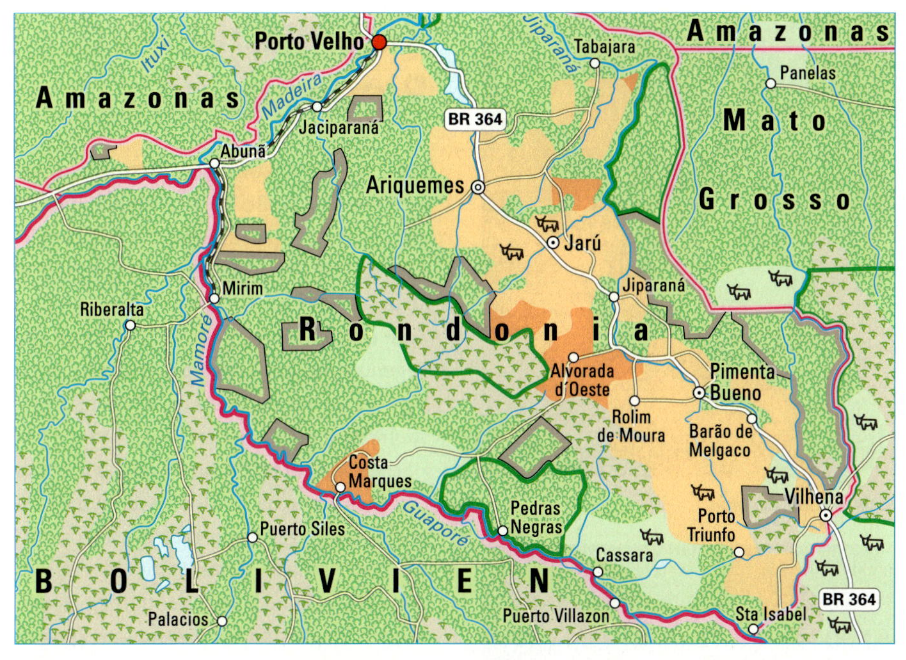

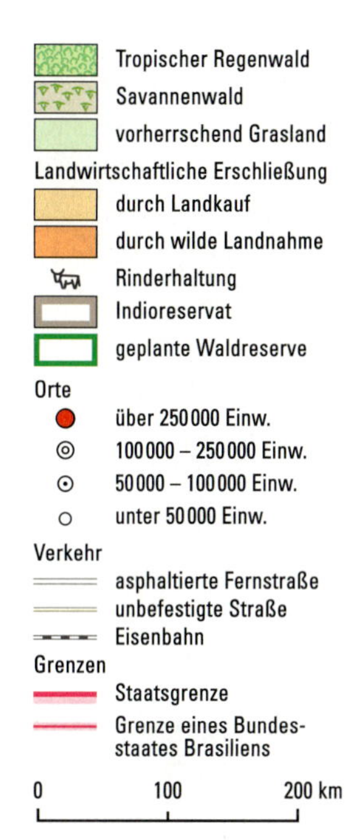

④ ***Erschließungsprojekte im brasilianischen Bundesstaat Rondonia***

⑤ **Amazonas-Indianer fürchten den Asphalt**

Die Indianer vom Stamm der Munduruku fühlen sich bedroht vom Asphalt. Die Regierung will die staubige Piste in der Nähe ihrer Siedlungen ausbauen, damit ganzjährig Waren, insbesondere Soja, transportiert werden können. Die Munduruku befürchten, dass der Ausbau der Straße Bauern und Holzfäller anlocken könnte, die den Regenwald roden und den Ureinwohnern damit die Lebensgrundlage entziehen.

„Diese Bäume geben uns Nahrung, sie bringen uns Regen und schützen die Tiere", sagte der Stammesführer Edimilson dos Santos. Er trägt zwar westliche Kleidung, schützt sich aber mit einer Kette aus Jaguarzähnen gegen Schlangenbisse. Viel mehr hatten die Indianer bisher auch nicht zu fürchten. Sie leben entlang des gemächlich dahinziehenden Flusses Tapajos, fangen Fische, jagen Schildkröten und sammeln Obst. Auf kleinen Feldern bauen sie Maniok und Mais an. Der Regenwald bietet ihnen alles, was sie zum Leben brauchen. Die etwa 150 Einwohner der Siedlung Braganca befürchten jetzt, der Ausbau der etwa 50 Kilometer entfernten Straße könnte ihnen alles nehmen. Sie rechnen damit, dass Holzfäller auf der Suche nach einem guten Geschäft Sägemühlen auf ihrem Gebiet errichten und Viehzüchter mit ihren Herden kommen werden. Der Ausbau würde den Ureinwohnern natürlich auch einiges vom Komfort der modernen Welt bringen, wie Strom und Fernsehen, die Indianer glauben jedoch, dass die Vorteile die Nachteile des Ausbaus keineswegs aufwiegen. Dort, wo die BR 163 bereits asphaltiert wurde, dehnen sich heute riesige Sojafelder aus, die meist den so genannten Gauchos gehören, Brasilianern europäischer Abstammung.

Die Munduruku hatten bisher noch keine Konflikte mit den Pistoleiros, sie kennen aber ihren Ruf. Die bewaffneten Männer zwingen kleine Bauern, ihr Land billig zu verkaufen.

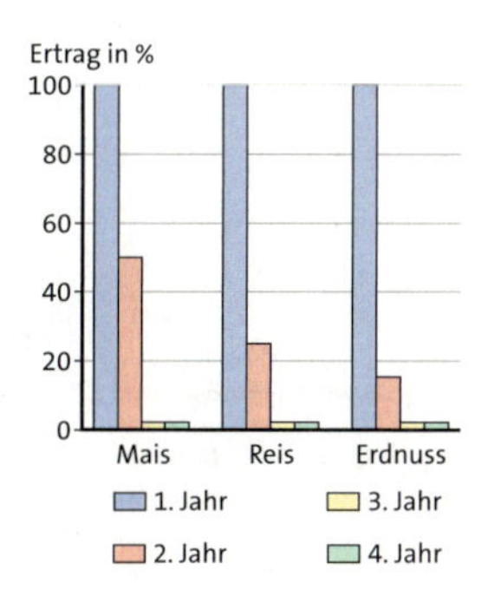

⑥ ***Relative Erträge ausgewählter Nutzpflanzen beim Brandrodungsfeldbau im tropischen Regenwald***

Regenwald wird Rinderweide

1 *Landlose Kleinbauern folgen den Schneisen des Straßenbaus*

2 *Siedlung in Rondonia*

3 *Rinderweide im gerodeten Regenwald*

Nicht nur Kleinbauern siedelten sich im Regenwald an. Große Flächen vergab die Regierung an in- und ausländische Agrarunternehmen. Sie brannten den Wald großflächig ab und säten Gras – oft von Flugzeugen aus. Zwar durften die Betriebe nur die Hälfte des Regenwaldes auf ihrem Besitz roden, doch dies wurde häufig nicht beachtet. So entstanden mehrere hundert Rinderfarmen mit Flächen von 10 000 bis zu einigen 100 000 ha. Das hier produzierte Rindfleisch wurde zu einem wichtigen Exportgut Brasiliens. Die Weidewirtschaft erfordert nur einen geringen Aufwand und die nährstoffarmen Böden können länger genutzt werden. Die großen Rinderfarmen wuchsen immer weiter. Schätzungen gehen davon aus, dass die Ausdehnung der Rinderhaltung für zwei Drittel der Entwaldung in ganz Amazonien verantwortlich ist. Durch die Farmen wurden viele Kleinbauern vertrieben, die Jahre zuvor noch von der Regierung nach Rondonia gelockt wurden sind. Bewaffnete Männer („Pistoleiros") schüchterten die Familien ein, brannten ihre Ernte oder die Häuser nieder. Andere Siedler gaben entmutigt auf, weil die Erträge nicht ausreichten, die Familien zu ernähren.

4 **Fleischexport zerstört Regenwald**

„Es sieht so aus, als befände sich Brasilien in der Falle", sagt Paulo Adario, Koordinator der Greenpeace-Amazonas-Kampagne. „Zum einen muss das Geld reinkommen, um die hohe Staatsverschuldung zu begleichen und die Bedürfnisse der Bevölkerung zu decken. Der Export von landwirtschaftlichen Gütern und Rindfleisch bestimmt dabei die brasilianische Wirtschaft. Zum anderen ist laut Weltbank das Amazonasgebiet für die Produktion der Exportgüter sehr viel profitabler als andere Regionen in Brasilien. Das erhöht den Druck auf den Urwald."

5 *Durch Erosion zerstörte Weidefläche*

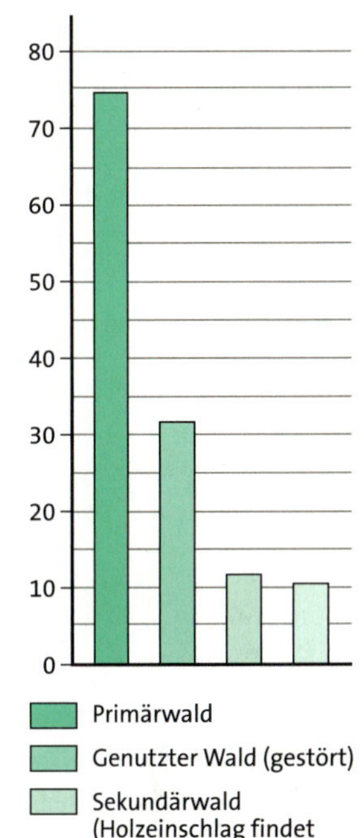

9 *Anzahl der Säugerarten in einzelnen Vegetationstypen je Hektar*

6 *Folgen der Rodung*

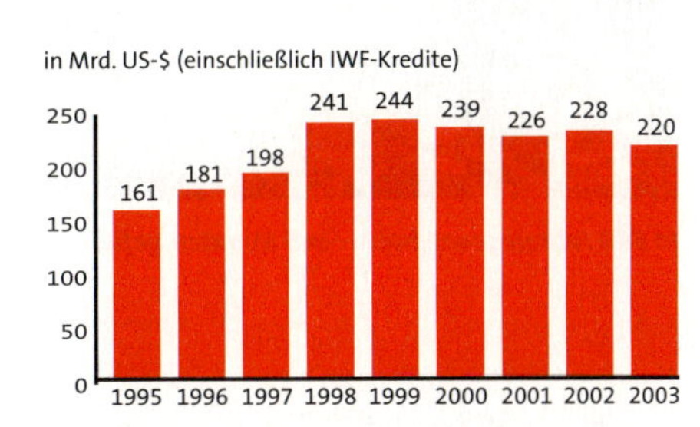

8 *Brasilien: Auslandsverschuldung 1995–2003*

7 **„Hamburger-Connection“ in Amazonien**

Als die aktuell größte Bedrohung für den Regenwald macht Umwelt-Staatssekretär João Paulo Capobianco zwei Produktionszweige aus, die in den vergangenen Jahren die größten Zuwachsraten verzeichnen konnten: den Soja-Anbau und die Rinderzucht, besonders in den Bundesstaaten Mato Grosso, Pará und Rondonia.
Eine Studie des Internationalen Waldforschungszentrums Cifor zeigt die brasilianische „Hamburger-Connection“ auf. Urwald wird abgebrannt, um Weideland für die Fleischproduktion zu gewinnen.
Der größte Abnehmer ist die Europäische Union: 2002 kaufte sie z.B. 198 000 Tonnen Fleisch aus Brasilien, etwa ein Drittel der exportierten Gesamtmenge. Ein Teil davon landete auch auf unseren Tischen.

Auswirkungen für die Ureinwohner

Neben positiven Aspekten wie der Gewinnung von Siedlungs- und Ackerland, der Schaffung von Arbeitsplätzen und Deviseneinnahmen stehen die indigenen Stammesvölker vielfach auf der Verliererseite. Die Zerstörung ihrer Lebensgrundlage hat oftmals drastische soziale Folgen. Immer wieder kam und kommt es zur Umsiedlung, Vertreibung oder gar Ausrottung ganzer Stämme. Die Indianer sterben an Grippe, Durchfallerkrankungen, Windpocken, Masern und anderen Krankheiten, die sie niemals vorher kannten.
Das wertvolle Wissen der indigenen Völker über ökologisch angepasste Nutzungsweisen, Anbautechniken und Heilmethoden kann so innerhalb kurzer Zeit verloren gehen.

10 ***Daten zur Rindfleischproduktion in Amazônia-Legal***

	Tierbestand	*Anteil am brasilian. Gesamtbestand*
1990	*26 Mio.*	*17,8 %*
2002	*57 Mio.*	*31 %*

Export von Rindfleisch
1997: 0,25 Mio. t
2003: 1,2 Mio. t
(= 1,5 Mrd. US-$)

① *Selektiver Holzeinschlag*

④ *In 500 Jahren gewachsen – in 5 Minuten gefällt*

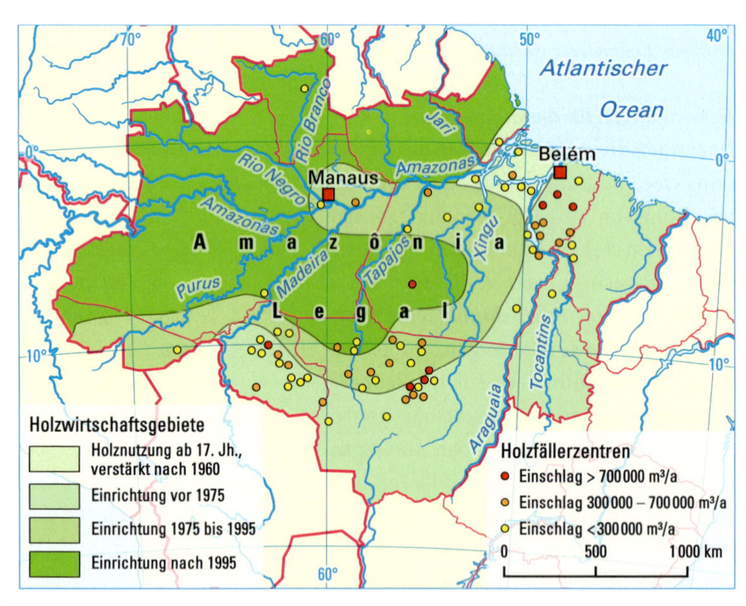

② *Holzwirtschaft in der Planungsregion Amazônia Legal*

③ Die Regierung Brasiliens vergibt Einschlagkonzessionen an Holzfirmen. Immer weiter dringen diese in das Innere des Regenwaldes vor. Viele der Firmen halten sich nicht an die staatlichen Vorgaben zur nachhaltigen Waldbewirtschaftung. Illegal roden sie nicht freigegebene Gebiete, betreiben Raubbau und schädigen somit den Wald.

Auf dem Holzweg?

Die Bedeutung des kommerziellen Holzeinschlages und Handels mit Tropenhölzern durch nationale und internationale Firmen wächst. Einzelne Hölzer wie z. B. Mahagoni, Teak oder Palisander sind aufgrund ihrer Färbung, Härte und Beständigkeit weltweit sehr begehrt und werden auf dem Weltmarkt zu sehr hohen Preisen gehandelt. Das Fällen dieser einzeln stehenden Bäume bezeichnet man als **selektiven Holzeinschlag**. Für das Fällen und den Abtransport werden breite Schneisen in den Wald geschlagen, wodurch viele weitere Bäume gefällt werden. Mindestens zwei Drittel der gefällten Bäume enden als Abfall. Durch diese für den Selektiveinschlag notwendigen Maßnahmen wird das Kronendach des Primärwaldes um ca. 20 % geöffnet. Die verstärkte Sonneneinstrahlung führt zu einer erhöhten Austrocknung des Waldbodens und des verbliebenen Bruchholzes. Dadurch sinkt die Luftfeuchtigkeit und die Waldbrandgefahr steigt. Zudem verdichten die schweren Baumaschinen den weichen Waldboden und behindern somit das Aufkeimen junger Pflanzen.

⑤ ***Breite Straßen für den Holztransport***

⑥ **Illegale Abholzungen**

... Das brasilianische Bundesumweltamt (IBAMA) schätzt, dass die Abholzungen in achtzig Prozent der Fälle illegal vorgenommen werden, ca. 90 000 km nicht genehmigte Straßen wurden gebaut. Die flächenhafte Abholzung schreitet in einer bogenförmigen Front besonders in den Bundesstaaten Mato Grosso und Pará voran. ... Nach einer Studie des Umweltinstituts IPAM sind rund drei Viertel der Abholzung in Amazonien in einem Streifen von jeweils fünfzig Kilometern parallel zu asphaltierten Straßen erfolgt. Und rund fünf Prozent der gesamten Abholzungen wurden in der Folge von nicht asphaltierten Straßen nachgewiesen. Diese Werte belegen sehr eindringlich den Zusammenhang von Abholzung und Asphaltierung. Illegale Landnahme, weiterer Straßenbau, Ausweitung der landwirtschaftlichen Aktivitäten und einfacher Abtransport der gefällten Werthölzer werden begünstigt. Es bleibt die Befürchtung, dass sich der Teufelskreis Asphaltierung und Abholzung einmal mehr wiederholen wird.

⑦ **Nachhaltige Waldbewirtschaftung**

Ein Weg zur Erhaltung der Regenwälder scheint die nachhaltige Waldbewirtschaftung zu sein. 1993 wurde dazu der Forest Stewardship Council (FSC) gegründet. Diese Vereinigung entwickelte ein Gütesiegel für Holz und Holzprodukte, das nur derjenige bekommt, der bestimmte Standards einhält. Dazu gehören: keine großflächigen Kahlschläge, standortgerechte Baumartenwahl, kein Einsatz von Pestiziden und gentechnisch veränderten Pflanzen, Ausweitung von Schutzgebieten, schonender Abtransport des Holzes und Achtung der Rechte indigener Völker. Das FSC-Siegel soll den Endverbraucher vor dem unbewussten Kauf illegal geschlagenen Tropenholzes schützen.

Umweltorganisationen hingegen kritisieren, dass die Zertifizierung vor allem den industriellen Holzeinschlag und das Vordringen in bisher nicht forstlich genutzte Wälder unterstützt. Zur Bewirtschaftung neuer Gebiete ist der Ausbau des Wegenetzes erforderlich. Die Größe der Flächen erschwert die Kontrolle von illegalem Einschlag.

⑧ ***Mahagoni***

Herkunft: Mittel- und Südamerika
Beschreibung: Höhe 60 m, ø 250 cm, rotbraun bis braunrot, hart, glänzend
Verwendung: Furniere, Möbel, Bootsbau, Luxusverpackungen

⑨ ***Palisander***

Herkunft: Asien, Mittel- und Südamerika
Beschreibung: Höhe 20 m, ø 60 cm, rötlich-violetter Grundton mit schwarzen Adern, hart, witterungsfest
Verwendung: Furniere, hochwertige Möbel, Drechslerei

⑩ ***Teak***

Herkunft: Tropen insgesamt (v. a. Thailand)
Beschreibung: Höhe 40 m, Ø bis 150 cm, gelb- bis goldbraun mit schwarzen Adern, ölig, sehr dauerhaft, fest und hart, wasserabweisend
Verwendung: Furniere, Parkett

⑪ ***Das FSC-Siegel***

① **Bauxitgewinnung im Tagebau**

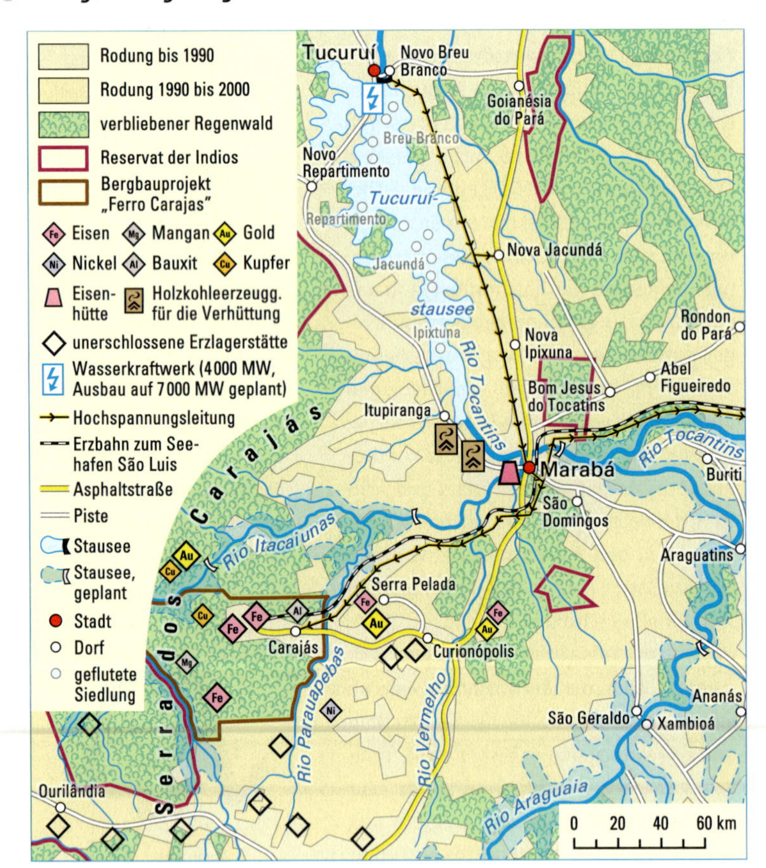

② **Region Maraba Carájas**

Bergbau und ...

Die brasilianische Regierung unterstützt die Erschließung von Rohstofflagerstätten und den Aufbau von Industrien im Regenwald. Damit sollen die Auslandsschulden verringert werden und das Land zu einer führenden Industrienation aufsteigen. Gebiete, in denen man Rohstoffe abbaut und weiterverarbeitet, verändern sich grundlegend. Dies zeigt eine Region im Osten Amazoniens zwischen den Küstenstädten Belém, São Luis und der Abbauregion Carajás im Landesinneren.

1966/67 entdeckte man bei Carajás große Vorkommen an Mangan, Bauxit und Eisenerz. Befestigte Straßen wurden gebaut und 1985 eine Eisenbahnlinie nach São Luis eingeweiht. Großflächig wurde der Regenwald entlang dieser Verkehrsachsen gerodet. Für Bergleute und Mitarbeiter der Holzfirmen errichtete man Unterkünfte in der Nähe zum Abbaugebiet. So entstanden Siedlungen, Sägewerke und weitere Industrieanlagen, aber auch Weide- und Ackerflächen, um die Ernährung der Arbeiter zu sichern. Eisenerz und Bauxit werden hier im Tagebau gefördert.

Nach der Rodung der Abbauflächen entfernen Bagger die oberste Bodenschicht. Die eigentlichen Bauxit- und Erzschichten werden durch Sprengungen gelockert. Mit der Bahn oder dem Schiff gelangen die Rohstoffe zu den Aluminiumhütten bzw. zu den Überseehäfen Belém und São Luis. 1987 exportierte Brasilien 22 Millionen Tonnen Eisenerz, hauptsächlich nach Europa. Bauxit wird zu Aluminium verarbeitet. Der Betrieb der Aluminiumhütten stellt eine Belastung für die Umwelt dar. Bei der Produktion gelangen z. B. Staub und Schwefeldioxid in die Luft. Außerdem bleibt giftiger Schlamm zurück, der so genannte Rotschlamm. Man kann ihn nicht wieder verwenden; er muss in Deponien sicher gelagert werden.

Die Aluminiumhütten sind im Besitz großer ausländischer Firmen. Für den Bau der Hütten in Belém und São Luis sprachen die billigen Baugrundstücke sowie der von der Regierung verbilligt abgegebene Strom.

Energiegewinnung

Brasilien gehört mit seinen Flüssen zu den wasserreichsten Ländern der Erde. Es war daher schon immer nahe liegend, diese in Energie umzuwandeln und somit die Erschließung des Regenwaldes zu ermöglichen. Um aus den vorhandenen Rohstoffen einen höheren Profit zu erzeugen, beschloss man, diese nicht nur zu exportieren, sondern sie im eigenen Land weiter zu verarbeiten. Die Herstellung von Aluminium aus Bauxit erfordert große Mengen Energie, die möglichst in kurzer Entfernung erzeugt werden sollte. Der Wasserreichtum des Amazonas bot hierfür die Möglichkeit. Da aber das Gefälle im Amazonasgebiet sehr gering ist, entstehen durch die Anlage von Wasserkraftwerken besonders großflächige Stauseen. 1983 wurde der Tocantins zu einem gigantischen See aufgestaut: dem Tucuruí-Stausee, mit 2875 km² der zweitgrößte Brasiliens. Das Wasserkraftwerk Tucuruí hat eine Kapazität von etwa 4000 MW. Zum Vergleich: Ein Kernkraftwerk erzeugt 1300 MW. Das Wasserkraftwerk Tucuruí dient hauptsächlich der Energieversorgung der Aluminiumhütten in Belém und São Luis.

Auswirkungen für die Menschen

Für den Stausee und die Energiegewinnung mussten 30000 Menschen umgesiedelt werden. Am härtesten getroffen hat es die Parakanã, die Ureinwohner dieser Region. Sie mussten ihr Siedlungsgebiet insgesamt dreimal verlassen, ihre Hauptsiedlung Paranti wurde seit 1971 sogar sechsmal verlegt. Und nicht einmal an der Energie hat die Bevölkerung Anteil. Orte in der Umgebung des Kraftwerks werden kaum mit Strom versorgt.

Der Tucuruí-Stausee ist nur einer von bisher 2000 Staudämmen in Brasilien. Durch sie sind bisher 34000 km² urbaren Landes unter Wasser gesetzt und über 1 Million Menschen umgesiedelt worden. Bis zum Jahr 2015 ist der Bau von weiteren 496 Dämmen vorgesehen. Dabei soll ein Gebiet größer als Deutschland unter Wasser gesetzt werden.

3 *Der Tucuruí-Stausee*

4 **Die Natur schlägt zurück**

Zur technischen Erschließung der Tucuruí-Region ließ der staatliche Stromkonzern ELETRONORTE einen riesigen Stausee errichten. In ihrer Eile hatten die Verantwortlichen Warnungen ausgeschlagen und darauf verzichtet, vor der Flutung die Bäume zu fällen und abzutransportieren. Resultat: Die Gewächse rotten vor sich hin, produzieren jährlich Millionen Tonnen der Treibhausgase Methan und Kohlendioxid. Seit geraumer Zeit hatte der Stromkonzern daher versucht, die Stämme von Tauchern entfernen zu lassen. Sogar ein Sägeroboter wurde dafür in Auftrag gegeben – offenbar ohne Erfolg. Nun heißt es bei ELETRONORTE, der Stausee solle aus ökologischen Gründen „intakt" bleiben. ... Doch laut einer Studie des National Institute for Research in the Amazon wird der See immer sauerstoffärmer. Der zugleich ansteigende Säuregehalt könne die Turbinen beschädigen – und gefährdet am Ende das Kraftwerk selbst.

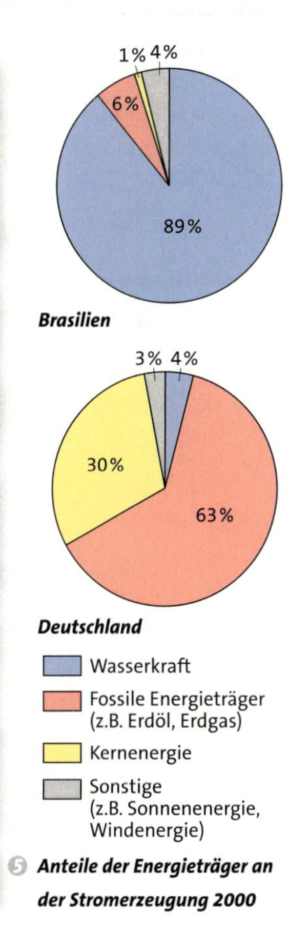

5 *Anteile der Energieträger an der Stromerzeugung 2000*

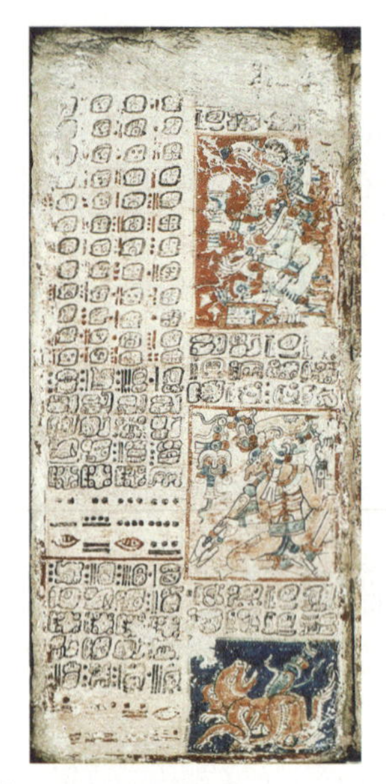

1 ***Eine der 5 Venustafeln.***
Mit diesem Kalender berechneten die Maya die Phasen des Planeten Venus und konnten diese auch vorhersagen.
Die Originale befinden sich im Buchmuseum der Sächsischen Landesbibliothek in Dresden.

2 ***Der große Tempelplatz in Tenochtitlan (Rekonstruktionszeichnung).*** *Links: die Pyramide mit den Tempeln des Regengottes Tlaloc und des Kriegsgottes Huizilopochtli. Mitte: der kreisrunde Opferstein. Im Hintergrund: der Salzsee und der Vulkan Popocatepetl.*

Europäer erobern Lateinamerika

Nachdem der spanische Eroberer Cortés die Hauptstadt des Aztekenreiches, Tenochtitlan, erobert hatte, schrieb er: „Diese Stadt ist so groß und schön, dass ich über sie kaum die Hälfte von dem sagen werde, was ich sagen könnte, und selbst dieses wenige ist fast unglaublich, ist sie doch schöner als Granada." Doch alle Bewunderung hielt ihn nicht zurück, diese Stadt sowie das ganze Reich und seine Hochkultur zu zerstören.

3 ***Kampf zwischen Spaniern und Azteken in Tenochtitlan, 1521***

Er war es auch, der die Reste des schon vorher geschwächten Maya-Reiches in Mexiko und Guatemala vernichtete. Die Kultur der Maya galt als eine der fortschrittlichsten: Pyramiden von Schwindel erregender Höhe, Städte mit gepflasterten Straßen, gemauerte Ballspielplätze und viele Grabstätten zeugen davon. Die Maya verfügten über eine entwickelte Schriftsprache und erfanden vor den Indern und Arabern die Zahl Null. Mit ihrer Rechenkunst und astronomischen Beobachtungen errechneten sie das astronomische Jahr mit 365,2420 Tagen und kamen damit der heutigen Berechnung von 365,2422 Tagen sehr nahe.

Das mächtige Inkareich, in dem im 14. Jahrhundert 6 bis 12 Millionen Menschen lebten, wurde von Pizarro erobert. So waren wenige Jahrzehnte nach der Landung von Kolumbus der Westen Lateinamerikas und große Teile des Binnenlandes fest in spanischer Hand. Portugal hatte seit 1500 die Ostküste Südamerikas in Besitz genommen. Grundlage dafür war der Vertrag von Tordesillas (1494), in dem sich Spanien und Portugal die

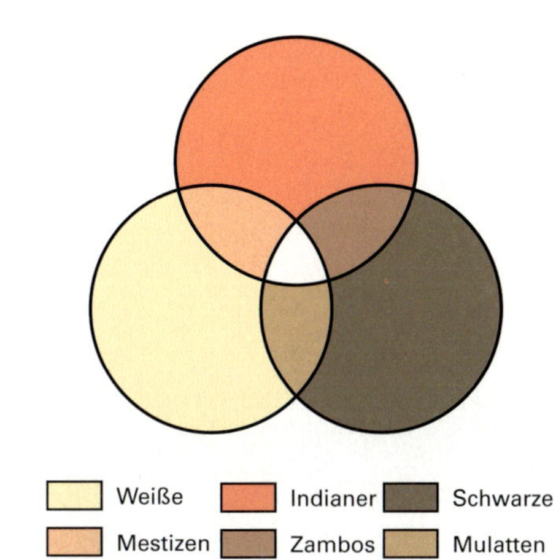

4 ***Ethnische Gruppen in Lateinamerika***

5 **Bevölkerungszahlen (geschätzt)**

	1492	1520
Haiti	1 Mio.	16 000
Span. Südamerika	50 Mio.	5 Mio.

Welt aufteilten. Alle Gebiete westlich einer vereinbarten Linie bei 46° 37' West wurden Spanien zugesprochen. Alle Gebiete östlich davon fielen an Portugal. Die Portugiesen kamen zunächst als Seefahrer und Kaufleute und beschränkten sich auf die Anlage von Hafenstädten. Später entstanden große Plantagen an der brasilianischen Küste. Aber es dauerte noch lange, bis die Portugiesen ins Landesinnere vorstießen. Auch der Umgang mit den Indianern war zunächst nicht gewaltsam, denn für die Arbeit auf den Plantagen wurden Sklaven aus Afrika eingesetzt. Am stärksten prägten sie das Bild in Brasilien, wo die Zahl im 18. Jahrhundert bis zu 1 Million betrug.

Anders gingen die Spanier vor. Auf der Suche nach El Dorado, dem sagenhaften Goldland, unterwarfen die Spanier die Indianer und bekehrten sie, wenn nötig mit Gewalt, zum katholischen Glauben. Als Millionen von Indianern infolge von Kriegen, Hunger, Zwangsarbeit und eingeschleppten Krankheiten starben und Arbeitskräfte fehlten, ließen auch sie Sklaven aus Afrika ins Land bringen. Diese arbeiteten vor allem auf den Zuckerrohrplantagen der karibischen Inseln.

6 ***Kolonialherrschaft in Südamerika***

Im 19. und 20. Jahrhundert wanderten viele Europäer vor allem in den Süden Brasiliens sowie in Argentinien und Uruguay ein.

Im Ergebnis dieser historischen Entwicklung veränderte sich die Zusammensetzung der Bevölkerung Lateinamerikas und es entstanden neue ethnische Gruppen.

1 *Beschreibe die Situation in Lateinamerika vor dem Eindringen der Europäer.*

2 *Arbeite mit der Karte 6.*

a) *Beschreibe die Lage der Gebiete mit indianischen Hochkulturen und die Routen der „Entdecker".*

b) *Erkläre die Lage und Ausdehnung der europäischen Kolonialreiche.*

c) *Erläutere Beziehungen zwischen den Kolonien und ihren Mutterländern.*

3 *Erkläre Auswirkungen der Kolonialisierung auf die Bevölkerungsentwicklung.*

7 ***Spanische Stadtgründungen:***

Stadt	*Jahr*
Mexiko-Stadt	*1521*
Quito	*1534*
Lima	*1535*
Buenos Aires	*1536*
Bogotá	*1538*
Santiago de Chile	*1541*
São Paulo	*1554*
Caracas	*1576*

8 ***Zócalo, der zentrale Platz in Mexiko-Stadt, mit der Kathedrale Metropolitana***

Auswirkungen der Kolonialpolitik

Am Anfang der spanischen Besitznahme stand die Gründung von Städten. Die wichtigsten von ihnen, darunter fast alle heutigen Hauptstädte, entstanden in rascher Folge an den Herrschaftssitzen der Indianer im Hochland. Die neuen Städte wurden zu politischen und wirtschaftlichen Mittelpunkten sowie zu Zentren europäischer Kultur in Lateinamerika. Hier wohnten die Großgrundbesitzer, die auf ihren Haziendas Getreide und Fleisch für die Städte produzierten und dabei zu Reichtum und Macht gelangten. Bis heute hat sich das Gegenüber von einflussreichen Großgrundbesitzern und armen, meist indianischen Kleinbauern, Pächtern und Landarbeitern erhalten.

Eine Erschließung der Gebiete für die Landwirtschaft mit leistungsfähigen, kleinbäuerlichen Familienbetrieben wie in Angloamerika gab es erst im 19. und 20. Jahrhundert. In dieser Zeit begannen die inzwischen unabhängigen Staaten, europäische Siedler ins Land zu rufen. So bildeten sich bereits in der Kolonialzeit starke soziale, wirtschaftliche und räumliche Gegensätze heraus.

Entwicklung nach der Unabhängigkeit

Als erstes Land wurde die Region Haiti 1804 unabhängig. Bis 1826 hatte ganz Lateinamerika seine staatliche Unabhängigkeit erreicht. Die neuen Staaten begannen, ihre Märkte für die europäischen Länder zu öffnen. In dieser Zeit begannen auch die USA, ihren Einfluss auf Lateinamerika auszudehnen. 1889 wurde sogar der Anspruch auf die Vormachtstellung in ganz Amerika formuliert.

Europäische und amerikanische Einflüsse stärkten vor allem die Großgrundbesitzer. Die Gegensätze aus der Kolonialzeit verstärkten sich und behindern bis heute die Entwicklung Lateinamerikas. Ähnliches gilt für die Ausrichtung der Wirtschaft. Von Anfang an standen der Abbau und die Ausfuhr von Gold und Silber sowie von pflanzlichen Rohstoffen im Vordergrund. So gerieten die neuen Staaten erneut in wirtschaftliche Abhängigkeit. Besonders Großbritannien und die USA überschwemmten Lateinamerika mit billigen Industrieprodukten und ließen einer eigenen Industrialisierung zunächst keine Chance.

Im 20. Jahrhundert setzten sich die USA als Führungsmacht durch und betrachteten Lateinamerika als ihren „Hinterhof".

⑨ ***Protestierende Zapatisten in Mexiko***

***Zapatisten** sind Anhänger einer revolutionären Bewegung der indigenen Völker im südmexikanischen Bundesstaat Chiapas. Ihr Ziel ist die Demokratisierung des Landes und die Verbesserung der sozialen Situation der Indios.*
Sie leiten ihren Namen von Emiliano Zapata (1879–1919) ab, dem Führer der revolutionären Bewegung Südmexikos, der einen Kampf für „Land und Freiheit" führte.

⑩ „Seit den 1980er Jahren werden indigene Völker als politische Akteure in Lateinamerika deutlich sichtbar. In einigen Ländern wurden Reformen eingeleitet, mit denen ihr gesellschaftlicher Ausschluss überwunden werden sollte. Dennoch zeigt sich, dass sich wenig an den realen Lebensbedingungen verbessert hat, dass die Interessen und Rechtsansprüche der indigenen Bevölkerung in den Demokratisierungsprozessen, der Staatsmodernisierung und den Strategien zur Wirtschaftsentwicklung bisher noch kaum berücksichtigt werden. Doch indigene Völker fordern nicht nur ihre vollen Bürgerrechte, Verbesserung ihrer allgemeinen Lebenslage und Anerkennung ihrer Kulturen ein, sie machen darüber hinaus deutlich, dass ihre Kulturen Potentiale enthalten, deren Bedeutung für eine nachhaltige Entwicklung zwar in (internationalen) Deklarationen anerkannt, aber in der Realität kaum berücksichtigt wird. Oft werden die Potenziale vielmehr zerstört. Um dem entgegenzuwirken, ist die Entwicklungspolitik gefordert, im Rahmen der Förderung von Demokratie, wirtschaftlicher und sozialer Entwicklung in Lateinamerika, die indigenen Völker als gesellschaftliche Akteure zu stärken und ihre Lebensbedingungen zu verbessern."

⑪ ***Anteil der indigenen Bevölkerung an der Gesamtbevölkerung in ausgewählten Staaten Lateinamerikas in Prozent*** *(2002)*

Argentinien	*2,0*
Bolivien	*50,0*
Brasilien	*0,4*
Chile	*4,6*
*Ecuador****	*25,0*
El Salvador	*12,0*
*Guatemala****	*60,0*
*Honduras**	*7,0*
*Kolumbien***	*1,9*
Mexiko	*10,5*
*Nicaragua***	*5,0*
*Panama**	*10,0*
Paraguay	*1,7*
*Peru****	*45,0*
*Uruguay***	*0,4*
*Venezuela**	*2,3*

**2000*
***1998*
****Schätzung*

Heute leben in Lateinamerika 530 Millionen Menschen. Immer noch prägen große soziale Ungleichheiten diese Region. Das zentrale Problem heißt Armut. In den vergangenen Jahren mussten im Durchschnitt rund 40 Prozent der Bevölkerung mit weniger als zwei US-Dollar am Tag auskommen. Wie zur Kolonialzeit kann noch immer ein großer Teil der Bevölkerung keine Schule besuchen. Die Zahl der Analphabeten wird auf 40 Millionen geschätzt.

4 *Erläutere Ursachen und Folgen der starken sozialen und wirtschaftlichen Gegensätze in Lateinamerika.*

5 *1992 wurde anlässlich des 500. Jahrestages der Ankunft von Kolumbus in Amerika diskutiert, wie dieses „Jubiläum" zu bewerten sei: Als Entdeckung Amerikas? Als Begegnung zweier Kontinente? Als Beginn der Ausbeutung und Unterdrückung der Ureinwohner? Wie denkst du darüber?*

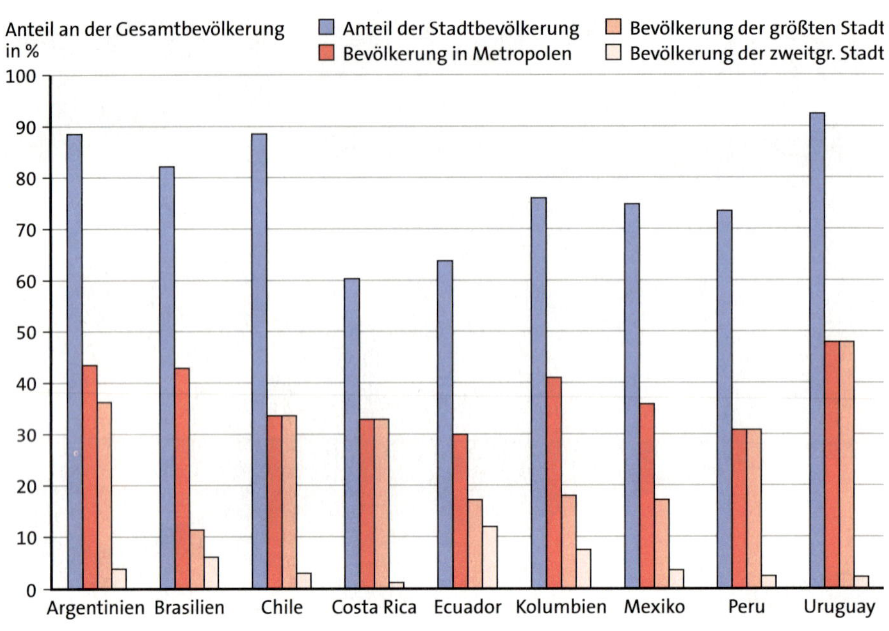

2 *Verstädterung ausgewählter Staaten Lateinamerikas*

Metropolen in Lateinamerika

Der Index of Primacy *kennzeichnet die Vorrangstellung der größten Stadt eines Landes. Um dieses Phänomen der „primacy" zu bestimmen, wird der Quotient aus der Einwohnerzahl der größten und der zweitgrößten Stadt eines Landes berechnet. Ist der Wert größer als 2, liegt eine Vorrangstellung hinsichtlich der Bevölkerung vor.*

1 ***Index of Primacy (%) ausgewählter lateinamerikanischer Staaten***

1 Argentinien	*(8,79)*
2 Brasilien	*(1,67)*
3 Chile	*(10,82)*
4 Costa Rica	*(23,36)*
5 Ecuador	*(1,44)*
6 Kolumbien	*(2,39)*
7 Mexiko	*(4,13)*
8 Peru	*(11,97)*
9 Uruguay	*(17,39)*

Lateinamerika ist ein verstädterter Kontinent. Mehr als drei Viertel der Bevölkerung leben in den Städten. In Asien sind es im Vergleich dazu nur etwa 35 Prozent. Das Wachstum der Städte hinsichtlich ihrer räumlichen Ausdehnung und Einwohnerzahl wird als **Verstädterung** bezeichnet. Als Maß dient der **Verstädterungsgrad**. Darunter wird der Anteil der Stadtbevölkerung an der Gesamtbevölkerung eines Landes verstanden.
In Lateinamerika ist der Verstädterungsprozess vor allem von der Land-Stadt-Wanderung geprägt. Als besondere Form der Verstädterung kommt es dabei zur **Metropolisierung**. Dies bedeutet, dass neben dem Anwachsen der städtischen Bevölkerung und der räumlichen flächenhaften Ausdehnung meist Hauptstädte oder ausgewählte Millionenstädte eines Landes einen sehr hohen Bedeutungsgewinn erfahren. Die Metropolisierung umfasst alle Bereiche des Lebens in so hohem Maße, dass andere Städte und Regionen eines Landes kaum Chancen besitzen, sich zu entwickeln oder die Metropolen selbst unter immer stärkeren Überlastungserscheinungen leiden.

In Lateinamerika verfügen Argentinien, Brasilien, Kolumbien und Uruguay über einen besonders hohen **Metropolisierungsgrad**. Das ist der prozentuale Anteil der Bevölkerung, der in Metropolen mit mehr als einer Million Menschen lebt, gemessen an der Gesamtbevölkerung.
Allein in Brasilien gab es 2006 14 Millionenstädte, legt man die Einwohnerzahl der Agglomeration zugrunde, waren es sogar 20. São Paulo und Rio de Janeiro gehören mit über 19 Millionen und 12 Millionen Einwohnern zu den größten Agglomerationen der Erde. Es entstand ein Städteband entlang der brasilianischen Küste, vergleichbar mit jenen in den USA oder Japan.
Dennoch unterscheidet sich Brasilien von anderen lateinamerikanischen Ländern darin, dass die Hauptstadt Brasília nicht die Rolle der alles überragenden Metropole einnimmt. Ursache dafür ist die Verlagerung der brasilianischen Hauptstädte, je nach der wirtschaftlichen und politischen Bedeutung in ihrer Zeit. Über die Jahrhunderte hinweg spielte dabei die Erreichbarkeit und Lagegunst von Hafenstädten eine besondere Rolle.

Die Verlagerung der Hauptstadt Brasiliens

Die Portugiesen waren die ersten Europäer, die Brasilien um 1500 erreichten. Sie ließen später Indios und afrikanische Sklaven vor allem auf den Zuckerrohrplantagen im Nordosten des Landes für sich arbeiten. Mit der Konzentration der Bevölkerung in dieser Region wurde im Jahre 1549 das heutige Salvador da Bahia die erste Hauptstadt Brasiliens. Rio de Janeiro wurde 1763 zweite Hauptstadt, weil sich das wirtschaftliche Zentrum des Landes in den Süden verlagerte. Gründe dafür waren die reichen Erzlagerstätten im Brasilianischen Bergland und die damit verbundene Industrieentwicklung. Neben dem Gold- und Diamantenrausch entwickelte sich dort auch der Kaffeeanbau. Insbesondere für den Export der Rohstoffe war die Hafenstadt Rio de Janeiro viel günstiger gelegen. Auf der Flucht vor der Trockenheit und der Suche nach Arbeit kamen viele Brasilianer aus dem Nordosten in den Süden und Südosten. Fast 200 Jahre lang war Rio die Hauptstadt Brasiliens und noch heute ist sie ein Zuzugsgebiet der Brasilianer.

Ausgerichtet auf die Erschließung des Landesinneren wurde 1960 in nur vier Jahren die dritte neue Hauptstadt Brasília errichtet. Die Architekten planten dabei einen besonderen Stadtgrundriss in Form eines Flugzeuges als Symbol für die beabsichtigte aufstrebende Entwicklung. So rasant wie die Stadt wuchs, ging die Bevölkerungszahl in den Jahren 1985–1991 um 180 000 Einwohner zurück. Dies ist auf Zwangsumsiedlungen von Menschen mit niedrigem oder keinem Einkommen in die Vorstädte von Brasília zurückzuführen. In Brasília selbst leben heute vor allem Menschen der Mittel- und Oberschicht. Trotz einer hohen Lebensqualität durch viele Grünflächen und eine gute Infrastruktur fehlt das pulsierende und kulturelle Leben einer Hauptstadt. Auch hat sich hier kaum Industrie angesiedelt.

3 ***Salvador***

4 ***Rio de Janeiro***

5 ***Brasília***

1 *a) Erkläre die Begriffe Verstädterung, Metropolisierung, Verstädterungs- und Metropolisierungsgrad.*

b) Werte das Diagramm 2 aus.

c) Vergleiche den Metropolisierungsgrad und den Index of Primacy der dargestellten Länder mit Deutschland (6).

2 *Erkläre die Verlagerung der Hauptstädte Brasiliens.*

6 ***Einwohner der drei Millionenstädte in D'land 2005 in Mio.***

1. Berlin: 3,396

2. Hamburg: 1,739

3. München: 1,273

Deutschland (Gesamt): 82,54

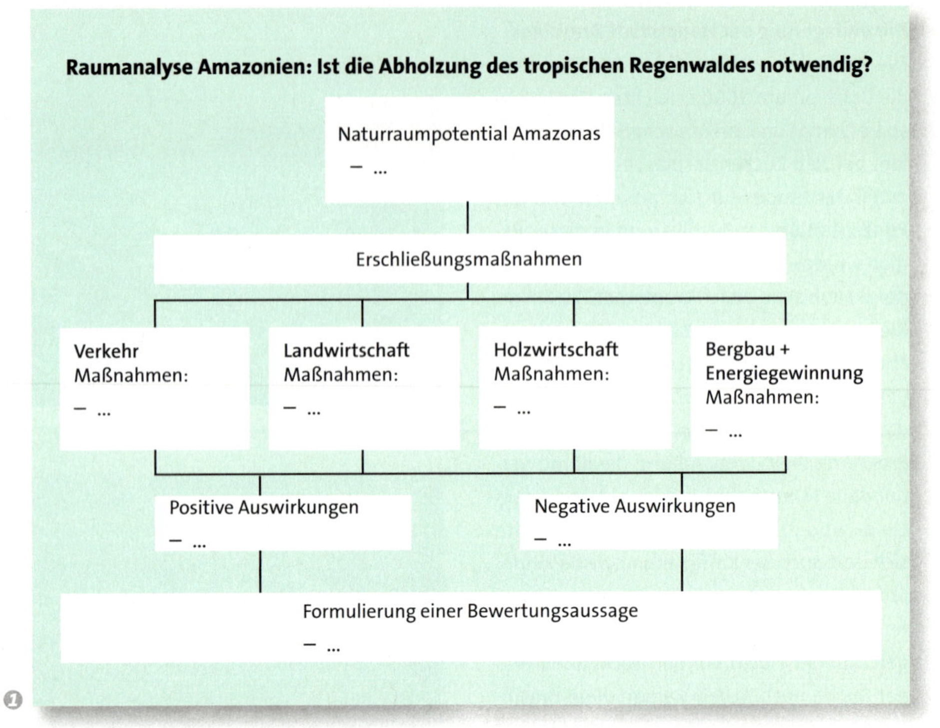

1

Wichtige Begriffe

Agrarkolonisation
Metropole
Metropolisierung
Metropolisierungsgrad
nachhaltige Waldbewirtschaftung
selektiver Holzeinschlag
Tropischer Regenwald
Verstädterung
Verstädterungsgrad

2 **Nutzung von Tropenholz:** *o.: Buhnen aus Tropenholz; u.: Büromöbel aus Mahagoni; Mitte: WC-Sitz aus Mahagoni*

1 *Amazonien – eine Raumanalyse*

Das Schema 1 ist eine Möglichkeit, um deine Ergebnisse zusammenzuführen.

a) Vervollständige das Schema.

b) Beurteile die Ziele, Maßnahmen und Ergebnisse der Erschließung Amazoniens.

2 *Schützen oder nachhaltig nutzen?*

a) Soll der Tropische Regenwald geschützt oder nachhaltig genutzt werden?

b) Sollte die Lebensweise der Yanomami (3) bewahrt werden oder wäre es besser, diese zu verändern? Sammle Argumente.

c) Informiere dich über bekannte Umweltorganisationen, ihre Aktionen zur Rettung des Regenwaldes und bewerte die Wirksamkeit ihrer Arbeit.

d) Tropenholzprodukte kaufen oder nicht? Formuliere Pro- und Kontra-Argumente.

3 *Findest du den Begriff?*

Wert, der den Anteil der Menschen eines Landes angibt, der in Städten mit mehr als 1 Million Einwohner lebt.

3 Mit jedem Yanomami stirbt Weisheit

„Unser Volk lebt seit Generationen im tropischen Regenwald. Seitdem die weißen Männer die Wälder nutzen, hat sich das Leben in unserem Stamm tief greifend verändert. Mit der Behauptung, sie hätten das Land von der Regierung gekauft, haben uns die weißen Männer das Land weggenommen. Doch wie können Menschen, die nur ein Teil des Waldes sind, die Natur besitzen?

Nicht einmal in den Reservaten hat man uns und die Wälder in Ruhe gelassen. Die Holzfäller drangen in unser Territorium ein und schlugen illegal die Bäume. Scheinbar zählt für die weißen Männer nur der Profit. Leider denken manche meiner Stammesbrüder bereits ähnlich.

Nicht nur die Vernichtung unserer natürlichen Lebensgrundlage macht mir Angst, ich befürchte auch, dass mit dem Einzug neuer Lebensweisen das wertvolle Wissen unserer Ahnen verloren geht. Ein altes Sprichwort sagt: Jedes Mal, wenn ein Medizinmann stirbt, ist es, als ob eine ganze Bibliothek abbrennt."

4 *Rätsel*

- *Eine Insel, die nach einem Feiertag benannt ist und zu Chile gehört?*
- *Der höchste Berg Ecuadors?*
- *Die höchstgelegene Hauptstadt Südamerikas?*
- *Der wasserreichste Fluss der Erde?*
- *Ein Staat, der über 4000 km lang, aber nicht mehr als 200 km breit ist?*

5 *Ordne die Stichwörter*

Wähle folgende Einteilung: Gründe für die Zerstörung des Regenwaldes, Folgen, Wege zur Rettung.

Nutz- und Brennholzbedarf, Störung des Weltklimas, Erosion, Wiederaufforstung mit rasch wachsenden Baumarten, Bevölkerungswachstum, Ausweisung von Waldschutzgebieten, Ausdehnung der Weideflächen, Überschwemmungen, stockwerkartig angelegte Mischkulturen, Plantagen, Störung des Temperaturhaushaltes, gesteigerter Nahrungs- und Anbauflächenbedarf

6 *Bilderrätsel*

Löse das Bilderrätsel und erkläre den gesuchten Begriff.

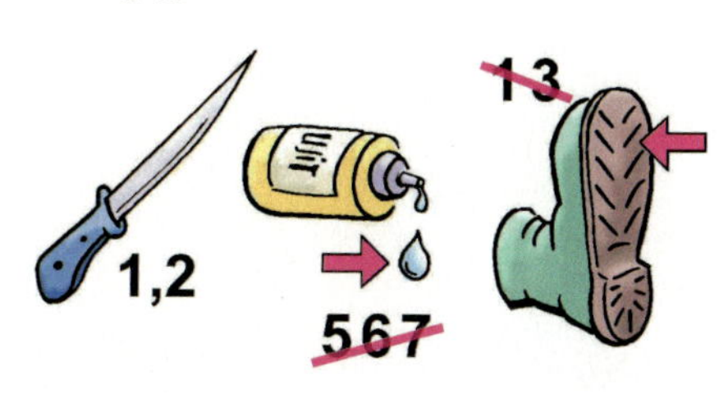

7 *Zum Knobeln*

Welches Land Südamerikas ist mit der Zeichnung 4 gemeint? Benenne die vier abgebildeten Landesteile. Als Hilfe: Die Schildkröte steht für eine bestimmte Inselgruppe.

Teste dich selbst

mit den Aufgaben 4 und 7.

GREENPEACE

5 *Umweltschutzorganisationen*

4

Training

Australien, Ozeanie

Australien, Südsee, Antarktis – diese Begriffe verbinden wir oftmals mit den Vorstellungen von Ferne und Abenteuer, einfach mit einer für uns fremden, sehr unbekannten Welt. Andere Jahreszeiten, ein anderer Sternenhimmel, andere Tiere und Pflanzen, andere Sitten und Gebräuche der Menschen, all das verstärkt unsere Neugier.

n und Polargebiete

Australien und Ozeanien

① ***Weidewirtschaft im Norden Australiens***

② ***LKW auf dem Stuart Highway***

③ ***Westland Nationalpark in Neuseeland***

④ ***Koralleninsel Green Island***

⑤ ***Auslegerboot vor einer Insel Französisch Polynesiens***

Beide Regionen zusammen bilden einen Kulturerdteil. Australien und Neuseeland wurde von den Europäern kolonialisiert und die Ureinwohner ins Landesinnere verdrängt. Auf den Inseln Ozeaniens konnte sich die ursprüngliche Lebensweise zum Teil erhalten, aber auch hier nimmt der westliche Einfluss immer mehr zu.

Die Besonderheiten der Lage sowohl Australiens als auch Ozeaniens bestimmen das Leben der Menschen und die wirtschaftliche Entwicklung. Alle Güter müssen über den Seeweg oder als Luftfracht in die anderen Länder transportiert werden. Oft sind weite Distanzen bis zum nächsten Umschlagplatz zurückzulegen.

Die Handelsbeziehungen insbesondere der Inselstaaten sind geprägt durch den Export von Rohstoffen und den Import von Fertigwaren. Neben den Exporterlösen werden die Einnahmen aus dem Tourismus immer bedeutsamer.

Magnet Australien

Das Land „down under“ wird zu Recht als ein Land der Superlative bezeichnet. So ist es das einzige Land der Erde, das einen ganzen Kontinent umfasst. Durch die dünne Besiedlung im Inneren und die hohe Konzentration der Bevölkerung in den Küstenstädten ist Australien das am stärksten verstädterte Land der Erde. Weite Ebenen und riesige Entfernungen zwischen den Siedlungen ermöglichen fast unvorstellbare Rekorde. Hier finden wir die größte Rinderfarm der Welt, deren Fläche mit 27 000 km² noch größer ist als die des Freistaates Sachsen. Die 4 352 km lange Eisenbahnlinie zwischen Perth und Sydney verläuft auf einer zusammenhängenden Strecke von 478 km ohne eine Kurve. An der Nordostküste Australiens befindet sich das Great Barrier Reef, das längste Korallenriff der Erde, und es gibt noch viel mehr zu entdecken. Mit Beuteltieren wie z. B. den Kängurus und Koalas besitzt Australien eine einzigartige Tierwelt. All das sind Gründe für die ständig steigende Anzahl auch der deutschen Touristen.

Gliederung Ozeaniens

Kaum zu glauben

Allein zu Mikronesien gehören über 2 000 tropische Inseln und Atolle. Um von einem Ende zum anderen Ende Mikronesiens zu gelangen, muss man 4 000 km zurücklegen.

Magnet Ozeanien

Ozeanien ist die Sammelbezeichnung für die Inselwelt des Pazifischen Ozeans. Die Grenzen des zu Ozeanien gehörenden Gebietes werden sehr unterschiedlich definiert. Meist werden die Hawaii- und die Galapagosinseln, manchmal sogar Neuguinea nicht zu Ozeanien gezählt. Nach den auf den Inseln lebenden Völkern lassen sich drei große Inselgruppen unterscheiden: Melanesien – die schwarzen Inseln, Mikronesien – die kleinen Inseln und Polynesien – die vielen Inseln.

Der Reiz der Inseln wird durch viele Faktoren bestimmt. Dazu gehören die vulkanischen Gipfel ebenso wie die schimmernd weißen Strände und blauen Lagunen. Das tropische Klima ermöglicht das Gedeihen einer Riesenauswahl an Blumenarten. Die botanischen Gärten sind unübertroffen. Obstplantagen so weit das Auge reicht, unzählige Vögel in ihrer bunten Pracht, malerische Wasserfälle, dazu Lieder und Tänze der Einheimischen – all das kann man hier bewundern.

Noch verhindern lange Reisezeiten und der relativ hohe Preis den sprunghaften Anstieg des Tourismus. Der würde aufgrund des Platzmangels auch der Umwelt auf den kleinen Inseln schaden.

1 *Wodurch sind Australien und Ozeanien für Touristen so anziehend?*

2 *a) Benenne die Endpunkte des „Polynesischen Dreiecks“.*

b) Ermittle unter Verwendung der Maßstabsleiste die Entfernungen zwischen diesen Eckpunkten.

3 *Benenne Probleme Australiens und Ozeaniens, die sich aus ihrer Größe und den Lagemerkmalen ergeben.*

Ozeanien:

Meeresfläche etwa 70 Mio. km² (vgl. Europa 10 Mio. km²), Landfläche der Inseln etwa 1,25 Mio. km², ohne Neuguinea und Neuseeland nur etwa 250 000 km²

Australien:

Fläche 7,7 Mio. km², 19,1 Mio. Einwohner

Der Kiwi ist das National- und Wappentier Neuseelands

Australien – ein Einwanderungsland

1

Australien ist von zwei Einwanderungswellen erfasst worden. Die erste Einwanderung und Besiedlung erfolgte durch dunkelhäutige Menschen vor etwa 40000 Jahren. Eine zweite Einwanderung, die der Weißen begann im Jahre 1788 mit der Einrichtung der ersten britischen Sträflingskolonien. Die Hafenstädte bildeten gleichzeitig die Verwaltungszentren. Von hier aus wurde auch der Kontakt zum Mutterland gepflegt. Diese Städte waren immer wieder Anlaufpunkt für neue Einwanderer und sind es bis heute geblieben.

Der erste Einwanderungsboom setzte mit den Goldfunden nach 1851 ein. Innerhalb von nur zehn Jahren wuchs die Bevölkerung um mehr als das Doppelte. Die Ureinwohner Australiens wurden seit Beginn der Einwanderung immer weiter ins Landesinnere zurückgedrängt. Mit den weißen Siedlern kamen auch tierische Einwanderer, die zur Bedrohung für die einheimischen Tiere wurden, z.B. Schafe, Kaninchen, Katzen, Ratten, ja sogar Kamele.

In den ersten Jahren bis zur Jahrhundertwende waren es überwiegend Briten, andere Europäer, Amerikaner und Asiaten, die einen Neuanfang in Australien wagten. Gleich nach Gründung des Bundesstaates im Jahr 1901 erließ man ein Gesetz zur Einwanderungsbeschränkung. Dieses richtete sich vor allem gegen die Einwanderung weiterer Asiaten, deren Anzahl gegenüber den Einwanderern aus Europa und Amerika sprunghaft angestiegen war. Anfang der 1970er-Jahre öffnete sich Australien wieder für alle Länder. Die Einwanderung wurde über ein Punktesystem geregelt. Dieses war auf die finanzielle Unabhängigkeit und eine qualifizierte Ausbildung im Sinne des wirtschaftlichen Bedarfs ausgerichtet. Das Herkunftsland spielte dabei keine Rolle mehr. Einen Großteil der Einwanderungen nehmen die Familienzusammenführungen ein.

Gelebte Vielfalt

Heute kann man sagen, dass etwa ein Viertel aller Australier im Ausland geboren wurde. Innerhalb von nur zwei Generationen hat sich eine kulturelle Vielfalt entwickelt, die von einer Bevölkerung aus weit über 100 Ländern getragen wird. Etwa 97% aller Menschen, die drei Jahre in Australien gelebt haben, sind mit ihrem Leben und ihren Nachbarn zufrieden.

Wie kann das Zusammenleben so gut funktionieren? Drei Gründe sind dafür wichtig:

- Allen Australiern steht das Recht zu, ihre Religion und Sprache beizubehalten und fortzuführen.
- Alle Australier haben gleiche Chancen und werden gleich behandelt.
- Alle Australier können ihre Qualifikationen und Fähigkeiten unabhängig von der Herkunft einbringen.

2 *Oper von Sydney*

③ **Die Olympischen Spiele in Sydney, 2000**

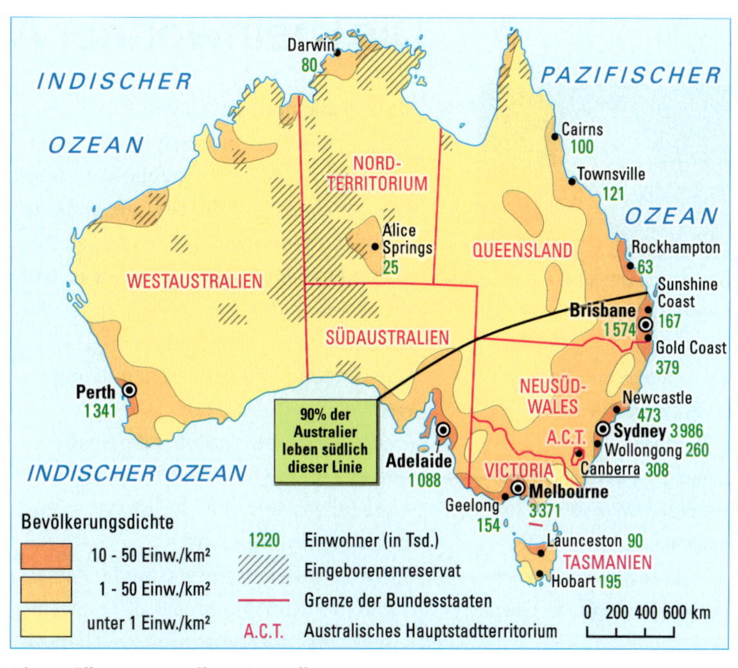

④ **Die Bevölkerungsverteilung Australiens**

Allerdings werden bei jedem Einwanderer Englischkenntnisse vorausgesetzt.

Das Verhältnis zu den Ureinwohnern verbesserte sich dagegen nur sehr langsam. Ein Zeichen an die Welt war die Entzündung des Olympischen Feuers 2000 in Sydney durch die Aborigine Cathy Freemann, einer für Australien erfolgreichen 400-m-Läuferin.

1 Ermittle die aktuelle Einwohnerzahl und die Bevölkerungsdichte Australiens.

2 a) Beschreibe anhand der Karte 2 die Bevölkerungsverteilung Australiens und gib mögliche Ursachen dafür an.

b) Berechne den Anteil der Einwohner von Sydney und Melbourne an der Gesamtbevölkerung.

3 Benenne die Unterschiede in der Einwanderungspolitik im Verlauf der Geschichte.

⑤ **Bevölkerungsentwicklung**

1850	0,5 Mio.
1860	1,2 Mio.
1920	5 Mio.
1960	10 Mio.
2000	19 Mio.

Die Ureinwohner Australiens verstehen

① *Flagge der Aboriginal People. Folgende Deutungen werden verwendet:*
Rot = Mutter Erde oder vergossenes Blut der Ureinwohner
Gelb = Sonne
Schwarz = Traumzeit oder dunkelhäutige Ureinwohner oder Nachthimmel
Alle Farben zusammen bedeuten die Grundlagen des Lebens.

② **Sich ein Bild machen ...**
Andere Kulturen zu verstehen ist keine leichte Aufgabe. Oft stehen Vorurteile oder Klischees im Weg oder die anderen Lebensformen wirken auf uns fremd. Das größte Problem ist wohl, dass wir zu wenig wissen und sich Kulturen ständig verändern.
Eine Annäherung kann aber gelingen, wenn man:
- sich einen Überblick über die Geschichte verschafft;
- die Lebensweise und Kunst von früher und heute untersucht;
- die kulturellen Unterschiede zur eigenen Kultur akzeptiert ohne sie als schlechter oder besser zu bewerten;
- abschließend Stärken und Schwächen der fremden Kultur unterscheidet und ausgewählte Verhaltensweisen für das eigene Handeln übernimmt.

③ **„Aborigines“ oder „Aboriginal People“?**
Aborigines ist das am häufigsten verwendete Wort für die Ureinwohner Australiens. Es ist die Bezeichnung durch die Weißen: „Ab origo“ (lat.) = von Anfang an. Die Ureinwohner selbst empfinden diese Bezeichnung als diskriminierend. Nach ihrem Wunsch sollte er nicht in Büchern verwendet werden. Bezeichnungen wie „Aboriginal People“ oder „australische Ureinwohner“ sind korrekter, weil sie der Vielfalt der Bevölkerung besser gerecht werden.
Die Kultur der Ureinwohner Australiens zählt zu den ältesten lebenden Kulturen der Welt. Lange Zeit glaubten die Europäer an den Untergang der australischen Ureinwohner, die sie für primitiv hielten. Erbarmungslos wurden sie verfolgt und getötet. Heute leben etwa 250 000 Aboriginal People in Australien. Seit 1967 haben sie erstmals Bürgerrechte und seit 1992 ist ihr Rechtsanspruch auf Land anerkannt.

Vor dem Eindringen der Europäer
Die genaue Herkunft der Ureinwohner Australiens ist ungewiss. Wahrscheinlich wanderten sie vor mehr als 40 000 Jahren, als der Meeresspiegel wesentlich tiefer lag als heute, von den Sundainseln ein.
Sie lebten als Jäger, Sammler und Fischer in großen Stammesverbänden. Jeder Stamm hatte sein Gebiet, in dem man je nach Jahreszeit und Ernährungsweise umherzog.
Das Leben war eng mit der Natur verbunden. Sie konnten selbst in den lebensfeindlichen Gebieten im Inneren Australiens überleben. Eigenen Besitz kannten sie nicht. Man schätzt, dass es mehr als 500 Stammesverbände gab und mindestens 260 Sprachgruppen mit etwa 600 Dialekten. Die meisten Stammesmitglieder konnten sich in den Sprachen und Dialekten mit ihren Nachbarn verständigen.

Das Verschwinden einer Kultur
Bei Ankunft der ersten Siedler im Jahr 1788 gab es zwischen 500 000 und 750 000 Ureinwohner. Ihre Kultur war für die Europäer unverständlich und wurde als primitiv und minderwertig betrachtet.
Mit der Einwanderung der Weißen begann die Verdrängung der Ureinwohner. Zunächst wurden sie aus den günstigen Räumen vertrieben. In dieser Zeit starben viele Ureinwohner an Infektionskrankheiten, welche die Siedler eingeschleppt hatten. Durch kriegerische Auseinandersetzungen und Verfolgung verloren Tausende ihr Leben. Ein trauriges Beispiel ist das Schicksal der Ureinwohner von Tasmanien, die bis zum letzten Mann vernichtet wurden. Die Ureinwohner überlebten den Völkermord, doch die Welt, in der sie lebten, hatte sich verändert.

④ ***Ein Vater zeigt seinem Sohn, wie man einen Bumerang anfertigt***

⑤ ***Ureinwohner in einem Reservat***

⑥ ***Aboriginal People demonstrieren für ihre Rechte***

Bis in die 1920er Jahre hatten die Siedler die für die Viehwirtschaft günstigen Räume in ihren Besitz gebracht und die Ureinwohner in die Trockenräume des Outback zurückgedrängt. Hier hatte die australische Regierung Reservate eingerichtet. Manche der Ureinwohner arbeiteten auf den Farmen zu niedrigen Löhnen. Sie konnten die Lieder ihrer Stämme nicht mehr singen, ohne sich auf die Eindringlinge zu beziehen. Die zunehmende Abhängigkeit von fremden Nahrungsmitteln wie Mehl, Zucker und Tee, die erzwungene Sesshaftigkeit und das zwangsweise Zusammenleben mit Angehörigen anderer Stämme führte zum Zusammenbruch der traditionellen Kultur. Das Wesen der australischen Ureinwohner war zerstört. 1947 schätzte man ihre Zahl nur noch auf 80 000. Viele wanderten in die großen Städte ab. Hier leben sie oftmals am Rande der Gesellschaft.
Heute gibt es nur noch wenige Gebiete, in denen Aboriginal People einem eher traditionellen Lebensstil nachgehen können oder wollen. Die meisten leben zwischen westlicher und traditioneller Lebensweise.

Wege zur Anerkennung
Wachsendes Selbstbewusstsein und das Engagement australischer Bürgerrechtler führten dazu, dass den Ureinwohnern 1961 das Wahlrecht zuerkannt wurde. Durch den „Aboriginal Land Rights Act“ (1976) konnten sie Besitzansprüche an die in Staatsbesitz befindlichen Flächen geltend machen. 1989 legte die Regierung ein nationales Programm für die Ausbildung der Ureinwohner vor. Erst ab dem 1.1.1994 erhalten Aboriginal People einen Rechtsanspruch auf Grundbesitz vor 1788. Die Rechtsvorstellung, dass Australien vor der Besiedlung durch Weiße eine „terra nullis“ („Niemandsland“) war, wurde für ungültig erklärt. Manche Stämme haben Teile ihres Landes zurückbekommen. Rund 386 000 Menschen bezeichnen sich im Jahr 2000 als Aboriginal People.

Surftipp
www.australien-info.de
www.australien-panorama.de

1 *Fertige einen Zeitstrahl zur Geschichte der australischen Ureinwohner an.*
2 *Erläutere, was Touristen heute noch von der Kultur der Ureinwohner sehen können.*
3 *Viele Ureinwohner fühlen sich heute als Fremde im eigenen Land. Erkläre.*

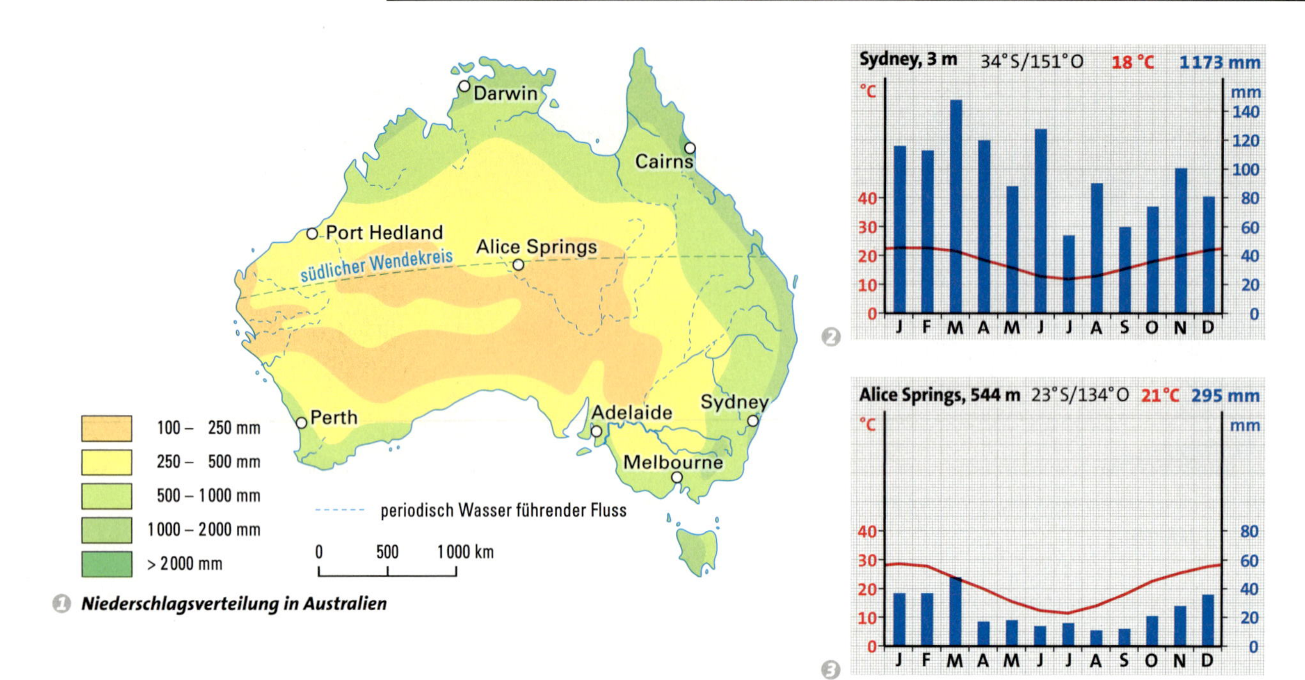

① *Niederschlagsverteilung in Australien*

Der trockene Kontinent

Landschaften, in denen Flüsse nur zu bestimmten Zeiten Wasser führen, ausgetrocknete Seen und große Wüstenflächen vorherrschen, weisen auf Schwankungen im Wasserhaushalt und auf einen insgesamt großen Wassermangel hin. In Australien hängt dies mit den Luftmassen zusammen, die den Kontinent im Jahresverlauf beeinflussen.

Im Osten des Kontinents bringt der Südostpassat feuchte Meeresluft in Richtung Ostaustralisches Bergland. Hier können Steigungsregen ergiebige Wassermengen liefern. Das Wasser sammelt sich in den Flüssen oder versickert im Boden. Besonders der Süden und der zentrale Teil Australiens werden ganzjährig von heißer und trockener Passatluft beherrscht. Dadurch können in den Sommermonaten lange Hitzeperioden mit Temperaturen von über 40 °C auftreten. Die Verdunstung ist so hoch, dass Flüsse aus dem Bergland kommend für eine bestimmte Zeit trocken liegen. In diesen extremen Dürreperioden kommt es immer wieder zu riesigen Buschbränden, deren Rauchschwaden sogar vom Weltraum aus zu beobachten sind.

Der Anteil von Ackerland an der nutzbaren Fläche ist wegen der Trockenheit äußerst gering. Immerhin ist über ein Drittel der Fläche Australiens Ödland und kann landwirtschaftlich nicht genutzt werden.

Aber es gibt in Australien ein riesiges Süßwasservorkommen, allerdings nur unterirdisch. Das Wasser sammelt sich dort in Becken. Da es unter Druck steht, nennt man es artesisches Wasser. Bohrt man es an, gelangt es durch den Druck an die Erdoberfläche. Die Erschließung des artesischen Wassers war die Voraussetzung dafür, dass das Landesinnere viehwirtschaftlich insbesondere für die Schafzucht genutzt werden kann.

④ *Ayers Rock*

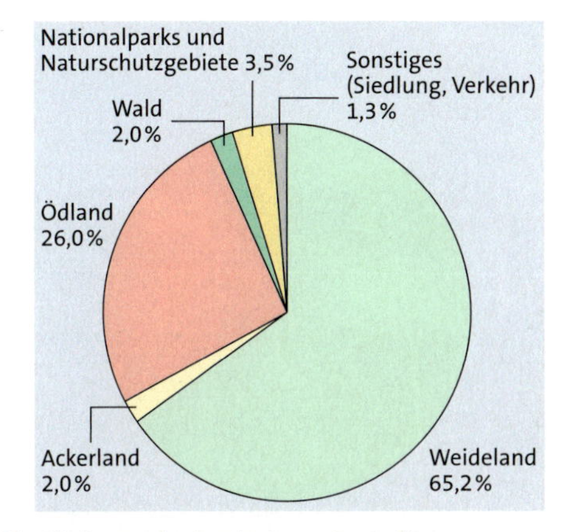

5 **Gliederung der Landnutzung Australiens**

7 **Profil durch das Große Artesische Becken**

6 ***Experiment: Artesischer Brunnen***

Vorbereitung des Experimentes

Material: *zwei Kunststofftrichter, Nagel, Kunststoffwanne, Labor-Wasserschlauch von ca. 80 cm Länge, zwei Stative mit Trichterhalterungen, kleine Gießkanne, Wasser*

Durchführung: *Trichterhalterungen an die Stative montieren, Trichter einsetzen, die Schlauchenden über die Trichterenden ziehen, Nagel in der Mitte des Schlauches durch eine Schlauchwand bohren, Wasser mit der Gießkanne in die Trichter einfüllen; den Nagel herausziehen und den Weg des Wassers beobachten.*

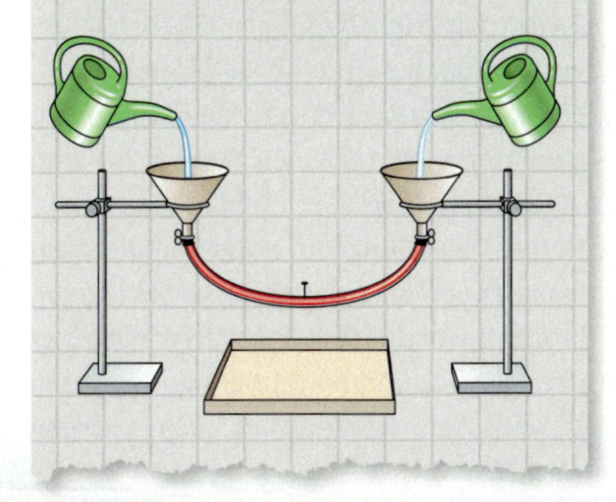

8 **Artesische Quelle**

1 *Ermittle mithilfe der Karte zu den Klimazonen im Anhang an welchen der Zonen Australien Anteil hat.*
2 *Beschreibe die Niederschlagsverteilung in Australien (Karte 1).*
3 *Vergleiche die Klimadiagramme von Alice Springs und Sydney.*
4 *Erkläre die Abbildung 7. Führe dazu das Experiment 6 durch.*
5 *Erläutere Zusammenhänge zwischen Klima und Flächennutzung.*

Kaum zu glauben

Im Großen Artesischen Becken mit einer Fläche von 1,6 Mio. km² gibt es über 18 000 Brunnen, die täglich 1,5 Mio. Liter Wasser liefern.

→ *Einen Vergleich durchführen, siehe Seite 116/117*

1 *Affenbrotbaum*

2 *Grasbaum*

3 *Termitenhügel*

4 *Eukalyptuswald*

Einzigartige Flora und Fauna

5 **Anpassung am Beispiel des Eukalyptus**

Die meisten Eukalyptusarten haben sich an die Trockenheit angepasst. Sie wachsen auch bei geringer Bodenfeuchte sehr schnell. Manche Eukalyptusarten haben lange schmale Blätter, die bei starker Sonneneinstrahlung einfach nach unten hängen. Andere Eukalyptusarten schützen ihre Blätter durch einen Wachsüberzug.

Eukalyptuspflanzen sondern ätherische Öle ab. Oft ist über den Wäldern ein blauer Dunst zu sehen. Vermischen sich die Öltröpfchen mit der Luft, entsteht ein leicht brennbarer Stoff, der besonders bei Blitzeinschlag zu großen „Buschbränden" führen kann. Dass die Eukalyptuspflanzen trotzdem noch existieren, ist ein Zeichen für ihre Anpassung an das Feuer.

In Australien gibt es eine einzigartige Tier- und Pflanzenwelt, die sich stark von der auf anderen Kontinenten unterscheidet. Hier leben Tiere, die nirgendwo sonst auf der Welt vorkommen – Beuteltiere wie Kängurus, Koalas und Wombats oder der Straußenvogel Emu. Australische Säugetiere sind für uns Europäer höchst ungewöhnlich. Das Schnabeltier legt als Säugetier sogar Eier und gleicht mit seinem Schnabel eher einer Ente.

Australiens Pflanzenwelt wird vor allem durch die Gattung des Eukalyptus bestimmt. Davon wachsen hier über 600 Arten. Etwa 90 % der gesamten Waldfläche Australiens werden von Eukalyptusgewächsen eingenommen. Vom kleinen Strauch bis zum 150 Meter hohen Baum sind alle Arten vertreten. Dieses Angebot nutzt vor allem der Koala. Er ernährt sich fast ausschließlich von Eukalyptusblättern. Selbst Wasser nimmt er über diese auf. So braucht er nur den Baum zu verlassen, wenn er auf einen anderen wechseln will.

Aber auch Grasbäume oder die dicken Affenbrotbäume gibt es hier. Es gibt sogar Pflanzen, die vom Feuer abhängig sind: ihre Früchte platzen erst durch die starke Hitze auf und geben dann den Samen frei.

Wodurch konnte diese einzigartige Tier- und Pflanzenwelt entstehen?

Die Ursache führt uns weit in die Vergangenheit zurück. Vor etwa 135 Millionen Jahren hat sich Australien vom alten Südkontinent Gondwana getrennt. Danach konnten sich hier die Tiere und Pflanzen über einen langen Zeitraum völlig unbeeinflusst entwickeln und sich an die besonderen Bedingungen anpassen. Dazu zählt vor allem die große Weite und Trockenheit im Inneren des Kontinents.

Die Natur in Gefahr

Während es die Ureinwohner verstanden, sich der Natur anzupassen, „schafften" es die europäischen Einwanderer in nur 200 Jahren, dem Gleichgewicht der Natur großen Schaden zuzufügen. Vor allem die eingeführten Tiere konnten sich ohne natürliche Feinde unkontrolliert vermehren, verwilderten und wurden zur Gefahr für viele einheimische Arten. Die Kaninchen wurden zur Hauptplage. Es wurde sogar ein Zaun quer durch fast ganz Australien gebaut, der ihr Vordringen verhindern sollte. Erst die gezielte Einführung einer Seuche konnte die Vermehrung der Kaninchen verringern.

Heute stellt vor allem der große Landbedarf der wachsenden Bevölkerung eine Gefahr für die Natur dar. Neue Siedlungen, Straßen und Wirtschaftsflächen zerstören den Lebensraum von Pflanzen und Tieren. Den Menschen ist ihre einzigartige Flora und Fauna bewusst geworden. Australiens Naturschutz gehört mittlerweile zu dem besten in der Welt.

1 *Erläutere die Besonderheiten der Tier- und Pflanzenwelt Australiens.*

2 *Zeige an verschiedenen Beispielen die Anpassung der Tiere und Pflanzen an die natürlichen Bedingungen Australiens.*

3 *Die Einfuhr von Pflanzen und Tieren nach Australien ist mittlerweile streng verboten. Begründe!*

6 **Anpassung am Beispiel des Kängurus**

Die Kängurus kommen in einem wenig entwickelten Zustand zur Welt und sind winzig klein. Dadurch wird das Muttertier bei der Geburt nur sehr gering beansprucht. Im Beutel der Mutter kann sich dann der Embryo entwickeln. Verschlechtern sich die Bedingungen, ist der Tod des Jungtieres im Beutel keine Belastung, weil die Mutter noch nicht viel Energie investiert hat. So ist sie auch in der Lage, sich schnell wieder zu paaren. Ein weiteres Anpassungsmerkmal ist das Hüpfen auf den Hinterbeinen. Beim Beugen spannen sich die Sehnen so an, dass die dadurch aufgestaute Energie im nächsten Sprung freigesetzt wird. Das spart bei weiten Strecken Kraft und Wasser. So können die Kängurus Geschwindigkeiten bis 75 km/h erreichen.

7 ***Koala***

8 ***Schnabeltier***

9 ***Emu***

→ *Kontinentalverschiebung, vgl. Seite 26*

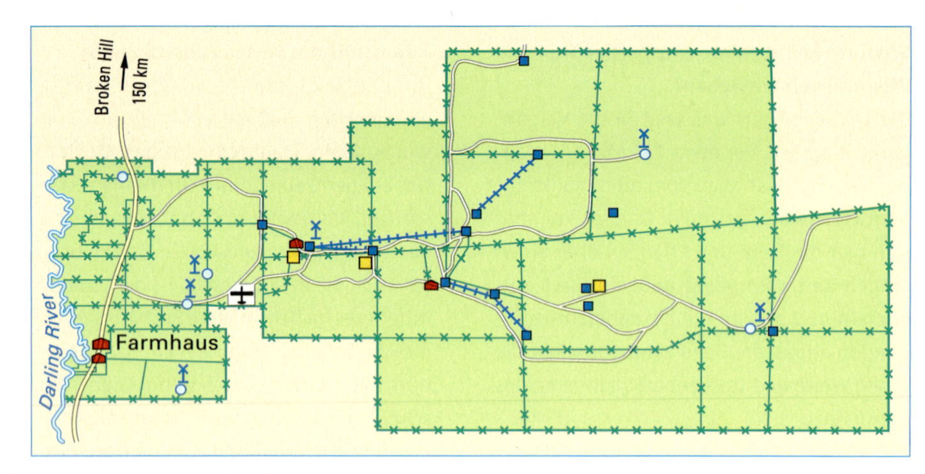

② ***Plan der Schaffarm „Tolarno“***

Leben im Outback

Es regnet wenig im Outback, dem Inneren Australiens. Die Niederschläge fallen sehr unregelmäßig. Nur an durchschnittlich 16 Tagen im Jahr regnet es, jeder Monat kann auch völlig ohne Niederschlag bleiben. Die natürliche Vegetation hat sich angepasst: Es wachsen hier niedrige Büsche mit kleinen Blättern und weit verzweigten Wurzeln. Außerdem gibt es verschiedene Gräser, die lange Trockenheit überdauern können.

③

Die Schaffarm „Tolarno“

„Tolarno“ ist eine große Farm mit etwa 10 000 Schafen. Die Tiere brauchen viel Weidefläche. Doch die Merino-Schafe finden selbst in den trockenen Gras- und Buschlandschaften des Outback genügend Futter. Das größte Problem ist die Versorgung mit Trinkwasser. Die Farmarbeiter, die „Grenzreiter“, sollen die Wasserstellen und Zäune pflegen und die Schafherden beaufsichtigen. Alles, was die Menschen auf der Farm zum Leben brauchen, muss von weither heran transportiert werden. Broken Hill ist die nächste Stadt. Wird jemand krank, so kommt der Arzt mit dem Flugzeug. Einmal im Jahr werden die Schafe geschoren. Die Schafscherer sind Wanderarbeiter, die von einem Betrieb zum anderen ziehen.

① ***Windpumpe und Wassertank***

School of the Air

Auch wenn der Schulweg nur ein paar Schritte bis in das nächste Zimmer beträgt, ist das Schulgebäude dennoch nicht zu erreichen. Die Schüler im Outback treffen sich mit ihren Mitschülern über Funk und immer häufiger auch im Internet.

Die erste Funk-Schule wurde 1951 in Alice Springs eröffnet. Allein die School of the Air versorgt ein Gebiet von über 1,3 Millionen Quadratkilometern. Das entspricht etwa der vierfachen Fläche Deutschlands. Die durchschnittlich rund 140 Schüler wohnen bis zu 1000 Kilometer vom Schulgebäude entfernt. Mit der Vorschule und dem Kindergarten gibt es bis zum siebten Schuljahr insgesamt neun Klassen, in denen zwischen acht und 18 Schüler im Alter zwischen viereinhalb und 13 Jahren unterrichtet werden. Im Jahr 1992 konnten die Schüler ihre Lehrer erstmals in Live-TV-Übertragungen über Satellit erleben. Mittlerweile erobert auch das Internet die Farmen im Outback. Immer mehr Eltern und Schüler nutzen das Web und kommunizieren begeistert über E-Mail. Der benötigte Strom wird über Dieselgeneratoren selbst erzeugt.

Unterricht per Satellit

Im Unterricht sitzen die Lehrer in der jeweiligen Schaltzentrale. Von dort vergeben sie die Übungen und kontrollieren die Hausaufgaben. Zu Beginn der Stunde meldet sich jeder Schüler einzeln. Fehlen Kinder, wird über das Telefon angefragt, was passiert ist. Die Unterrichtsstunden dauern nicht länger als 20 bis 30 Minuten, da diese Art von Unterricht für die Kinder sehr anstrengend ist.

Die „Road Trains", die großen Viehtransporter, sind gleichzeitig Postautos. Mit ihnen kommen die Übungshefte zu den Schülern und die fertigen Hausaufgaben werden zurück zur Lehrerin in die Schule geliefert. Dadurch kann es schon einmal ein paar Wochen dauern, bis ein Diktat korrigiert ist. Diese Zeitspanne wird sich mit der vermehrten Nutzung des Internets in absehbarer Zeit verkürzen.

4 ***Alice und ihre Schwester zu Hause beim Unterricht***

Ein Schulkind der School of the Air kostet den Staat etwa das Doppelte im Vergleich zu einem Kind in einer städtischen Schule. Das Internat als weitere Möglichkeit ist jedoch noch teurer.

Einmal im Jahr fahren die Lehrer durch das Outback, um ihre Schüler zu besuchen. Dabei reisen sie Tausende von Kilometern, um die Lernumgebung zu sehen und die individuellen Bedürfnisse der Schüler kennen zu lernen. Die meisten Besuche erfolgen mit schuleigenen Fahrzeugen mit Allradantrieb, oft wird aber auch das Flugzeug verwendet. Die Lehrer müssen wegen der riesigen Entfernungen im Elternhaus ihrer Schüler übernachten. So lernen sie ihre Schüler noch besser kennen. Die Schüler freuen sich auf den Besuch ihrer Lehrer und sind stolz, ihnen ihr zu Hause zeigen zu können.

1 *Beschreibe die Lage und die natürlichen Bedingungen des Outbacks.*

2 *a) Beschreibe die Karte 2 mithilfe des Textes.*
b) Berechne die Fläche der Schaffarm „Tolarno" und die Weidefläche für jedes Schaf.

3 *Erläutere Vorteile und Nachteile einer Schule per Funk aus deiner Sicht.*

4 *Im Outback leben auch deutsche Aussiedler. Was könnten ihre Beweggründe sein?*

Outback
Bedeutet frei übersetzt „das Land draußen vor der Tür". Es ist überall dort, wohin die Zivilisation mit ihrer dichten Besiedelung und ihren Annehmlichkeiten noch nicht vorgedrungen ist.

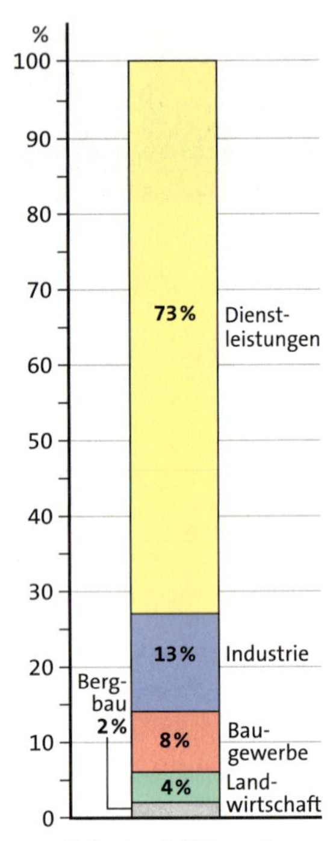

Anteil der Beschäftigten in Wirtschaftsbereichen

Ranger Uranmine

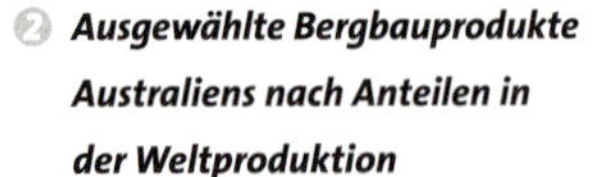

Ausgewählte Bergbauprodukte Australiens nach Anteilen in der Weltproduktion

	Rang	%-Anteil
Titan (Rutil)	1	50
Bauxit	1	36
Diamanten	1	37
Blei	1	18
Uran	2	16
Gold	3	14

Die Wirtschaft Australiens

Die wirtschaftliche Entwicklung Australiens vollzog sich seit dem 19. Jahrhundert vor allem auf der Grundlage zweier Produkte, die dem Land große Einnahmen sicherten. Zum einen war es die Erzeugung von Schafwolle und zum anderen die Förderung von Gold.

Bergbau – Grundlage der industriellen Entwicklung

Besonders der Abbau von Gold führte zu einer raschen industriellen Entwicklung. Der ständige Zustrom an Bevölkerung sicherte die Nachfrage industrieller Produkte am Markt. Gleichzeitig wurde der Ausbau des Verkehrsnetzes notwendig. Mit der späteren Erschließung weiterer Lagerstätten vieler anderer Rohstoffe entwickelte sich Australien zu einem der Hauptexportländer für Rohstoffe. Das gilt besonders für Steinkohle, Eisenerz, Bauxit, Uran und weitere Erze.
Nicht nur der Reichtum Australiens an Bodenschätzen ist von Vorteil, sondern auch ihre Lagerungsverhältnisse. Viele Bodenschätze liegen so nah an der Erdoberfläche, dass sie mit geringem Kostenaufwand im Tagebau abgebaut werden können. Hohe Exporteinnahmen werden dadurch möglich.
Auch die Landwirtschaft erzielt mit einem Drittel aller Exporteinnahmen Australiens beachtliche Ergebnisse. Spitzenplätze in der Welt nimmt der Export von Wolle und Schafen ein.

Die wirtschaftliche Zukunft Australiens

Die Zahlen aus dem Bergbau können schnell darüber hinwegtäuschen, dass knapp 90% der Wirtschaftsleistung von der verarbeitenden Industrie und den Dienstleistungen erzielt werden. Denn heute besitzt Australien eine vielseitige und moderne Wirtschaft, die der Bevölkerung einen hohen Lebensstandard sichert. Zentren sind die Großstädte mit ihrem Umland, allen voran Melbourne, Sydney und Adelaide. Zwar erreicht Australien noch längst nicht die Produktionszahlen der westlichen Industrieländer, kommt in der Entwicklung, wie auch das Beispiel Citect zeigt, jedoch sehr schnell voran.

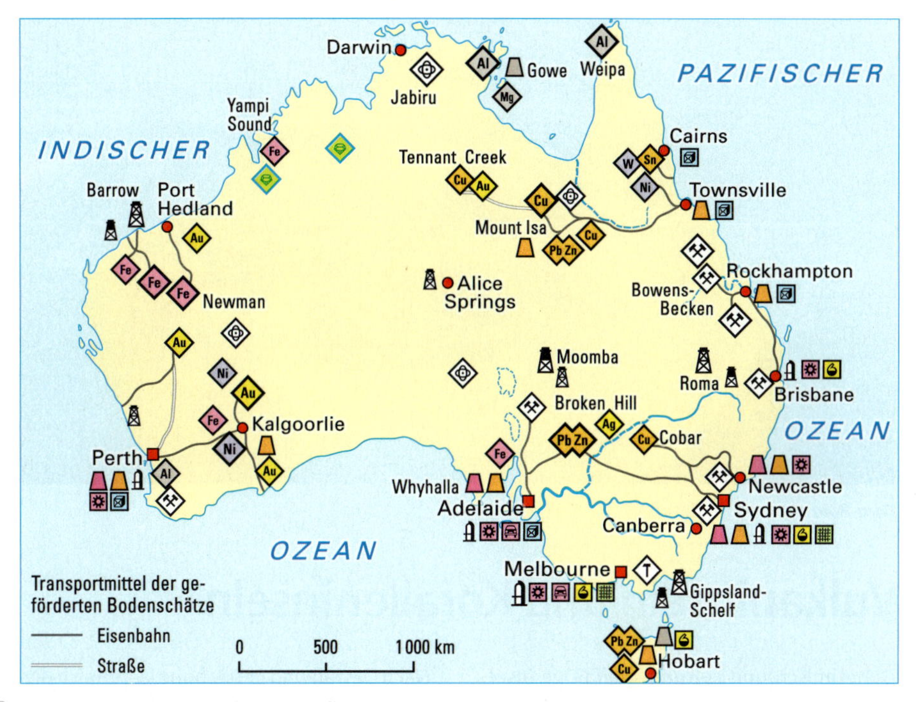

4 Bodenschätze und Industrie in Australien

Australien hat eine sehr hohe Arbeitsproduktivität. Ford Australia zum Beispiel hat in den 1990er-Jahren schrittweise die Hälfte der Mitarbeiter entlassen. Die Anzahl der produzierten Autos ist dabei nicht zurückgegangen. Frei gewordene Arbeitsplätze aus der Industrie werden im Dienstleistungssektor dringend gebraucht. Hier ist besonders der zunehmende Tourismus ein wichtiger Arbeitgeber. So hatte Australien 2004 eine sehr geringe Arbeitslosenrate von nur 5,6%.

1 *Erkläre die Zusammenhänge zwischen Bergbau, Bevölkerungsentwicklung und Industrialisierung in Australien.*

2 *Beschreibe die Lage wichtiger Abbaugebiete innerhalb Australiens und ordne ihnen Beispiele für Bodenschätze zu (Karte 4).*

3 *Nenne mögliche Gründe für Unterschiede in den Ziel- bzw. Herkunftsgebieten für Export- und Importgüter Australiens.*

4 *„Australiens Wirtschaft boomt."*
Beweise die Aussage unter Einbeziehung des Beispiels von Citect.

5 **Beispiel Citect**

Citect ist ein Software-Anbieter von Lösungen für industrielle Automatisierung und Informationsmanagement mit dem Hauptsitz in Sydney. Angeboten werden unter anderem Kontrollinstrumente zur Überwachung von Industrieanlagen. Berühmtester Abnehmer ist das John F. Kennedy Space Centre der NASA. Aber auch BMW, Siemens, BP, Nestle und viele mehr gehören zu den Kunden. Insgesamt werden die Produkte in 40 Länder durch ein Netzwerk von 500 Partnern vertrieben.

Vorzüge bestehen vor allem in der Kostenersparnis der Kunden. Fernüberwachung durch zuverlässige Computersoftware senkt zum Beispiel aufwändige Fahr- und Wartungskosten.

Insgesamt konnte Citect bereits 50000 Lizenzen für Software verkaufen. Ausdruck des Erfolgs und der Wertschätzung sind die zahlreichen Auszeichnungen. Das Unternehmen wurde von der Universität Melbourne zu den Top 10 in Australien für Innovationen in Forschung und Entwicklung eingestuft.

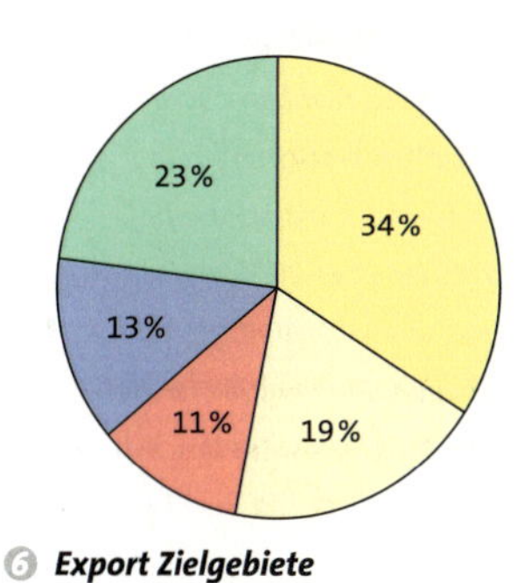

6 Export Zielgebiete

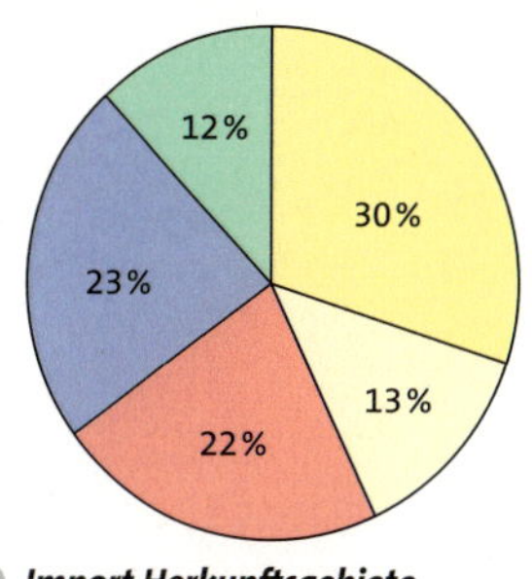

7 Import Herkunftsgebiete

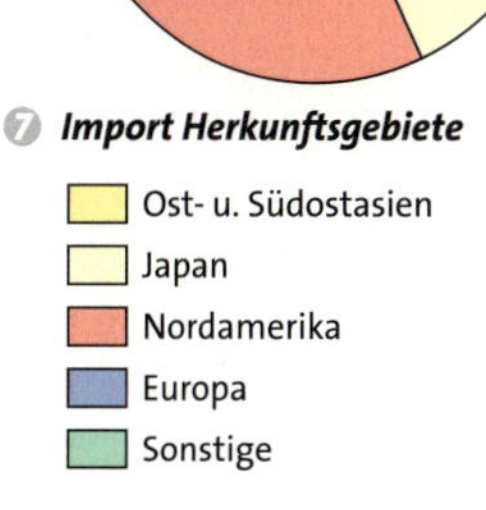

① ***Bora-Bora***

Vulkaninseln und Koralleninseln

Korallenriff
Ein Riff besteht aus Korallenpolypen. Sie sondern Kalk ab und bauen so Korallenstöcke auf.
***Korallen** brauchen für ihr Wachstum Wassertemperaturen über 20 °C und klares, sauerstoffhaltiges Wasser. Sie gedeihen nur bei reichlich Lichteinfall. Bestes Wachstum in einer Tiefe von 5–25 m.*

Die ethnisch und kulturell vielfältige Inselwelt Polynesiens, Melanesiens und Mikronesiens besteht aus über 30 000 Inseln unterschiedlicher Größe. Zu den großen Inseln gehören Neuguinea, Neuseeland und einige andere Inseln. Die meisten besitzen abbaubare Bodenschätze.
Die innerpazifischen Inseln sind viel kleiner. Ihre isolierte Lage, geringe Einwohnerzahlen und begrenzte Anbauflächen bieten weniger günstige Entwicklungsmöglichkeiten.

Nach Gestalt und Entstehung lassen sich diese Inseln in Vulkan- und Koralleninseln oder in Hoch- und Flachinseln einteilen.
Die **Vulkaninseln** ragen als Spitzen untermeerischer Vulkane steil aus dem Meer empor. Ihre mit tropischem Regenwald bedeckten Gipfel erreichen beachtliche Höhen. Um den vulkanischen Inselkern erstreckt sich eine fruchtbare, intensiv genutzte Küstenebene, an die sich meerwärts ein **Korallenriff** anschließt.

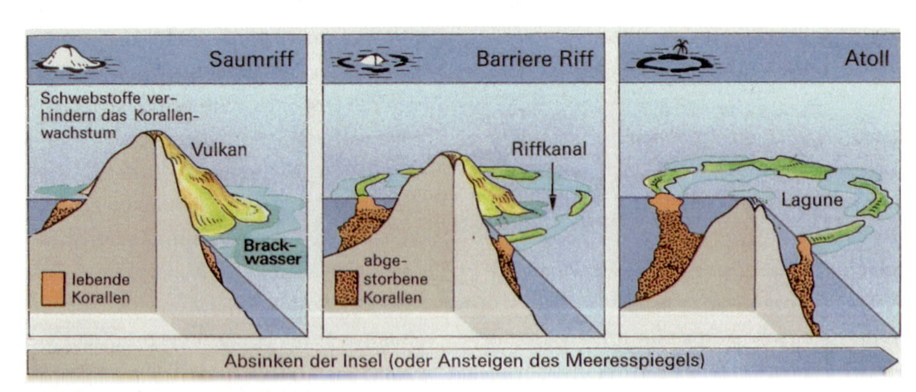

② ***Koralleninseln: Aufbau und Entwicklung***

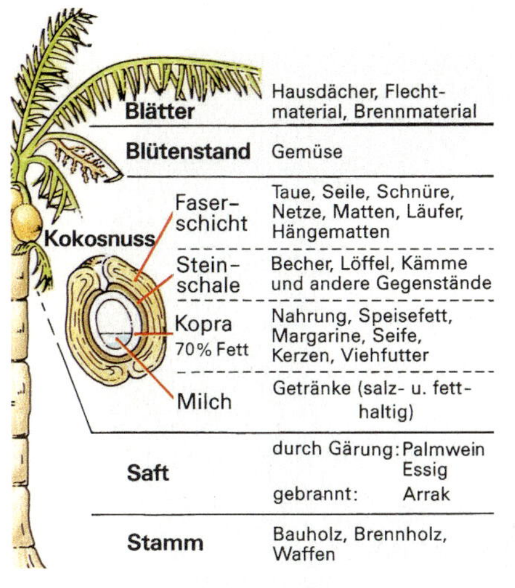

3 ***Mehrfachnutzung der Kokospalme***

5 ***Haus in Western Samoa***

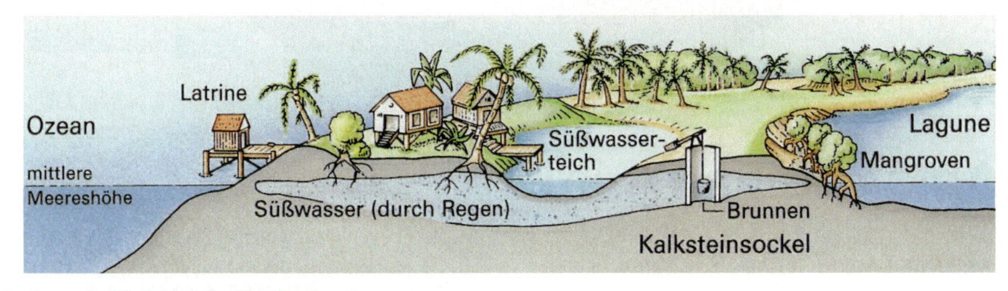

4 ***Querschnitt durch eine Koralleninsel***

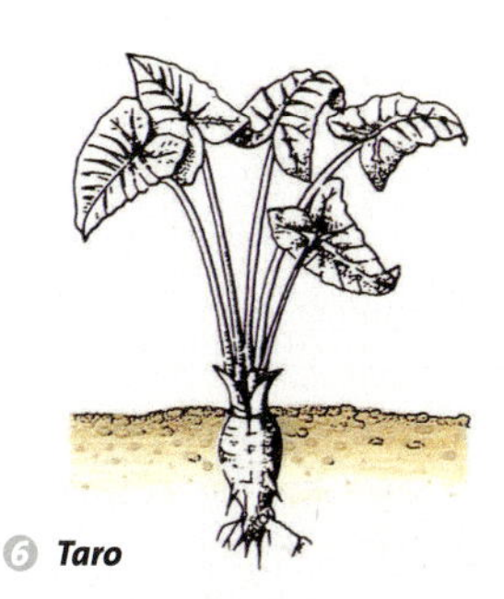

6 ***Taro***

7 ***Yams***

Die aus Kalk aufgebauten Koralleninseln erheben sich nur wenige Meter über den Meeresspiegel. Sie sind häufig als **Atolle** ausgebildet. Daneben gibt es gehobene Koralleninseln, die bis zu 30 Meter Höhe erreichen. Koralleninseln sind durch Wassermangel sowie wenig fruchtbare Böden gekennzeichnet und bei Wirbelstürmen oder Tsunamis extrem gefährdet.

Die begrenzten Möglichkeiten zwingen die Inselbewohner zur allseitigen Nutzung der Natur. Die Häuser, viele Gebrauchsgüter sowie die Auslegerboote werden aus lokalen Materialien hergestellt. Hierbei wird wie beim Anbau oder beim Fischfang ein sorgsamer Umgang mit der Natur beachtet. Sie wird oft noch durch Tabu-Gesetze geschützt. Als Grundnahrungsmittel dienen Knollenfrüchte wie Taro, Yams und Batate. Besonders wichtig sind die „von Kopf bis Fuß" nutzbare Kokospalme, die Banane und der Brotfruchtbaum. Hinzu kommen Fische aus den Lagunen und dem Meer. Auf größeren Inseln gibt es außerdem Plantagen, die Kakao, Kaffee und Kopra für den Export erzeugen.

1 *Beschreibe das Foto 1. Verwende die Begriffe Vulkan, Korallenriff und Lagune.*
2 *Erkläre die Entstehung eines Atolls (Grafik 2).*
3 *Finde einen Oberbegriff für die Anbaukulturen Taro und Yams.*
4 *Beweise, dass der Mensch im Notfall allein mit der Palme überleben könnte (3). Arbeite mit der Zeichnung 4.*
5 *a) Beschreibe die Probleme der Raumnutzung auf einer Koralleninsel.*
b) Nenne mögliche Maßnahmen zum Schutz der Inseln.

tabu
(polynesisch tapu = „verboten")
„Tapu ist wie ein Stoppschild. Das Jahr über standen mal der Wald, mal der Strand, der Fluss oder das Ackerland, mal der Teich oder der Fischgrund unter dem Schutz des Tapu-Gesetzes, damit neue Nahrung nachwachsen kann."

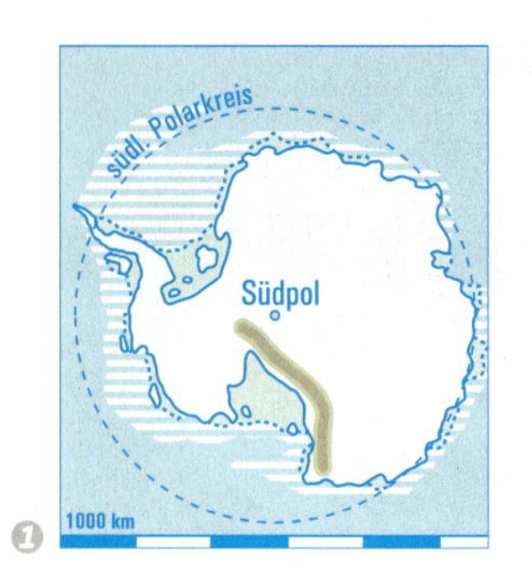

Antarktis

Antarktis und Arktis

Die Arktis und die Antarktis gehören zu den Polargebieten unserer Erde. Beide Gebiete werden von den Polarkreisen begrenzt, die jeweils bei 66,5° nördlicher und südlicher Breite verlaufen. Hier beginnt in Richtung Pol das Phänomen von Polartag und Polarnacht. Trotz vieler Gemeinsamkeiten sind beide Gebiete beim genaueren Hinsehen sehr verschieden.

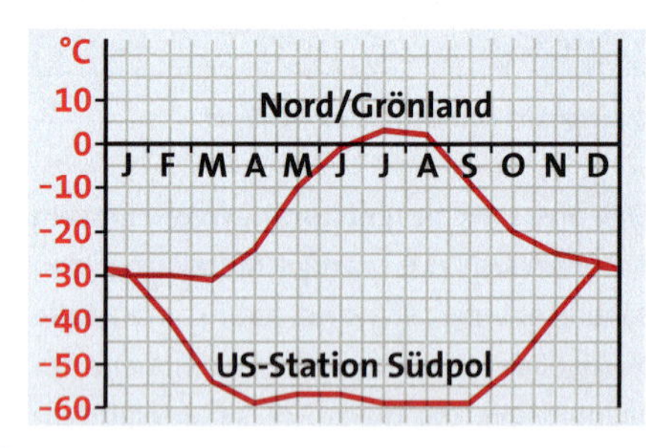

Temperaturen in den Polregionen

Das Relief

Die Arktis umfasst das Nordpolarmeer und Teile der Kontinente Asien, Europa und Nordamerika. Der größte Teil wird von einem Meeresbecken eingenommen. Durch die Eisbedeckung kann man kaum erkennen, dass der Hauptteil der Antarktis vom fünftgrößten Kontinent der Erde gebildet wird. Große Gebirge durchziehen den Kontinent. Die Spitzen der Gipfel sind eisfrei. Der Südpol liegt immerhin 2835 m über NN.

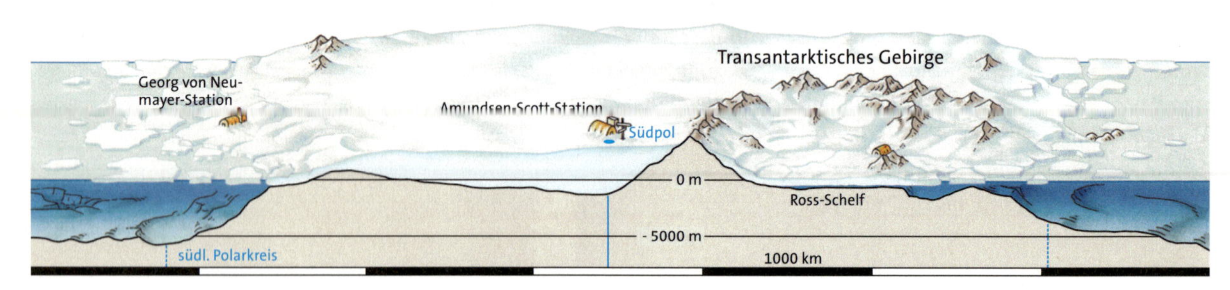

Profil durch die Antarktis

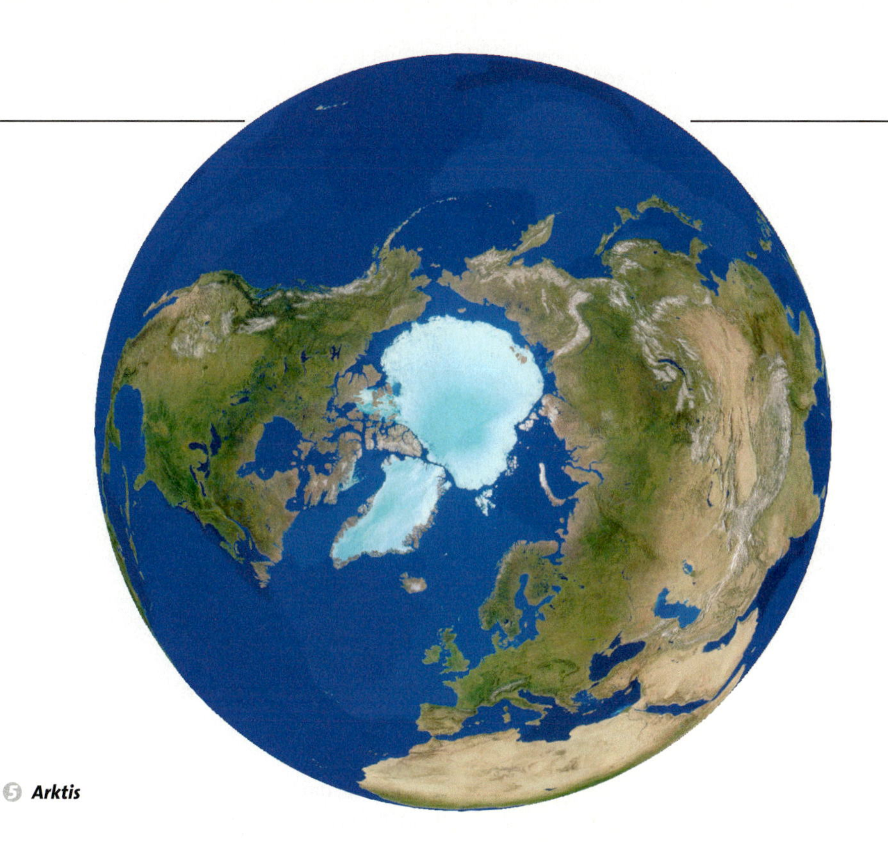

5 *Arktis*

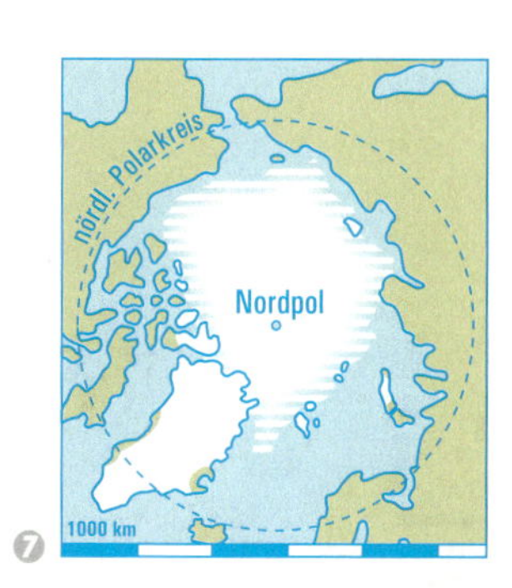

7

Klima und Eisbedeckung

Der anhaltende Frost führte in der Antarktis zur Bildung einer beständigen Inlandeisdecke, die an ihrer mächtigsten Stelle mit 4776 m gemessen wurde. Obwohl sehr wenig Niederschlag fällt, um das Eis zu nähren, wandert das aus gefrorenem Süßwasser bestehende **Inlandeis** etwa 10 m im Jahr in Richtung Meer. Es wird über den Rand des Kontinents hinausgeschoben. So bildet sich immer wieder **Schelfeis**, das auf dem Meerwasser schwimmt. Es kann bis zu 100 m dick sein. Schneefall von oben und anfrierendes Meerwasser von unten ermöglichen den langen Bestand. Am Rand brechen dann großflächig Teile ab, die als riesige Tafeleisberge auf die Reise gehen.

In der Arktis gefriert das salzhaltige Meerwasser zu einzelnen Schollen. Die Strömung transportiert dieses als **Treibeis**. Ständiges Aufeinanderdriften, Abschmelzen von Eis an der Oberfläche und das Anfrieren von Meereswasser am Untergrund lassen **Packeis** entstehen, das 2 m bis 4 m mächtig wird. Dieses treibt mit einer Geschwindigkeit von etwa 5 km / h auf dem Meer. Zur Überquerung des Nordpolarmeeres benötigt es etwa drei Jahre. Gelangt Inlandeis der Gletscher Grönlands in den Atlantik, lösen sich **Eisberge**, die nicht mit den Tafeleisbergen der Antarktis zu vergleichen sind. Sie sind zwar wesentlich kleiner, dafür aber wegen ihrer unsichtbaren Größe unter Wasser für die Schifffahrt um so gefährlicher.

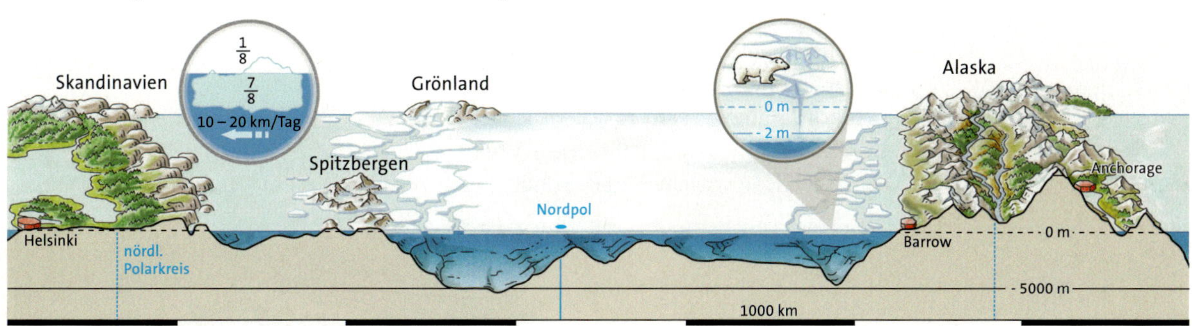

6 *Profil durch die Arktis*

⑩ *Kaiserpinguine*

⑪ *Tundra*

⑧ *Eisbär*

⑨ *Moschusochse*

Tierwelt

Zunächst scheint es, dass bei den Tieren die größten Gemeinsamkeiten zwischen Arktis und Antarktis auftreten. Immerhin gibt es in beiden Regionen Wale, Robben und Fische. Dennoch sind die Unterschiede innerhalb der Arten sehr groß. Beispielsweise leben die Sattelrobbe und Ringelrobbe in der Arktis, während die Weddelrobbe oder der Seeleopard nur in der Antarktis vorkommen.

Die Tiere haben sich gut an die extreme Kälte angepasst. Sie entwickelten eine Isolierschicht aus Fett. Diese braucht keine umfangreiche Blutversorgung und wirkt im Wasser wie ein Taucheranzug. Leben die Tiere auch an Land, haben sie zusätzlich noch einen Pelz oder ein dichtes Federkleid als Schutz. Die Pinguine zum Beispiel verdichten ihre Federn und überlappen die Spitzen wie Dachziegel, damit sie im Wasser nicht nass werden. Fische besitzen eine Vielzahl roter Blutkörperchen, die eine stärkere Durchblutung des Körpers sichern. In den Gewässern der Antarktis haben viele Arten sogar etwas „Frostschutzmittel" im Blut.

Einige Tiere, die in den kurzen Sommern den Rand der Arktis bevölkern, wandern im Winter in wärmere Gebiete oder ziehen sich zum Winterschlaf, wie zum Beispiel die Eisbären, in selbstgegrabene Eishöhlen zurück.

Pflanzenwelt

Der Dauerfrost in der Antarktis ermöglicht dort kein Pflanzenwachstum. In der kurzen Wachstumszeit während des Sommers bildet sich auf dem Festlandsteil der Arktis Tundrenvegetation mit überwiegend Moosen und Flechten aus. Diese wachsen in schützenden Polstern oder Kissen. Hier wachsen nur sehr wenige Bäume. Die Pflanzen bilden ein weitverzweigtes Wurzelnetz und werden nur wenige Zentimeter hoch. Dadurch bleiben sie nah am erwärmten Boden.

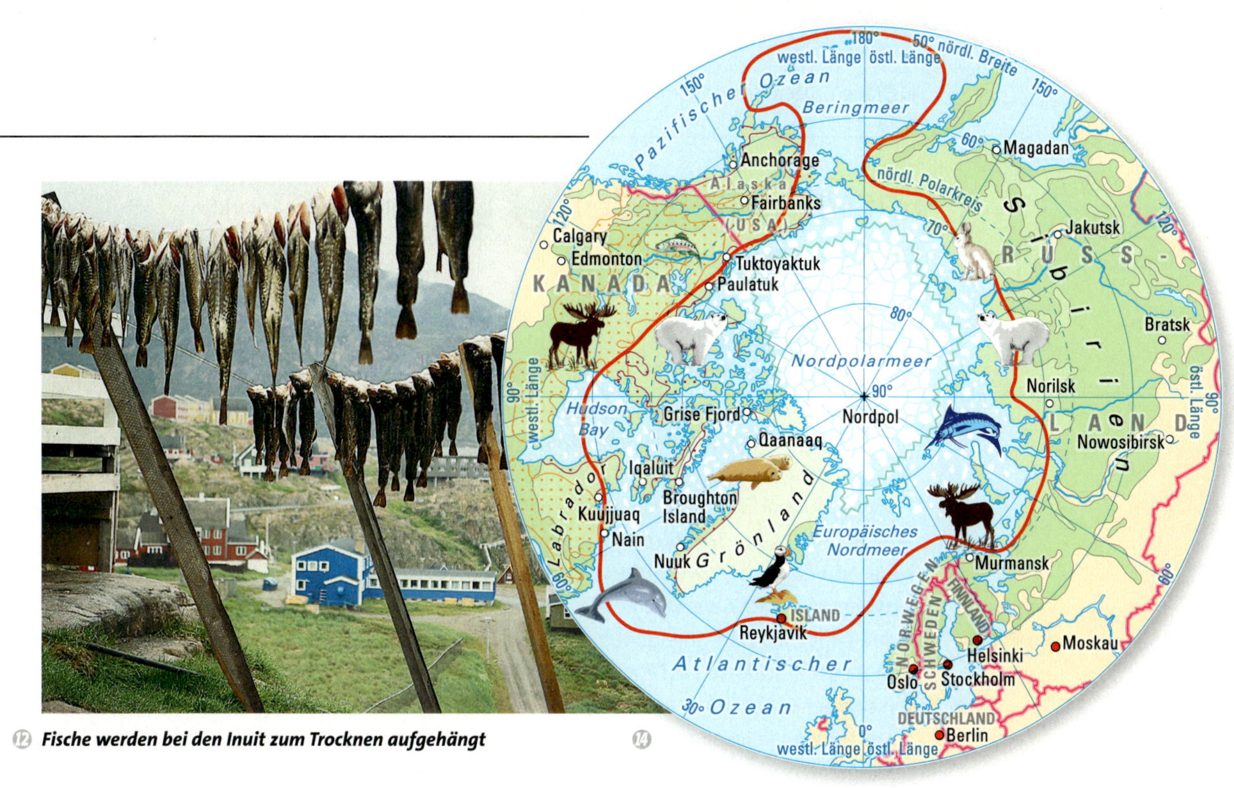

⑫ ***Fische werden bei den Inuit zum Trocknen aufgehängt***

⑭

Grenze der Arktis (durchschnittliche Juli-Temperatur 10 °C)
Eisberg
Packeis (Schicht aus Eisschollen, etwa 2 m dick)
Packeisgrenze

Vegetation
Nadelwald
Tundra (Moose, Gräser, kleine Sträucher)
Eiswüste

Wohngebiete
der Inuit
der Indianer

0 1000 2000 km

Bevölkerung und Nutzung

Durch die extreme Kälte in der Antarktis ist dort ein dauerhaftes Leben für den Menschen nicht möglich. Nur in den Forschungsstationen verbringen einzelne Wissenschaftler, gut versorgt, den strengen Südwinter.

In der Arktis werden nur ausgewählte Gebiete von den Inuit bewohnt. Obwohl sich ihr Leben an die moderne Zeit angepasst hat, sind traditionell noch viele Bereiche auf die Nutzung der natürlichen Voraussetzungen ausgerichtet. Dazu gehören die Jagd von Robben und Pelztieren sowie der Fischfang. In Gebieten mit Tundrenvegetation ist die Rentierzucht möglich, wobei die spärliche Vegetationsdecke kaum nachwachsen kann. Durch die verbesserte Technik ist zunehmend auch der Abbau von Bodenschätzen in kalten Regionen möglich.

1 Vergleiche die Antarktis mit der Arktis.

a) Stelle Merkmale der Antarktis und der Arktis in einer Tabelle gegenüber. Verwende folgende Vergleichskriterien: Begrenzung, Beleuchtung, Relief, Klima, Eisbedeckung, Tierwelt, Pflanzenwelt, Bevölkerung und Nutzung.

b) Unterstreiche Gemeinsamkeiten und Unterschiede verschiedenfarbig.

c) Wähle je eine Gemeinsamkeit und einen Unterschied aus und formuliere eine Erklärung dafür.

2 a) Warum müssen die Forscher die Südpolmarkierung öfters ändern?

b) Warum ist die Einrichtung einer Forschungsstation am Nordpol nicht sinnvoll?

c) Warum könnten Pinguine in der Arktis kaum überleben?

d) Kann man das geschmolzene Wasser von Eisbergen trinken?

→ *Einen Vergleich durchführen, siehe Seite 116/117*

⑬ ***Blauwal***

Forschung in den Polargebieten

② **Wettlauf zum Südpol**

Nachdem der Amerikaner Peary 1909 als erster den Nordpol erreicht hatte, begann im Oktober 1911 zwischen dem Norweger Amundsen und dem Briten Scott der Wettlauf zum Südpol. Sie wählten unterschiedliche Routen und unterschiedliche Ausrüstung. Amundsen vertraute auf an die Kälte gewöhnte Schlittenhunde, deren Fleisch im Notfall auch als Nahrung dienen konnte. Scott setzte stattdessen auf Ponys und Motorschlitten. Doch die Motoren waren nicht zuverlässig und fielen unter den extremen Bedingungen aus. Auch die Ponys kamen nicht weiter voran. Schon bald musste diese Expedition ihre Schlitten selbst ziehen. Die Männer um Scott verloren so wertvolle Zeit und Energie. Als sie entkräftet am Südpol ankamen, mussten sie feststellen, dass Amundsen mit seiner Gruppe bereits fünf Wochen früher am 14./15. Dezember angelangt war. Auf ihrem Rückweg nahmen die Strapazen weiter zu. Die Männer wurden immer schwächer. Sie starben völlig entkräftet und ausgehungert nur noch einen Tagesmarsch vom rettenden Camp entfernt. Erst Wochen später fand man ihre Leichen. In Scotts Tagebuch war eingetragen: „All die Qual – wofür?"

① *Schiff mit Touristen in der Antarktis*

Die Eroberung der Antarktis

Immer neue Technik macht es möglich. Die „Eroberung" der Antarktis schreitet sprunghaft voran. Wissenschaftler nutzten als Erste die Unberührtheit der Natur, um zu neuen bedeutenden Erkenntnissen zu kommen.
Mit der Entdeckung von Bodenschätzen nahm dass wirtschaftliche Interesse für die Antarktis zu. In jüngster Zeit wollen auch immer mehr Touristen das Abenteuer Antarktis erleben.
Was Wissenschaftler heute erforschen:

- Biologen erforschen die Anpassung der Pflanzen und Tiere an die Kälte. Von besonderem Interesse ist das Ernährungs- und Fortpflanzungsverhalten der Tiere.
- Geologen untersuchen den Gesteinsuntergrund unter dem Eis, forschen nach Bodenschätzen und suchen nach Hinweisen auf Bewegungen der Kontinente.
- Gletscherforscher untersuchen das Eis. Es gibt ihnen Hinweise auf frühere klimatische Verhältnisse. Sie messen auch die Bewegung des Eises.
- Meeresforscher untersuchen die Temperaturen, den Salzgehalt und die Strömungen im Meerwasser.
- Meteorologen beobachten das Wetter und die Luftströmungen sowie Veränderungen in der Ozonschicht.
- Ingenieure prüfen Baumaterialien und Maschinen auf ihre Haltbarkeit unter extremen Klimabedingungen.

Neueste Untersuchungsergebnisse weisen zum Beispiel auf einen möglichen Klimawandel hin. Schnelleres Schmelzen der Gletscher und die Entdeckung von Quallen unter dem Eis, die eher wärmeres Wasser lieben, sind mögliche Anzeichen dafür.

Die Antarktis schützen

Es mag auf den ersten Blick so erscheinen, dass die Antarktis aufgrund ihrer Größe noch einigen Zuwachs an Forschung und Tourismus vertragen kann. Doch wo ist hier die Grenze? Deshalb ist es notwendig, den Schutz dieses sensiblen Naturraums zwischen den Staaten vertraglich zu sichern.

3 *Touristen auf „Pinguinjagd"*

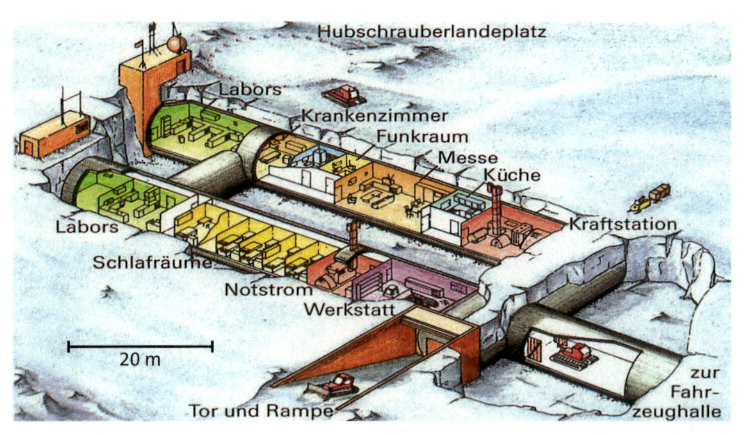

5 *Neumayer-Station*

4 **Der Antarktisvertrag von 1991 / 1997**

Im „Protokoll zum umfassenden Schutz der antarktischen Umwelt und seiner ... Ökosysteme" von 1991 wurden folgende wichtige Vereinbarungen getroffen:

- Verzicht auf Gebietsansprüche
- Verzicht auf jeglichen Rohstoffabbau
- Verzicht auf militärische Nutzung
- friedliche Nutzung für die Forschung
- Austausch der Forschungsergebnisse

Mit dem Beitritt Japans 1997 trat der Vertrag endgültig in Kraft. Er gilt bis 2047. Umweltschutzorganisationen fordern jedoch, den gesamten Naturraum als „Weltpark" auf Dauer unter Schutz zu stellen. Dies würde auch dem immer stärker werdenden Tourismus Grenzen setzen.

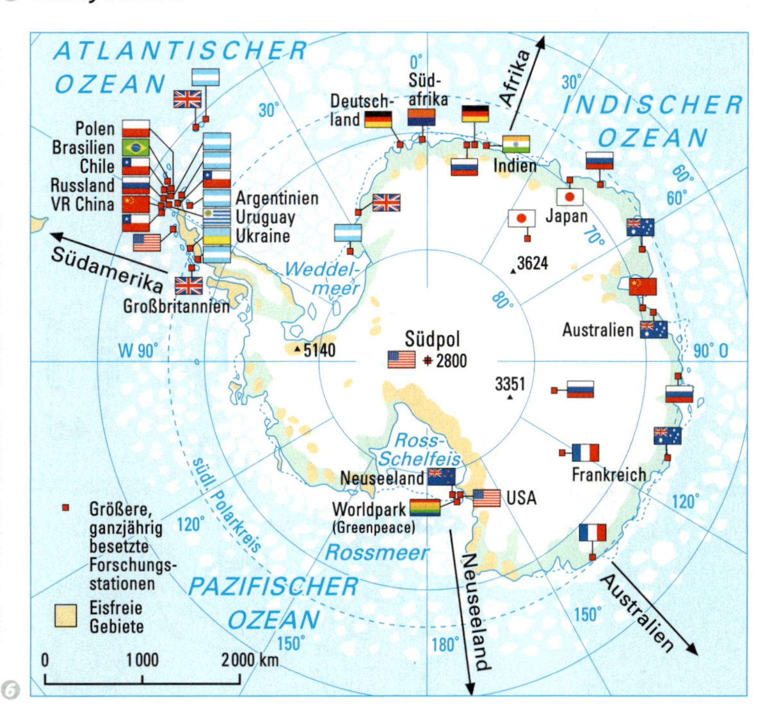

6

1 *Erläutere, warum Amundsen für den Marsch über das Eis besser ausgerüstet war.*

2 *Arbeite mit der Karte 6.*

a) Notiere Staaten, die mit Stationen an der Erforschung der Antarktis beteiligt sind.

b) Beschreibe die Lage der deutschen Stationen.

3 *Arbeite mit der Zeichnung 5.*

a) Beschreibe den Aufbau der Station.

b) Die Besatzung der Neumayer-Station besteht aus einem Arzt, Meteorologen, Geophysikern, einem Ingenieur, Elektriker, Funker und Koch. Erkläre diese Zusammensetzung.

7 **Entwicklung des Antarktistourismus**

Jahr	Zahl der Schiffe	Zahl der Reisen	Zahl der Passagiere (mit Landausflügen)
1992–1993	12	59	6704
1995–1996	15	113	9212
1998–1999	15 + Yachten	116	9857
2001–2002	19 + Yachten	117	11429
2004–2005*	22 + Yachten	165	19500

** Schätzung für 2005*

4 *Bewerte die Entwicklung des Tourismus und mögliche Folgen für die Antarktis (Tabelle 7).*

TERRATraining

Wichtige Begriffe

Artesischer Brunnen
Atoll
Einwanderungsland
Eisberg
Inlandeis
Korallenriff
Packeis
Schelfeis
Treibeis
Vulkaninseln

1 Begriffs ABC

Finde zu jedem Buchstaben des Alphabetes Begriffe aus diesem Kapitel mit den jeweiligen Anfangsbuchstaben.
a) Wer findet die meisten Begriffe?
b) Wer hat die meisten Buchstaben belegt?
Beispiel
A: Australien, Aboriginal People, ...
B: Blauwal, ...
C: ...

2 Begriffe ordnen

Ordne die Begriffe der Arktis bzw. Antarktis zu: Eisbär, Pinguin, Inlandeis, Schelfeis, Packeis, Wal, Nordpol, Südpol, Tundra, Inuit, Südlicher Polarkreis, Eisberg.

3 Bilderrätsel

Löse die Bilderrätsel und erkläre die gefundenen Begriffe.

a

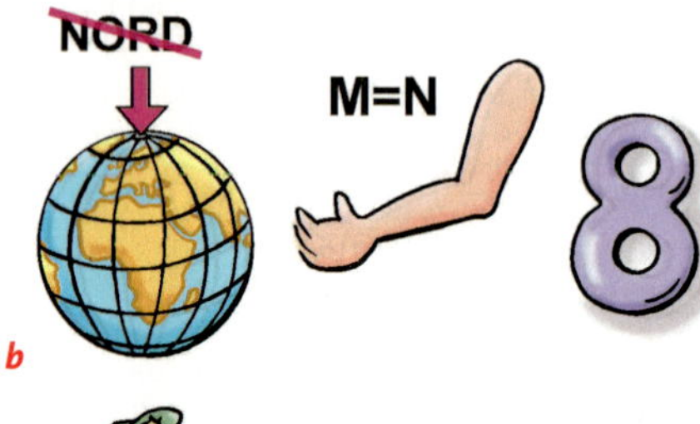

b

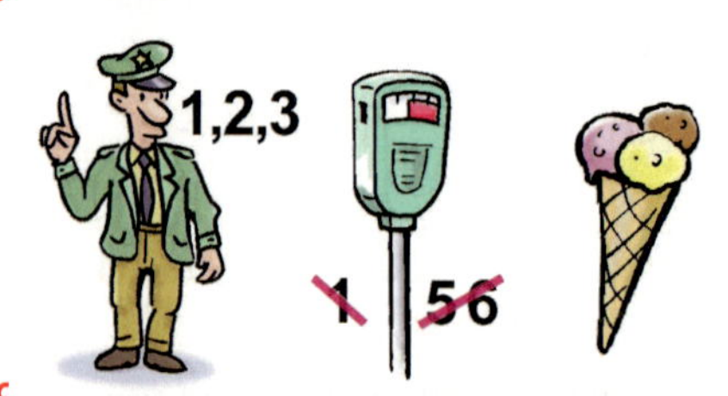

c

① **Treibeis**

② **Tafeleisberg**

4 Bilder vergleichen

Beschreibe die Bilder und erkläre die Unterschiede.

5 Lückentext

Übertrage den Text in dein Heft und ergänze die Lücken mit dem passenden Begriff. Wähle dazu aus folgenden Begriffen aus:
Atlantik, Pazifik, Ozeaniens, der Karibik, Mayonesien, Melanesien, Polynesien, Touristen, Tanz, Schutz, Lagune, Korallen, Riffs.

Mit dem Kreuzfahrtschiff auf dem .... Immer mehr .... nutzen die Angebote der Reiseanbieter für eine Kreuzfahrt zur Inselwelt ...., das sich in Mikronesien, ... und .... gliedert. Es gibt Vulkan- und .... inseln. Wir fahren mit dem Boot auf eine kleine Insel. Dort baden und schnorcheln wir in der blauen .... Durch den Tourismus sind leider schon viele Korallen...... zerstört worden. Maßnahmen zu ihrem .... sind notwendig. Zum Abschied haben die Einheimischen einen .... aufgeführt.

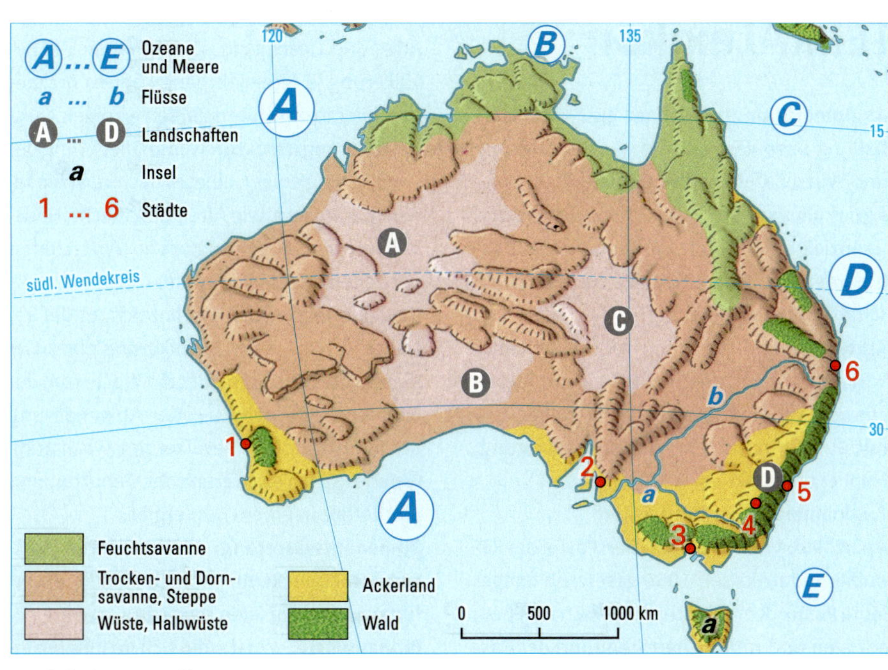

3 ***Landschaften Australiens***

Teste dich selbst

mit den Aufgaben 2 und 5.

6 *Orientieren*

Benenne die in der Karte 3 eingetragenen Ozeane und Meere, Flüsse, Landschaften, Inseln und Städte.

7 *Richtig oder falsch*

Lies die nachfolgenden Aussagen. Entscheide, ob richtig oder falsch und korrigiere falsche Aussagen:

- *Arktis und Antarktis gehören zu den Polargebieten.*
- *Australien ist nach Europa der zweitkleinste Kontinent.*
- *Neuseeland gehört zu Melanesien.*
- *Die Palme ist mit ihren Materialien, die sie liefert, sogar als Lebensretter denkbar.*
- *In der Arktis können die Temperaturen über 0 °C ansteigen.*
- *In der Antarktis können die Temperaturen über 0 °C ansteigen.*
- *Australien exportiert vor allem Bodenschätze.*
- *„Down under" ist die Bezeichnung für ein sehr rückständiges Land.*

8 *Was gehört nicht dazu?*

Ermittle die Begriffe, welche nicht zur Gruppe gehören und begründe deine Antwort:

a) Polynesien, Indonesien, Melanesien, Mikronesien
b) Robbe, Eisbär, Polarfuchs, Pinguin
c) Emu, Tiger, Schnabeltier, Koala
d) Atlanta, Sydney, Perth, Adelaide
e) Nordpol, Äquator, Nördlicher Polarkreis, Südlicher Polarkreis
f) Große Sandwüste, Gobi, Große Victoriawüste, Großes Artesisches Becken

9 *Werbetext entwerfen*

Wähle zwischen Australien, Ozeanien oder den Polargebieten. Fertige einen kurzen Werbetext, mit dem du für die gewählte Region wirbst. Die Werbung kann sich auf alle Bereiche beziehen – beispielsweise den Tourismus, die Wirtschaft, die Forschung oder anderes. Stelle deinen Text der Klasse vor.
Welcher Text der Mitschüler gefällt dir am besten? Begründe.

TERRALexikon

Agglomeration: bezeichnet eine räumliche Ballung bzw. Verdichtung von Bevölkerung und Wirtschaft in einem Gebiet.

Agrarkolonisation: vom Staat gelenkte und finanziell unterstützte Ansiedlung von Bauern in einem Neulandgebiet zur agrarwirtschaftlichen Erschließung.

Agrobusiness: Gesamtheit der mit der Landwirtschaft verbundenen Wirtschaftsbereiche vom Landwirt bis zum Verbraucher, also mit Zulieferindustrien, Weiterverarbeitung, Handel und Vertrieb.

Angloamerika: → Kulturerdteil

Apartheid: Von der Nationalen Partei der Republik Südafrika seit 1950 gesetzlich festgelegte Politik der politischen, wirtschaftlichen, sozialen und räumlichen Trennung der Rassen. Die geistigen Wurzeln liegen im alten Gefühl der Überlegenheit des christlichen Weißen über den heidnischen Schwarzen. 1991 wurden durch Gesetze alle Apartheidbestimmungen aufgehoben.

arides Klima (lat. aridus = trocken): Ein Klima, bei dem die Verdunstung größer ist als die gefallene Niederschlagsmenge.

Artesischer Brunnen: ist ein Brunnen, an dem unter Druck stehendes Wasser selbsttätig an die Oberfläche kommt.

Atoll: → Korallenriff

Aufschüttungsebene: Gebiet, welches vor allem durch die vom Fluss abgelagerten Materialien entstanden ist.

Becken: Größere Hohlform, die gegenüber der Umgebung durch randliche Erhebungen abgeschlossen wird.

Beleuchtungszone: Bereich der Erdoberfläche, der im Verlauf eines Jahres von der Sonne unterschiedlich beleuchtet wird. Ursachen dafür sind die Drehung der Erde um die Sonne und die Neigung der Erdachse um 23,5 Grad. Man unterscheidet die Polarzonen, gemäßigte Zonen und die Tropenzone. Die Grenzen werden von den Polar- und Wendekreisen gebildet.

Bevölkerungspyramide: Grafische Darstellung der Bevölkerung eines Gebietes nach Alter und Geschlecht. Die Angaben zur Bevölkerung je Altersjahrgang können prozentual oder in absoluten Zahlen erfolgen.

Bevölkerungsstruktur: ist die Gliederung der Bevölkerung eines Gebietes nach verschiedenen Merkmalen, wie Alter, Geschlecht, Haushaltsgrößen, Zugehörigkeit zu Wirtschaftsbereichen oder Einkommen.

Bevölkerungswachstum: bezeichnet die absolute Zunahme der Bevölkerung eines Gebietes. Man unterscheidet ein Wachstum der Bevölkerung durch Zu- oder Abwanderung und das natürliche Bevölkerungswachstum, welches sich als Differenz der Geburten und Sterbefälle in einem Jahr ergibt.

Binnenentwässerung: Gebiete, deren Fließgewässer über keinen Abfluss zum Meer verfügen und oft in Seen münden.

Binnenwüste: Wüste, die sich im Inneren eines Kontinents befindet.

Blizzard: → Northers

Breitenkreis: → Gradnetz

Bruttoinlandsprodukt: Gesamtwert aller wirtschaftlichen Leistungen (produzierte Güter und Dienstleistungen), die innerhalb eines Jahres in einem Land von in- und ausländischen Firmen erbracht wurden.

Bruttonationaleinkommen (BNE): → Bruttosozialprodukt

Bruttosozialprodukt (BSP): Gesamtwert aller in einem Jahr von einem Land produzierten Güter und Dienstleistungen, unabhängig davon, ob die Produktion der Unternehmen dieses Landes im Inland oder Ausland erfolgte. Heute wird das BSP als Bruttonationaleinkommen (BNE) berechnet.

Delta: Mündungsgebiet eines Flusses, dass im Grundriss meist ein Dreieck bildet. Ein Delta entsteht durch die Ablagerungen der vom Fluss mitgeführten festen Stoffe, wodurch die Mündung immer weiter ins Meer hinaus wächst.

Desertifikation: Die Zerstörung bzw. Aufgabe der traditionellen angepassten Nutzung durch den Menschen und dadurch verursachte Ausbreitung wüstenähnlicher Verhältnisse.

Einwanderungsland: Staat, der für die Einwanderung ausländischer Bevölkerung offen steht. Die Einwanderung wird dabei von vielen Staaten durch gesetzliche Bestimmungen eingeschränkt.

Einzugsgebiet eines Flusses: ist ein durch eine → Wasserscheide abgegrenztes Gebiet, das durch einen Fluss mit all seinen Nebenflüssen entwässert wird.

Eisberge: Sie entstehen, wenn Inlandeis der Gletscher Grönlands ins Meer abbrechen. Im Gegensatz zum → Treibeis und → Packeis bestehen sie aus Süßwasser.

endogene Kräfte: Naturkräfte, die aus dem Erdinneren wirken, z. B. → Vulkanismus, → Erdbeben, → Plattentektonik.

Entwicklungshilfe: Sammelbegriff für Maßnahmen der Industrieländer zur Verbesserung der Lebensqualität in den → Entwicklungsländern.

Entwicklungsland: Bezeichnung für Länder, die ehemalige Kolonien waren und wirtschaftlich schwach entwickelt sind. Eine genaue Abgrenzung ist jedoch nicht möglich, da sich diese Länder in den letzten Jahren sehr unterschiedlich entwickelt haben. Merkmale dieser Länder sind z. B. Produktionsstrukturen, die auf den Weltmarkt ausgerichtet sind und eine diese Länder benachteiligende Einbindung in die internationale Arbeitsteilung. Wirtschaft und Gesellschaft der Entwicklungsländer sind strukturell sehr uneinheitlich.

Erdbeben: Ruckartige Erschütterungen der → Erdkruste, die durch Plattenbewegungen oder → Vulkanismus entstehen. Wenn der Ausgangspunkt des Erdbebens, das Hypozentrum, unter dem Meeresboden liegt, spricht man von einem Seebeben. Am häufigsten treten Erdbeben an Plattengrenzen auf.

Erdkern: → Schalenbau der Erde

Erdkruste: → Schalenbau der Erde

Erdmantel: → Schalenbau der Erde

Erdrevolution: bezeichnet den jährliche Umlauf der Erde um die Sonne.

Erdrotation: Die von West nach Ost verlaufende Drehung der Erde um ihre eigene Achse. Eine Umdrehung dauert 24 Stunden und bewirkt den Wechsel von Tag und Nacht.

Familienplanung: Maßnahmen, die auf die Beeinflussung des Zeitpunktes und der Zahl der Geburten in einer Familie gerichtet sind. Solche Maßnahmen können von jeder Familie individuell durchgeführt werden oder Bestandteile staatlicher Familienpolitik sein (z. B. Geburtenkontrolle, Werbekampagnen).

Fließzone: Bereich im oberen → Erdmantel, in dem das Gestein einen zähflüssigen und plastischen Zustand erreicht. Bewegungen in dieser Zone verändern die Lage und Größe der → Platten.

Fremdlingsfluss: Flüsse, die aus niederschlagsreichen Gebieten kommen und dann ein Trockengebiet durchfließen.

Geofaktoren: Bestandteile einer Landschaft (auch Landschaftskomponenten), die durch das wechselseitige Zusammenwirken ihrer Merkmale zu einem Wirkungsgefüge verknüpft sind. Zu den natürlichen Geofaktoren zählen: Klima, geologischer Bau, Relief, Wasser, Boden und Bios.

Globalisierung: Prozess der Zunahme weltweiter Verflechtungen in wirtschaftlichen, politischen, kulturellen und sozialen Beziehungen über nationale Grenzen hinweg.

Global Player: Multinationale Unternehmen, die auf fast allen Märkten der Welt vertreten sind. Sie optimieren Zulieferung, Produktion und Absatz im globalen Maßstab.

Grabenbruch: Oberflächenform, bei der ein lang gestreckter Teil der → Erdkruste gegenüber der Umgebung abgesunken ist. Die Grabenbildung ist ein Ergebnis der Dehnung der → Lithosphäre durch aufsteigendes Magma.

Gradnetz: Orientierungsnetz der Erde aus gedachten Linien, die sich rechtwinklig schneiden. Die vom Nordpol zum Südpol verlaufenden Linien bilden 360 Längenhalbkreise, auch Meridiane genannt. Parallel zum Äquator verlaufen 180 Breitenkreise.

Halbwüsten: Gebiete im Randbereich von → Wüsten, die noch eine spärliche Pflanzenbedeckung (zwischen 5 und 25 %) aufweisen.

Hochdruckgebiet: Gebiet mit hohem Luftdruck und absinkender Luftbewegung, daher Wolkenarmut und schönes Wetter.

humides Klima: Ein Klima, in dem die gefallene Niederschlagsmenge größer ist als durch die Verdunstung aufgebraucht wird.

Hurrikan: → tropischer Wirbelsturm

indigene Völker: Sammelbezeichnung für die Urbevölkerung der Kontinente.

Inlandeis: riesige geschlossene Gletschermasse, die große Landflächen bedeckt. Das Inlandeis auf Grönland bedeckt beispielsweise 1,8 Mio. km^2 und das der Antarktis 13,5 Mio. km^2.

Innertropische Konvergenzzone (ITC): Bereich der äquatorialen Tiefdruckrinne, in dem die → Passate der Nord- und Südhalbkugel der Erde zusammentreffen (lat. convergere). Die ITC verlagert sich mit dem → Zenitstand der Sonne.

Jahreszeitenklima: Klima, bei dem der Jahresgang der Temperatur größer ist als der Tagesgang.

Joint Venture: Gemeinschaftsunternehmen, das durch mehrere Unternehmen gegründet wurde.

Kaste: Abgeschlossene soziale Gruppe, die durch gemeinsame Lebensformen, gegenseitige Hilfe, Heiratsordnung, Speise- oder Kleidungsvorschriften gekennzeichnet ist und meist einer Berufsgruppe angehört. Das in Indien ausgeprägte Kastenwesen verliert, vor allem in den Städten, an Bedeutung.

Klimazone: Gebiet der Erde mit gleichartigem Klima, das sich als Folge der unterschiedlichen Sonneneinstrahlung gürtelartig um die Erde ausdehnt. Die unterschiedliche Land-Meer-Verteilung und die großen Gebirgszüge bewirken teilweise starke Abweichungen in der zonalen Anordnung.

Kontinentalverschiebung: Die Lageveränderung der Kontinente durch horizontale Verschiebungen. Alfred Wegener begründete 1912 diese Theorie, nach der die heutigen Kontinente noch in der Erdaltzeit einen zusammenhängenden Urkontinent bildeten, der im Verlauf der Erdgeschichte zerbrach. Seit der Entdeckung der Plattenbewegungen (→ Plattentektonik) wissen wir, dass sich nicht nur die Kontinente, sondern ganze → Platten auf der Fließzone bewegen.

Korallenriff: Kalkablagerungen aus Korallenskeletten, die sich nur in warmen Meeresgebieten, deren Oberflächentemperatur nicht unter 20 °C absinkt, bilden können. Ringförmige Korallenriffe, die von einer Lagune umschlossen werden, bezeichnet man als Atoll. Sie entstehen durch langsames Absinken von Vulkaninseln. Nach der Form unterscheidet man außerdem Saumriffe und Barriereriffe.

Kulturerdteile: Bezeichnung für Großräume der Erde, die vorwiegend gemeinsame Merkmale hinsichtlich der Kultur und Lebensweise der Bevölkerung, ihrer Geschichte, Religion und Sprache aufweisen.

Kulturpflanzen: Von Wildpflanzen abstammende Pflanzen, die der Mensch weitergezüchtet und dabei meist verändert hat. Durch gezielte Züchtung wurden z. B. Bitterstoffe entfernt oder die Pflanzen größer im Wuchs.

Längenhalbkreis: → Gradnetz

Lateinamerika: → Kulturerdteil

Lithosphäre: Die feste Gesteinshülle der Erde. Sie umfasst die Erdkruste und den oberen Erdmantel bis zur → Fließzone.

Löss: Gelbliches, feinkörniges und kalkhaltiges Ablagerungsgestein. Man unterscheidet dabei Fluglöss, der durch den Wind, sowie Schwemmlöss, der durch fließendes Wasser transportiert und abgelagert wurde.

Meridian: → Gradnetz

Metropole: Großstadt, häufig auch Hauptstadt, die das politische, wirtschaftliche und gesellschaftliche Zentrum eines Landes bildet. Diese Stadt nimmt damit gegenüber anderen Großstädten eine überragende Stellung hinsichtlich der Größe, Einwohnerzahl und wirtschaftlichen sowie kulturellen Bedeutung ein.

Metropolisierung: Das Heranwachsen einer Stadt zur → Metropole. Vor allem Hauptstädte oder Hafenstädte in Entwicklungsländern haben sich rasch zu Metropolen entwickelt, deren Größe und Bedeutung weit über der von anderen Städten des Landes liegt.

Metropolisierungsgrad: Anteil der Bevölkerung eines Landes, der in Städten mit mehr als 1 Mio. Einwohnern lebt. Zur Erfassung der Metropolisierung wird häufig auch der Quotient aus der Einwohnerzahl der größten und zweitgrößten Stadt eines Landes berechnet. Ist dieser als Metropolisierungsquote oder auch „Index of primacy" bezeichnete Wert deutlich größer als 2, liegt eine Vorrangstellung hinsichtlich der Bevölkerung vor.

Mittelozeanischer Rücken: gewaltige langgestreckte Gebirge, die vom Ozeanboden aufragen. Sie markieren die Grenze zwischen zwei Platten, die sich voneinander wegbewegen. In den Spalten steigt Magma auf und erstarrt beim Kontakt mit dem Wasser. Es entsteht neue ozeanische Kruste.

Monsun: Großräumige Luftströmung, die jahreszeitlich die Richtung wechselt. Man unterscheidet den feuchten Sommermonsun, der vom Ozean in den Kontinent hineinweht sowie den Wintermonsun, der aus den Kontinenten heraus zum Ozean strömt und nur dort Niederschläge bringt, wo er Meeresflächen überquert. Global unterscheidet man den tropischen und außertropischen Monsun.

nachhaltige Waldbewirtschaftung: Eine Holzwirtschaft, wo der Holzeinschlag streng an die Nachhaltigkeit gebunden ist, d. h. jährlich darf nur so viel Holz eingeschlagen werden, wie der Zuwachs beträgt. Seit einigen Jahren wird der Begriff „nachhaltig" auch auf andere Bereiche übertragen. Auf die Erde bezogen bedeutet das eine Nutzung, die den Bedürfnissen der heutigen Generation entspricht, ohne die Möglichkeit künftiger Generationen zu gefährden, ihre eigenen Bedürfnisse zu befriedigen.

Nomaden: Wanderhirten, die mit ihren Herden verschiedene Weideplätze und Brunnen nacheinander und jahreszeitlich abhängig aufsuchen. Tuareg sind die Nomaden der Sahara.

nördlicher Nadelwald (auch borealer Nadelwald): Vegetationszone, in der aufgrund der langen, kalten Winter ein artenarmer Nadelwald aus Fichten, Tannen, Kiefern und Lärchen als natürliche Vegetation vorherrscht.

Northers: Polarer Kälteeinbruch in Nordamerika, der weit nach Süden vordringen kann, da die Gebirge eine N-S-Ausdehnung haben. So können in den Zitrusplantagen des subtropischen Floridas Frostschäden auftreten. Ist der Kälteeinbruch mit heftigen Schneestürmen verbunden, spricht man von → Blizzards.

Oase: Gebiet in Trockenräumen, das sich durch reicheren Pflanzenwuchs gegenüber der wüstenhaften Umgebung auszeichnet. Ursachen dafür sind entsprechende Wasservorkommen. Je nach Art des zur Verfügung stehenden Wassers unterscheidet man Grundwasser-, Fluss- und Quelloasen.

Ortszeit: die direkt vom Sonnenstand bestimmte Zeit eines Ortes, wobei der Sonnenhöchststand als 12.00 Uhr festgesetzt wird. (→ Zonenzeit)

Packeis: Durch Wind und Strömung zusammengeschobenes, aufgetürmtes und verdichtetes Meereis, das eine geschlossene Eisbedeckung bildet.

Passat: Ganzjährige, richtungsbeständige Luftströmungen zwischen den subtropischen Hochdruckgebieten und der äquatorialen Tiefdruckrinne. Die Erdrotation bewirkt auf der Nordhalbkugel eine Ablenkung als Nordostpassat und auf der Südhalbkugel als Südostpassat.

Permafrost: (auch: Dauerfrost) Bezeichnung für das ständige Gefrorensein von Boden und darunter liegenden Gesteinsschichten. Lediglich im kurzen Sommer findet ein oberflächliches Auftauen statt.

Plantage: Großbetrieb der Pflanzenproduktion in den Tropen und Subtropen mit überwiegendem Anbau von Bananen, Kaffee, Zuckerrohr, Tee oder Ölpalmen. Zur Plantage gehören auch die technischen Anlagen zur Aufbereitung und Verarbeitung der Agrarprodukte.

Plateau: Ausgedehnte Hochfläche mit geringen Höhenunterschieden.

Platte: Bezeichnung für Teilstücke der → Lithosphäre, die gegen benachbarte Platten deutlich abgegrenzt sind und sich auf der → Fließzone bewegen.

Plattentektonik: ist ein Konzept zur Erklärung der Veränderung der Erde durch endogene (erdinnere) Vorgänge. Grundlage ist die Annahme, dass sich die Gesteinshülle in große und kleine Platten gliedert, die auf der → Fließzone mit unterschiedlicher Geschwindigkeit treiben. Im Ergebnis dieser Plattenbewegungen verändert sich die Erdoberfläche durch → Erdbeben, → Vulkanismus und die Entstehung von Gebirgen

Sahel: Dieser Begriff umfasst den Bereich der Dorn- und Trockensavanne südlich der Sahara in Westafrika. Zu den Sahel-Ländern zählen Mauretanien, Burkina Faso, Niger, Tschad, Mali, Senegal, Eritrea und Sudan. Sie gehören zu den ärmsten Ländern der Welt.

Schalenbau der Erde: Bezeichnung für den inneren Aufbau der Erde. Man unterscheidet Schalen bzw. Schichten mit unterschiedlichen Eigenschaften, z. B. Erdkruste, Erdmantel, Erdkern, → Fließzone.

Schelfeis: bezeichnet eine große Eisplatte, die auf dem Meer schwimmt und mit dem → Inlandeis noch fest verbunden ist.

Schild: Bezeichnung für alte Festlandskerne, die aus sehr alten magmatischen und metamorphen Gesteinen bestehen, die seit ihrer Entstehung nicht mehr verändert wurden. Diese Bereiche können durch Bewegungen der Erdkruste nicht mehr verformt werden.

Schwellen: sind ein besonderes Merkmal der Oberflächengestalt Afrikas und bezeichnen die flachgewölbten und lang gestreckten Erhebungen.

selektiver Holzeinschlag: das Fällen ausgewählter, einzeln stehender Bäume und deren Abtransport.

Sonderwirtschaftszone: Gebiet innerhalb eines Staates, in dem besondere Gesetze für das Wirtschafts- und Steuerrecht gelten. Das Ziel der Einrichtung einer solchen Zone ist die Steigerung von in- und ausländischen Investitionen.

Southers: Feuchtheiße Luftmassen, die in Nordamerika aus dem Golf von Mexiko bis weit in den Norden vordringen und auf ihrem Weg immer trockener werden.

Stromschnellen: Bezeichnung für einen Teil des Flusses, an dem z. B. durch Felsen bedingt das Wasser sehr reißend und schnell fließt, insbesondere bei großen Höhenunterschieden. Ausgeprägte Stromschnellen in großen Flüssen werden Katarakte genannt.

Subduktionszone: Plattengrenze, an der sich zwei Platten aufeinander zu bewegen, wobei die dünnere, schwerere ozeanische Kruste unter die kontinentale Kruste abtaucht (auch: Abtauch- oder Verschluckungszone). Im Ergebnis dieses Vorgangs entstehen → Tiefseegräben.

subtropische Feuchtwälder: → Vegetationszone im Bereich des subtropischen Ostseitenklimas. Der ganzjährig und besonders im Sommer hohe Niederschlag begünstigt die Ausbildung von immergrünen Feuchtwäldern (Lorbeerwälder). Die Bäume sind mittelhoch, oft mehrstämmig und haben meist ledriges, aber nicht hartes, dunkelgrünes Laub.

subtropisches Klima der Ostseiten: Klima im Bereich der subtropischen Klimazone, dass sich an den Ostseiten der Kontinente ausbildet. Im Unterschied zum Winterregenklima der Westseiten fallen ganzjährig Niederschläge, die im Sommer besonders hoch sind.

Suburb: → Suburbanisierung

Suburbanisierung: Prozess der Verlagerung des Städtewachstums in die Vororte (englisch: suburbs). Die Wanderung der Bevölkerung, Industrie- und Dienstleistungsunternehmen über die Stadtgrenzen hinaus führt zu einem flächenhaften Wachstum der Städte bei gleichzeitiger Entleerung der innerstädtischen Bereiche.

Tageszeitenklima: Klima, bei dem der Tagesgang der Temperatur größer ist als der Jahresgang.

Tiefdruckgebiet: Gebiet mit niedrigem Luftdruck und aufsteigender Windbewegung. Es kommt zur Wolkenbildung und Niederschlägen.

Tiefseegraben: Lang gestreckte, rinnenförmige Einsenkung des Meeresbodens, wobei Tiefen bis über 11 000 m erreicht werden können (größte Tiefe: Marianengraben mit 11 034 m).

Tornado: Kleinräumiger Wirbelsturm, der durch starke Temperaturgegensätze über dem Festland entsteht. Tornados sind Luftschläuche, in deren Zentrum extrem niedriger Luftdruck herrscht, wodurch Häuser explosionsartig auseinandergerissen werden. Auf ihrer Zugbahn richten die hohen Windgeschwindigkeiten verheerende Zerstörungen an.

Treibeis: In der Arktis gefriert das salzhaltige Meerwasser zu einzelnen Schollen. Die Eisschollen treiben auf dem offenen Meer.

Tropischer Regenwald: → Vegetationszone mit einem artenreichen, immergrünen Wald, der bei gleichmäßig hohen Temperaturen (im Mittel 25–28 °C), hohen Niederschlägen (über 1 500 mm im Jahr) und 10 bis 12 Monaten mit → humidem Klima gedeiht.

tropischer Wirbelsturm: Wirbelsturm, der nur über tropischen Gewässern mit einer Oberflächentemperatur von mindestens 27 °C entsteht. Er ist durch hohe Niederschläge und große Geschwindigkeiten in der Wirbelbewegung gekennzeichnet. Diese Drehbewegung wird durch die → Erdrotation hervorgerufen. In Ostasien werden tropische Wirbelstürme als Taifun, in Indien als Zyklon und in der Karibik und den USA als → Hurrikan bezeichnet.

Tundra: → Vegetationszone im Bereich des polaren und subpolaren Klimas, in der aufgrund der kurzen, kühlen Sommer keine Bäume, sondern nur Moose, Flechten, Gräser und Zwergsträucher wachsen können.

Vegetationszone: Pflanzengürtel der Erde, der durch die klimatisch bedingte Verbreitung einer bestimmten Vegetation gekennzeichnet ist.

Verdichtungsraum: Größere räumliche Konzentration von Einwohnern und Arbeitsplätzen. Häufig wird auch der Begriff Ballungsraum bzw. Ballungsgebiet dafür verwendet.

Verstädterung: Das Wachstum der Städte hinsichtlich ihrer räumlichen Ausdehnung und Einwohnerzahl sowie des Anteils der städtischen Bevölkerung an der Gesamtbevölkerung eines Landes.

Verstädterungsgrad: Ausmaß der → Verstädterung in einem Gebiet, das meist am Anteil der städtischen Bevölkerung an der Gesamtbevölkerung gemessen wird.

Vulkaninseln: → Korallenriff

Vulkanismus: ist die Bezeichnung für alle Vorgänge und Erscheinungen, bei denen Magma an die Erdoberfläche dringt. Die wichtigste Erscheinungsform sind Vulkane.

Wadi: trockenes Tal in der Wüste, durch das nur bei den seltenen Starkregen ein Fluss fließt.

Wasserscheiden: bezeichnen die Grenze zwischen → Einzugsgebieten von Flüssen mit all ihren Nebenarmen. Sie werden oft von Gebirgen gebildet.

winterkalte Wüsten: Bezeichnung für die Wüsten der gemäßigten Klimazone mit deutlich ausgeprägtem → Jahreszeitenklima, in denen im Unterschied zu den heißen Wüsten der Tropen und Subtropen die Winter sehr kalt sind.

Wüste: → Vegetationszone, in der aufgrund großer Trockenheit (Trockenwüste) oder geringer Temperaturen (Kälte- oder Eiswüste) von Natur aus nur spärliches Pflanzenwachstum möglich ist. Auf der Erde sind Trockenwüsten in den Tropen, z. B. Sahara, und in den Außertropen, z. B. Gobi, verbreitet.

Zeitzonen: 24 international festgelegte Meridianstreifen von je 15° Breite, deren Zeitunterschied jeweils eine Stunde beträgt. Aus praktischen Gründen erfolgt die Abgrenzung jedoch meist nach den Ländergrenzen.

Zenit (Scheitelpunkt): Gedachter Himmelspunkt, der sich senkrecht über dem Beobachtungspunkt auf der Erdoberfläche befindet.

Zonenzeit: Die Zeit, die in den jeweiligen → Zeitzonen gilt. Die Zonenzeit des 15. Meridians östlicher Länge ist die Mitteleuropäische Zeit (MEZ).

Sachverzeichnis

Diese Begriffe sind im TERRA Lexikon erklärt.

Operatoren

In jeder Leistungskontrolle, aber auch in der mündlichen Prüfung sind Operatoren von großer Bedeutung. Das sind Arbeitsanweisungen, in der Regel Verben, mit denen die Erwartungen und Anforderungen einer Aufgabe formuliert werden. Hier findest du eine Erklärung der häufig verwendeten Operatoren. Dabei verdeutlicht die Reihenfolge einen zunehmenden Schwierigkeitsgrad.

Nennen: Geographische Sachverhalte ohne Erläuterung, in der Regel in kurzen Sätzen, aufzählen.
Beschreiben: Zuerst feststellen, was beschrieben wird. Dann die Darstellung des Sachverhalts und die inhaltlichen Aussagen durch exakte Angaben ausdrücken.
Darstellen: Ausführliche und umfassende Wiedergabe von Sachverhalten in gegliederter Form. Mit Darstellen kann aber auch die Anforderung verbunden sein, Sachverhalte in eine grafische Darstellung umzuwandeln, z. B. eine Kartenskizze oder ein Diagramm. Dann gilt es vor allem auf Überschrift und Legende zu achten.
Definieren: Den Inhalt bzw. die Bedeutung eines Begriffes genau festlegen und abgrenzen.
Erläutern/Erklären: Mit Hilfe von Fachbegriffen einen Sachverhalt in Zusammenhängen darlegen. Beim Erklären muss im Sinne von „etwas klar machen" eine Einordung und Darstellung von Ursachen erfolgen.
Analysieren: Diese Aufforderung bezieht sich in der Regel auf Karten, Texte, Diagramme u. a. Materialien, wobei deren inhaltliche Aussagen erfasst und zueinander in Beziehung gesetzt werden müssen. Die Ergebnisse sind in gegliederter Form darzulegen.
Vergleichen: Geographische Sachverhalte gegenüberstellen. Dazu gehört: das Festlegen von Vergleichspunkten, die Formulierung von Gemeinsamkeiten und Unterschieden sowie deren ursächliche Erklärung und das Formulieren von Schlussfolgerungen.
Begründen: Den Grund oder die Ursache für etwas angeben. Das muss zusammenhängend und argumentativ erfolgen. Dabei ist der folgerichtige schlüssige Gedankengang entscheidend.
Beurteilen: Aussagen über geographische Sachverhalte prüfen und über deren Richtigkeit bzw. Angemessenheit entscheiden. Die Kriterien und Begründungen für die Entscheidung müssen selbst gefunden und logisch strukturiert dargelegt werden.
Bewerten: Über das Beurteilen hinaus muss eine begründete persönliche Stellungnahme zu Sachverhalten oder Behauptungen formuliert werden. Das erfordert den Bezug auf Wertkriterien oder vergleichbare Sachverhalte.

Strukturdaten ausgewählter Staaten

Land	Fläche in 1000 km[2]	Einwohner 2003 in Millionen	Jährliches Bevölkerungswachstum Mittel aus 1990–2000 in %	Geburtenrate 2003 in %	Sterberate 2003 in %	Lebenserwartung 2003 in Jahren	Anteil der Bevölkerung unter 15 Jahren 2003 in %	Anteil der Bevölkerung über 65 Jahren 2003 in %	Städtische Bevölkerung 2003 in %	Wirtschaftsleistung je Einwohner 2004 in US-$[3]	Erwerbstätige in der Industrie 2003[1;4] in % der Erwerbstätigen insgesamt	Erwerbstätige in Dienstleistungen 2003[1;4] in % der Erwerbstätigen insgesamt	Anteil der Industrie am BIP[4] 2003[1;4] in %	Anteil der Dienstleistungen am BIP[3] 2003[1;4] in %	Arbeitslose 2003[1] in %	Energieverbrauch je Einwohner 2002 in kg Öleinheiten[2]	Analphabeten 2003[1] in %	Kalorienversorgung je Einwohner und Tag 2002	Einwohner je Arzt 2003[1]	Internet-Nutzer 2003 je 1000 Einwohner
Europa																				
Belgien	31	10,3	0,3	1,1	1,0	78	17,0	16,7	97,2	33317	24,8	73,4	26,5	72,2	8,1	5920	1	3584	239	328
Bosnien-Herzegowina	51	4,3	-0,9	1,2	0,8	74	17,2	10,9	44,3	2137	k. A.	k. A.	32,1	53,0	k. A.	k. A.	k. A.	2894	747	26
Bulgarien	111	7,5	-1,3	0,8	1,4	72	14,4	16,4	69,8	3134	32,8	57,1	30,7	57,6	13,6	2360	2	2848	283	206
Dänemark	43	5,4	0,4	1,2	1,1	77	18,6	14,9	85,3	45008	23,8	73,2	26,4	71,5	5,6	3460	1	3439	274	513
Deutschland	357	82,4	0,3	0,9	1,0	78	14,9	17,3	88,1	32902	31,6	66,0	29,4	69,5	9,6	3990	1	3496	274	473
Estland	43	1,3	-1,3	1,0	1,3	71	16,1	15,2	69,4	8317	32,5	61,3	28,5	67,0	10,1	k. A.	1	3002	325	328
Finnland	305	5,2	0,4	1,1	0,9	78	17,6	15,3	60,9	35884	26,0	69,0	30,5	66,0	9,0	5120	1	3100	320	509
Frankreich	544	60,4	0,5	1,3	0,9	79	18,6	16,1	76,3	32991	23,4	73,0	24,5	72,8	9,4	4340	1	3654	299	366
Griechenland	132	10,6	0,4	0,9	0,9	78	14,7	18,7	60,8	18324	22,5	61,7	23,8	69,3	9,3	3110	3	3721	220	150
Großbritannien	244	60,3	0,3	1,2	1,0	78	18,2	16,0	89,1	35622	23,3	75,3	26,6	72,4	5,0	3730	1	3412	557	423
Irland	70	4,0	0,8	1,6	0,7	78	21,3	11,2	59,9	44771	27,7	65,8	40,5	56,3	4,6	3660	1	3656	417	313
Italien	301	58,1	0,2	0,9	1,0	80	14,0	19,0	67,4	28489	32,2	62,9	27,8	69,6	8,6	3070	2	3671	166	337
Kroatien	57	4,5	-0,2	1,0	1,2	74	16,2	15,8	59,0	7773	29,7	53,5	30,1	61,5	14,3	k. A.	2	2799	570	232
Lettland	65	2,3	-1,1	0,9	1,4	71	15,1	15,5	66,2	5925	27,0	59,2	24,4	71,1	10,5	k. A.	1	2938	338	406
Litauen	65	3,6	-0,1	0,9	1,2	72	17,7	14,2	66,7	6548	28,1	54,0	33,8	58,9	12,7	2510	1	3325	250	214
Luxemburg	3	0,5	1,4	1,2	0,9	78	18,9	14,9	91,9	62286	21,5	77,2	20,5	78,9	3,7	k. A.	0	3609	391	377
Niederlande	34	16,3	0,6	1,2	0,9	79	18,3	14,0	65,8	35415	21,4	74,9	k. A.	k. A.	3,8	5510	1	3362	304	522
Norwegen	385	4,6	0,6	1,2	0,9	79	19,7	14,9	78,6	54384	21,4	74,9	37,5	61,0	4,5	9500	1	3484	345	k. A.
Österreich	84	8,2	0,5	1,0	1,0	79	16,2	16,0	65,8	35379	29,3	65,1	31,7	66,0	4,1	4060	1	3673	247	462
Polen	313	38,6	0,1	0,9	0,9	75	17,6	12,5	61,9	6331	38,0	42,9	30,7	66,2	19,2	2280	1	3375	446	232
Portugal	92	10,5	0,4	1,1	1,0	76	17,3	15,2	54,6	15876	32,2	55,3	k. A.	k. A.	6,3	2320	8	3741	309	194
Rumänien	238	22,4	-0,2	1,0	1,2	70	16,6	13,9	54,5	3387	29,8	34,5	36,1	52,0	6,6	1750	2	3455	530	191
Russland	17075	144,0	-0,1	1,0	1,5	66	16,3	13,2	73,3	4073	31,3	58,7	34,2	60,6	8,7	4440	1	3072	213	41
Schweden	411	9,0	0,4	1,1	1,0	80	17,5	17,5	83,4	38489	22,6	75,3	27,9	70,3	5,6	5430	1	3185	348	573
Schweiz	41	7,5	0,6	1,0	0,9	81	16,6	15,6	67,5	48576	23,0	72,8	k. A.	k. A.	4,1	4130	1	3526	299	351
Serbien und Montenegro	102	10,8	0,9	1,1	1,4	73	19,6	14,0	52,0	2243	k. A.	k. A.	k. A.	k. A.	13,8	k. A.	7	2678	469	79
Slowakei	49	5,4	0,3	1,0	1,0	74	18,2	11,4	57,4	7610	38,3	55,9	29,7	66,6	17,1	3610	k. A.	2889	264	256
Slowenien	20	2,0	0,1	0,9	1,0	76	15,0	14,6	50,8	16091	36,9	54,7	k. A.	k. A.	6,5	k. A.	1	3001	430	376
Spanien	505	40,3	0,2	1,0	0,9	80	15,0	17,1	76,5	22792	30,6	63,8	29,6	67,1	11,3	3320	2	3371	220	239
Tschechische Republik	79	10,2	0,0	0,9	1,1	75	15,5	13,9	74,3	10495	39,6	55,6	39,4	57,1	7,8	4070	k. A.	3171	234	268
Ukraine	604	47,3	-0,5	0,9	1,5	68	16,0	15,1	67,2	1383	29,9	51,2	40,3	45,6	9,1	2740	1	3054	218	18
Ungarn	93	10,0	-0,2	1,0	1,3	73	16,3	14,7	65,1	9872	33,3	61,2	k. A.	k. A.	5,8	2320	1	3483	247	232
Weißrussland	208	10,3	0,1	0,9	1,4	68	16,8	14,0	70,9	2332	34,7	53,1	30,1	60,1	3,1	2110	1	3000	222	141
Amerika																				
Argentinien	2780	39,1	1,3	1,8	0,8	75	27,0	9,8	90,1	3925	k. A.	k. A.	34,8	54,1	15,6	1410	3	2992	341	112
Bolivien	1099	8,7	2,2	2,9	0,8	64	38,4	4,4	63,4	986	19,7	76,9	30,1	55,0	5,5	k. A.	15	2235	2828	32
Brasilien	8547	184,1	1,5	1,9	0,7	69	27,5	5,4	83,1	3284	20,0	59,4	19,1	75,1	12,3	1010	13	3050	378	82
Chile	757	15,8	1,4	1,7	0,5	77	26,9	7,4	87,0	5845	23,4	63,0	34,3	56,9	7,4	1530	4	2863	1424	272
Ecuador	284	13,2	1,9	2,3	0,6	71	32,7	4,9	61,8	2329	21,7	69,2	28,7	63,6	11,5	600	9	2754	678	44

Guatemala	19	11,7	2,8	3,3	0,7	66	42,5	3,5	46,3	4148	k.A.	k.A.	19,3	58,4	1,8	k.A.	33	2219	1073	33
Haiti	8	7,9	1,8	3,2	1,4	52	39,0	3,5	37,5	1742	k.A.	k.A.	k.A.	k.A.	k.A.	k.A.	50	2086	k.A.	10
Honduras	113	7,0	2,8	3,0	0,6	66	40,8	3,3	45,6	2665	20,9	46,3	30,7	55,8	5,1	k.A.	25	2356	1206	25
Kanada	9985	32,5	1,2	1,1	0,7	79	18,2	12,8	80,4	30677	22,5	74,7	k.A.	k.A.	7,6	9230	4	3589	477	513
Kolumbien	1139	42,3	1,9	2,2	0,6	72	31,8	4,8	76,5	6702	19,1	59,3	29,4	58,3	14,2	580	8	2585	991	62
Kuba	111	11,3	0,5	1,3	0,8	77	20,3	10,4	75,6	k.A.	20,4	53,1	k.A.	k.A.	3,3	k.A.	4	3152	167	11
Mexiko	1964	105,0	1,6	1,9	0,5	74	32,3	5,2	75,5	9168	26,0	55,8	26,4	69,6	3,3	1310	9	3145	830	118
Peru	1285	27,5	1,9	2,2	0,6	70	33,0	4,9	73,9	5260	20,6	78,7	29,3	60,4	10,3	440	10	2571	866	104
USA	9631	293,0	1,2	1,4	0,9	77	21,0	12,4	80,1	37562	20,8	77,5	k.A.	k.A.	6,0	7880	4	3774	344	551
Venezuela	912	25,0	2,0	2,3	0,5	74	32,2	4,7	87,7	4919	20,9	69,3	41,1	54,4	15,8	2440	8	2336	424	51
Afrika																				
Ägypten	1002	76,1	2,2	2,4	0,6	69	33,5	4,3	42,1	3950	13,8	59,3	34,0	49,8	11,0	710	45	3338	1301	39
Algerien	2382	32,1	1,9	2,2	0,5	71	33,9	4,0	58,8	6107	24,3	54,6	55,1	34,7	27,3	1090	34	3022	990	16
Äthiopien	1112	71,3	2,9	4,0	2,0	42	45,4	2,8	15,6	711	k.A.	k.A.	10,7	47,5	k.A.	k.A.	61	1857	k.A.	1
Burkina Faso	274	13,1	3,1	4,3	1,9	43	46,9	2,7	17,8	1174	k.A.	k.A.	18,9	50,1	k.A.	k.A.	76	2462	k.A.	4
Ghana	239	21,5	2,4	3,1	1,3	54	41,9	4,4	45,4	2238	k.A.	k.A.	24,9	39,3	k.A.	k.A.	29	2667	k.A.	8
Kenia	582	33,0	2,5	3,4	1,7	45	42,1	2,7	39,4	1037	k.A.	k.A.	19,6	64,6	k.A.	k.A.	18	2090	6654	13
Kongo, Dem. Rep.	2345	58,9	2,9	4,5	1,8	45	47,9	2,6	31,6	697	k.A.	k.A.	k.A.	k.A.	k.A.	k.A.	20	1599	k.A.	1
Libyen	1760	5,6	2,1	2,7	0,4	73	32,5	3,7	86,3	k.A.	k.A.	k.A.	k.A.	k.A.	k.A.	k.A.	22	3320	811	29
Mali	1249	11,1	2,2	4,8	2,3	41	47,2	2,8	32,3	994	k.A.	k.A.	26,1	35,5	k.A.	k.A.	74	2174	k.A.	2
Marokko	459	32,2	2,0	2,1	k.A.	69	32,9	4,4	57,5	4004	20,2	35,9	29,6	53,6	11,9	k.A.	51	3052	2378	27
Niger	1267	11,8	2,8	4,8	2,0	46	48,9	2,3	22,2	835	k.A.	k.A.	16,8	43,3	k.A.	k.A.	84	2130	28370	1
Nigeria	924	125,7	2,6	4,3	1,8	45	44,0	2,6	46,7	1050	k.A.	k.A.	49,5	24,1	k.A.	k.A.	36	2726	k.A.	6
Ruanda	26	8,2	0,8	4,3	2,2	40	45,7	3,0	18,3	1268	k.A.	k.A.	21,9	36,5	k.A.	k.A.	36	2084	k.A.	3
Sambia	753	11,0	2,4	3,8	2,3	37	46,8	2,7	35,7	877	k.A.	k.A.	27,0	50,2	k.A.	k.A.	24	1927	k.A.	6
Sudan	2506	39,1	2,8	3,3	1,0	59	39,5	3,6	38,9	1910	k.A.	k.A.	k.A.	k.A.	k.A.	k.A.	43	2228	k.A.	9
Südafrika	1219	44,5	1,4	2,5	2,0	46	32,0	4,4	56,9	10346	24,5	65,2	31,0	65,2	29,7	2440	16	2956	1484	68
Tansania	884	36,1	2,7	3,8	1,8	43	44,7	2,4	35,4	621	2,6	15,3	16,4	38,6	5,1	k.A.	25	1975	k.A.	7
Tunesien	162	10,0	1,5	1,7	0,6	73	27,5	6,1	63,7	7161	k.A.	k.A.	28,1	59,8	14,3	k.A.	29	3238	1156	64
Asien																				
Bangladesch	148	141,3	1,7	2,8	0,8	62	35,5	3,4	24,2	1770	10,7	24,5	26,3	51,9	3,3	100	61	2205	4461	2
China, VR	9597	1299,0	1,0	1,5	0,8	71	23,6	7,3	38,6	5003	22,7	20,7	52,3	33,1	4,3	780	15	2951	608	63
Indien	3287	1065,0	1,8	2,4	0,8	63	32,4	5,1	28,3	2892	k.A.	k.A.	26,6	51,2	4,3	310	44	2459	1940	17
Indonesien	1923	238,5	1,8	2,1	0,7	67	29,7	4,9	45,6	3361	18,8	36,9	43,6	39,8	9,5	470	13	2904	13713	38
Irak	438	25,4	2,2	2,9	0,8	63	39,4	3,1	67,2	k.A.	k.A.	k.A.	k.A.	k.A.	k.A.	k.A.	61	k.A.	1839	k.A.
Iran	1630	67,5	1,4	1,8	0,6	69	29,5	4,7	66,7	6995	k.A.	k.A.	41,2	47,5	12,3	1710	24	3085	3049	72
Israel	22	6,2	2,6	2,0	0,6	79	27,4	9,7	91,6	20033	22,6	75,6	k.A.	k.A.	10,7	k.A.	5	3666	267	301
Japan	378	127,3	0,3	0,9	0,8	82	14,2	18,6	65,4	27967	28,8	66,6	k.A.	k.A.	5,3	4000	1	2761	497	483
Korea, Republik	100	48,4	1,0	1,2	0,7	74	20,7	7,6	80,3	17971	27,6	63,6	34,6	62,2	3,6	4340	3	3058	626	610
Malaysia	330	23,5	2,2	2,1	0,5	73	33,0	4,4	63,9	9512	32,0	53,7	48,5	41,8	3,6	2160	14	2881	1406	344
Pakistan	796	159,2	2,4	3,2	0,8	64	40,1	3,4	34,1	2097	20,8	37,1	23,5	53,2	8,3	290	58	2419	144	10
Philippinen	300	86,2	2,1	2,6	0,6	70	36,0	4,0	61,0	4321	15,6	47,0	32,3	53,2	9,8	280	5	2379	2599	44
Saudi-Arabien	2250	25,8	3,7	3,1	0,4	73	40,2	2,9	87,7	13226	21,0	74,3	55,2	40,3	5,2	4860	27	2845	714	67
Syrien	185	18,0	2,7	2,9	0,4	71	38,2	3,1	50,1	3576	26,9	42,8	28,6	47,9	11,7	k.A.	28	3038	707	13
Thailand	513	63,7	1,1	1,5	0,8	69	22,9	6,6	31,9	7595	19,7	35,4	44,0	46,2	1,5	1110	5	2467	3194	111
Türkei	784	68,9	1,6	2,1	0,7	69	28,3	5,9	66,3	6772	22,8	43,3	21,9	64,7	9,0	980	16	3357	756	81
Vietnam	332	82,7	1,6	1,8	0,6	70	30,6	5,3	25,7	2490	k.A.	k.A.	40,0	38,2	2,3	k.A.	7	2566	1919	43
Australien																				
Australien	7692	19,9	1,2	1,3	0,7	80	20,0	12,5	92,0	29632	21,2	74,9	25,9	71,2	6,1	5780	1	3054	515	567
Neuseeland	271	4,0	1,3	1,4	0,7	79	21,9	11,7	85,9	22582	22,3	69,5	23,3	69,5	4,6	4780	0	3219	222	526

[1]Teilweise ältere Zahlen. [2]1 kg Öleinheit = Energie von 1 kg Erdöl (etwa 10 000 Kalorien). Mit dieser Maßeinheit kann man verschiedene Energiearten untereinander vergleichen. [3]Gemeint ist das Bruttoinlandsprodukt (BIP) = Maß für die wirtschaftliche Leistung eines Landes; misst den Wert der im Inland hergestellten Waren und Dienstleistungen, soweit diese nicht vorher für die Produktion anderer Waren und Dienstleistungen verwendet werden. [4]Der Anteil der Landwirtschaft ergibt sich, indem man die Anteile der Industrie und Dienstleistungen addiert und von 100 subtrahiert. – k.A. keine Angaben. Quellen: Food and Agriculture Organization of the United Nations; International Telecommunication Union; Statistisches Jahrbuch für das Ausland 2003 und 2004, Statistisches Bundesamt; U.S. Census Bureau; verschiedene nationale Quellen; World Development Indicators 2005, Worldbank; Yearbook of Labour Statistics 2004, ILO.

Klimastationen

Mitteleuropa		J	F	M	A	M	J	J	A	S	O	N	D	Jahr
Aachen, 204 m	°C	2	3	5	8	13	15	17	16	14	10	5	3	9
	mm	68	58	61	61	60	75	91	78	70	75	65	78	840
Berlin, 57 m	°C	−1	0	3	8	13	16	18	17	14	8	4	1	8
	mm	49	33	37	42	49	59	80	57	48	43	42	42	581
Breslau (Wroclaw), 120 m	°C	−2	−1	3	8	13	16	18	17	14	9	4	0	8
Polen	mm	38	29	38	43	60	62	87	68	46	44	39	38	592
Clausthal-Zellerfeld, 585 m	°C	−2	−2	1	5	10	13	14	14	11	6	2	−1	6
	mm	138	107	102	93	86	98	138	129	104	114	106	134	1349
Dresden-Klotzsche, 222 m	°C	0	1	5	8	14	16	18	18	14	10	4	2	9
	mm	46	36	43	48	61	68	82	75	49	43	53	57	661
Frankfurt am Main, 103 m	°C	1	2	5	9	14	17	19	18	14	9	5	2	10
	mm	45	35	39	47	60	66	75	71	52	47	43	49	629
Garmisch-Partenkirchen, 715 m	°C	−3	−1	3	7	11	14	15	15	12	7	2	−2	7
	mm	76	55	78	99	123	176	185	162	123	76	63	80	1296
Hamburg, 11 m	°C	0	1	4	8	12	15	17	16	14	9	4	2	9
	mm	59	48	49	52	54	66	85	87	61	65	53	61	740
Kahler Asten, 841 m	°C	−3	−3	0	4	9	12	13	13	10	6	1	−2	5
	mm	148	128	94	112	90	111	131	135	108	128	132	137	1454
Köln, 56 m	°C	0	2	4	7	13	15	18	17	14	9	4	1	9
	mm	44	42	45	61	82	96	70	79	57	45	55	48	724
Magdeburg, 58 m	°C	0	1	4	8	14	17	18	17	14	9	4	1	9
	mm	29	31	38	31	45	51	67	48	43	42	33	34	492
München, 529 m	°C	−2	−1	3	7	12	15	17	16	13	7	3	−1	7
	mm	51	38	50	77	93	117	128	102	89	57	47	55	904
Münster, 65 m	°C	1	2	5	8	13	16	17	16	14	9	5	2	6
	mm	66	49	57	52	56	69	84	79	64	68	60	73	777
Zugspitze, 2962 m	°C	−11	−11	−10	−7	−3	0	2	2	0	−4	−7	−10	−5
	mm	115	112	136	195	234	317	344	310	242	135	111	139	2390
Südeuropa														
Athen, 105 m	°C	9	10	11	15	19	23	27	26	23	19	14	11	17
Griechenland (Küste)	mm	54	46	33	23	20	14	8	14	18	36	79	64	406
Lissabon, 96 m	°C	10	11	13	14	17	19	21	22	20	17	14	11	16
Portugal (Westküste)	mm	86	83	86	78	45	14	4	6	33	61	92	110	698
Madrid, 667 m	°C	5	6	9	11	16	20	23	24	19	13	8	5	13
Zentralspanien	mm	25	46	37	35	40	34	7	5	35	46	57	43	410
Málaga, 34 m	°C	13	13	15	16	19	23	25	26	24	20	16	13	19
Spanien (Süden)	mm	59	49	62	46	25	6	1	3	28	62	63	66	470
Marseille, 75 m	°C	6	7	9	13	16	20	22	22	19	15	10	7	14
Frankreich (Rhône-Delta)	mm	45	33	41	49	43	29	16	27	52	89	71	53	548
Rom, 46 m	°C	7	8	11	14	18	23	26	26	22	18	13	9	16
Italien	mm	74	87	79	62	57	38	6	23	66	123	121	92	828
Valencia, 59 m	°C	10	12	13	15	18	21	25	26	22	19	14	10	17
Spanien (Ostküste)	mm	34	31	39	39	43	21	12	9	76	84	50	48	486
Nordeuropa, Westeuropa														
Bergen, 21 m	°C	1	1	2	6	9	13	14	14	11	7	4	2	7
Norwegen (Westküste)	mm	224	181	155	112	118	106	142	195	237	233	220	221	2144
Helsinki, 12 m	°C	−6	−6	−3	2	8	13	17	15	10	6	1	−4	4
Finnland (Südküste)	mm	53	51	43	40	47	49	62	82	73	66	69	61	696
London, 36 m	°C	3	4	6	9	12	16	17	17	14	10	6	4	10
Großbritannien	mm	50	37	38	40	48	52	62	58	55	70	56	48	614
Luleå, 6 m	°C	−10	−10	−6	0	7	12	16	14	9	3	−3	−6	2
Schweden (Norrbotten)	mm	37	25	23	28	30	47	50	68	69	48	48	44	517

		J	F	M	A	M	J	J	A	S	O	N	D	Jahr
Narvik, 32 m	°C	−4	−4	−3	1	6	10	14	13	9	4	0	−2	4
Norwegen (Nordküste)	mm	55	49	60	44	43	65	59	84	97	86	58	58	758
Paris, 50 m	°C	2	4	6	10	13	17	18	18	15	10	6	3	10
Frankreich	mm	35	36	39	41	49	56	50	48	49	58	47	44	552
Reykjavik, 5 m	°C	−1	−1	−1	2	6	9	11	10	8	4	1	−1	4
Island (Südwestküste)	mm	98	84	69	62	48	49	48	51	90	87	95	89	870
Shannon, 2 m	°C	5	6	7	9	12	14	16	16	14	11	8	6	10
Irland (Westküste)	mm	94	67	56	53	61	57	77	79	86	86	96	117	929
Stockholm, 44 m	°C	−3	−3	−1	3	9	14	17	15	12	6	2	−2	6
Schweden (Ostseeküste)	mm	36	33	33	38	38	43	61	74	48	46	48	48	546
Osteuropa														
Archangelsk, 4 m	°C	−13	−12	−8	−1	6	12	16	13	8	1	−5	−10	−1
Russland (Weißes Meer)	mm	33	28	28	28	39	59	63	57	66	55	44	39	539
Kiew, 180 m	°C	−6	−5	−1	7	14	18	20	18	14	8	1	−4	7
Ukraine (mittlerer Dnjepr)	mm	30	29	42	44	50	73	81	56	44	47	40	36	572
Moskau, 144 m	°C	−10	−8	−4	4	13	16	19	17	11	4	−2	−7	4
Russland	mm	28	23	31	38	48	51	71	74	56	36	41	38	535
St. Petersburg, 10 m	°C	−9	−8	−5	2	9	15	18	16	11	5	−2	−7	4
Russland (Ostseeküste)	mm	27	25	22	30	41	54	59	82	60	46	35	32	513
Warschau, 121 m	°C	−3	−3	1	7	13	17	19	18	13	8	2	−3	7
Polen (mittlere Weichsel)	mm	35	23	20	40	39	57	57	74	56	38	36	35	510
Asien														
Delhi, 216 m	°C	15	18	23	29	33	35	31	30	30	26	20	16	26
Indien (Ganges-Ebene)	mm	33	12	23	7	8	32	209	204	114	71	3	3	719
Jakarta, 8 m	°C	25	25	26	26	26	26	26	26	26	26	26	26	26
Indonesien (Java)	mm	270	241	175	131	139	105	72	65	146	169	183	185	1881
Xianggang, 33 m	°C	16	15	17	21	25	27	28	28	27	24	21	17	22
China (Südküste)	mm	33	46	69	135	305	401	356	371	246	130	43	28	2163
Irkutsk, 459 m	°C	−21	−18	−9	1	8	14	18	15	8	1	−11	−18	−1
Russland (Baikalsee)	mm	13	10	8	15	33	56	79	71	43	18	15	15	376
Jakutsk, 100 m	°C	−43	−37	−23	−9	5	15	19	15	6	−9	−30	−40	−11
Russland (Ostsibirien)	mm	6	5	3	6	13	27	34	42	23	12	10	7	188
Jerusalem, 745 m	°C	8	9	13	16	21	23	24	24	23	21	17	11	18
Israel	mm	104	135	28	25	3	0	0	0	0	5	30	74	404
Kalkutta, 10 m	°C	20	23	27	31	31	30	29	29	29	28	24	20	27
Indien (Ganges-Delta)	mm	11	12	22	35	82	250	322	288	304	132	16	3	1477
Beijing, 38 m	°C	−4	−2	6	13	21	24	27	25	21	13	4	−2	12
China	mm	3	5	5	15	38	36	211	155	64	18	8	3	561
Shanghai, 7 m	°C	3	4	8	13	19	23	27	27	23	17	12	6	15
China (Jangtse-Mündung)	mm	48	58	84	94	94	180	147	142	130	71	51	36	1135
Tokyo, 6 m	°C	4	4	7	13	17	20	24	26	22	16	11	6	14
Japan	mm	56	66	112	132	152	163	140	163	226	191	104	56	1561
Werchojansk, 99 m,	°C	−50	−45	−30	−13	2	12	15	11	2	−14	−37	−47	−16
Russland (Ostsibirien)	mm	4	3	3	4	7	22	27	26	13	8	7	4	128
Wladiwostok, 138 m	°C	−15	−11	−4	4	9	13	18	20	16	9	−1	−11	4
Russland	mm	10	13	20	44	69	88	101	145	126	57	31	17	721
Antarktis														
Mac Murdo, 45 m	°C	−3	−9	−18	−23	−23	−25	−27	−29	−23	−20	−10	−4	−18
US-Station (Küste)	mm	11	4	6	6	13	5	5	11	12	8	6	7	94
Südpol, 2800 m	°C	−29	−40	−54	−59	−57	−57	−59	−59	−59	−51	−39	−28	−49
US-Station	mm	keine Angaben												

Australien		J	F	M	A	M	J	J	A	S	O	N	D	Jahr
Darwin, 31 m	°C	29	28	29	29	28	26	25	26	28	29	30	29	28
Nordküste	mm	389	343	244	104	15	3	3	3	13	51	119	249	1536
Perth, 59 m	°C	23	23	22	19	16	14	13	13	14	16	19	22	18
Südwestküste	mm	8	10	20	43	130	180	170	143	86	56	20	15	881
Sydney, 44 m	°C	22	22	21	18	15	13	12	13	15	18	19	21	17
Südostküste	mm	90	114	122	140	127	121	118	73	71	70	71	70	1187
Nördliches Afrika														
Addis Abeba, 2450 m	°C	14	16	17	17	17	16	14	14	15	14	14	13	15
Äthiopien	mm	13	38	66	86	86	135	279	300	191	20	15	5	1234
Algier, 59 m	°C	12	13	15	16	20	23	26	27	25	21	17	14	19
Algerien (Nordküste)	mm	110	83	74	41	46	17	2	4	42	80	128	135	762
Al Khufrah, 381 m	°C	12	15	19	23	28	30	30	31	28	25	19	14	23
Libyen	mm	0	1	0	0	0	0	0	1	0	0	0	0	2
Bilma, 355 m	°C	17	19	24	29	32	33	33	33	31	27	23	18	27
Niger (Sahara)	mm	0	0	0	0	1	1	3	10	5	2	0	0	22
Enugu, 233 m	°C	26	28	29	28	27	26	26	26	26	26	27	26	27
Nigeria	mm	19	15	81	209	195	166	182	190	182	246	53	23	1561
In Salah, 273 m	°C	13	15	20	24	30	34	37	36	33	27	20	14	25
Algerien (Sahara)	mm	3	2	0	0	0	0	0	0	1	0	4	3	13
Kairo, 33 m	°C	12	13	16	20	24	27	27	27	25	22	18	14	20
Ägypten (Nil-Delta)	mm	5	5	5	3	3	0	0	0	0	3	3	5	32
Lagos, 2 m	°C	27	29	29	28	28	27	26	26	26	27	28	28	27
Nigeria (Südküste)	mm	28	41	106	145	268	443	273	63	128	193	75	30	1793
Niamey, 223 m	°C	25	27	31	34	33	31	28	27	28	30	28	25	29
Niger (Sahel)	mm	0	0	3	6	38	71	139	201	94	14	1	0	567
Ouagadougou, 316 m	°C	25	28	31	33	31	29	27	26	27	29	28	26	28
Burkina Faso	mm	0	3	8	19	84	118	193	265	153	37	2	0	882
Tripolis, 22 m	°C	12	13	15	18	20	23	26	26	26	23	19	14	20
Libyen (Mittelmeerküste)	mm	81	46	28	10	5	3	0	0	10	41	66	94	384
Zinder, 506 m	°C	22	25	29	33	34	32	28	27	29	31	27	24	28
Niger (Sahel)	mm	0	0	0	3	27	55	153	232	71	7	0	0	548
Südliches Afrika														
Daressalam, 14 m	°C	27	28	27	27	26	24	24	24	24	24	26	27	26
Tansania (Küstentiefland)	mm	71	81	142	300	188	28	28	28	36	58	69	79	1108
Durban, 15 m	°C	24	24	24	22	20	18	17	18	19	21	22	23	21
Südafrika (Ostküste)	mm	117	135	152	91	66	46	43	46	71	130	119	132	1148
Harare, 1492 m	°C	21	21	20	19	16	14	14	15	19	22	22	21	19
Simbabwe	mm	184	194	120	26	14	4	1	2	8	29	92	148	822
Johannesburg, 1753 m	°C	20	20	19	16	13	10	10	13	16	18	19	20	16
Südafrika	mm	137	112	99	40	23	6	11	10	23	64	117	127	769
Kapstadt, 12 m	°C	22	22	21	18	16	14	13	13	14	17	19	21	18
Südafrika	mm	18	15	23	48	94	112	91	84	58	41	28	20	632
Kinshasa, 320 m	°C	26	26	27	27	26	24	23	23	25	26	26	26	25
D. R. Kongo	mm	135	146	196	196	157	8	3	3	30	119	221	142	1356
Kisangani, 460 m	°C	26	26	26	26	26	25	25	25	25	25	25	25	25
D. R. Kongo	mm	95	115	152	181	167	115	100	186	174	228	177	114	1804
Lubumbashi, 1274 m	°C	22	22	22	21	19	16	16	18	21	24	23	22	21
D. R. Kongo	mm	247	239	206	51	4	0	0	0	2	26	172	257	1204
Nairobi, 1820 m	°C	18	19	19	19	18	17	16	16	17	18	18	18	18
Kenia	mm	37	62	120	210	160	40	18	24	30	58	110	85	954
Tabora, 1265 m	°C	22	22	22	22	22	21	21	22	23	25	24	22	22
Tansania (Mitte)	mm	125	130	170	130	60	3	0	1	8	15	110	170	922
Walvis Bay, 7 m	°C	19	19	19	18	17	16	14	14	14	15	17	18	17
Namibia	mm	0	0	3	3	0	0	0	0	0	0	0	0	6

Nordamerika		**J**	**F**	**M**	**A**	**M**	**J**	**J**	**A**	**S**	**O**	**N**	**D**	**Jahr**
Barrow, 13 m	°C	−27	−28	−26	−19	−6	2	4	4	−1	−9	−18	−24	−12
USA (Alaska)	mm	8	5	5	8	8	8	28	20	13	20	10	10	143
Churchill, 11 m	°C	−29	−27	−19	−8	−1	7	12	11	5	−3	−14	−24	−8
Kanada (Hudsonbay)	mm	15	27	28	26	24	51	45	62	67	32	30	21	428
Edmonton, 658 m	°C	−14	−11	−5	4	11	14	16	15	10	5	−4	−10	3
Kanada (Alberta)	mm	21	18	19	23	43	80	82	60	34	18	18	19	435
Eismitte, 3012 m	°C	−42	−47	−39	−31	−20	−15	−11	−18	−22	−36	−43	−39	−30
Grönland	mm		keine Angaben											
Fairbanks, 152 m	°C	−25	−18	−12	−2	8	15	16	13	6	−3	−16	−22	−3
USA (Alaska)	mm	19	12	21	7	14	36	47	42	40	19	17	17	291
Inuvik, 15 m	°C	−29	−28	−23	−13	−1	9	14	10	3	−7	−20	−27	−9
Kanada	mm	14	11	10	12	9	19	32	33	27	27	19	13	226
Los Angeles, 103 m	°C	12	13	14	15	17	19	21	21	20	18	16	13	17
USA (Kalifornien)	mm	78	84	70	26	11	2	0	1	4	17	30	66	389
Miami, 2 m	°C	20	20	22	23	25	27	28	28	27	26	23	21	24
USA (Florida)	mm	64	48	58	86	180	188	135	163	226	229	84	43	1504
New York, 96 m	°C	−1	−1	3	9	16	20	23	23	19	13	7	2	11
USA (Ostküste)	mm	91	105	90	83	81	86	106	108	87	88	76	90	1091
New Orleans, 16 m	°C	12	14	17	20	24	27	27	27	26	21	16	13	20
USA (Mississippi-Delta)	mm	108	116	118	135	115	151	159	144	130	82	81	120	1459
St. Louis, 173 m	°C	−1	1	6	13	19	24	26	25	21	14	7	1	13
USA (mittl. Mississippi)	mm	94	86	93	95	92	98	77	76	74	69	94	84	1032
Upernavik, 35 m	°C	−17	−20	−18	−12	−2	3	6	6	1	−3	−7	−13	−6
Grönland	mm	9	11	9	11	11	9	21	24	30	23	17	11	186
Yuma, 42 m	°C	12	15	18	21	25	29	33	32	29	23	17	13	22
USA (unterer Colorado)	mm	11	11	9	2	1	1	5	13	9	7	7	13	89
Mittelamerika, Südamerika														
Antofagasta, 94 m	°C	21	21	20	17	16	14	14	15	15	16	18	20	17
Chile (Atacama-Wüste)	mm	0	0	0	1	0	0	0	0	0	0	0	0	1
Buenos Aires, 25 m	°C	23	23	20	16	13	10	9	11	13	16	19	22	16
Argentinien	mm	78	71	98	122	71	52	54	56	74	85	101	102	964
El misti, 5850 m	°C	−6	−6	−7	−8	−10	−10	−10	−10	−10	−7	−6	−6	−8
Peru	mm		keine Messungen											
Havanna, 19 m	°C	22	22	23	24	26	27	28	28	27	26	24	23	25
Kuba (Nordküste)	mm	76	38	43	43	130	142	109	109	127	178	81	61	1137
La Paz, 3570 m	°C	11	11	11	10	9	7	7	8	9	11	12	11	9
Bolivien (Altiplano)	mm	114	107	66	33	13	8	10	13	28	41	48	91	572
Lima, 158 m	°C	23	24	23	21	19	17	16	16	16	17	19	21	19
Peru (Küstensaum)	mm	0	0	1	1	2	6	9	10	10	5	3	1	48
Manáus, 44 m	°C	26	26	26	26	26	26	27	27	28	28	27	27	27
Brasilien (Amazonas)	mm	262	249	274	277	201	112	69	38	61	119	155	226	2043
Mexiko-Stadt, 2282 m	°C	13	15	17	18	19	18	17	17	17	16	15	14	16
Mexiko	mm	6	10	12	18	52	117	110	95	130	36	17	8	611
Quito, 2850 m	°C	13	13	13	13	13	13	13	13	13	13	13	13	13
Ecuador	mm	107	109	132	188	127	38	23	38	76	94	97	97	1126
San José, 1135 m	°C	19	19	20	20	21	20	20	20	20	20	20	19	20
Costa Rica	mm	6	4	12	28	254	280	211	268	361	338	124	42	1928
Santiago, 520 m	°C	20	19	17	14	11	8	8	9	12	14	17	19	14
Chile	mm	2	3	4	14	62	85	76	57	29	15	6	4	357
Valdivia, 9 m	°C	17	16	15	12	10	8	8	8	9	12	13	15	12
Chile (Küste)	mm	65	69	115	212	377	414	374	301	214	119	122	107	2489

Die Klimazonen der Erde

60
90
120
150
180
60
30
0
30
60
Werchojansk
Kirensk
Bomnak
Petropawlowsk-Kamtschatski
St. Petersburg
Moskau
Kostanai
Irkutsk
Shenyang
Sapporo
Beijing
Taschkent
Ankara
Tokyo
Kagoshima
Teheran
Shanghai
Lhasa
Guangzhou (Kanton)
Riad (Ar Riyad)
Delhi
Kolkata (Kalkutta)
Mumbai (Bombay)
Pune
Bangkok
Manila
El Obeid
Addis Abeba
Colombo
Nairobi
Jakarta
Darwin
Antananarivo
Alice Springs
Perth
Sydney
Klimate der Trockengebiete
Subtropische Klimazone
Winterregenklima der Westseiten
subtropisches Klima der Ostseiten
Passatklimazone
trockenes Passatklima
feuchtes Passatklima; beregnete Außenseiten
Zone des tropischen Wechselklimas
tropisches Wechselklima
Äquatoriale Klimazone
Äquatorialklima
Klimate der Hochgebiete
Höhenstufen der Klimate
Gliederung nach E. Neef

Teste dich selbst

1 **Seiten 32/33**
a) Magma, b) Epizentrum, c) Mittelozeanische Rücken, d) Seismograf

4 a) **M**adrid
b) **E**dmonton
c) **R**io de Janeiro
d) **I**rkutsk
e) **D**aressalam
f) **I**ndianapolis
g) **A**lexandria
h) **N**ew York

6 a) 1 = 23.9.,Tagundnachtgleiche; 3 = 21.3., Tagundnachtgleiche;

Seiten 50/51

2 Aconcagua, 6 959 m, Argentinien, Südamerika
Mount Wilhelm, 4 509 m, Papua-Neuguinea, Australien und Ozeanien
Kilimandscharo, 5 895 m, Tansania, Afrika
Mount Everest, 8 846 m, Nepal, Asien
Mount McKinley, 6193m, USA, Nordamerika
Montblanc, 4 807 m, Frankreich, Europa
Vinsonmassiv, 5 140 m, chilen. Interessengebiet, Antarktis

3 Richtig.
Falsch: Binnenwüsten liegen im Inneren eines Kontinents.
Falsch: Gebiete mit Permafrost befinden sich in den polaren und subpolaren Regionen
Falsch: Taiga ist die russische Bezeichnung für den borealen Nadelwald.
Richtig.

4 Aufschüttungsebene, Permafrostboden, arides Klima

Seiten 102/103

3 b) Buddhismus (Norden/Karakorum)
Islam (Norden/Kaschmir)
Religion der Sikh (Norden)
Religion der Jaina (Westen)
Christentum (Westen/Westghats; Osten/Ostghats)

8 Sommermonsun: feucht, heiß, Südwesten, Juni–September;
Wintermonsun: trocken, kühl, Nordosten, Januar–Februar

9 a) Joint Ventures
b) Kulturpflanze
c) Global Player
d) Löss
e) Globalisierung
f) Trockenreisanbau
g) Sonderwirtschaftszone
h) Bevölkerungspyramide
i) Terassierung

11 Zhong-guo: Reich der Mitte
Beijing: nördliche Hauptstadt
Nanjing: südliche Hauptstadt
Changjiang: langer Strom
Huang He: gelber Fluss
Tienshan: Himmelsgebirge
Shanghai: über dem Meer

Seiten 148/149

3 Falsch: Die Sahelzone ist der Übergangsbereich zwischen Wüste und Trockensavanne.
Richtig.
Falsch: In der Wüste gibt es Tiere und Pflanzen, die sich an die Bedingungen angepasst haben.
Falsch: Bei Tageszeitenklimaten sind die täglichen Schwankungen größer als die jährlichen.
Richtig
Richtig.

7 a) Niederschläge – Das Wetter in einem Hochdruckgebiet ist wolkenfrei und sonnig.
b) Wüste – Der Begriff bezeichnet eine Vegetationszone.
c) Entwicklungshilfe – Diese ist kein Merkmal zur Berechnung des HDI.
d) niederschlagsreich – Die Sahelzone befindet sich im Randbereich des Tropischen Wechselklimas mit langen Trockenzeiten und nur kurzen Regenzeiten.
e) Kongo liegt nicht in der Sahelzone.

Seiten 184/185

6 a) Suburbanisierung, b) Agglomeration

7 a) Falsch: Hurrikans entstehen vorwiegend über tropischen Gewässern.
b) Richtig.
c) Falsch: Der Durchmesser eines Tornados ist geringer als der eines Hurrikans.
d) Richtig.
e) Falsch: Der Nord-Süd-Verlauf der Gebirge ermöglicht das Vordringen der Luftmassen.

Seiten 210/211

4 – Osterinsel
– Chimborazo
– La Paz (Bolivien)
– Amazonas
– Chile

7 Die Zeichnung wurde einem Reiseprospekt aus Ecuador entnommen. Die einzelnen Landesteile sind: die pazifische Küstenebene, die Anden mit dem von den beiden Gebirgsketten begrenzten Hochland und das Amazonastiefland. Die Schildkröte steht für die zu Ecuador gehörenden Galapagos-Inseln.

Seiten 236/237

2 Arktis – Nordpol, Packeis, Eisberg, Eisbär, Wal, Tundra, Inuit
Antarktis – Südpol, Südlicher Polarkreis, Inlandeis, Schelfeis, Pinguin, Wale

5 Mit dem Kreuzfahrtschiff auf dem Pazifik.
Immer mehr Touristen nutzen die Angebote der Reiseanbieter für eine Kreuzfahrt zur Inselwelt Ozeaniens, das sich in Mikronesien, Melanesien und Polynesien gliedert. Es gibt Vulkan- und Koralleninseln. Wir fahren mit dem Boot auf eine kleine Insel. Dort baden und schnorcheln wir in der blauen Lagune. Durch den Tourismus sind leider schon viele Korallenriffs zerstört worden. Maßnahmen zu ihrem Schutz sind notwendig. Zum Abschied haben die Einheimischen einen Tanz aufgeführt.

Bildnachweis

Titelbild: MH Foto Design, Bremen AG Spak, München: **153.4**; AKG, Berlin: **8.1**, **204.3**; Alpha Press, Berlin: **35.3** (Billeb); Angermayer, Holzkirchen: **190.2+3** (Ziesler); AP, Frankfurt/Main: **137.3** (Osodi), **161.6** (Bull), **163.12**; APL: **220/221**; Arco Digital Images, Lünen: **43.6** (Wothe); Astrofoto, Sörth: **6/7** (Hughes/van Ravenswaay), **156.5**; Australische Botschaft, Bonn: **224.3**; Avenue Images GmbH, Hamburg: **178.1** (Photo Alto), **180.1** (Index Stock/Cardozo); Bähr, Altwittenbek: **142.2**; Barth, London: **95.17**; Baumbach, Erfurt: **211.3**; Bierwirth, Neu-Anspach: **16.8**; Bilderberg, Hamburg: **200.4** (Burchard); BPK, Berlin: **26.1**; Brodengeier, Lichtenberg: **39.3**, **47.9**, **52.2**, **58.1**, **60.1+3**, **73.4**, **76.4**, **77.5**, **80.12**, **87.12**, **103.4**, **109.8**, **190.5**; CCC/www.c5.net, Pfaffenhofen a.d. Ilm: **140.2** (Liebermann); Christian: **214.5**, **228.1**; Comstock, Luxemburg: **21.3.1**, **139.7**, **143.5**, **216.1**; Corbis, Düsseldorf: **8.2** (Lees), **22.2** (Saba/Wagner), **23.4** (Reuters/Sugita), **34/35** (Van Sant), **67.5** (McNamee), **82.1** (Karnow), **90.1** (Turnley), **95.20** (Reuters/Salem), **100.1** (Maisant), **100.4** (Warren), **106.2** (Lovell), **109.9** (Holmes), **120.4** (Gryniewicz/Ecoscene), **131.3** (Hellier), **131.5** (Moos), **143.4** (Sygma/Collart), **150.1** (Zimmermann), **155.3** (Arthus-Bertrand), **162.8** (Sygma), **176.2** (Varie), **183.12** (Kaehler), **187.3** (Lawler/Ecoscene), **203.3** (Sygma/Collart), **217.3** (Sygma/Lundt), **219.4** (Nowitz), **219.5** (Tweedie), **219.6** (McKee/Eye Ubiquitous), **224.1** (Sievey/Eye Ubiquitous), **225.4** (Ward), **231.5** (Van Sant), **232.10** (Wisniewski/Frank Lane Picture), **234.1** (Goebel/zefa); Coy, Innsbruck: **198.1**; DaimlerChrysler, Stuttgart: **147.15**; Daniel, Kerpen: **187.4**; Ehlers, Bonn: **123.6**; ESA/ESOC, Darmstadt: **112.1** (ESA-Meterosat); Essig, Sonthofen: **186/187**; Europäische Zentralbank, Frankfurt/Main (LF): **20** (Griechische Münze); Fiji Times, Suva: **12.1**; FOCUS, Hamburg: **30.6** (Ressmeyer), **35.4** (Schulz), **53.4** (Mehta/Contact Press Images), **54.2** (Kluyver), **78.2** (Magnum/McCurry), **79.5** (Magnum/McCurry), **99.3** (Jordan), **108.6** (Manaud), **128.2** (Magnum/Perkins), **168.7** (Browne/Picture Group), **202.1**; Food and Agriculture Organization of the UN, Rom: **128.1** (Faidutti); Geiger, Sonthofen: **9.5**; Geospace, Salzburg: **236.1**; Gerster, Zumikon: **110.2**, **136.2**, **170.3**, **173.5**, **177.5**; Gesellschaft für ökologische Forschung, München: **201.5** (Pabst/Wilczek), **210.2.2**; Getty Images PhotoDisc, Hamburg: **21.3.2**, **169.10**; Getty Images, München. **62.3** (China Tourism Press), **79.8** (Stone/Puddy), **91.3** (Brand X pictures); GLOBUS Infografik, Hamburg: **84.1**, **85.6**;Härlin, Tübingen: **184.3**; Heydenhauß, Erfurt: **223.8**; Hinzen, Maikammer: **106.4** (Johnny Hinzen); Hoffmann, Achern-Sasbachried: **74.8**; Högner, Sindelfingen: **73.5**; IFA, Ottobrunn: **214.1+2** (Gottschalk), **214.4**; images.de digital photo GmbH, Berlin: **157.7** (BIOS/Hazan); Interfoto, München: **42.1** (Prenzel); International Publishing Corporation, Hongkong: **62.1** (Hayashi); iStockphoto, Calgary/Alberta: **154.1** (Grove); Jahreszeiten Verlag, Hamburg: **210.2.3**; Joachim, Leipzig: **65.4+5**, **66.3**, **68.1**, **142.1**, **145.9**, **210.2.1**, **221.8**; Jürgens Photo, Berlin: **38.2**, **48.1**; Keystone, Hamburg: **110.4** (Schmid); Klohn, Vechta: **172.1**; KNA-Bild, Bonn: **82.3**; Kohlhepp, Tübingen: **198.2**; König, Preetz: **32.2**; Kopp, Dorfen: **209.5**; Kraus, Wäschenbeuren: **77.6**; Lehnig, Großdubrau: **41.7–9**; Leicht, Mutlangen: **121.7**, **132.2**, **190.1**; Ligges, Flaurling: **47.7**; Linear, Arnhem: **126.1** (Giling); Lokomotiv-Ateliers für Visuelle Kommunikation, Stadtlohn: **88.2** (Willemsen); Martinek, Grieskirchen: **188.1**; Mats Wibe Lund, Reykjavik: **28.2**; Mauritius, Mittenwald: **120.1.2** (Thonig), **154.2** (Vidler), **213.4**; MEV, Augsburg: **232.8**; Misereor, Aachen: **64.3**; Mühr, Karlsruhe: **187.2**, **214.3**; Müller, Würzburg: **39.4**; Müller-Mahn, Berlin: **199.5**; Müller-Möwes, Königswinter: **150.2.4+5**, **151.2.6+7**; NASA, Washington, D.C.: **122.1**; New Eyes, Hamburg: **18.4** (Schwesinger); Newig, Flintbek: **11.2**; Okapia, Frankfurt: **120.3** (Switak), **223.9** (Alan Root), **236.2** (Reinhard); Pacific Stock: **213.3**; Palmen, Alsdorf: **233.12**; Pasca, Dortmund: **198.3**; Paysan, Stuttgart: **190.4**; Picture-Alliance, Frankfurt: **47.6**, **52/53**, **52.3**, **85.5** (AFP), **86.11** (dpa), **104/105** (dpa), **143.3** (dpa), **150.2.2** (ZB), **163.13** (dpa), **207.9** (dpa); Planetary Visions Ltd, West Sussex: **230.2**; Plemper, Mannheim: **181.3**; Reinke, Kamen: **213.2**, **222.3**; Reinke, Unna: **18.2**; RIA „Nowosti", Berlin: **35.2**; Richter, Röttenbach: **189.6**, **232.11**; Rother, Schwäbisch Gmünd: **18.3**, **20.2.1**, **47.8**, **53.5**, **120.2**, **123.7**, **159.3**, **206.8**, **209.4**, **222.1+2**, **223.7+10**, **226.3**, **229.5**; Sächsische Landesbibliothek, Dresden: **204.1**; Schmidtke, Melsdorf: **94.15+16**; Schuster, Eschenbergen: **216.2**; Shostal, New York: **204.2**; Siemens Ltd., Südafrika: **146.13**; Silvestris, Dießen: **106.1** (Gerlach); SONY, Köln: **88.1**, **89.6**; Street, San Anselmo, CA: **173.4**; Stams, Radebeul: **159.4;** Tews, Wolfville: **157.6**; Thomas, Vancouver: **150.2.3**; UNEP, Nairobi: **196.1+2**; Urban, www.marco-urban.de, Berlin: **74.9**; Visum, Hamburg: **138.6** (Panos Pictures), **209.3** (Euler); Volkmann, Großröhrsdorf: **125.4**; von der Ruhren, Aachen: **80.11**; Weissmann, Moskau: **43.3**, **49.6**; Wildlife, Hamburg: **35.5** (Oxford), **109.10** (Harvey), **135.5** (Muller), **235.3** (Fischer); Wilhelmi, Mainz: **120.1.1**, **121.1.3**; www.